中国工程院重点咨询项目

实验动物科学技术与产业发展战略研究

夏咸柱　秦　川　钱　军　主　编

科 学 出 版 社
北　京

内 容 简 介

2011 年中国工程院决定由农业学部组织开展重大战略咨询项目“中国实验动物科学技术与产业发展战略咨询研究”。本咨询研究项目下设“实验动物科学技术与人类疾病”、“实验动物科学技术与新药创制”、“实验动物科学技术与动物卫生”、“实验动物科学技术与食品安全”、“实验动物科学技术与生物安全”、“实验动物科学技术与水生实验动物”和“实验动物科学技术产业发展管理”7 个研究课题。由从事实验动物科学、技术与产业发展研究的有关领导和专家，分别从不同领域对实验动物科学技术与产业发展的战略意义、国内外研究现状、面临的机遇与挑战、战略需求与发展趋势、战略构想与建议等方面进行了深入调查研究与交流研讨，最后形成本综合研究报告和各专题研究报告。

本书可供从事实验动物行业管理、科技、教学人员，以及相关专业学生和企业人员阅读参考。

图书在版编目（CIP）数据

实验动物科学技术与产业发展战略研究 / 夏咸柱，秦川，钱军主编. —北京：科学出版社, 2016.3

ISBN 978-7-03-047322-6

Ⅰ.①实… Ⅱ.①夏… ②秦… ③钱… Ⅲ. ①实验动物–科技发展–研究 ②实验动物–产业发展–研究 Ⅳ.①Q95–33

中国版本图书馆 CIP 数据核字(2016)第 026824 号

责任编辑：李 悦 贺窑青 / 责任校对：郑金红

责任印制：徐晓晨 / 封面设计：北京铭轩堂广告设计有限公司

科 学 出 版 社 出版

北京东黄城根北街 16 号

邮政编码：100717

http://www.sciencep.com

北京凌奇印刷有限责任公司 印刷

科学出版社发行 各地新华书店经销

*

2016 年 3 月第 一 版 开本：787 × 1092 1/16

2016 年 3 月第一次印刷 印张：21 1/4

字数：504 000

POD定价： 128.00元

（如有印装质量问题，我社负责调换）

实验动物科学技术与产业发展战略研究
主要专家名单

一、顾问组

旭日干　中国工程院副院长、中国工程院院士
张改平　河南省农业科学院研究员、中国工程院院士
庞国芳　河北出入境检验检疫局教授、中国工程院院士
陈焕春　华中农业大学教授、中国工程院院士
金鉴明　环境保护部教授、中国工程院院士
沈倍奋　军事医学科学院研究员、中国工程院院士
刘秀梵　扬州大学教授、中国工程院院士
张子仪　北京畜牧兽医研究所研究员、中国工程院院士
徐　洵　国家海洋局第三海洋研究所研究员、中国工程院院士
甄永苏　中国医学科学院研究员、中国工程院院士
贾敬敦　科学技术部中国农村技术开发中心主任、教授
阮宝君　中国工程院二局副局长
高中琪　中国工程院二局副局长
陈伟生　农业部畜牧业司巡视员、高级畜牧师
蒋丹平　科学技术部中国农村技术开发中心副主任
李　明　北京畜牧兽医研究所所长、研究员
代　涛　中国医学科学院医学信息情报研究所所长、研究员
陈光华　中国兽医药品监察所副所长、研究员
杜冠华　中国医学科学院药物研究所副所长、研究员
庄志雄　深圳市疾病预防控制中心主任、研究员

二、项目组

组　长

夏咸柱　军事医学科学院军事兽医研究所研究员、中国工程院院士

副组长

秦　川　中国医学科学院医学实验动物研究所所长、研究员

钱　军　军事医学科学院军事兽医研究所所长、研究员

成　员

蒋建东　中国医学科学院药物研究所研究员

秦　川　中国医学科学院医学实验动物研究所所长、研究员

李海山　中国检验检疫科学研究院副研究员

陈光华　中国兽医药品监察所副所长、研究员

钱　军　军事医学科学院军事兽医研究所所长、研究员

吴淑琴　中国水产科学院珠江水产研究所所长、研究员

吴学梯　科学技术部条件与财务司副司长

三、综合组

组　长

阮宝君　中国工程院二局副局长

副组长

秦　川　中国医学科学院医学实验动物研究所所长、研究员

钱　军　军事医学科学院军事兽医研究所所长、研究员

蒋丹平　科学技术部中国农村技术开发中心副主任

成　员

蒋建东　中国医学科学院药物研究所研究员

李学勇　中国医学科学院药物研究所研究员

秦　川　中国医学科学院医学实验动物研究所所长、研究员

张连峰　中国医学科学院医学实验动物研究所副所长、研究员

李海山　中国检验检疫科学研究院副研究员

陈光华　中国兽医药品监察所副所长、研究员

程水生　中国兽医药品监察所研究员

钱　军　军事医学科学院军事兽医研究所所长、研究员

孙玉成　军事医学科学院军事兽医研究所副研究员

吴淑琴　中国水产科学院珠江水产研究所所长、研究员

李凯彬　中国水产科学院珠江水产研究所副研究员

吴学梯　科学技术部条件与财务司副司长

李根平　北京市实验动物管理办公室研究员
姚永刚　中国科学院昆明动物研究所副所长、研究员
赵要风　中国农业大学教授

四、项目办公室

主　任

钱　军　军事医学科学院军事兽医研究所所长、研究员

成　员

罗莎莎　中国工程院农业学部办公室主任
张文韬　中国工程院农业学部办公室主任
杨松涛　军事医学科学院军事兽医研究所研究员
郑召霞　中国工程院农业学部办公室副主任科员
王　庆　中国工程院农业学部办公室副主任科员
赵宏旭　中国实验动物学会秘书
孔　琪　中国医学科学院医学实验动物研究所所长助理
孙玉成　军事医学科学院军事兽医研究所副研究员
赵永坤　军事医学科学院军事兽医研究所助理研究员

五、课题组

（一）实验动物科学技术与药物创新和产业化研究课题组

组　长

蒋建东　中国医学科学院药物研究所研究员

成　员

李学勇　中国医学科学院药物研究所研究员
庄志雄　深圳市疾病预防控制中心主任、研究员
杜冠华　中国医学科学院药物研究所副所长、研究员
彭双清　军事医学科学院疾病预防控制所毒理学评价研究中心主任、研究员
周文霞　军事医学科学院毒物药物研究所研究员
靳洪涛　中国医学科学院药物所研究员
穆　鑫　中国医学科学院药物所助理研究员

何　云　中山大学教授

（二）实验动物科学技术与人类疾病研究课题组

组　长

秦　川　中国医学科学院医学实验动物研究所所长、研究员

成　员

张连峰　中国医学科学院医学实验动物研究所副所长、研究员

孔　琪　中国医学科学院医学实验动物研究所所长助理

杨　晓　军事医学科学院生物工程研究所研究员

李继平　中国医学科学院医学实验动物研究所《比较医学杂志》副主编

唐小江　广东省医学实验动物中心主任、研究员

邝少松　广东省医学实验动物中心研究员

（三）实验动物科学技术与食品安全研究课题组

组　长

李海山　中国检验检疫科学研究院副研究员

成　员

袁　飞　中国检验检疫科学研究院副研究员

严卫星　中国疾病预防控制中心营养与食品安全所副所长、研究员

宋乃宁　中国检验检疫科学研究院助理研究员

杨晓光　中国疾病预防控制中心研究员

孙拿拿　中国疾病预防控制中心营养与食品安全所助理研究员

（四）实验动物科学技术与动物卫生研究课题组

组　长

陈光华　中国兽医药品监察所副所长、研究员

成　员

陆承平　南京农业大学动物医学院教授

程水生　中国兽医药品监察所研究员

谭树义　海南省农科院兽医研究所所长、研究员

顾为望　南方医科大学实验动物中心主任、教授

曲连东　中国农业科学院哈尔滨兽医研究所主任、研究员

刘月焕　北京农林科学院研究员

费荣梅　南京农业大学动物医学院教授

（五）实验动物科学技术与生物安全研究课题组

组　长

钱　军　军事医学科学院军事兽医研究所所长、研究员

成　员

曾　林　军事医学科学院实验动物中心主任、研究员

林祥梅　中国检验检疫科学研究院动植物检疫研究所所长、研究员

孙玉成　军事医学科学院军事兽医研究所副研究员

林志雄　广东出入境检验检疫局研究员

杨松涛　军事医学科学院军事兽医研究所研究员

范　薇　军事医学科学院实验动物中心副研究员

（六）实验动物科学技术和水生实验动物研究课题组

组　长

吴淑琴　中国水产科学院珠江水产研究所所长、研究员

成　员

黄　韧　广东省实验动物监测所研究员

吴端生　南华大学 教授

王剑伟　中国科学院水生生物研究所研究员

李凯斌　中国水产科学院珠江水产研究所副研究员

（七）实验动物科学技术的发展与管理研究课题组

组　长

吴学梯　科学技术部条件与财务司副司长

成　员

孙增奇　科学技术部条件与财务司处长

葛毅强　科学技术部农村技术开发中心农业高技术处处长

李根平　北京市实验动物管理办公室研究员

贺争鸣　中国食品药品检定研究院实验动物资源研究所所长、研究员

魏　珣　科学技术部中国农村技术开发中心农业高技术处主任科员

马广鹏　科学技术部中国农村技术开发中心主任科员

车东升　吉林农业大学动物生产及产品质量安全教育部重点实验室副教授

孙康泰　科学技术部农村技术开发中心农业高技术处助理研究员

前　　言

实验动物科学是一门跨学科的新兴应用性学科，实验动物是其重要基础和组成，是生命科学研究的重要工具和支撑条件，也是国家创新发展的重要战略资源，不仅在医药卫生、环境保护、食品安全、农业、动物医学和生物安全等领域的研究中必不可少，而且在航天、航海、防原、防化等特殊领域的科学研究中具有十分重要的地位和作用。

中国的实验动物科学技术研究起步较晚，与发达国家相比差距较大，资源严重不足，不及发达国家的1/10，技术严重滞后，至少落后发达国家30年，严重制约中国生命科学的研究与应用，亟待研究解决。为此，中国工程院首先批准由农业学部于2011年在北京召开“实验动物与生命科学研究”工程科技论坛，邀请从事实验动物科学技术研究、管理与产业发展的专家、领导，对当今国内外实验动物科学技术与产业发展的现状、趋势、需求和管理等方面的问题进行广泛深入的交流和研讨。

为进一步从全局和战略的高度调查中国实验动物科学技术与产业发展的现状、需求和管理等方面的问题，为国家制定规划、完善法规、加强管理，加快中国实验动物科学创新发展提出建议，中国工程院又决定将“中国实验动物科学技术与产业发展战略咨询研究”列为重点咨询项目，由农业学部开展研究。该咨询研究项目由夏咸柱院士牵头，下设“实验动物科学技术与人类疾病”、“实验动物科学技术与新药创新”、“实验动物科学技术与动物卫生”、“实验动物科学技术与食品安全”、“实验动物科学技术与生物安全”、“实验动物科学技术与水生实验动物”和“实验动物科学技术产业发展管理”7个研究课题。邀请科学技术部，国家卫生计生委，农业部，国家林业局和中国工程院医药卫生学部、环境与轻纺工程学部等部门的11位院士，80余位专家、领导组成顾问组和研究组。分别从不同领域就实验动物科学技术与产业发展的战略意义、国内外研究现状、面临的机遇和挑战、战略需求与发展趋势、战略构想与建议等方面多次进行了深入的调查研究和交流研讨，历时两年，经反复修改完善，最终形成了本综合研究报告和各课题研究报告。

本报告的完成可为国家相关决策部门制定中国实验动物科学技术研究与发展规划提供依据和参考，也可供从事实验动物科学研究、行政管理、教学人员与相关专业的学生和企业人员阅读参考，对迎接以生命科学为基础的世界第六次科学技术革命，保障中国生命科学研究，促进中国社会与经济发展也具有一定的参考意义。

“实验动物科学技术与产业发展战略咨询研究”
项目组

目　　录

实验动物科学技术与产业发展战略研究报告（总论）

专题一 实验动物科学技术在创新药物研究中的应用

专题二 实验动物科学技术在人口健康研究中的应用

专题三　实验动物科学技术与食品安全研究

专题四　实验动物科学技术与动物卫生研究

专题五　实验动物科学技术与产业的生物安全研究

专题六　实验动物科学技术与产业发展管理研究

专题七 实验动物科学技术与产业发展管理研究

实验动物科学技术与产业发展战略研究报告（总论）

摘　要

国内实验动物及其相关领域的100多位院士、专家在大量搜集信息、文献检索、问卷调查、实地调研、专题研讨的基础上进行综合研究，阐明了实验动物科学技术与产业在生命科学、医学和农业等领域研究中的战略地位；分析了国内外实验动物科学技术与产业发展的现状和中国的未来需求。在此基础上，形成了中国实验动物科学技术与产业发展的战略构想，并提出对策与重大建议。

战略意义：实验动物科学技术是多个学科和领域交叉形成的一门学科，包括实验动物品种、模式动物、疾病模型等实验动物资源的开发、研制、质量保障，实验动物供应、分析技术、法律法规和管理体系建设等。实验动物科学技术是生命科学、医学创新研究的重要组成部分和可持续发展的重要支撑平台，是“创新型国家”的战略资源之一，对保障人类健康、食品安全、生物安全等具有重要的战略意义。

国内外现状：中国实验动物科学技术与产业经过30年的发展，建立了包括实验动物法律、法规、标准等在内的管理体系，初步形成了科学研究、生产供应、质量保障和人才培养体系，建成了十余个国际水平的实验动物技术平台。年产超百万只实验动物的机构有5家，一些药物安全评价机构和实验动物研究机构的实验动物分析专业化和集成化初具规模，实验动物相关产品和动物实验与临床前评价已经实现了产业化。从业人员已达10万人左右，拥有实验动物品种30多种，品系1000多个，成为生产和使用大国。

美国、日本等发达国家和相关组织分别制定出台了相应的实验动物标准、准则和法规，并设立了相应机构以规范实验动物的生产和应用，促进了实验动物产业化的发展，实现了实验动物生产供应商品化、质量管理标准化、检测试剂成品化。实验动物分析已经实现专业化、集成化和商业化，形成了技术齐全的分析中心。服务范围拓展到模型制作、饲养管理、动物寄养、动物质量检测技术、基因检测、诊断试剂等各种相关的服务。欧洲、美国等发达国家或地区的实验动物品种达200多种，品系20 000多个，产业已经完成规模化进程，并且正在占领发展中国家的市场，少数几个企业占据全球近80%的实验动物市场份额。实验动物从业人员实行分类分级管理，职业培训以管理人员、兽医、技术人员为重点，一般由高等院校和社会团体承担。

与欧洲、美国等发达国家或地区相比，中国实验动物科学技术与产业发展水平尚有较大差距，主要体现在实验动物的管理、资源、质量和供应、专业人才4个方面。中国以政府管理为主，而发达国家更注重行业自律。中国实验动物资源的贫乏主要表现在物种资源、基因工程实验动物资源和疾病动物模型资源3个方面。中国在实验动物质量控制方面相对落后，虽颁发实验动物国家标准已有20多年，其间组织修改了2次；建立了全国性的实验动物质量检测网络，但动物质量检测试剂依旧不统一；行业和实验动物饲养者自律性不高。中国实验动物生产量仅次于美国，但是在资源种类、动物质量和技术服务水平等方面差距很大。在实验动物产业方面，基因工程动物资源的限制，已成为中国创新研究的瓶颈。缺乏长远的发展规划、稳定的经费资助和资源维持体系。从业人员在职业培训方面专业教育水平低、规模小，继续教育机会少，技能培训不完善，高水平人才缺乏，资质认证体系不完善，必须加快发展的步伐。

需求分析：未来10~20年至少需要20 000~30 000种基因敲除和转基因的大鼠、小鼠、斑马鱼、果蝇等模式动物资源；引进20~30个物种人类疾病动物模型资源，通过基因工程建立3000种以上模型。建立2500家实验动物机构，基层管理人员、实验动物兽医、技术人员的总量应在45 000人以上。中国实验动物需求量将在现有基础上增长50%以上，以实验动物供应、提供实验动物技术和实验动物相关产品为主要内容的实验动物产业成倍增长。通过政府指导，加快中国实验动物产业规模化进程，提高实验动物及相关产品质量。

战略构想：加强人才队伍建设，以及实验动物管理和质量保证体系、国际资源共享体系、自主资源研制和创新能力、种子基地、高质量实验动物供应链6个方面的建设，保障未来10~20年实现实验动物资源翻两番、实验大鼠和猪等基因工程研究国际领先、形成国际水平龙头企业、建立以基层自律为基础的管理体制等战略目标。

重大建议：通过系统分析中国实验动物科学技术与产业发展现状，充分研究发达国家的成功经验，提出加快中国实验动物科学技术与产业创新发展的三个重大建议：一是充分认识实验动物科学技术与产业发展的战略地位；二是切实加快实验动物科学技术与产业发展的步伐；三是改革实验动物科学技术与产业创新发展的体制与机制。为中国未来20年生命科学、医学、药学、农业等领域的“自主创新、重点跨越、支撑发展、引领未来”提供必要的条件支撑。

基 本 概 念

实验动物（laboratory animal）：经人工饲育，对其携带的微生物和寄生虫实行控制，遗传背景明确或来源清楚的，用于科学研究、教学、生产、检定及其他科学实验的一类动物。

实验动物科学（laboratory animal science）：是一门包括实验动物资源研究、质量控制和利用实验动物进行科学实验的交叉学科。

实验动物技术（laboratory animal technique）：饲养实验动物的各种管理技术和质量监测技术，以及进行动物实验时的各种操作技术和实验方法等。主要内容包括研究实验动物新品种的培育，人类疾病动物模型的研制，使用实验动物或疾病模型进行生命科学、医学、药学等研究的技术集成。包含基因工程技术、胚胎工程技术、遗传育种技术、代谢组学技术、基因组学技术、实验病理技术、动物分子影像技术、生物信息学技术、动物繁育技术、质量检测技术、无创遥感技术、芯片标记技术、净化技术、替代方法等。

实验动物质量保障（laboratory animal quality assurance）：通过标准化的检测方法，全面提高并保障生产、运输、使用等各环节的实验动物质量符合国家标准的过程，包括实验动物质量检测网络、实验动物法规体系、实验动物标准体系、实验动物种子资源体系等方面。

动物模型（animal model）：根据科学研究需要，利用实验动物建立的具有特定表现的动物实验对象和材料。

疾病动物模型（animal model of disease）：生物医学科学研究中所建立的模拟人类或动物疾病表现的动物实验对象和材料。使用动物模型是现代生物医学研究中的一个极为重要的实验方法和手段，有助于更方便、更有效地认识人类疾病的发生、发展规律和研究防治措施。

基因工程动物（genetic engineering animal）：来源于正常动物胚胎，使用基因工程技术方法，改变遗传基因的动物，可培育一个相似的动物品系。

实验动物管理（laboratory animal management）：为保证实验动物质量，适应科学研究、经济建设和社会发展的需要而制定的一系列管理制度和措施，适用于从事实验动物研究、保种、饲育、供应、应用、管理和监督的单位及个人。

实验动物国家标准（laboratory animal national standard）：由国家标准化主管机构批准发布，对中国实验动物科学技术发展有重大意义，且在全国范围内统一的实验动物领域标准。国家标准是在全国范围内统一的技术要求，由国务院标准化行政主管部门编制计划，协调项目分工，组织制定（含修订），统一审批、编号、发布。

实验动物管理和使用委员会（Institutional Animal Care and Use Committee，IACUC）：由实验动物相关机构成立的负责审查实验动物使用相关活动以确保符合动物福利要求的一种组织。其宗旨为确保各机构在执行各项动物实验时，能以人道的方式来管理及使用实验动物，并符合相关法规政策要求。

国际实验动物饲养管理评估和认可协会（Association for Assessment and Accreditation of Laboratory Animal Care，AAALAC）：成立于1965年的非营利性组织，通过自愿认证和评估计划，促进在研究、教学、测试中负责任的对待所用动物，以推动在生命科学测试中负责任的对待所用动物，提高生命科学研究价值。

实验动物相关产品（laboratory animal related product）：用于实验动物饲养、运输和使用的相关产品，如饲料、垫料、笼架具、独立通风笼具（IVC）/旋转式中央排风通风笼具（EVC）、洗刷和消毒设备及饮水设备等。

良好实验室操作规范（good laboratory practice，GLP）：就实验室实验研究从计划、实验、监督、记录到实验报告等一系列管理而制定的规范性文件，涉及实验室工作的所有方面。它主要是针对医药、农药、食品添加剂、化妆品、兽药等进行的安全性评价实验而制定的规范。

合同研究组织（Contract Research Organization，CRO）：通过合同形式为制药企业和研发机构在药物研发过程中提供专业化服务的一种学术性或商业性机构。

比较医学（comparative medicine）：对各种动物（包括人类）的正常状态与病理状态进行类比研究，通过对不同物种对同一病原所致疾病的发生、发展和转归进行比较，以控制人类的疾病、衰老，延长人类的寿命，是一门综合性基础学科。

引　言

21 世纪是生命科学的世纪，生命科学对生命本质的解读已经成为推动医学、药学、农业等重要领域发展的原动力，也成为解决人类健康、食品安全、生物安全等国计民生重大问题的关键，实验动物科学技术与产业，居生命科学、医学、药学、农业等重要领域科学研究的支撑条件（动物、设备、试剂、信息）之首，也在一定程度上与人类健康、食品安全、生物安全等国计民生重大问题的解决直接相关。

实验动物科学技术作为支撑条件，由多个学科和领域交叉形成，包括实验动物品种、模式动物、疾病模型等实验动物资源的开发、研制，实验动物资源的质量保障，实验动物的供应，实验动物的分析技术，实验动物法律法规和管理体系的建设等。

第一，实验动物科学技术是多个学科发展的支撑条件：实验动物作为探索生命本质的活体系统，或作为医药研究的疾病模型，或作为物种改造的模式动物，或作为医药、农业、食品、生物产业等技术或产品评价的“人类替难者”，已经成为生命科学、医学、药学、农业、环境等领域不可或缺的基础条件。工程科学、物质科学、信息科学与生命科学正在发生融合，而实验动物科学与技术正是这一融合过程的载体和成果转化的中间环节，是生命科学、医学、药学、农业、环境及生命科学相关新兴产业的创新前沿和巨大推动力。

第二，实验动物科学技术是科学体系的重要部分：实验动物科学技术是生命科学、医学创新研究的重要组成部分，由实验动物科学技术衍生出来的比较医学、比较基因组学等都已成为生命科学和医学创新研究的最活跃领域。2007 年度诺贝尔生理学或医学奖成果的“基因敲除小鼠和基因敲除技术”是实验动物科学技术本身的飞跃，推动了人类对生命本质的深入探索进程。

第三，实验动物产业是实现实验动物科学技术支撑的基础：实验动物产业是实验动物科学技术实现对其他学科支撑的主要窗口，通过提供标准化的实验动物、疾病模型动物及相关产品，动物实验和分析技术方法为其他学科，以及生物技术产业、医药产业、农业等提供支撑。

近 100 年来，诺贝尔生理学或医学奖中，使用实验动物和技术取得的研究成果占 67%。最近 10 年诺贝尔生理学或医学奖主要都是使用实验动物研究得到的原创成果。

近 5 年美国《科学》（*Science*）杂志选出的最具科学意义的 50 项研究成果中，有 13 项是利用实验动物科学和技术的研究成果。因此，发达国家，尤其是美国一直把实验动物科学技术作为科技新垄断的战略资源给予重点支持，成为其生命科学、医药、生物技术产业、医药产业、农业等科技创新的巨大推动力。

实验动物科学技术是在生命科学、医药和农业等领域“进入创新型国家行列，为在 21 世纪中叶成为世界科技强国奠定基础”的必需的支撑条件。没有实验动物科学技术的支撑，生命科学和医药研究将难以持续发展。进而也会影响到人类健康、食品安全、生物安全等国计民生重大问题的解决。然而，中国实验动物科学技术与产业的发展仍然远远落后于其他学科的发展，不能满足其他学科发展的需要。所以，实验动物科学和技术列入中国科技强国的战略资源范畴，已经到了必须加快发展的新时期。

本报告综合了实验动物科学和技术的国内外发展现状，力求全面客观地阐述本学科未来的发展趋势，了解生命科学、医学、药学、农业等学科未来发展对实验动物科学的需求，提炼中国实验动物科学和技术面临的主要问题和对策。面对发达国家百年积累的巨大资源优势和强大经费支持，中国尚需付出巨大的努力和实现跳跃性发展才能迎头赶上，为中国生命科学、医学、药学、农业等领域的“自主创新、重点跨越、支撑发展、引领未来”提供相应的条件支撑。

经过调研，为适应中国未来 20 年生命科学、医学、药学、农业、生物科技等领域的发展需要，需在实验动物科学技术与产业的以下方面优先发展。

第一章　实验动物科学技术与产业发展的地位与作用

21 世纪是生命科学的世纪，生命科学对生命本质的解读已经成为推动医学、药学、农业等重要领域发展的原动力，也成为解决人类健康、食品安全、生物安全等国计民生重大问题的关键，实验动物科学技术与产业因是生命科学、医学、药学、农业等重要领域的支撑条件（动物、设备、试剂、信息）之首，而成为生命科学、医学、药学等领域影响研究课题的确立和研究成果水平高低的重要因素，也在一定程度上与人类健康、食品安全、生物安全等国计民生重大问题的解决直接相关。

实验动物的使用趋势，反映了实验动物科学技术与产业支撑作用的权重比例，欧洲联盟（简称为欧盟）每年的实验动物使用量在 1200 万只左右，其中 50%用于医药研究和医药产业，30%用于生命科学研究，20%用于食品、环境、农业等领域（图 0-1）。

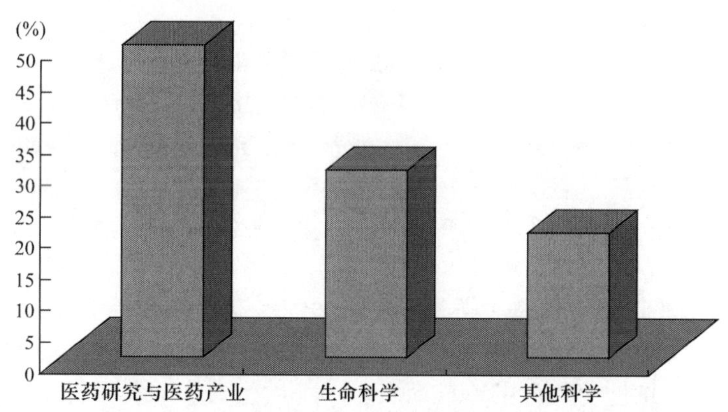

图 0-1　欧盟不同领域实验动物使用量的权重比

第一，实验动物科学技术是多个学科发展的支撑条件。实验动物作为探索生命本质的活体系统，或作为医药研究的疾病模型，或作为物种改造的模式动物，或作为医药、农业、食品、生物产业等技术或产品评价的“人类替难者”，已经成为生命科学、医学、药学、农业、环境等领域中不可或缺的基础条件。例如，近交系动物的培育为遗传学研究、育种学研究、免疫学研究等开辟了新的研究思路和研究手段。免疫缺陷动物的成功培育对器官移植、组织细胞移植、肿瘤学研究、免疫学研究等起到了巨大的推动作用。基因工程动物使功能基因组学研究迅速发展、使生物反应器和人工改造动物成为可能，并成为揭示生命科学本质和了解病理机制的重要途径。现今，工程科学、物质科学、信息科学与生命科学正在发生融合，而实验动物科学与技术正是这一融合过程的载体和成果转化的中间环节，是生命科学、医学、药学、农业、环境及生命科学相关新兴产业的创新前沿和巨大推动力，如动物克隆技术、纳米技术、干细胞技术、药物、组织器官工程等的成果转化与应用。

第二，实验动物科学技术是科学体系的重要部分。实验动物科学技术是生命科学、医学创新研究的重要组成部分，由实验动物科学技术衍生出来的比较医学和比较基因组学等都成为生命科学和医学创新研究最活跃的领域。尤其是2007年度诺贝尔生理学或医学奖的成果“基因敲除小鼠和基因敲除技术”是实验动物科学技术本身的飞跃，由此，人类对生命本质的探索进入了新的高度。

第三，实验动物产业是实现实验动物科学技术支撑作用的窗口。通过实验动物、疾病模型、实验和分析相关产品为其他学科和生物技术产业、医药产业、农业等提供支撑。例如，农业疫苗产业离不开无特殊病原鸡和鸡蛋的供应，用于抗体药物生产的抗体人源化动物供应等。

现代意义上的实验动物科学诞生于20世纪50年代，是多个学科和领域交叉形成的一门学科，融合了动物学（zoology）、兽医学（veterinary medicine）、医学（medicine）和生物学（biology）等科学的理论体系和研究成果，发展成为整个生命科学不可或缺的支撑学科。实验动物资源、实验动物质量保障体系、实验动物供应和实验动物管理构成了实验动物科学技术的基本元件。半个多世纪以来，实验动物科学以相关科学为基础，结合自身的目标和特点，从理论和实践两个方面不断丰富学科的内容，使该学科逐渐形成了完整的理论体系。

实验动物科学作为应用基础学科已经融入到许多前沿学科研究中，并由此衍生了一些分支学科，或以实验动物为主要支撑的学科，如比较医学（comparative medicine）、实验动物医学（laboratory animal medicine）和比较基因组学（comparative genomics）等。

一、实验动物科学技术是生命科学创新的基础

生命科学，尤其是以动物和人类为研究主体的“动物生命科学”，是在分子、细胞、组织、器官和整体水平上对动物和人类的遗传、生理、代谢、记忆、行为、免疫、发育、器官形成、衰老、干细胞等机制的基础研究。除了对生命本质科学探索的科学意义之外，将生命科学的最新成果推广到医学、药学、农业等领域还对人类健康、食品安全、生物安全等领域的进步起着巨大的推动作用并产生新的经济生长点。

实验动物科学技术在过去的100年中，对生命科学的进步起到了举足轻重的支撑作用。例如，巴甫洛夫利用“犬”对神经反射的研究，奠定了消化生理的基础；摩尔根以“果蝇”为实验对象，把基因和染色体联系在一起，成为遗传学和分子生物学的奠基人；伽瓦尼一生都用“青蛙”的神经做实验，发现脑、神经、肌肉收缩的电信号，成为神经电生理的奠基者；皮特高尔利用“小鼠”发现了组织相容性抗原，直接推动了输血、器官移植医学的巨大进步。

近年来，尤其是在人类基因组计划完成后，以基因功能、基因相互作用、基因调控为核心的功能基因组研究成为生命科学最活跃的研究流域，在基因水平和蛋白质水平上对遗传、生理、代谢、记忆、行为、免疫、发育、器官形成、衰老、干细胞等领域进行研究获得的创新成果，主要得益于实验动物科学技术的进步，包括基因工程技术、基因工程动物模型、模式动物资源和动物分析技术等方面的支持。例如，利用基因修饰在秀丽隐杆线虫中发现了干扰RNA的存在和其对基因表达调节的作用，利用基因敲除小鼠发

现了控制脂肪代谢和导致肥胖的基因，等等。

统计过去 30 年最主要生物医学和药学信息库 PubMed 收录的、利用实验动物模型进行研究的论文大约有 2000 万篇，几乎涵盖了生命科学的所有领域。最能体现创新研究的 *Nature*、*Science* 杂志刊出的生命科学论文中，使用动物模型的论文占 35%~45%。*Science* 杂志每年对全球的科学进展进行评估，在过去 5 年（2007~2011 年）50 项重大科技进展中生命科学共计 22 项，其中利用实验动物的研究占 13 项（表 0-1）。

表 0-1　2007~2011 年美国 *Science* 杂志评出的生命科学重大研究成果

年份	科技进展内容	使用的实验动物
2007 年	基因组计划相继完成	大鼠和小鼠（基因组）
	克隆动物与干细胞重新编成	绵羊（多莉）
	β_2-肾上腺素受体结构	—
	T 细胞通过不对称分裂具有两种功能	基因工程小鼠
	大脑重要记忆中心的发现	大鼠
2008 年	体细胞重新编成和全能性	绵羊、小鼠
	发现更多癌症基因	基因工程小鼠
	蛋白质相互作用观察	—
	发育胚胎内部细胞行为观察	斑马鱼
	黄色脂肪的作用	大鼠、小鼠和基因工程小鼠等
2009 年	最古老原始人“阿尔迪”的化石研究，揭示人类的共同祖先	—
	发现雷帕霉素能延年益寿	中老年小鼠
	发现植物抗旱激素的受体结构	—
	建立肾上腺脑白质营养不良的基因治疗	大鼠、小鼠和基因工程小鼠
2010 年	人工合成单细胞细菌基因组，并使它具备繁殖能力	—
	尼安德特人基因组与现代人比较	—
	人类免疫缺陷病病毒预防药物	猴、猩猩
	外显子测序与疾病基因	—
	核糖核酸的重新编程	基因工程小鼠
	基因敲除大鼠技术建立与大鼠在医药研究的回归	揭示大鼠作为医药研究模式动物的重要性
2011 年	第一束生物激光研制成功	—
	完成马铃薯基因组测序	—

在中国以创新研究为核心的自然科学基金项目中，2012 年生命科学和医学领域课题共计 13 449 项，其中使用实验动物的相关课题 5343 项，所占比例为 39.73%。动物学领域项目 261 项，其中使用实验动物的项目 23 项，所占比例为 8.81%（表 0-2）。

表 0-2　2012 年中国生命科学和医学领域自然科学基金使用实验动物的项目和动物种类统计

（单位：项）

动物模型	小鼠	大鼠	豚鼠	地鼠	犬	兔	猪	猴	斑马鱼	线虫	果蝇	总计
1200	2216	1386	23	6	16	10	163	61	103	85	74	5343

注：生命科学领域课题 5462 项、医学领域课题 7987 项，总计 13 449 项。以上数据均按关键词检索。生命科学和医学领域中实验动物相关课题所占比例为 39.73%

国内外生命科学研究，尤其是一流水平的研究大部分是使用实验动物或模式动物取得成果的，实验动物科学技术已经成为生命科学创新的前沿。

二、实验动物科学技术是医药研究和成果转化的必备条件

追溯到现代医学的启蒙，从希波克拉底通过多种动物解剖创立四体液病理学说，到盖仑以各种动物研究为基础创立西方医学的雏形；从哈维利用人类和动物的比较解剖方法发现血液循环，到卡瑞尔利用动物建立血管缝合与移植技术。这些医学的巨大进步无不与动物研究有关。

从巴斯德建立疫苗制备与使用动物进行疫苗有效性评价到班廷利用“犬”发现胰岛素，再到霍华德•弗洛利用细菌感染的小鼠证明青霉素的价值并实用化，是现代医药研究利用实验动物对药物、疫苗等进行有效性和安全性评价的典范。

获得诺贝尔生理学或医学奖的成果是推动人类医学进步的代表。统计过去 100 年诺贝尔生理学或医学奖的成果，其中使用实验动物的研究成果占 67%。而最近 10 年获诺贝尔医学奖的工作几乎都是使用实验动物研究得到的原创成果（表 0-3）。

表 0-3　近 10 年诺贝尔生理学或医学奖获奖成果及其使用的实验动物

年份	主要成果	物种
2004	发现气味受体和嗅觉系统组织方式	小鼠、犬
2006	发现核糖核酸（RNA）干扰机制	线虫、果蝇、小鼠
2007	建立基因打靶技术和基因敲除技术	小鼠
2008	发现导致严重人类疾病的两类病毒［人乳头瘤病毒（HPV）和人类免疫缺陷病毒（HIV）］	鸡、小鼠、人类、黑猩猩
2009	发现端粒和端粒酶保护染色体的机制	线虫、酵母、小鼠
2010	建立体外受精技术	小鼠
2011	发现人体免疫系统激活的关键原理	果蝇、小鼠
2012	发现细胞核重新编程研究	小鼠

新中国成立以后，在医药方面取得了一些有国际影响的成果。例如，20 世纪 60 年代，中国首先完成的断肢再植手术，最初是利用犬作为对象进行研究的，开辟了国际断肢再植手术成功的先河，推动了显微外科手术的进步。90 年代发现三氧化二砷对白血病具有治疗作用，也使用了肿瘤动物模型，三氧化二砷现已成为国际广泛使用的高效抗白血病药物。

近年来，医药研究更强调体内研究，更需要实验动物科学技术的支持。据统计，在反映医药创新研究的学术刊物《自然•医学》杂志（*Nature Medicine*）发表的论文中，使用实验动物的占 71%；《实验医学杂志》（*Journal of Experimental Medicine*）发表的论文中，使用实验动物的占 45%。据统计，2013 年欧盟用于药物研发和测试的实验动物数量在 600 万只以上，占全部实验动物用量的 50%。实验动物已经成为医药科技创新研究的重要工具。

第一，人类重大疾病动物模型，包括心脑血管病、肿瘤、痴呆、肥胖、糖尿病、自身免疫病、传染病等疾病动物模型，为这些疾病的发病机制研究提供了研究对象，并成为在基因、蛋白质，以及多因素作用网络方面研究的工具，极大地促进了对发病机制的

认识和药物靶点的发现，进而推动治疗理论、药物与技术的进步。例如，*COX-2* 基因靶点的新药赛来西布（Celecoxib）成为治疗关节炎的新药、*BCR-ABL* 致癌基因成为靶点的新药甲磺酸伊马替尼（Gleevec）均已上市。现在每年都有 2 个或 3 个针对靶点基因的新药物上市，这些新的靶点为治疗疾病提供了全新的机制，为一些以前无法治疗的疾病提供了新的希望，具有巨大的潜力。

第二，人类重大疾病动物模型为药物、疫苗、生物制剂的有效性提供了活体评价体系。药物、新型材料（如纳米材料）、生物制品（干细胞）、疫苗等均需利用实验动物进行体内代谢和安全性评价，从而成为药物、疫苗、生物制品和新型生物材料等从实验室到临床的必须环节。实验动物和技术是从实验室的研究成果到实际应用这一转化过程的链条。

“只有健康的民族才是有希望的民族”，医学、药学的进步是人类健康的保障条件，人类健康是社会稳定和民族竞争力的保证。人类健康相关产业，如医疗、药物、保健等产业也是 21 世纪经济发展的生长点，占领医学和药学创新研究的制高点，也就占领了人类健康相关产业的经济制高点。所以，实验动物科学技术作为医药研究和成果转化的必备条件，也是人类健康相关产业经济制高点竞争的基础条件。

新发和再发传染病是人类健康和生物安全的主要威胁之一。自 2001 年以来，世界卫生组织（WHO）已确认了 1100 多起具有全球影响的传染病事件，其中超过 70%是人兽共患传染病，其中涉及人兽共患传染病病原体已达 200 余种。来自野生动物的人兽共患病发生率也随着时间的推移而上升，近 30 年发生的人兽共患病例数占过去 60 年人兽共患病例数总数的 50%以上。表 0-4 总结了近年来对人类健康影响较大的新发传染病疫情。

表 0-4　近年来对人类健康影响较大的新发传染病疫情统计

疾病名称	病原体	媒介动物	危害
艾滋病	HIV	灵长类动物	据联合国艾滋病规划署（UNAIDS）统计，截至 2011 年年底，全世界共有 3420 万名 HIV 感染者，死亡 200 多万（中国 2 万），全世界每年用在 HIV/艾滋病治疗上的费用为 168 亿美元，尚存在 72 亿美元的资金缺口
重症急性呼吸综合征（SARS）	SARS-CoV	蝙蝠	《远东经济评论》估计世界因 SARS 损失 1500 亿美元
登革热	登革热病毒	蚊	危害性较强的传染病。
埃博拉出血热	埃博拉病毒	灵长类动物	已知危害最严重的病毒性疾病，死亡率达 50%~90%
尼帕病	尼帕病毒	狐蝠	严重危害人和猪，致死率约为 38%
莱姆病	莱姆病螺旋体	蜱	人群对莱姆病普遍易感
肾综合征出血热	汉坦病毒	鼠类	病死率一般为 5%~10%
手足口病	EV71	人	儿童、重症患者病死率为 10%~25%
新型冠状病毒	冠状病毒	蝙蝠	病死率为 60%左右，可引发重症肺炎并伴随肾衰竭
H7N9	流感病毒	家禽	病死率 22%左右。据中国畜牧业协会统计，从 H7N9 暴发之后的 1 周内，家禽行业的损失高达 100 亿元人民币
禽流感	H5N1	禽类	世界银行预计禽流感可能给全球经济造成最少 8000 亿美元的损失

对人类构成严重威胁的传染病有很大一部分是由动物传给人类的。随着人类活动的蔓延，破坏了野生动物原有的栖息地，人类新发疾病越来越多。表 0-5 所示为部分野生动物传播的常见人兽共患病。

表 0-5 野生动物传播的常见人兽共患病

野生动物	病原体	所致疾病
鼠类	鼠疫杆菌、出血热杆菌、钩端螺旋体	鼠疫、出血热、钩体病等 50 多种病
蛇类	多种寄生虫，如丝虫、旋毛虫等	多种寄生虫病
鸟类	寄生虫和多种病毒	鹦鹉热、森林脑炎、乙型脑炎
青蛙	曼氏裂头绦虫等寄生虫	肺、脑绦虫病
灵长类	HIV、埃博拉病病毒	艾滋病、埃博拉病
蝙蝠	亨德拉病毒、尼帕病毒	感染牲畜,如猪、马再传染人类
贝类	血吸虫等寄生虫和病毒	血吸虫病、甲肝
野兔	兔热病杆菌	兔热病

传染病是人类健康的最大威胁之一，而新发和突发传染病的威胁更大。下述经典案例 1 和经典案例 2 分别代表在突发卫生事件中实验动物资源储备的重要性和疾病动物模型在药物创制中的关键作用。

经典案例 1：实验动物与 SARS

目的：SARS 突发卫生事件对中国疫情防控在政府层面、疾控体系、传染病研究体系等方面提出了严峻的挑战，这里仅从疫苗的紧急研制层面说明中国实验动物资源，尤其是实验动物物种多样性的重要意义。

概况：2003 年春季的 SARS 疫情不仅对中国社会安定和经济稳定形成了巨大威胁，也对中国的疫情管理、控制体系造成了重大冲击。疫情的控制需要疫苗。而疫苗初步研制成功后，需要 SARS 动物模型评价疫苗的有效性。

SARS 病毒是一个新发传染病病原，建立适合疫苗评价的动物模型是一个全新的工作。一方面要筛选可以感染的动物；另一方面要通过动物模型分析确定该模型是否具有与 SARS 患者类似的病毒感染、复制和病理表型。

中国医学科学院医学实验动物研究所、中国疾病预防控制中心等单位协作，对中国已有的实验动物品种、品系，包括大鼠、小鼠、豚鼠、家兔、布氏田鼠、果子狸、食蟹猴、恒河猴等 80 余种动物进行了筛选，最后确定布氏田鼠和恒河猴可以感染 SARS 病毒，两种模型比较而言，恒河猴模型可以更好地再现类似 SARS 患者的病毒感染、复制和病理表型，随后利用恒河猴模型对疫苗的安全性和效果进行了评价并取得了突破性进展，证实接种灭活疫苗的恒河猴可以产生特异性抗体，能够抵抗 SARS 冠状病毒的感染。2003 年 11 月，中国正式对外宣布 SARS 灭活疫苗已在动物体内试验成功，即将进入临床试验阶段。因那段特殊时期，使中国在 SARS 疫苗研制方面处于国际领先地位。同时，对 SARS 疫情的有效控制也起到了稳定人心的巨大作用。

案例启示：SARS 虽然得到了及时控制，但是新发和再发传染病的发生越来越频繁，SARS 疫情后，在中国发生的疫情有手足口病，新型 H1N1 流感等，这一实例说明，在面对新发传染病等未知病源时，因疾病可以感染并制备模型的敏感动物品系是未知的，所以需要丰富的实验动物物种资源储备。

新药创制不仅是人类健康的重要方面，具有自主知识产权的药物也是解决中国吃药贵问题的主要途径。创新药物研究首先要发现或人工合成新的分子或化合物，并筛选出有生物活性的前药；其次，要经过不同的动物模型和实验方法，研究其药理作用、作用机制、代谢过程、毒性反应及质控方法，以预测药物在临床应用中的药效及可能出现的不良反应；再经过各期临床人体试验，验证其安全性和有效性，才能进入临床应用。动物实验阶段,即药物临床前研究是新药研发的重要阶段，是评价的基础工作。临床前研究结果的准确性和可靠性，是保证药物研发成功和降低临床风险的重要措施。所以，动物模型和分析技术是药物研究、成果转化的中间环节，没有这一环节，药物研究就不能实现实验室与临床的衔接。

经典案例 2：实验动物与一类抗肝炎新药

目的：一个新药的研制成功需要实验室、前临床、临床三个层次的长时间配合，本案例主要揭示在药物研究中实验动物的作用。

概况：双环醇片（商品名：百赛诺；英文名：Bicyclol）是中国第一个具有自主知识产权的国家一类抗肝炎新药，由中国著名肝炎药物专家、中国工程院院士刘耕陶教授等经过15 年研制获得成功，并在世界 15 个国家和中国台湾地区获得药品专利保护。曾荣获 2006 年度国家科学技术进步奖二等奖，“抗肝炎新药百赛诺的研究”项目也获得科学技术部、财政部、原国家计划委员会（现国家发展和改革委员会）、原国家经济贸易委员会（现商务部）四部委联合颁发的“九五”国家重点科技攻关计划优秀科学技术成果奖。

从 1985 年开始，双环醇片课题组在总结以往研究五味子和联苯双酯经验的基础上，开始了对双环醇抗肝炎的研究。到 1996 年 12 月双环醇进入临床研究前，已从合成、筛选、药理、毒理、药物代谢动力学、制剂、质量控制等方面进行了 10 余年的临床前研究。

动物实验：该药在研发过程中的药理、毒理、药代动力学等环节均主要依靠动物模型完成，包括以下几个方面。

（1）采用小鼠卡介苗加脂多糖致肝损伤模型，研究双环醇对免疫性肝损伤的肝细胞的保护作用，证明双环醇可抑制变态反应产生的炎性因子，对抗免疫性肝损伤，从而保护肝细胞。

（2）利用小鼠肝纤维化模型，证实双环醇可降低肝纤维化小鼠的血清转氨酶并能降低纤维化的主要成分 I 型胶原蛋白的作用。

（3）利用鸭肝炎模型的研究证实双环醇具有抑制鸭乙肝病毒 DNA 复制，以及抑制2.2.15 细胞株（人肝癌细胞整合人乙肝病毒）分泌 HBsAg 和 HBeAg 的作用。

（4）利用大鼠和比格犬的毒理实验表明，施用双环醇未表现明显不良反应，可以进入前期临床试验。

通过对上述多个物种、多种机制形成的动物药理模型的研究，发现双环醇是一种通过多靶点、多机制起作用的抗肝炎新药，其特点是不仅具有保肝作用，还可以抗病毒。因此，双环醇问世以来，很快受到广大临床医师和患者的关注，成为治疗轻度、中度各型慢性肝炎的首选药物。

案例启示：疾病动物模型和安全评价的实验动物是药物研发及成果转化的重要条件，对影响人类健康重大疾病的药物研究需要强大的实验动物资源和分析技术的优先发展。

实验动物对药物研究的作用主要体现在两个方面：一是利用疾病动物模型进行有效性和作用机制研究；二是利用动物进行药物代谢和安全性评价。

三、实验动物科学技术是农业发展的重要支撑

农业的发展为中国食品安全提供了保障，实验动物在农业领域中具有广泛的应用（表 0-6）：第一，为农业提供生产用的实验动物[包括鸡胚和无特定病原体（SPF）鸡蛋]；第二，为农业相关产品提供有效性、安全性评价的动物；第三，实验动物技术对农业育种的技术支持。实验动物在动物疫病防治、兽用药品、中兽药、生物制品、消毒剂等产品开发和研制，以及农牧优良品系培育中发挥了重要作用。

表 0-6　农业中需要实验动物的领域列表

领域	用途	实验动物种类
疫苗产业	活疫苗生产	SPF 鸡和 SPF 鸡蛋
	疫苗有效性和安全性评价	鸡、猪、牛、羊、鸭、犬、貂等
农药和兽药产业	安全性、毒性、有效性、环境危害等评价	大鼠、小鼠、鸡、犬等
除草剂产业	安全性、毒性、环境危害等评价	大鼠、小鼠、鸡、犬等
疫病防治	疫病传播、发病机制、防控技术、兽病发病机制和治疗方法研究	鸡、猪、牛、羊、鸭、犬、貂等
基因工程育种	动物净化技术、胚胎工程技术、基因工程技术	大鼠、小鼠、鸡、猪、鱼等

在兽用疫苗生产方面，《美国联邦法规》中公布的 73 个兽用生物制品质量标准中，用实验动物进行安全和有效性检验的产品有 65 个，占 73 个兽用生物制品质量标准的 89%。中国 2010 年版《中国兽药典》三部收载的 80 个兽用疫苗和 2 个抗血清中，全部需用实验动物进行安全和有效性检验。中国产兽用生物制品共约 440 个，各兽用生物制品企业年生产约 160 种兽用生物制品约 1100 亿头份。为疫苗生产提供鸡蛋而饲养的无特殊病源的鸡达 10 万~20 万只，每年为生产禽用活疫苗提供鸡胚约 5000 万枚。产品出厂检验用鸡、猪、牛、羊、鸭、犬、貂等实验用动物 28 000 只左右。2012 年全国 SPF 鸡生产企业有 20 家，共生产 SPF 鸡蛋约 5050 万枚，基本达到了供需平衡。此外，2012 年中国还向韩国、东南亚国家出口 SPF 鸡蛋约 150 万枚。近几年，中国兽用生物制品生产行业处于规模扩张期，各企业为了提高市场竞争力，特别是新建企业为了生存，不断研发科技含量不高、市场有销售的同类产品，从而进行大量的动物实验来评价生物制品的安全性和有效性，对动物的需求量不断地增加。另外，人类对环境的保护意识越来越强，对农牧用药物等的动物实验评价和对动物生态影响评价的需求也越来越多。

四、动物实验是食品安全的保障

食品安全是指食品无毒、无害，符合应含有的营养，对人体健康不造成任何急性、亚急性或慢性危害。食品和健康食品在人类使用之前，需要对其进行食品健康和食品安全风险评估，食源性有害物质测定包括化学因素测定、生物因素测定和物理因素测定等，主要危害因素见表 0-7。

表 0-7 食品及保健食品中对人体可能造成危害的因素

化学性质	来源
化学物质	农药残留、兽药残留、食品添加剂残留、除草剂残留、保健食品有效成分提取剂残留、环境污染残留等
生物污染	细菌、细菌毒素、霉菌、霉菌毒素等
食品包装	塑料、金属等
物理因素	辐射消毒等
食品固有毒有害物质	多糖、生物碱、脂类、凝集素等
新型食品	转基因粮食、转基因家畜等

20 世纪 80 年代，食品毒理学工作者按《食品安全性毒理学评价程序和方法（试行)》对 1000 多个农药、食品添加剂、金属毒物、霉菌毒素、食品包装材料、新资源食品及辐照食品等进行了毒性研究，完成了有机氯农药 4 个阶段的毒性试验。

食源性有害物质对健康产生已知或潜在不良作用的可能性、严重性和不确定性，使得在批准人类使用前都需要对其进行科学评价。1994 年中国《食品安全性评价程序和方法》及《食品毒理学试验操作规范》由国家技术监督局颁布实施。2003 年《食品安全性毒理学评价程序和方法（GB15193.1－2003)》和《保健食品检验与评价技术规范》颁布实施。通过动物实验对食品急性毒性、遗传毒性和致癌性等方面的评估，为其是否能够安全食用、政府审批和上市或指定食品中污染物限量标准并进行监督和管理提供科学依据。食品毒理学安全性评价是保障食品安全和国民健康的重要手段。美国食品安全科学委员会提出的以动物实验为主要内容的食品安全性评价决策树，在世界范围内被广泛接受（图 0-2)。而基于动物实验的食品毒理学是评估的基础。食品和保健食品评价中常用的动物见表 0-8。

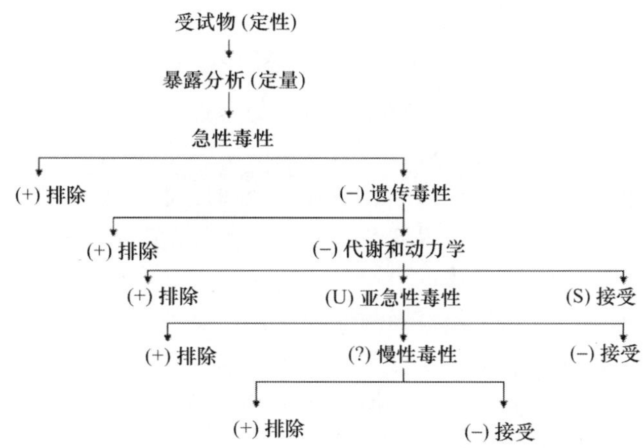

图 0-2 食品安全性评价决策树

+. 毒性不可接受；?. 证据不足；S. 已知代谢途径并且安全；U. 代谢途径未知

中国近年来加大了对基因工程作物，以及家畜、水产品等的研究投入（转基因生物新品种培育重大专项)。1996~2011 年全球转基因作物种植面积增长曲线见图 0-3。然而基因工程培育的新品系真正进入产业化和市场化阶段还有极大困难。在食品安全层面，

表 0-8　食品安全性毒理学评价实验中使用的实验动物

评价阶段	试验名称	实验动物
第 1 阶段	急性经口毒性	大鼠或小鼠
	遗传毒性试验	小鼠、大鼠或果蝇
第 2 阶段	致畸试验	大鼠或兔
	喂养试验	大鼠
	喂养试验	大鼠
第 3 阶段	繁殖试验	大鼠
	代谢试验	大鼠或小鼠
第 4 阶段	慢性毒性合并致癌试验	大鼠或小鼠

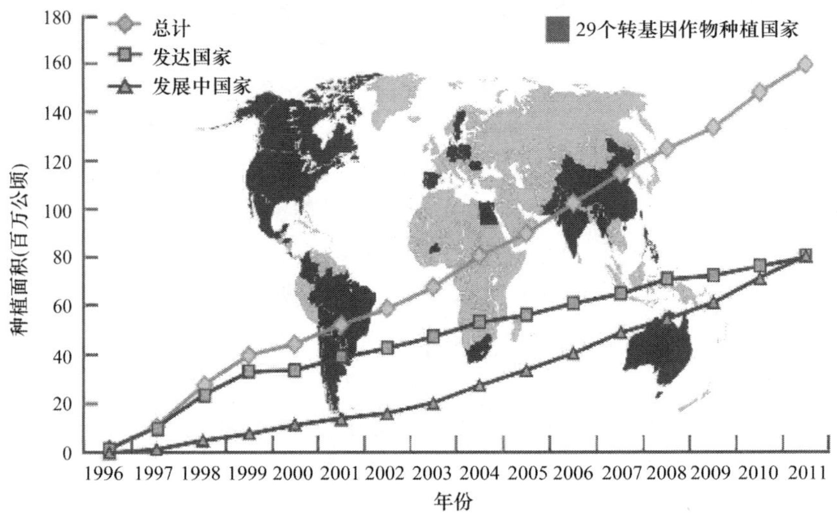

图 0-3　1996~2011 年全球转基因作物种植面积增长曲线（Clive，2012）

国际国内对转基因食品的安全性一直存在着巨大的争议。一方面，虽然有些国家建立了转基因食品安全评价体系，以及针对转基因食品的法律法规，并批准了一些转基因食品上市，但国际组织和世界各国对转基因食品都持谨慎态度。另一方面，部分学者认为转基因食品因被终生食用，可能产生累积性危害性，可能危及几代人。这些负面的报道导致民众对转基因食品有恐惧感，致使多项针对转基因食品的研究因公众反对而终止。可以说，安全问题不解决，基因工程育种的产业化几乎是不可能的。而这一问题的解决，有待于提供动物模型、分析技术，以及使大众信服的安全评价结果。同时，健康食品的广泛开发，已成为农牧产品提升附加值的重要途径，健康食品的有效性、安全性对动物实验的需求必定会大量增加。

经典案例 3：实验动物与转基因水稻

目的：转基因食品的安全性是公众关心的热点问题，对转基因食品进行科学可靠的评价，是转基因食品被大众接受，走向产业化的关键，通过本案例说明转基因食品评价需要合格实验动物和分析技术的支持。

概况：水稻是全世界一半以上人口的主食，中国是世界水稻产量最高的国家，占世界总产量的31%。面对自然环境恶化和人口增长的硬约束，基因工程育种——转基因水稻的培育是水稻育种的重要方向之一。而一系列抗虫、抗病的转基因水稻品种，以及各种改善营养品质的转基因水稻品种，它们的食用安全性是人们关心的核心问题，转基因水稻的食用安全性评价是这类优良品种产业化的关键。

转基因水稻评价主要包括实质等同性分析、营养与毒理学评价的实验动物喂养试验、实验动物致畸性评价、实验动物免疫毒理学评价、实验动物致敏性评价和外源基因与蛋白质的安全性评价等几个方面。

中国培育的 *Xa21* 转基因水稻。*Xa21* 基因来源于野生稻，转基因水稻表型为抗水稻白叶枯病。中国疾病预防控制中心对 *Xa21* 转基因水稻的食用安全性进行了系统评价。根据美国制定的满足啮齿类动物生长发育营养需求的 AIN93G 饲料配方，设计出了包含转基因水稻的测试饲料。

（1）在 Wistar 大鼠进行了为期 28 天的喂养后，对其进食量、体重身长、蛋白质功效比、血常规、血生化、脏体比和骨密度等营养指标进行了检测和比较，认为转基因水稻对大鼠没有明显的毒副作用。90 天喂养试验观察大鼠体重、身长、血常规、血生化、脏器重量、骨密度和脏器的病理学检查，未观察到明显异常，不能证实转基因水稻对大鼠有亚慢性毒性作用。大鼠致畸性评价证实转基因水稻组没有明显的致畸性。

（2）应用 BALB/c 小鼠进行免疫毒理学评价，所有观察指标与非转基因水稻组相比均无显著性差异。

（3）应用 BN 大鼠进行致敏性评价，应用转 *Xa21* 基因水稻的粗提蛋白质灌喂 BN 大鼠，发现转基因水稻组与非转基因水稻组检测到特异 IgE 抗体的动物例数没有统计学差异。皮肤过敏试验表明，转基因水稻组和非转基因水稻组特异 IgE 抗体滴度相同。

经过上述评价，证实以目前的评价技术水平，*Xa21* 转基因水稻在动物评价方面是安全的。

转基因食品安全性评价主要依赖于动物实验，即使转基因作物与相应的非转基因作物营养成分分析无差异，在动物喂养实验中，也可能观察到“非期望效应”，这是因为用传统的化学分析方法来分析食品的营养成分有其局限性。例如，蛋白质总量和氨基酸构成相似的两种食品，其蛋白质的种类和构成可完全不同。

案例启示：很多科学家和大众担心的转基因食品的长期毒性或累积毒性问题，有待于新型动物模型和分析技术的开发，为基因工程食品提供更科学的评价体系。

五、实验动物科学技术是环境监测、军事和航天等领域研究的重要工具

环境方面：环境安全是中国面临的重要问题。环境毒理学是从医学和生物学的角度，利用毒理学方法研究环境中有害因素对人体健康影响的学科。实验动物包括大鼠、小鼠、鸟类等，水生实验动物是环境毒理学的重要工具。大气、河流、海洋的污染，污染物溯源，化学毒剂在体内代谢等关键技术，新型高效消毒剂和快速消毒技术等都需要实验动物，尤其水生实验动物是检测和危害评价的重要工具。

军事方面：各种武器的杀伤效果，化学、辐射、细菌、激光武器的效果和防护，战伤外科的研究，防军事毒剂和细菌武器损伤的研究，等等，实验动物代替人类为武器杀伤中的受难者，可帮助研究者找到对各种战伤的有效防治措施。

经典案例 4：实验动物与武器杀伤效能

目的：通过一个武器效能研究说明实验动物科学技术对国防科技发展的作用。

概况：武器对生物损伤的效能或损伤的长期影响是发展武器的重要方面。这方面的研究需要实验动物和实验动物分析技术的支持。以下为模拟恐怖爆炸的次声波对机体损伤的研究实例。

将 BALB/c 小鼠放置在距起爆点 50m、100m 等处，起爆后，没有牺牲的小鼠继续饲养 4 周，小鼠的肺脏会被次声波损伤并纤维化，影响呼吸功能。用小动物微计算机断层扫描（CT）可以检测纤维化的程度（图 0-4），从而评价爆破的损伤效果并研究相应的防治措施。

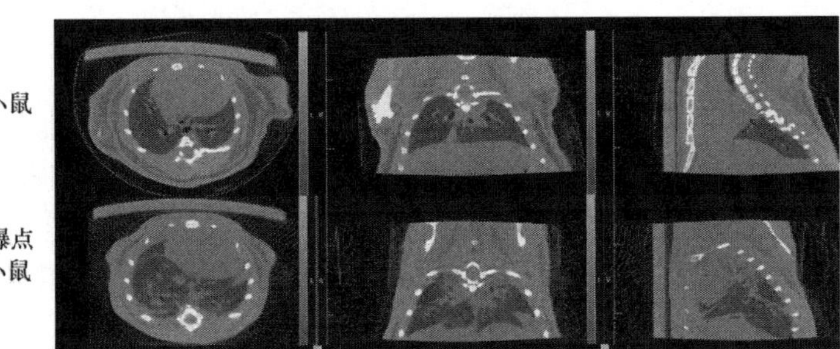

图 0-4　小动物微计算机断层扫描（CT）示意图

案例启示：国防科技的现代化，包括武器效能、航天航空、极端环境监测、防辐射、防化研究等都需要实验动物科学技术的支持。

在航空航天科学试验中，一方面，实验动物作为人类的替身在宇宙飞船历次遨游太空时，代替人类作生理试验取得了有价值的科学数据；另一方面，利用基因工程动物，研究太空生活过程中一些基因表达得以改变后对生理的影响，成为太空生物学或太空医学的重要内容。例如，中国航天医院，利用转基因小鼠研究失重状态诱导表达基因对心脏功能的影响，这类研究对航空航天具有重要意义。

六、实验动物科学技术是科学技术创新体系的重要部分

实验动物科学技术的主要起支撑作用，但实验动物科学技术本身也是科学创新体系的一个重要部分，由此衍生的比较医学、实验动物医学和比较基因组学，以及基因工程技术、胚胎工程技术、克隆技术等成为创新研究的前沿。在实验动物科学发展史上，近交系小鼠的培育、裸鼠的培育和肿瘤模型建立、无菌动物动物的培育、SPF 鸡和鸡蛋的生产、转基因小鼠的培育等都是生命科学史上的重要事件。

Peter Gorer 和 George Snell 利用培育的近交系小鼠发现了组织相容性-2 基因（*MHC*，*H2*），而 George Snell 也于 1980 年获得了诺贝尔生理学或医学奖，这是第一次自称是实验动物科

学家和比较医学家的人获得的诺贝尔奖。2007 年诺贝尔生理学或医学奖的成果“基因敲除小鼠和基因敲除技术”是实验动物科学技术本身的飞跃。2008 年诺贝尔化学奖的成果“GFP 标记技术”，本质上是在实验动物中观测蛋白质活动技术。2012 年诺贝尔生理学或医学奖的成果“体细胞重编程和诱导干细胞”，随后的诱导干细胞克隆小鼠、小鼠的孤雌生殖和孤雄生殖研究，近年来研发的 *TALEN* 基因敲除技术、*Crisp/Cas9* 基因敲除技术、条件敲除技术，免疫球蛋白基因人源化，等等，都是国际科学的研究热点，这不仅是实验动物科学的巨大进步，也成为生命科学和医学进步的推动力。

第二章　中国实验动物科学技术与产业发展现状分析

一、发 展 历 程

中国实验动物科学起步较晚，现代意义的实验动物科学是在 1978 年第一次全国科学技术大会以后才真正发展起来的，中国和一些发达国家实验动物科学发展的节点见表 0-9。

表 0-9　中国和一些发达国家实验动物科学发展情况的比较

项目	中国	美国	英国	日本
起始时间	1982 年	1944 年	1947 年	1950 年
管理法规（发布时间）	实验动物管理条例（1988 年国家科学技术委员会 2 号令发布）	动物福利法案（1966 年，美国国会批准）	《动物（科学方案）法令》（1986 年，英国议会批准）	实验动物饲养和保护基准（1973 年，日本国会法律第 105 号）
管理机构	科学技术部	农业部，国立卫生研究院（NIH）	内务部	文部科学省
单位总数	2100 个	2500 个	213 个	50 个
动物数量	2000 万	2800 万	301 万	1000 万
从业人员	10 万人	6 万人	1.4 万人	0.6 万人
GLP 法规	1993 年	1978 年	1982 年	1982 年
国家学术组织（成立时间）	中国实验动物学会（1987 年）	美国实验动物学会（1950 年）	英国实验动物学会（1963 年）	日本实验动物学会（1952 年）
国家期刊杂志	中国实验动物学报、中国比较医学杂志	*Comparative Medicine JAALAS*	*Lab Animal - UK*	*Experimental Animal*

中国实验动物科学技术与产业发展可分为三个阶段。

第一阶段的核心是从无到有的突破。1978~1989 年，在科学技术部、国家卫生计生委和中国医学科学院的共同努力下，成立了中国医学科学院实验动物中心，即现中国医学科学院医学实验动物研究所的前身。1982 年，国家科学技术委员会召开了第一届全国实验动物工作会议，首次将发展实验动物科学纳入国家计划。1988 年，经国务院批准，国家科学技术委员会宋健主任签发了中国首部《实验动物管理条例》，标志着中国实验动物管理工作开始纳入法制化轨道。1978~1989 年是实验动物发展的黄金时期，在美国和日本专家的帮助下，培养了一批从医学领域、兽医学领域转入实验动物科学技术领域的人才；建立了饲养、育种、微生物检测和遗传检测等基本技术体系；从国外引进了一批常规实验动物，以及高血压、糖尿病、自身免疫病动物模型。

第二阶段的核心是法律法规建设。1990~2000 年，在科学技术部的支持和引导下，建立了一系列法律法规；但是，对实验动物研究的支持相对较小，造成人才流失，错失了基因工程技术带动的实验动物研究的机遇期。

第三阶段的核心是基因工程实验动物资源研究的奋起直追。2001~2010 年，从

“十五”规划开始，经过10年的发展，中国形成了一定规模的基因工程资源，并对生物医药研究起到了有力的推动作用。但是，面对发达国家百年积累的巨大资源优势和强大的经费支持，中国仍然需要付出巨大的努力和飞跃性发展才能迎头赶上，为生命科学研究，以及医药、农业、环境等提供持续的和国际一流的支撑条件。

中国常用的实验动物品系主要引自国外，由高校、科研机构、部分企业进行生产供应。根据中国实验动物发展的总体目标，科学技术部陆续建成了啮齿类实验动物种子中心、兔种源基地、SPF 禽类种源基地、比格犬种源基地、实验用小型猪种质资源基地、实验灵长类种质资源中心和实验动物数据资源中心7个种质资源基地。中国实验动物资源不断丰富、质量不断提高；实验动物标准、检测技术和质量保障体系日趋完善，初步建立了实验动物质量监测网络；实行了实验动物许可证制度，以及实验动物质量监督和质量合格证认证制度。建立了比较医学技术共享平台、实验动物信息平台、实验动物公共服务平台的雏形，并成为本学科可持续发展的重要前提和根本保障。

二、主要成绩

（一）实验动物资源从无到有

中国在1980年左右，由中国医学科学院从国外引进了一批常规实验动物，以及高血压、糖尿病、自身免疫病动物模型。以此为起点，至最近10年，中国实验动物资源积累较快，其中一小部分是中国自行开发的具有自主知识产权的动物品系，大部分是通过各种渠道从国外引进的动物品系，形成了一定规模的实验动物种质量保障存和生产供应体系；尽管同发达国家相比还有很大的差距，但毕竟已经开始为中国生命科学研究、医药研究、生物产业化、农业、环境等领域发挥支撑作用。

1. 实验动物物种资源

实验动物物种资源十分丰富，从线虫、果蝇到黑猩猩，国际上已经具备的实验动物有200多个物种；中国经常使用的有小鼠、大鼠、豚鼠、兔、犬等30个左右的物种（表0-10）。中国已有的实验动物品系主要保存在北京啮齿类实验动物种子中心、上海啮齿类实验动物种子中心、南京模式动物资源库、中国医学科学院医学实验动物研究所，以及其他医学院校和研究所（如北京医科大学、北京大学、清华大学、中国科学院生物物理研究所、中国科学院北京生命科学院等各有少量大鼠、小鼠品系），以上各单位共计保存了2000个左右的品系。

表0-10 常用实验动物品种

品种	中国
物种	30种动物
小鼠	2000个品系
大鼠	50个品系
豚鼠	2个品系
兔	4个品系
总量	2100品系

2. 人类疾病动物模型资源

人类疾病动物模型资源是疾病机制研究、新药研发、治疗方法研究和转化医学的工具，根据不完全统计可用于糖尿病、肥胖症、心脑血管病、肿瘤、痴呆等对中国人类健康影响最大的 20 个大病种的疾病机制研究、新药研发、治疗方法研究和转化医学的基因工程模型及疾病动物模型资源约有 700 个品系（表 0-11）。

表 0-11　中国的常用重大疾病机制研究动物模型资源

病种	疾病动物模型品系/种
心脑血管病	60
阿尔茨海默病、帕金森病等神经系统疾病	132
糖尿病、肥胖症、高血脂等代谢疾病	106
肿瘤	56
免疫疾病	89
其他疾病	75

（二）实验动物质量保障体系初步建立

实验动物科学技术是国家科学技术发展的重要支撑条件，其中实验动物资源是源头，而质量保障体系是核心。以药物研究为例，没有高质量的实验动物支持，就没有合格的药物。中国初步建立了实验动物国家标准体系、建立了种质供应体系的雏形、实验动物质量检测网络和许可证制度，形成了实验动物质量保障体系雏形，对实验动物质量的提高发挥了重要作用。

1. 已经初步建立了国家标准体系

中国已经建立了实验动物遗传、微生物、寄生虫、营养和环境设施 5 个方面的国家标准，包括 12 项强制性标准、71 项推荐性标准及 10 项 SPF 鸡微生物检测标准。实验动物国家标准体系的建立，为实验动物质量检测和许可证颁发提供了技术保障，对实验动物质量提高发挥了重要作用。表 0-12 所示为中国实验动物国家标准不断完善的三个阶段，表 0-13 所示为中国现行的实验动物国家标准。

表 0-12　实验动物国家标准历次修改版本

修订时间	修订内容
1994 年版	统一了质量评定尺度，使检测工作和质量评价有标可依；对中国实验动物质量整体提高起到促进作用
2001 年版	补充、修订，扩大了标准涵盖范围，使标准所规定的内容更加科学、规范，增强了可行性
2008 年版	补充、修订，使标准所规定的内容更加科学、规范，增强了可行性

表 0-13　中国常用实验动物标准规范情况

动物种类	微生物	寄生虫	遗传	营养	环境	病理
小鼠	★	★	★	★	★	○
大鼠	★	★	★	★	★	○
豚鼠	★	★	○	★	★	○
地鼠	★	★	○	★	★	○
沙鼠	○	○	○	○	○	○
土拨鼠	○	○	○	○	○	○
雪貂	○	○	○	○	○	○
兔	★	★	○	★	★	○
犬	★	★	○	★	★	○
小型猪	■	■	■	■	★■	■
猫	○	○	○	○	★	○
猴	★	★		★	★	○
树鼩	■	■	■	■	■	○
羊	○	○	○	○	○	○
牛	○	○	○	○	○	○
马	○	○	○	○	○	○
鸡	▲	▲	○	▲	★▲	○
鸽子	○	○	○	○	○	○
鸭	○	○	○	○	○	○
鱼	■	■	■	■	■	■
线虫	○	○	○	○	○	○
文昌鱼	○	○	○	○	○	○
果蝇	○	○	○	○	○	○

注：★代表有国家标准；▲代表有行业标准；■代表有地方标准；○代表无标准

2. 建立了种质供应体系的雏形

在科学技术部、国家卫生计生委和农业部等政府部门的统一协调下，经过 20 多年的筹划和建设，建立了国家啮齿类、兔类、禽类、犬类、非人灵长类、遗传工程小鼠资源库和数据资源中心 7 个种质资源单位，国家卫生计生委比较医学重点实验室重点开展了疾病动物模型的资源保存工作（表 0-14）。以上机构在引进、收集和保存实验动物品、品系，研究实验动物保种新技术，培育实验动物新品种、品系，为国内外用户提供标准的实验动物种子等方面发挥了一定作用。

表 0-14　实验动物种质供应体系（统计数据截至 2011 年）

序号	中心名称	依托单位	保种数量/种	供种数量/只
1	国家啮齿类实验动物种子中心（北京和上海）	中国食品药品检定研究院、中国科学院上海实验动物中心	58	33 518
2	国家遗传工程小鼠资源库	南京大学	481	23 000
3	国家犬类实验动物种子中心	广州市医药工业研究所	2	1 071
4	国家兔类实验动物种子中心	中国科学院上海实验动物中心	3	994
5	国家禽类实验动物种子中心	农业科学院哈尔滨兽医研究所	6	18 000 枚蛋
6	国家非人灵长类实验动物种子分中心	苏州西山中科实验动物公司	2	800
7	国家实验动物数据资源中心	广东实验动物监测所	—	—
8	国家卫生计生委比较医学重点实验室	中国医学科学院医学实验动物研究所	530	15 000

3. 建立了覆盖大部分地区的检测网络体系

全面提高实验动物质量，保证生产、使用等各环节的质量，必须依赖于标准化的检测手段和健全的实验动物质量检测网络。科学技术部确立了国家和省（自治区、直辖市）两级检测机构组成的实验动物质量检测网络（图 0-5，图中红点标记的是建立了实验动物质量检测网络体系的省、自治区、直辖市），建立了 6 个国家实验动物质量检测中心（病理、环境、微生物、遗传、饲料、寄生虫，并在 23 个省（自治区、直辖市）设立了 26 个省级实验动物质量检测机构，范围基本覆盖了全国。

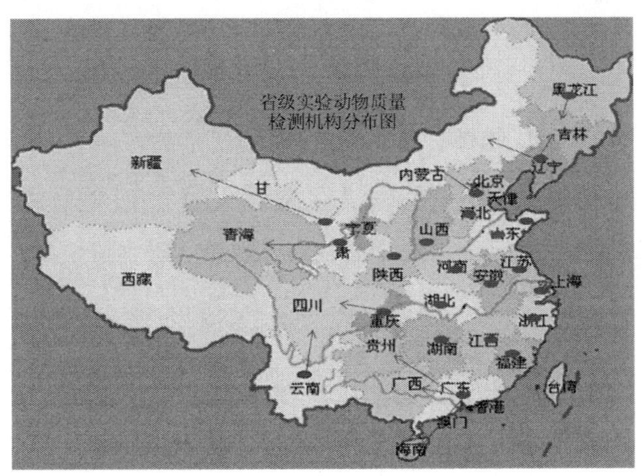

图 0-5　全国性实验动物质量监测网络体系

4. 建立了以实验动物许可证制度为核心的管理体系

实验动物许可证制度是中国实验动物法制化管理的重要举措。与英国实验动物许可证制度类似，分为实验动物生产许可证、使用许可证和从业人员上岗证三种类型。这些许可证的有效期为 5 年，每年需要接受书面或现场检查。《实验动物许可证管理办法（试行）》是中国实验动物质量管理的一个核心性文件，规定未取得实验动物许可证的不得从事实验动物的生产、不得使用，强调了许可证的管理和监督，为实验动物单位和个人从事实验动物工作设置了行业准入的门槛。通过认证这一法制化管理模式，既能规范科学研究行为，又能促进实验动物行业的发展。

（三）实验动物技术水平逐渐提高

1. 实验动物培育和动物模型研制技术

中国已经建立转基因技术、基因打靶技术，大片段转基因技术、锌指核酸酶（Zinc-finger nuclease，ZFN）技术、转录激活因子样效应因子核酸酶（transcription activator-like effector nuclease，TALEN）技术、转座子技术等基因工程技术平台，可以对小鼠、大鼠、斑马鱼、鸡、猪、马、牛、羊等进行基因修饰。医学实验动物研究所和南京模式动物中心等具有每年制备 200 个基因工程品系的能力。在农业领域，开展了大规模猪、马、牛、羊等动物的基因工程育种，包括环境友好转基因动物，高繁殖力转基因动物，抗口蹄疫、流感、猪瘟等抗病转基因动物，高母乳品质转基因动物，高转化率转基因动物，优质、减排、不饱和脂肪酸等转基因动物，等等。在基因工程技术方面，虽然整体水平还比较落后，但已有几个世界水平的实验平台，为今后的持续发展打下了良好的技术储备。

2. 动物模型分析技术

动物模型的分析也进入了高科技阶段，数字化病理分析技术、分子影像技术、生物信息学技术、组学技术、胚胎技术、芯片技术、行为学技术、芯片遥感技术、芯片条码技术等在模型分析方面得到广泛应用，使动物模型分析进入了活体、即时、无创阶段，其与经典分析技术结合，使研究生命现象、疾病发展过程等方面有了更科学、快速的方法，有力地促进了生命科学和医药、农业、环境等领域的创新研究。在欧美等国家，实验动物分析已经出现了专业化、集成化和商业化趋势，形成了技术齐全的分析中心或实验医学中心，有效地提高了研究效率。中国一些药物安全评价机构和实验动物研究机构已经出现了实验动物分析专业化、集成化的雏形。

经典案例 5：分子影像技术在评价肿瘤药效中的应用

目的：中国人口恶性肿瘤发病率为 144.25/10 万，0~74 岁累积发病率为 21.70%。肿瘤是中国第二大死亡因素。具有自主知识产权的肿瘤药物的研发是解决肿瘤患者“吃药贵”的关键，而肿瘤动物模型和研究技术是肿瘤医学治疗及药学研究的重要手段。

分子影像技术（molecular imaging）是指运用影像学手段显示组织水平、细胞和亚细胞水平的特定分子，反映活体状态下分子水平变化，对其生物学行为在影像方面进行定性和定量研究的技术。

动物分子影像技术的优势在于可以连续、快速、远距离、无损伤地揭示病变的早期分子生物学特征，成为疾病早期诊断和治疗的重要手段，也广泛应用于动物模型相关的医学研究和药学研究（图 0-6）。

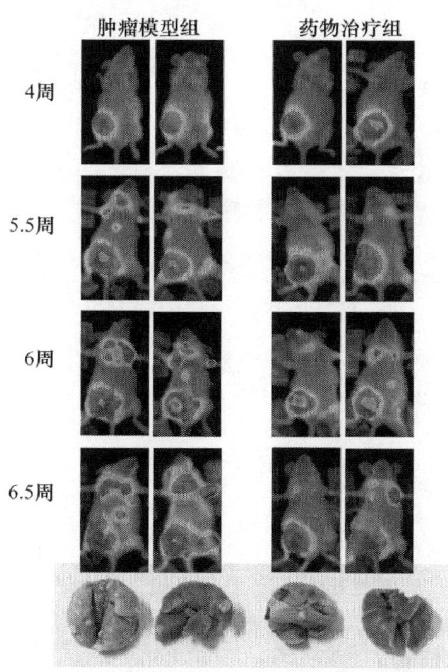

图 0-6　分子影像学技术应用于肿瘤研究

分子影像技术可以直观、方便的检测小鼠乳腺癌在乳腺组织生长和在肺中的转移情况，以及药物治疗对肿瘤转移的抑制作用，是评价药物疗效的新技术

本案例是荧光素酶标记的小鼠乳腺癌模型，可以科学和方便的观察肿瘤转移程度及药物治疗效果，为肿瘤药物的筛选提供有效的评价技术。

案例启示：实验动物分析技术的进步是医药研究进步的动力之一，不仅可以提高效率、降低成本，而且可以进行更深入的机制研究。

（四）实验动物产业形成规模

实验动物产业主要包括实验动物培育、生产、供应；实验动物相关产品研发和生产供应；动物实验技术服务三个方面。通过三个方面的服务，为其他学科和生物技术产业、医药产业、农业等提供支撑，是实验动物科学技术实现对其他学科支撑的主要窗口。

1. 实验动物供应初具规模

中国实验动物产业化经过近10年的发展，正在迅速地由过去的自产、自用、自销的“小农经济”模式走向市场化、高科技产业化，现已初具规模，年产实验动物达2000万只以上，主要由实验动物专业生产企业生产，科研院所和大专院校也有少量生产（图 0-7）。现有 5 家年产实验动物百万只以上的实验动物企业，逐步形成了覆盖全国的销售网络（表 0-15），主要供应医院、生命科学、医药相关科研院所、疫苗、药物、GLP 等企业和医学、农业等大专院校（图 0-8）。这为今后的实验动物品系、质量、服务等方面的提高奠定了基础。

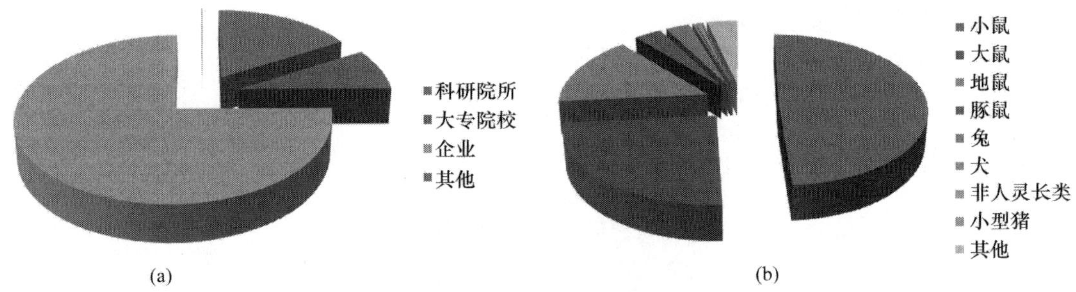

图 0-7　中国实验动物年生产量统计

（a）单位类型；（b）品种分类

表 0-15　主要实验动物公司的产量、品系和分布

公司	生产范围	产量/万只	品系	地区
上海斯莱克实验动物有限公司	SPF 级：小鼠、兔、大鼠、地鼠、豚鼠；清洁级：小鼠、大鼠、地鼠、豚鼠、兔	450	大鼠、小鼠、地鼠、豚鼠、兔等 5 个品种 58 个品系	上海
北京维通利华实验动物技术有限公司	屏障环境：大鼠、小鼠、豚鼠、地鼠、SPF 鸡；隔离环境：大鼠、小鼠；普通环境：兔	400	大鼠、小鼠、地鼠、豚鼠、兔等 30 多个品系	北京
北京华阜康生物科技股份有限公司	屏障环境：大鼠、小鼠	200	小鼠、大鼠、自发和基因工程模型等 200 个品系	北京
军事医学科学院实验动物中心	屏障环境：大鼠、小鼠、豚鼠、地鼠；普通环境：兔、猴	100	小鼠、大鼠、猴等 20 多个品系	北京
上海西普尔-必凯实验动物有限公司	SPF 级：小鼠、大鼠；清洁级：小鼠、大鼠	100	大鼠、小鼠等 27 个品系	上海

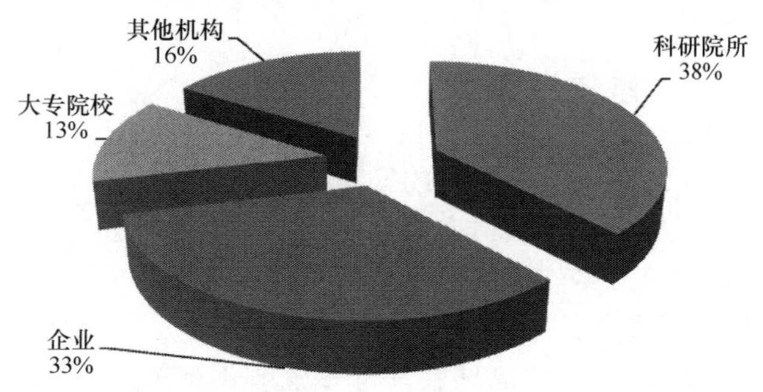

图 0-8　中国实验动物的主要使用单位

实验猴的规模化生产是起步较早、初始阶段以出口为主的生产企业，如今，年产量在 1 万只以上的企业近 10 家。

虽然中国实验动物的生产量仅次于美国，但是在技术服务水平、品系资源、动物质量等方面与发达国家还有很大差距。

2. 实验动物相关产业首先解决了“无”的问题

实验动物相关产品，如饲料、垫料、笼架具、IVC/EVC、仪器设备及工程设施的产业化已初具规模。国内企业生产的实验动物相关产品以低端产品为主，高精尖端产品，如消毒设备、代谢检测设备等需要进口。随着生物医药研发产业的发展，已经实现了动物实验和临床前评价技术（GLP）产业化，出现了一些提供动物实验技术服务的专业化机构（表 0-16）。

表 0-16　实验动物相关产品厂家统计

类别	机构数量	服务能力	生产规模
饲料	20 家	能够生产各种实验动物饲料，包括繁殖鼠料、维持鼠料、金黄地鼠饲料、豚鼠料、家兔料、膨化繁殖犬料、膨化育成犬料、膨化猴料、猪料、小型猪料、羊料、鸡料、特殊饲料；SPF 鼠料、SPF 特殊鼠料、SPF 豚鼠料、SPF 兔料、SPF 鸡料；清洁级繁殖鼠料、维持鼠料；等等	实验动物饲料市场份额为 3 亿~5 亿元。生产规模在年产 1000t 以上的企业约 20 家，集中在北京、上海等大城市。部分省市实验动物生产机构可生产饲料，用于自给
垫料	20 家	可以生产各种级别啮齿类实验动物使用的垫料，包括普通垫料、普通原木垫料、SPF 原木垫料、普通玉米芯垫料、SPF 玉米芯垫料	实验动物垫料市场份额大约为 1 亿元。啮齿类实验动物饲料生产厂家一般都生产垫料
笼架具	15 家	可生产各种实验动物笼架具，包括隔离器、代谢笼、IVC/EVC、饮水瓶、层流架、笼架、笼盒等	市场份额为 5 亿~10 亿元。主要集中在北京、江苏、上海等省（直辖市）
GLP	54 家	新药临产前服务，主要包括给药毒性试验（啮齿类、非啮齿类）、局部毒性试验、生殖毒性试验、遗传毒性试验、致癌试验、免疫原性试验、安全性药理试验、依赖性试验、毒代动力学试验等。	中国 GLP 机构规模一般在 20~50 人，服务项目一般不超过 10 项。GLP 市场份额为 5 亿~10 亿元
CRO	600 家	国内 CRO 机构主要从事临床前研究和临床试验研究，其他包括新药研发咨询、新药申请报批等业务。临产前研究以化学药物研究服务为主，如药明康德、保诺、开拓者化学、睿智化学、康龙化成等。临床试验规模还不大，主要是外资企业和合资企业	CRO 市场份额为 80 亿~100 亿元。CRO 机构主要集中在北京（20 亿元，25%，200 家）、上海（28 亿元，30%，300 家）、南京（5 亿元，6%，50 家）、天津等地。

（五）实验动物管理体系逐渐完善

自 1982 年国家科学技术委员会召开的第一次实验动物工作会议以来，中国各级政府部门就开始了建立国家及各级政府部门现代化管理体系；并逐步建立和完善了实验动物管理系统（表 0-17）。中国的实验动物管理系统分为国家层面（科学技术部，类似于英国的 Home Office）、地区层面（各省市科技厅或直辖市科委）和 IACUC（单位自管，类似于美国和加拿大的 IACUC），并将这些管理有效地结合起来。在中国 31 个省(自治区、直辖市)中，有 29 个建立了省级实验动物管理委员会（或办公室，简称为动管办）管理各自省(自治区、直辖市)的实验动物工作。自 1988 年起，国家科学技术委员会开始建立各种规章制度用于规范实验动物的生产和使用。科学技术部已经颁布了 10 条实验动物部门规章。有 23 个省(自治区、直辖市)颁布了各省(自治区、直辖市)实验动物管理规章，北京、湖北、广西、广东、黑龙江等省(直辖市)还实现了对实验动物管理条例的立法工作（表 0-18）。

表 0-17　中国现有的实验动物管理组织架构

类别	机构	职责
主管部门	科学技术部	管理全国的实验动物工作，统一制定中国实验动物的发展规划及相关政策法规
行业部门	国务院各有关部门	依其职责负责管理实验动物的相关工作
地方主管	地方科技厅（委、局）	主管本辖区的实验动物工作，是实验动物许可证发放、管理的实施机关
地方行业部门	地方各有关部门	依其职责负责管理实验动物的相关工作
动管办、动管会	地方或有关部门设立	具体负责本地区或本部门的实验动物日常管理工作

表 0-18　中国实验动物管理政策法规体系

类别	文件名称	发布机构
行政法规	实验动物管理条例	国务院批准，国家科学技术委员会发布
部门规章	实验动物质量管理办法	国家科学技术委员会、质量技术监督局联合发布
	实验动物许可证管理办法（试行）	科学技术部等七部局联合发布
	实验动物种子中心管理办法	科学技术部
	关于善待实验动物的指导性意见	科学技术部
地方法规	北京市实验动物管理条例	北京市人民代表大会常务委员会
	湖北省实验动物管理条例	湖北省人民代表大会常务委员会
	云南省实验动物管理条例	云南省人民代表大会常务委员会
	黑龙江省实验动物管理条例	黑龙江省人民代表大会常务委员会
	广东省实验动物管理条例	广东省人民代表大会常务委员会
地方规章	各地方实验动物管理办法、细则等	地方政府
规范性文件	各有关部门的实验动物管理文件	各行业主管部门
技术标准	实验动物国家标准	国家质量监督检验检疫总局
	各地方实验动物质量、检测等标准	各地方技术质量管理部门

目前实施的实验动物管理行政法规、地方法规和部门规章，以及涉及有关实验动物管理的法律法规、质量标准等，从管理的不同层次、不同角度、不同力度共同构成了具有中国特色和优势的实验动物行业及科技管理体系。

（六）建立了实验动物科学技术人才梯次培养模式

中国实验动物领域的人才教育和培养有三种方式，一是从业人员岗前培训，二是专业技术培训，三是实验动物学历教育。实验动物从业人员已经达到10万人以上，技术培训的专业规模也已达到上万人次。多数医药学院和部分兽医类院校面向研究生和本科生开设实验动物学课程，培养了近千名高素质的专业人员，为中国实验动物科学技术打下了快速发展的人才基础。

各省市先后建立了实验动物从业人员培训机构，北京、上海、江苏、湖北等地先后出版了实验动物从业人员培训教材，北京大学、中国农业大学等院校还编著了实验动物专业教材。实验动物从业人员队伍发展非常迅速，从业人员持证上岗的数量翻了几番，每年都增加上万人。从业人员的受教育程度也有了较大的变化，本科以上学历的从业人员已占全部从业人员的49%以上，改变了过去以低学历从业人员为主的局面（图0-9、图0-10）。到2012年，全国持证上岗的实验动物从业人员已超过10万人。

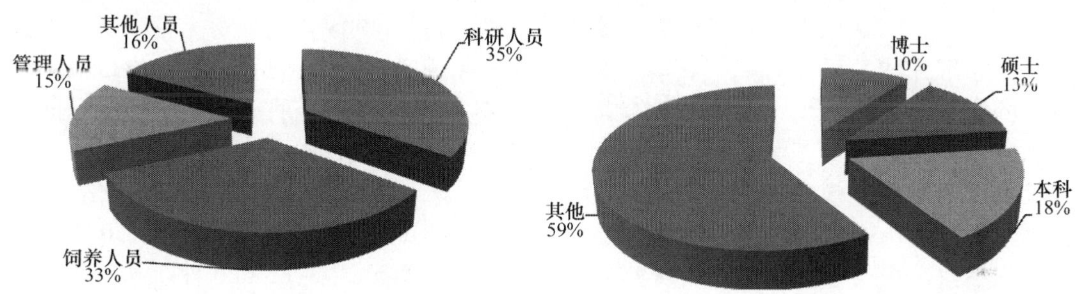

图0-9 实验动物从业人员分类　　图0-10 实验动物从业人员学历

2005年，科学技术部曾在科技支撑计划中，部分支持实验动物人才体系建设；北京市科委、湖北省科技厅和江苏省科技厅也先后支持人才培训考核方面的研究。尤其北京市科委，在科学技术部项目的基础上进一步支持人才培训考核，使人才培训考核系统基本可以运行，网上考试系统、理论教学参考教材已基本完成。已经初步建立了不同层次人才培养的体系。

三、问题与对策

（一）存在的问题

经过30多年的发展，中国实验动物科学技术与产业取得了可喜的进步，但是由于起步较晚，且重视、支持实验动物科学的发展还存在一个过程，中国与发达国家尚有较大的差距，尚不能满足生命科学、医药、农业等领域快速发展的需求。主要体现在实验动物资源、实验动物质量和供应、管理、人才4个方面。

1. 实验动物资源贫乏

实验动物模型资源缺乏和多样性不足，已成为中国生命科学、医药创新研究和生物前沿技术在农业、工业、人口与健康、生物安全等领域应用的瓶颈之一，是首先需要解决的问题。实验动物资源的贫乏主要表现在物种资源、基因工程实验动物资源和疾病动物模型资源三个方面。

1）实验动物物种资源的贫乏

以美国为首的发达国家十分重视实验动物物种资源的收集、保种，现有的实验动物物种达 200 多个。中国实验动物物种主要以引进为主，少量为自主培育和实验动物化的品系，目前有 30 种左右。主要缺乏的是啮齿类品种、灵长类品种、对传染病敏感的实验动物品种和品系及自发突变疾病模型动物品系（表 0-19）。

表 0-19　中国和美国的实验动物物种资源比对

科目	中国	美国
物种总数	30 种	200 多种
常规品系	103 个	2607 个

2）基因工程动物和疾病模型资源的贫乏

从 20 世纪 80 年代转基因和基因敲除技术建立，到 2005 年人类、大鼠、小鼠基因组计划相继完成，显示对基因功能、基因相互作用和调节网络的研究，将成为揭示生命、疾病、衰老的本质，以及进一步推动人类新一轮产业革命的原动力。第一方面，基因工程动物是研究基因功能、基因相互作用和调节网络的主要工具；第二方面，基因工程动物是研究疾病机制、药物机制、发现药物靶点的疾病动物模型；第三方面，基因工程技术用于人源化器官供体、生物发生器等研究。美国已经积累了 20 000 种基因工程小鼠，主要保存在杰克逊研究所。英国剑桥大学已经有 12 000 种新一代基因敲除小鼠胚胎干细胞（ES）库。日本已经积累了 5000 种以上的基因工程小鼠资源。

中国基因工程动物研究规模较小，目前只有 10 个左右的单位具备成熟的基因工程技术平台，创建了大约 500 种基因工程小鼠，以及部分基因工程斑马鱼、果蝇，远远落后于欧洲、美国、日本等国家或地区。中国基因工程资源与美国的比较见表 0-20、主要疾病模型资源与发达国家的对比见表 0-21，国内外主要保种单位资源对比见表 0-22。

表 0-20　中国基因工程资源与美国的比较

科目	中国	美国
小鼠品系/个	1 000	14 606
大鼠品系/个	20	1 210
其他品系/个	50	3 000

3）国际实验动物资源共享与实验动物进口的限制

实验动物资源的共享与合作是全球性的发展趋势，主要目的在于打破国与国之间的贸易壁垒，增进实验动物资源的分享、利用和保存，避免资源的重复生产与浪费。以啮齿类实验动物为主，已经形成了几个主要以信息共享为主的非营利性的实验动物资源联盟（表 0-23、表 0-24）。

表 0-21 美国、日本和中国人类重大疾病动物模型资源比较

序号	疾病种类	美国	日本	中国
1	神经疾病	2859	112	122
2	免疫疾病	2691	127	89
3	心血管病	1106	100	60
4	肿瘤	963	101	56
5	衰老	718	56	28
6	代谢病	528	125	39
7	糖尿病	355	52	28
8	肥胖	239	60	29
9	病毒性传染病	109	76	57
10	精神性疾病	200	50	10
	总计	9768	859	518

表 0-22 国内外主要基因工程资源保种单位

序号	保种单位	保种数量
1	美国杰克逊研究所	12 000 种
2	英国桑格(Sanger)研究所	3 000 小鼠品系/19 000 种条件敲除胚胎干细胞（ES）(将成为最多的保种单位）
3	日本 Riken 研究所	1 000 种
4	日本熊本大学遗传研究所	5 000 种
5	中国科学院上海实验动物中心	200~300 种
6	中国南京模式动物资源库	300~500 种
7	中国医学科学院医学实验动物研究所	500 种（拥有特种实验动物资源）

表 0-23 主要实验动物资源国际联盟（数据库信息）

序号	联盟名称	成员	作用
1	国际小鼠种质资源库（IMSR）	北美洲（MMRRC、TJL、CMMR、EMS、KOMP、NCIMR、ORNL、TAC、TIGM）、欧洲（EMMA、HAR、MUGEN、WTSI）、大洋洲（APB）、亚洲（CARD、NIG、NRCMM、OBS、RBRC、NLAC）	收集国际上的小鼠品系（25 227 个，包括活体、胚胎、精液、卵细胞）和 ES 细胞（210 066 个）等共计 234 438 品系或株系的信息
2	国际小鼠资源联盟（FIMRe）	北美洲（MMHCC、MMRRC、TJL、CMMR、CMC）、欧洲（EMMA）、大洋洲（APN）、亚洲（CARD、RBRC）	以实验动物冷冻胚、精卵子、胚干细胞株、活体小鼠品系或株系的信息，提供各地研究人员的研究所需，并提供特殊品系小鼠资源的交流平台
3	国际基因敲除小鼠资源联盟（IKMC）	美国（KOMP、TIGM）、加拿大（NorCOMM）、欧洲（EUCOMM）	以基因打靶技术和基因捕获（gene trap）技术为基础，在 C57BL/6 小鼠的 ES 细胞中敲除全部蛋白质编码基因。其中，KOMP、EUCOMM 和 NorCOMM 主要采用基因打靶的方法，而 TIGM 主要采用基因捕获的方法。提供 ES 细胞资源

注：MMRRC.突变小鼠资源研究中心联盟（Mutant Mouse Resource Research Centers）；TJL.美国杰克逊研究所（The Jackson Laboratory）；CMMR.加拿大突变小鼠资源库（Canadian Mouse Mutant Repository）；EMS.Dr. Elizabeth M. Simpson，加拿大英属哥伦比亚大学分子医学和治疗中心；KOMP.美国加利福尼亚大学小鼠基因敲除项目（The Knockout Mouse Project）；NCIMR.美国国立癌症研究所弗雷德里克分部（National Cancer Institute at Frederick）；ORNL.美国橡树岭国家实验室（Oak Ridge National Laboratory）；TAC.美国泰康尼克生命科学公司（Taconic Biosciences）；TIGM.美国得克萨斯基因组医学研究所（Texas A&M Institute for Genomic Medicine）；EMMA.欧洲小鼠突变资源库（European Mouse Mutant Archive）；HAR.英国哈韦尔医学研究理事会（MRC Harwell）；MUGEN.希腊生物医学研究中心小鼠数据库（MUGEN Mouse Database）；WTSI.英国桑格研究所（Wellcome Trust Sanger Institute）；APB.澳大利亚表型数据库（Australian Phenome Bank）；CARD.日本熊本大学动物资源库（Center for Animal Resources and Development Database）；NIG.日本国立遗传学研究所（National Institute of Genetics）；NRCMM.中国南京模式动物研究所（National Resource Center for Mutant Mice）；OBS.东方酵母生物服务公司（Oriental BioService Inc）；RBRC.日本理化研究所生物资源库（RIKEN BioResource Center）；NLAC.中国台湾实验鼠种源库（National Applied Research Laboratories）；MMHCC.美国人类癌症小鼠模型资源库（Mouse Models of Human Cancer Consortium）；MMRRC.美国突变小鼠资源联盟（Mouse Mutant Resource Regional Centers）；CMC.加拿大小鼠资源库（Canadian Mouse Consortium）；APN.澳大利亚表型资源共享网络（Australian Phenomics Network）；NorCOMM.北美条件突变小鼠项目（North American Conditional Mouse Mutagenesis Project）；EUCOMM.欧洲条件突变小鼠项目（European Conditional Mouse Mutagenesis Program）

表 0-24　国际主要的小鼠资源保存单位

国家	资源单位	资源数量	更新日期（年-月-日）
加拿大	Canadian Mouse Mutant Repository（CMMR） 多伦多大学	品系：167 ES 细胞系：13 879 总计：14 046	2009-6-29
美国	The Jackson Laboratory（JAX） 杰克逊研究所	品系：6 813 ES 细胞系：15 总计：6 815	2013-5-6
美国	KOMP Repository（KOMP） 加州大学戴维斯分校	品系：957 ES 细胞系：13 466 总计：13 581	2013-5-8
美国	Mutant Mouse Regional Resource Centers（MMRRC） NIH 突变鼠资源中心	品系：3 856 ES 细胞系：28 920 总计：32 776	2013-5-7
美国	Taconic 公司	品系：3 847 ES 细胞系：0 总计：3 847	2010-5-21
美国	Texas A&M Institute for Genomic Medicine（TIGM） 得克萨斯基因组医学研究所	品系：0 ES 细胞系：142 514 总计：142 514	2009-2-7
日本	Kumamoto University（CARD） 日本熊本大学	品系：1 108 ES 细胞系：0 总计：1 108	2013-4-24
日本	RIKEN BioResource Center（RBRC） 日本理化研究所	品系：3 426 ES 细胞系：1 747 总计：5 173	2013-5-8
意大利	European Mouse Mutant Archive（EMMA） 意大利国家研究委员会	品系：2 898 ES 细胞系：0 总计：2 898	2013-5-6
英国	Mammalian Genetics Laboratory（HAR） 牛津大学 MRC	品系：381 ES 细胞系：0 总计：381	2012-2-13
英国	Wellcome Trust Sanger Institute（WTSI） 剑桥大学桑格研究所	品系：3 000 ES 细胞系：19 000 总计：22 000	2013-6-2

注：国际小鼠种质资源库（IMSR）成员单位，数据库信息

在实验动物产业方面，欧美国家的实验动物市场化程度较高，美国的查理士河公司（Charles River Laboratories Inc.）、哈兰公司（Harlan）、Taconic 公司、杰克逊研究所等 6 家实验动物生产供应企业就占据了美国实验动物 80%的市场份额。仅美国 Charles River 公司，就在 20 多个国家的 97 个地区设立了分公司，提供模型制作、饲养管理、动物寄养、检测技术、基因服务、诊断试剂等各种相关服务。欧美国家的实验室可以直接从这些实验动物供应单位购进动物，不需进出口岸隔离检疫。

限制资源共享涉及两个方面：一方面，中国没有实验动物进口的法规，目前依据的是《进出口动植物检疫法》，将实验动物按一般经济动物或观赏动物的进口法规进行管理，即进口实验动物需要先向有关部门提出申请，在进出口岸或指定设施内隔离检疫，使进口人类疾病动物模型或转基因动物比较困难，即法规的不完善限制了国际资源的共享；另一方面，由于科技竞争的原因中国无法得到国外一些重要的或稀少的动物模型和一些常用实验动物的种子。以下的案例说明国际实验动物资源“美曰共享”实际上对中国有

很多限制，也说明实验动物缺乏对创新研究和国际竞争具有影响。

经典案例 6：成纤维细胞向心肌细胞转化的研究分析

目的：通过一种工具小鼠的共享受到限制，说明资源落后影响了创新研究。

概况：中国心脑血管病患者约有 2.3 亿，其中高血压患者近 2 亿，是目前中国发病率、致残率和死亡率最高的疾病。心脏成纤维细胞是否可以向心肌细胞转化是心脏病学领域争论了多年的问题，了解心脏成纤维细胞向心肌细胞转化的机制对心脑血管病病理发生的了解和治疗都有十分重要的意义。中国在 5 年前即开始了这项研究，但是，在体内证实心脏成纤维细胞向心肌细胞转化需要一种工具小鼠（心脏成纤维细胞特异的 Cre 小鼠），日本和德国的两个实验室均有这一工具小鼠，中国通过多个途径试图引进这一小鼠，都因为种种限制而没有成功。

美国格拉德斯通研究所（Gladstone Institute）首先得到了这个小鼠，使它们的研究走在了中国同类研究的前列，它们的成果发表在 2012 年 5 月的《自然》杂志上。心脏病发作导致的心脏损伤通常是永久性的，因为心肌细胞在心脏病发作时因缺乏氧气而死亡，而与此同时瘢痕组织形成。在小鼠体内的实验表明，能够将不能跳动的细胞直接重编程为具有全部功能性的能够跳动的心脏细胞，从而提供一种崭新的创伤最小的方法来恢复心脏病发作后受损的心脏功能。这一发现将为心脏病的治疗提供全新的治疗线索。

案例启示：这一案例说明，基因工程资源的限制，在很多时候成为中国创新研究的瓶颈。

2. 实验动物生产质量亟待提高

中国实验动物的年产量已达 2000 万只左右，成为实验动物生产和应用的大国，但是在实验动物的生产质量低下、品种和品系少及规模化程度等方面存在不足。

1）实验动物的质量问题

常规啮齿类实验动物供应：中国生产供应的常规啮齿类实验动物包括 ICR、BALB/c、C57BL/6、C57BL/10、129、BALB/c-nu 等小鼠，SD、Wistar、SHR、BN 等大鼠，以及豚鼠、兔等近 20 个实验动物品系和品种，大部分已引进多年，因繁殖制度不同、使用的饲料不同及饲育的环境不尽相同，甚至还出现计划外杂交，使其遗传变异较为严重。主要原因是：检测网络未将豚鼠、兔及 ICR 小鼠等封闭群实验动物纳入遗传质量监测的范围，种子中心不能按需提供优良的实验动物种源；种子中心和实验动物生产商没有建立科学的种源保存、更换、淘汰机制；生产供应的常规啮齿类实验动物微生物背景不合格，有一定比例的实验动物携带微生物或寄生虫；不同程度忽视实验动物遗传质量，尤其是忽视封闭群实验动物的遗传质量控制，主要原因是小型生产商生产条件不够、部分生产商行业自律不够、部分地区管理部门监管不够、部分使用者用非实验动物代替实验动物。

非人灵长类方面：国际上对非人灵长类实验动物的需求量在 20 万只以上，包括食蟹猴、恒河猴、狒狒、黑猩猩、狨猴、松鼠猴和非洲绿猴等 10 多个种类。中国规模化生产的主要是食蟹猴、恒河猴两种，存栏量在 20 万只左右。主要问题是生产商对食蟹猴、恒河猴生产的谱系管理不善，动物交配制度或缺，遗传背景控制不良。结核和 B 病毒检测符合标准的动物主要用于出口，中国符合标准要求的实验猴反而供应不足。

免疫与传染病研究、药物研究，以及药物、疫苗、食品、生物材料等的评价等对实验动物质量要求十分严格，没有高质量的动物就不能得到科学的结果，对生命科学、医药、农业等领域使用实验动物进行研究的影响很大。已经成为亟待解决的问题。

2）实验动物的饲料问题

随着实验动物生产和使用市场的不断扩大，实验动物饲料产业也在不断发展，中国实验动物饲料主要存在的问题有三个方面：第一，实验动物饲料加工工艺落后，饲料的营养成分和适口性不好；第二，原料中重金属、生物毒素、农药残留等超标，以上问题造成实验动物营养状态、体重、生理指标、生殖行为等异常，肝脏、肺等器官的不确定病变，对医药领域影响最大；第三，已建的 6 个国家实验动物质量检测中心中的饲料检测中心不属于实验动物领域，不能对事业单位的饲料质量开展监测指导工作，在 26 个省级实验动物质量检测机构中，能不折不扣执行国家标准进行饲料质量监控的可谓凤毛麟角。

3）行业自律机制有待完善

国外实验动物、饲料等生产机构质量保证的重要方面是行业自律，将质量保证作为企业竞争能力的首要因素，建立了自监、生产环节控制、原料控制等质量保障体系，而中国的生产机构主要依赖于实验动物管理部门的定期监测，有些小生产厂或不发达地区的生产商家甚至实验动物管理部门的定期监测也不完善，是实验动物质量和饲料质量不高的重要原因之一。

3. 实验动物管理有待完善

中国实验动物许可证制度正式开始于 1999 年，是中国实验动物法制化管理的重要举措，它对强化实验动物管理工作、打破实验动物条块式管理、提高管理效率、降低管理成本具有重要的意义。实验动物许可证由各省市科技主管部门（实验动物管理委员会）负责受理，进行考核、审批、印制、发放和管理。生产、使用许可证和从业人员上岗证，从执行情况来看，各地区的实验动物许可证管理发展不平衡，上海、江苏、北京等地区管理比较完善，而有些地区至今仍未把实验动物许可证管理纳入议事日程，这使实验动物质量国家标准的落实更加困难。

存在的问题：许可证制度的实施同样存在着明显的地区差异，以及有法不依、执法不严的情况，不少省市的许可证颁发流于形式。

4. 实验动物研究与动物实验技术人才缺乏

经过 30 多年的发展，中国实验动物从业人员规模已经达到 10 万人以上，其中 90%以上为实验动物使用者。这些人员来自基础医学、临床医学、预防医学、药学、中医药学、兽医药学、生物学等不同领域，对实验动物科学技术和法律法规知之甚少（表 0-25）。实验动物管理机构开展的实验动物从业人员岗前培训也多流于形式。由于实验动物行业待遇低，学科不受重视，人才流失现象较为严重。

人才是实验动物科学技术发展的基础，国际同行之间的竞争，很大程度上是人才的竞争。在建立中国符合国际标准的实验动物科学技术和产业的过程中，不仅需要具有较强专业知识的高级管理人才、实验动物资源开发人才、质量检测人才，还需要建立中国实验动物标准化的研究人才。同时，更需要培养与造就前沿科研领域进行创造性研究的实验动物顶尖人才。实验动物专业教育是这类人才培养的重要环节。建立中国特色的实验动物从业人员分类培养体系迫在眉睫。

表 0-25 中国实验动物人才分布情况

人才分类	数量/人	专业背景
实验动物研究	2000	医学、农业、中医药等专业，本科以上
实验动物使用	30 万	来自不同领域，职业培训不够，本科以上
实验动物饲养	8000	动物饲养专业，本科以下
实验动物兽医	500	畜牧兽医专业，本科为主
实验动物质量保障	500	生物检测专业，本科为主

（二）经验和优势

1. 中国具有集中力量办大事的优势

中国实验动物科学技术的发展虽然经历了一些波折，但是 30 多年来已经形成了实验动物法律法规、标准等一系列管理体系。进行了合理的布局，形成了质量保障、研究、生产供应的基本体系，使用的实验动物品种和品系成百倍增加，已经成为实验动物生产和使用的大国。也涌现了一批国际水平的实验动物资源与技术平台。同时培育了一批具有国际观和实干精神的实验动物科学工作者，不仅在技术和人才队伍的建设上为快速发展奠定了基础，也正在为中国生命科学、医药、农业等相关领域的发展发挥着支撑作用。用 30 多年的时间，走完了发达国家百年的发展道路。

目前，中国实验动物领域主要由科学技术部、国家卫生计生委等主导，以解决主要问题为切入点，从国家层面建立集中优势攻关团队，集中人力物力，如建立实验动物法律法规、标准，建立不同物种的种质基地，建立大规模基因工程技术平台，等等，使中国实验动物科学技术取得了卓有成效地发展，并形成了部分“点”的突破。体现了中国具有集中力量办大事的优势。但还需进一步将高水平的“点”扩大，带动“面”的提高。

2. 中国实验动物管理和伦理更符合科学发展的需求

发达国家在动物保护组织的压力下，过度强调了实验动物伦理，一定程度上与科学发展的需求相矛盾，在实验动物管理、使用等方面也反映出这种矛盾和不适应性。例如，美国食品和药物管理局（US Food and Drug Administration，FDA）在药物的安全评价中，很重视非人灵长类动物实验的数据，但是在实际评价过程中又对使用非人灵长类动物实验设置了很多限制。一方面强调珍稀动物（如黑猩猩等）不应该用于实验研究，另一方面美国又是使用这类动物进行实验研究最多的国家。中国在实验动物管理方面借鉴了美国、日本及欧洲等的管理体系（虽然尚在消化完善中），在实验动物伦理方面也在学习西方的经验，但是不是亦步亦趋，中国的管理体系和实验动物伦理更符合科学发展的需求，能更有效的利用实验动物进行科学研究。

（三）教训和不足

1. 实验动物科学技术与产业缺乏长远规划

纵观中国实验动物科学技术与产业过去30多年的发展历程，虽然持续有6个五年计划，但是每个计划之间缺乏连续性。很多时候仅设立分离的研究项目，而缺少全盘规划。实验动物科学技术与产业缺乏体现总体布局、发展重点、持续性扶持等方面的长远规划。造成了以下不利因素。

（1）主管部门重视实验动物科学发展时，发展就快，不重视时发展就慢。

（2）中国现有的种质基地没有持续发展能力，部分停留在“当年”基地设立时的水平，没有持续发展和发挥应有的作用。

（3）实验动物资源“研制”与“丢失”共存，没有形成有效资源的积累与共享机制，中国从“九五”规划时就有不同来源的实验动物资源的研究项目，但是一些资源没有保留下来，项目完成，资源完结，只有最近10年才开始了实验动物资源的积累。

（4）过分强调“特色”，没有充分考虑普遍的科学意义。

（5）实验动物生产的质量保证没有得到高度重视。

2. 缺乏稳定的经费资助和资源维持体系

973计划、863计划、自然科学基金、药物专项、传染病专项、支撑项目等都有不定期和不规律的对实验动物科学技术与产业的资助。但对实验动物科学技术的学科特殊性认识不够。例如，实验动物资源积累是长期的任务，需要持续支持；一些重要实验动物资源，如基因工程小鼠、基因工程大鼠等需要多年的努力才能建立一定规模的资源，不是一两个项目就能解决问题；只有研发经费，没有维持经费；没有意识到实验动物资源是公益性、非营利性质的事业，需要政策性支持才能维持。

973计划、863计划、自然科学基金、药物专项、传染病专项、支撑项目对实验动物科学技术研究的切入点不同，没有形成资源研制、资源积累共享、创新研究相互支持的良性循环和全国一盘棋的整体体系。

（四）借鉴和对策

1. 实验动物科学技术与产业的发展需要长远规划

建立体现总体布局、发展重点、持续性等方面的长远规划，以长远规划规范实验动物科学技术的投入规模、不同基金项目的协调、总体发展目标等，避免盲目性、重复投资、重复研究、资源丢失等缺点。

习近平同志指出：“国际竞争历来就是时间和速度的竞争，谁动作快，谁就能抢占先机，掌控制高点和主动权；谁动作慢，谁就会丢失机会，被别人甩在后边。”因此要以长远规划实现持续发展，避免“走走停停”现象，以免错过发展的机遇期。

2. 实验动物科学技术的发展需要“思路”的更新，选择世界领先的突破口

过去30多年我们主要在学习和追赶先进国家，在实验动物管理和质量保证层面，借鉴了美国、日本、欧洲等不同管理体系的思想、规范，但是仍然没有完全消化、吸收并形成我们自己完善的管理体系和质量保障技术体系。需要加强顶层设计，理顺部门、地区、政府、专业团体等条块之间的关系，建立统一的管理、监督、认证、质量保障等方面的体系。

实验动物技术层面：有几个实验室或平台已经达到国际水平，但是，国内大部分实验室的实验动物模型研制、分析等存在着大量的低水平重复，虽然已经完成点的突破，但需要在顶层设计思考如何全面提高的问题。

实验动物资源建设方面：过去我们一方面通过引进解决燃眉之急，另一方面进行小规模的研制。但全国实验动物品系，尤其是基因工程品系的增加不超过200种，以这样的速度，我们需要100年才能达到发达国家现在的水平，我们的实验动物资源面对发达国家，几乎是微不足道的，如果生命科学、医学、药学等领域的科技创新要和发达国家进行竞争，我们必须跳出现在的思路，在5~10年将实验动物资源建设搞上去。

小鼠基因工程资源方面：发达国家已经接近将全部基因条件敲除，可以以共享国际资源为主，自行研制为辅，在国家层面形成资源共享局面。

中国应以大鼠基因工程模型研制为突破口，加大力度，抓住国际上都在一个起跑线上的良机，形成世界领先的局面，带动生命科学、医学、药学等领域科技创新的同时，强化实验动物资源方面的国际话语权和共享国际资源的筹码。

3. 实验动物资源需要以集中研制为主

发达国家在实验动物资源研制、技术集成分析等方面的发展相对平衡，在设施、设备、人才、技术方面相对完善，有能力进行动物资源研制、技术集成分析的实验室很多，可以采取分散研究、集中保存的方式，大规模的积累实验动物资源。而中国和发达国家不同，在实验动物资源研制的设施、设备人才、技术集成分析技术层面，仅有少数实验室或平台已经达到国际水平，所以中国实验动物资源需要以优势实验室或专业研究机构的集中研制为主，辅以分散深入分析，形成资源研制、资源积累共享、创新研究相互支持的良性循环。

第三章　国外实验动物科学技术与产业发展分析

一、发达国家实验动物科学技术发展概况

1909 年，美国 Little 教授育成了世界上第一个近交系动物（DBA 近交系小鼠）。从此以后，各国科学家先后培育出一系列近交系动物、突变系动物、杂交一代动物，总结并探索出一整套实验动物选种、育种、保种等繁殖技术，从而奠定了实验动物遗传学基础。1929 年，美国建立了专门的实验动物饲养和公营机构，即杰克逊研究所。开发建立近交系小鼠的一个主要动力，是要合理地研究癌症易感性的遗传基础，除经典的近交系外，还开发了重组近交系、同源近交系等。1948 年，培育出 A 系、C57BL 和 DBA 等近交小鼠品系是生命科学研究的重要进展。到 20 世纪 70 年代，在 50 年的时间内，培育了 1000 多个小鼠品系、200 个左右的大鼠品系，其中人类疾病动物模型近 1000 个品系，可以用于近百种人类疾病的研究，尤其是裸鼠肿瘤模型的建立，为肿瘤研究、药物研发等发挥了不可替代作用。

1950 年，美国成立了美国实验动物学会（American Association for Laboratory Science，AALAS），1956 年，在美国成立国际实验动物科学理事会（International Council on Laboratory Animal Science，ICLAS）。1957 年又成立了美国实验动物医学会（American College of Laboratory Animal Medicine，ACLAM）。1965 年成立了美国实验动物饲养管理认可协会（Association for Assessment and Accreditation of Laboratory Animal Care，AAALAC），其拥有实验动物管理职能，有权发放许可证。

1957 年，德国成立了实验动物繁育中央研究所。1961 年，加拿大建立了动物管理委员会，并出版了《实验用动物管理与使用指南》（*Guide to the Care and Use of Experimental Animals*）一书。

1951 年，日本成立了实验动物研究会，后改名为日本实验动物学会（JALAS）。各国相继颁布了实验动物的相关条例和法规，逐步实现了实验动物生产的标准化、商品化和社会化。

1950 年以后，欧美等发达国家的实验动物科学技术发展较快，实验动物生产行业经过市场竞争，已经实现规模化、集约化大生产。欧美国家的实验动物质量管理模式主要依靠市场机制，以行业自律为主，同时辅以实验动物技术中介机构的质量认证。政府在管理中，以立法的形式规范实验动物科学技术工作。

美国政府不设专门机构直接管理实验动物的生产和使用，而是通过立法、市场机制、行业自律和第三方认证机构进行管理。美国动植物卫生检疫局、食品药品管理局和国立卫生研究院依法负责实验动物在生产、运输和使用中动物保护和动物福利、动物实验伦理的监督管理工作，对违法行为进行处罚。美国的 AAALAC 作为第

三方非营利机构负责实验动物评估和认证。以美国为代表的发达国家，在实验动物福利、实验动物生产管理、动物实验管理，以及对涉及动物试验项目的立法管理等方面，为本国生命科学创新研究和新药研发提供实验动物法律保障打下了坚实的基础。

实验动物资源研究一直是发达国家关注的重点之一，既有研制、培育途径，又有购买、引进或掠夺等途径，不仅作为实验动物资源，也作为物种资源加以保存、培育和利用。美国国立卫生研究院和国会每年对实验动物资源保持都有专项经费支持，占有国际全部实验动物资源总数的80%以上，已经远远领先于其他国家。

美国主要采取分散研究，统一保存资源的方式，依靠整体实力，已经积累了12 000种基因工程小鼠，主要保存在杰克逊研究所、密苏里大学和加利福尼亚州立大学等。国外的资源库建设规模较大，资源集中，注重公益性，而且除了模式动物资源保存外，还开展模式动物研究、深入利用等综合性工作。例如，美国杰克逊研究所开展遗传学研究，为全球的实验室提供科学服务、遗传资源服务和教育培训工作，2011 财政年的营业收入达 2.15 亿美元，其中提供小鼠及相关服务占总收入的 59.46%。由于其资源库规模庞大，并得到国家经费的资助，对美国生命科学研究提供了强大的动物模型资源和技术平台支持。

日本理化研究院、熊本大学等机构也培育了一些有特色的疾病模型品系，如国际广泛使用的糖尿病大鼠、衰老小鼠等。日本采取分散研究和统一研究相结合的方式，已经积累了 5000 种以上的基因工程小鼠资源。

欧美联合，以英国牵头在 2006 年启动了第二代基因工程小鼠资源的研究，采集中大规模研制模式，目前英国剑桥大学桑格研究所已经有近 20 000 种新一代基因敲除小鼠 ES 库。

美国之所以对实验动物研究给予重点支持，是因为实验动物科学为它们的生命科学、医学、药学研究及医药产业的发展提供了推动力。美国麻省总医院（MGH）是国际一流水平的医疗机构，也是中国研究型医院的赶超对象。

经典案例 7：麻省总医院的医药研究和实验动物使用分析

目的：麻省总医院建立于 1811 年，是美国历史最悠久的三所医院之一，也是新英格兰地区建立最早、规模最大的医院，以及哈佛医学院建立最早、规模最大的教学医院。麻省总医院是世界上最高水平的医疗和科学研究相结合的典范，已成为中国综合性大型医院未来 5~10 年发展的目标。分析麻省总医院的医药研究和实验动物使用情况，对中国大型综合性医院未来发展具有重要的借鉴意义。

概况：麻省总医院是美国最大的研究型医院，现拥有 900 余张病床，46 间手术室。年住院患者 4.7 万例，门诊量 140 万例，急诊量 7.6 万例，手术量 3.8 万例。拥有超过 2.3 万名员工，其中包括 0.47 万名注册护士、0.39 万名医生。几乎所有的医生都在哈佛医学院任教。在 2012~2013 年最新的《美国新闻与世界报道》杂志的医院综合排名中，麻省总医院排名全美国第一（排名第二的是约翰霍普金斯医院）。

麻省总医院至今已产生了 13 位诺贝尔奖获得者，为现代医学的发展作出了突出贡献；1846 年实施了人类历史上第一例现代医学意义的麻醉手术；1896 年首先将 X 射线用于临床诊断；1990 年率先用“鸡尾酒疗法”治疗艾滋病患者；2009 年揭示端粒和端粒酶保护染色体机制（Jack W. Szostack 博士获得 2009 年度诺贝尔生理学或医学奖）。

医学研究规模：麻省总医院主导着美国规模最大的、以医院为基础的临床、基础理论研究和二者结合的医学研究项目，共有高级研究人员（PI）367 个，每年发表论文 650 篇，年度研究经费 7.65 亿美元，拥有 10 万 m^2 的研究设施。麻省总医院在癌症、心血管、神经、脑血管、消化、风湿免疫、血液、内分泌等疾病临床治疗方面居世界领先地位。

麻省总医院动物中心：每年的维持经费约为 0.6 亿美元，一部分来源于医院的维持经费，一部分来源于研究者的设施使用费用。中心的主要工作是为研究者提供使用实验动物进行研究的各种服务，是一个全方位使用实验动物的实验医学平台。中心饲养的动物有 500 个品系（主要是基因工程品系），可满足几百个研究项目同时进行研究的需求。每天实验动物维持量见表 0-26。

表 0-26　麻省总医院实验动物使用量

动物种类	小鼠	斑马鱼	大鼠	猪	猴	青蛙	兔	羊
维持量/（只/天）	10 万	3.5 万	650	500	120	75	30	5

管理模式：动物饲养和实验遵循美国农业部动物福利法和国际 AAALAC 要求，包括动物饲养环境、微生物控制、饲料质量控制等。在动物实验开始前，由所在机构的 IACUC 批准。实验动物饲养设施以笼位为单位，供给医院的研究人员并收取费用。中心负责动物饲养、日常管理、环境设施建设、麻醉、培训和咨询，实验动物分析的大型设备和技术，伦理审查、动物健康监视，等等。

案例启示：①麻省总医院作为世界顶级水平的研究型医院，其有世界影响力的成果，基本上都是用实验动物或临床与实验动物研究结合取得的。②从麻省总医院动物中心的规模和重要性可以看出，中国如果欲在医学研究领域与发达国家竞争，必须优先发展实验动物科学技术。

实验动物最主要作用之一是对药物研究和药物产业的支撑。美国的药物产业领先全球，每年的产值在 3400 亿美元以上，在于其实验动物和动物实验费用一般占新药开发的 15%~50%。美国合成药制药公司葛兰素史克（Glaxo Smith Kline plc，GSK）每年研发新药投入的经费达 50 亿美元，其中 10 亿~20 亿美元用于动物实验。美国生物制药公司 AMGEN 用于动物实验的费用高达 12 亿美元。美国大型制药公司用于开发治疗癌症、心血管病、糖尿病、老年病等药物使用的人类疾病动物模型，涉及恒河猴、食蟹猴、狨猴、非洲绿猴、狒狒、兔、豚鼠、土拨鼠、雪貂、猫、基因工程大鼠和小鼠等模型上千种，实验动物资源，尤其人类疾病动物模型资源成为产业化的根本和源头。美国默克药物公司是世界最大的药物企业之一，也是中国药物产业借鉴的对象之一，其对实验动物的使用情况具有代表性。

经典案例 8：美国默克药物公司临床前研究部门分析

目的：通过分析美国默克药物公司临床前研究部门，揭示实验动物科学技术在现代具有自我创新能力医药企业中的作用。

概况：默克药物公司是全球最大的制药公司之一，全球共拥有近 83 000 名员工，经营的处方药、疫苗、生物药品、健康药物与动物保健产品销售到 140 多个国家。2012 年全球销售收入达 473 亿美元。

研发规模：2012 年，默克药物公司全球研发投入达 85 亿美元，同时从事心血管系统药物、抗感染药物、骨质疏松症药物、泌尿类药物、呼吸系统药物、疫苗、动物治疗药物等多个方面的药物研发。

临床前研究规模：为心血管系统药物、抗感染药物、骨质疏松症药物、泌尿类药物、呼吸系统药物、疫苗、动物治疗药物等提供药物代谢、作用机制、有效性、安全性等多个方面的实验动物研究经费达 10 亿~20 亿美元。使用的动物包括心脑血管疾病模型、传染病模型、老年病疾病模型等超过几百种，涉及包括果蝇、斑马鱼、鸟类、啮齿类、非人灵长类等 50 个以上的物种。部分动物实验外包给有资质的 CRO 公司或临床前评价（GLP）公司。

动物实验管理与要求：默克药物公司临床前研究部门的动物实验遵循美国农业部动物福利法和国际 AAALAC 要求，包括动物饲养环境、微生物控制、饲料质量控制等。动物实验在开始前，由所在机构的 IACUC 批准。

案例启示：①以动物实验为主的药物临床前研究在现代医药机构所占比例较高，最高可占到整个研发经费的 20%，这是因为临床前研究对药物最终能否走向市场起到了至关重要的作用，发达国家对药物的安全性重视程度高，相应在动物评价部分投入也较大；②发达国家实验动物物种和疾病模型资源丰富，能为它们的药物创新提供药物作用机制、代谢、有效性和安全评价的支撑；③用于动物实验的动物质量、饲料质量、饲养环境等可以为它们的药物研究提供稳定的条件。

综上所述，默克药物公司能长久处在国际药物产业的顶层，美国发达的实验动物科学技术与产业功不可没。

二、发达国家将实验动物资源研究列为“战略资源”重点发展

近年来，以英国、美国为首的发达国家在实验动物科学技术研究领域投入了大量资金开发实验动物资源和技术，建立实验动物研究服务中心，为社会提供资源与技术服务。据统计，仅通过美国国立卫生研究院（NIH）支持建立的国家级实验动物资源和技术服务机构就包括啮齿类动物、非人灵长类动物、水生动物、猪、无脊椎动物等动物种类，共计 36 个中心和资源库（表 0-27）。现保有实验动物 200 多个物种，占全球保有物种的 80%以上；近 2 万个实验动物品系，占全球实验动物资源的 60%以上。

表 0-27 美国实验动物资源中心一览表

资源分类	资源单位	资源种类
啮齿类资源	基因敲除项目 Knockout Mouse Project（KOMP）Repository（2 期）	13 581 个小鼠品系，包括活体小鼠 957 个、ES 细胞系 13 466 个（包括杰克逊研究所、密苏里大学、加州大学戴维斯分校、北卡罗来纳大学、贝勒医学院等）
	突变小鼠资源中心 Mutant Mouse Regional Resource Centers（MMRRC） 是一个信息库，多个不同国家实验动物中心的整合信息	32 776 个小鼠品系信息，包括活体小鼠 3856 个、ES 细胞系 28 920 个（包括杰克逊研究所、密苏里大学、加利福尼亚大学、北卡罗来纳大学等）
	诱发突变小鼠资源 Induced Mutant Resource（杰克逊研究所）	304 种化学诱变小鼠品系
	国家无菌啮齿类动物资源中心 National Gnotobiotic Rodent Resource Center（北卡罗来纳大学）	（无菌、悉生、SPF）小鼠、大鼠、斑马鱼等 20 多种。小鼠品系包括 129S6/SvEv、BALB/c、C57BL/6J、Swiss、CD 和部分转基因动物
	鹿鼠遗传资源中心 Peromyscus Genetic Stock Center（南卡罗来纳大学）	10 种野生型鹿鼠和 20 种突变型鹿鼠
	特殊小鼠品系资源 Special Mouse Strains Resource（杰克逊研究所）	249 个特殊品系，包括重组近交系（199 个）和染色体置换系（50 个）
	大鼠资源研究中心 Rat Resource and Research Center（RRRC）（包括密苏里大学、密歇根大学和得克萨斯大学等）	300 多种大鼠品系
非人灵长类资源	加利福尼亚国家灵长类研究中心 California National Primate Research Center	5300 只恒河猴和 56 只南美伶猴
	新英格兰国家灵长类研究中心 New England National Primate Research Center	9 种 1700 多只猴，包括 1000 多只恒河猴、狨猴、松鼠猴、绢毛猴等
	俄勒冈国家灵长类研究中心 Oregon National Primate Research Center	3800 只恒河猴、335 只日本雪猴、10 只长尾黑颚猴、9 只狒狒和 85 只食蟹猴
	西南国家灵长类研究中心 Southwest National Primate Research Center	3200 只猴，包括 1600 只狒狒、160 只黑猩猩，其他为 SPF 恒河猴、狨猴和绢毛猴
	国家灵长类研究中心 Tulane National Primate Research Center	5000 只猴，包括恒河猴、食蟹猴、狒狒（5 种）、非洲绿猴、松鼠猴、白眉猴（5 种）、赤猴、豚尾猴
	华盛顿国家灵长类研究中心 Washington National Primate Research Center	3000 只猴，包括食蟹猴、恒河猴、松鼠猴、豚尾猴
	威斯康星国家灵长类研究中心 Wisconsin National Primate Research Center	3000 只猴，包括恒河猴、食蟹猴和狨猴
	耶基斯国家灵长类研究中心 Yerkes National Primate Research Center	3400 只猴，包括恒河猴、黑猩猩、白眉猴、松鼠猴、食蟹猴
水生实验动物	斑马鱼国际资源中心 Zebrafish International Resource Center（俄勒冈州立大学）	斑马鱼 13 161 个品系
	剑尾鱼遗传资源中心 Xiphophorus Genetic Stock Center（得克萨斯州立大学）	剑尾鱼 23 种，65 个品系
脊椎动物资源	国家猪资源研究中心 National Swine Resource & Research Center（密苏里大学）	杜洛克、长白猪等 10 个品系和 16 个转基因品系
	国家蟾蜍资源中心 Nation Xenopus Resource Center	25 个非洲爪蟾
无脊椎动物资源	果蝇资源中心 Bloomington Drosophila Stock Center（印第安纳大学） 果蝇基因组学资源中心 Drosophila Genetic Resource Consortium（DGRC）	果蝇 41 000 个品系和 100 万以上的克隆
	线虫遗传资源中心 Caenorhabditis Genetics Center（CGC）（明尼苏达大学）	线虫 11 273 株
	国家海兔资源中心 National Resource for Aplysia（迈阿密大学）	海兔 10 000 多个
	国家嗜热四膜虫资源中心 National Resource for Cephalopods（康奈尔大学）	多种嗜热四膜虫

资料来源：http：//dpcpsi.nih.gov/orip/cm/resource_dir.aspx

美国杰克逊研究所成立于1929年，位于缅因州Bar Harbor，由Clarence C. Little建立，为了纪念Roscoe B. Jackson而命此名。是国际上历史最悠久、资源最齐全的实验动物研究、种质量保障存和实验动物供应的专业机构，是基因工程小鼠和小鼠疾病模型资源的国际领先单位，在管理模式、资源保存、比较医学研究、经费来源、资源共享、信息共享和技术共享方面处在世界领先水平。

经典案例9：杰克逊研究所资源保存和共享案例分析

目的：美国杰克逊研究所（Jackson Laboratory，简称为Jackson Lab.）建立于1929年，是世界上规模最大、科技水平最高的小鼠资源与遗传研究中心。杰克逊研究所不仅在小鼠基因研究方面处于国际领先水平，在现代遗传学革命方面也处在世界先进行列，是世界小鼠遗传学基因信息中心和美国转基因动物中心，代表着世界实验动物科学研究的最高水平。分析杰克逊研究所的管理运营情况，有助于为中国实验动物科学机构未来10~20年的发展指明方向。

概况：杰克逊研究所专注于哺乳动物遗传学研究，以促进人类健康。在小鼠疾病模型开发、遗传、生物信息学及肿瘤研究领域享有盛誉，是国际最著名的实验动物保种、研究机构，是近交系小鼠的发源地，也是用近交系小鼠进行遗传和癌症研究的创始者。

资金来源：2011年度（2010年6月1日至2011年5月31日）财政总收入为2.15亿美元，包括国会拨款、JAX®小鼠供应和技术服务费用、赠款和课题。

管理模式：杰克逊研究所是独立的非营利性机构，实行理事会领导下的所长负责制。理事会是实验室的决策机构，理事会由主席和首席执行官（CEO1）名、执行副主席和首席运营官1名、副主席（研究、外部事务、教育、发展交流）4名、首席财务官1名及22名董事组成。实验室和科研辅助中心构成杰克逊研究所科学研究工作主体，其中实验室为基本单位，实行项目负责人（PI）负责制。动物饲养和实验遵循美国农业部动物福利法和国际AAALAC要求。

人员组成和职能：总部占地25hm^2，建筑面积14 000m^2，还有两个分中心。拥有38个生物医学研究团队1465名职工。研究领域涉及生物信息学、计算生物学（小鼠基因组信息学、比较基因组学）、癌症（脑癌、白血病、肺癌、淋巴瘤、乳腺癌、癌症的发生和发展，癌症检测和治疗）、发育与生殖生物学（出生缺陷、唐氏综合征、老龄化、骨质疏松症等）、免疫学（艾滋病、贫血、自身免疫性疾病、免疫系统疾病、红斑狼疮、组织移植排斥反应等）、代谢性疾病（动脉粥样硬化、糖尿病、胆结石、高血压、肥胖等）、神经生物学（失明、小脑疾患、耳聋、癫痫、青光眼、黄斑变性、神经退行性疾病等）、研究工具等。

质量控制：长期以来，JAX®小鼠被誉为全球实验小鼠的“黄金标准”，除了拥有优秀的遗传纯度和遗传稳定性之外，JAX®小鼠更以其丰富的基因型和表型数据享誉全球，建立了小鼠基因组信息学数据库（MGI）、小鼠基因组数据库（MGD）、小鼠肿瘤生物数据库（MTB）、国际小鼠品系资源库（IMSR）等。

主要贡献：至今已经有26个诺贝尔奖获得者受益于杰克逊研究所，其中包括杰克逊研究所斯内尔博士荣获1980年的诺贝尔生理学或医学奖。杰克逊研究所对生命科学的贡献主要在以下三个方面。

（1）基因组学研究：通过基础生物医学研究揭示遗传基因的奥秘及其对人类健康的影响。

（2）向世界各地实验室提供小鼠资源和技术服务：每年为 56 个国家 900 多个机构的 2 万多名研究人员或实验室提供 300 万只小鼠，其中 50%为美国 NIH 科研项目服务。每年都增加上百种新的关于癌症、糖尿病、肥胖症、心血管疾病、神经退行性疾病及免疫功能失调等研究用小鼠品系。对生物医学研究多个领域的发展起着巨大作用。可提供小鼠遗传资料信息，制作了小鼠遗传百科全书（encyclopedia mouse genome）软件，已有世界 26 个国家 1100 多家研究机构通过计算机网络与其建立联系。

（3）教育培训：杰克逊研究所还是实验动物研究人员的教育、培训基地，每年举办各种训练班、讲习班。

案例启示：杰克逊研究所这种小鼠遗传学研究、资源供应、教育培训模式可以为中国实验动物研究机构提供借鉴。中国可以根据实验动物重要品种设立几个国家级实验动物资源中心，基于实验动物资源，开展生物医学研究、资源开发供应和技术培训。联合各省市生物医药研发机构和产业基地建立资源共享网络和公共服务平台，为中国生物医药、生物产业发展提供实验支撑条件。

欧洲，以英国剑桥大学桑格研究所牵头，德国和美国参与，总投入 2 亿英镑左右，建立了新一代的基因工程修饰小鼠 ES 资源库，在未来几年内，将完成 2 万以上基因敲除。桑格研究所规模化资源研究项目是美国、欧洲协作的研究项目。

案例 10：英国剑桥大学桑格研究所规模化资源研究

目的：剑桥大学桑格研究所主导的第二代基因工程小鼠研究以大规模集中研制为主，体现高效、先进和共享的特点，是中国借鉴的典型之一。

概况：剑桥大学桑格研究所是世界顶级水平的生命科学研究所，现有诺贝尔奖获得者 2 人，研究人员 800 多人。

规模化资源项目：全部基因的条件敲除小鼠资源研究是桑格研究所 2006 年启动的美国、欧洲协作项目，其目的是对小鼠 3 万个基因中的大部分进行 Flox 标记，从而实现这些基因的组织器官特异敲除，为了解生命的本质、疾病机制、药物靶点的发现提供资源，该项目产生的小鼠模型全部是可以条件敲除的小鼠，比美国杰克逊研究所的小鼠资源应用潜力更大，体现了后发优势。

项目人员：由桑格研究所牵头、杰克逊研究所等 8 家单位 25 名专家团队组成。

资源共享体系：建立了国际小鼠基因敲除联盟和国际小鼠遗传表型联盟以实现资源共享。

项目进展：桑格研究所利用条件敲除技术进行大规模小鼠敲除，现在已经具备 19 000 个表达基因的条件敲除 ES（共计 40 000 多个细胞系），其中已有 3000 个细胞系转化为条件敲除小鼠。计划在 5 年内将敲除小鼠的全部基因，由于其后发优势和全球共享性，将超越美国成为国际主要的小鼠资源。这些资源的研制将是生命科学和医药研究的强大基础。桑格研究所还注重与不同国家的科研机构合作，开发利用实验资源，推动生物医药的发展。

案例启示：①在总投入不大的条件下，建立了第二代条件敲除小鼠资源，有超过杰克逊研究所的趋势，体现了后发优势，以及大规模、快速和高效的优点。②所需人力资源约 300 个，以中国基因工程平台现有人员情况，几个优势单位联合，可以达到这一规模，是可以借鉴的快速发展模式。

三、发达国家的实验动物产业化

鉴于实验动物在各科技领域的广泛应用及在国民经济中发挥的重要作用，世界各国和相关组织分别制定出台了相应的实验动物标准、准则和法规，并设立了相应机构以规范实验动物的生产和应用，促进了实验动物产业化的发展。

欧美等发达国家的实验动物供应已经实现了产业化生产。欧美等国的 Charles River 公司、Harlan 公司、詹维尔公司（Janvier）、杰克逊研究所、泰康尼公司（Taconic）等少数几个企业占据了全球近 80%的实验动物市场份额，2011 年度年产值达 5.45 亿美元（其中杰克逊研究所 2.15 亿美元、Charles River 公司 1.14 亿美元，占据了大部分）。

规模化生产有利于实现实验动物的质量控制。国外对实验动物质量控制要求越来越高，近交系、SPF 级、基因工程动物等数量逐渐增加，普通级动物越来越少。由于实验动物生产和供应方面的产业化程度较高，为了保证实验动物的质量，在竞争激烈的市场上处于有利位置，各个企业都制订有自己的企业标准，具有一定的领先性和权威性。例如，世界上最大的实验大鼠、小鼠商品化生产，销售公司 Charles River 制定的标准在全球实验动物领域内得到基本认同，具有一定的代表性。

在发达国家，随着生物医药研发产业的发展，已经实现了动物实验技术的产业化、一体化，出现了一些提供动物实验技术集成服务的专业化、规模化机构，即 CRO。其运作模式是：由动物实验的项目方提出要求，CRO 机构由实验动物专家负责具体动物实验，出具实验结果和实验报告。美国的 CRO 公司已发展到 300 多个，在全球 CRO 市场上占据了最大的市场份额（30%）。美国的 CRO 产业发展比较成熟，具有较完善的配套设施和管理团队，服务内容灵活多样。欧洲约有 150 多个 CRO 公司，市场规模全球第二，仅次于美国。日本约有 60 余家 CRO 公司。

在实验动物质量控制方面，以美国、日本为代表的发达国家已达到常用实验动物生产供应商品化、质量管理标准化、检测试剂成品化。欧美国家实验动物供应公司严格控制实验动物质量（行业自律性强），以此参与市场竞争。在实验动物质量检测网络方面，ICLAS 建立了诊断实验室能力评估项目（PEP）和遗传质量检测项目（GQMP），旨在提高实验动物质量检测能力，建立实验动物遗传检测实验室网络。

1979 年，ICLAS 在日本实验动物中央研究所设立了遗传、微生物检测中心；1999 年，在韩国生物科学技术研究所和泰国玛希隆大学（MAHIDOL）建立了检测分中心。近年来，ICLAS 又在西班牙实验动物研究中心确定了一个参比中心，在巴西生物技术中心设立了一个检测中心。ICLAS 开展实验动物质量检测技术、方法研究，提供检测试剂，承担实验动物遗传和微生物检测任务，进行检测技术研讨和交流，在世界范围内开展实验动物科学人才培训。

中国在实验动物质量控制方面相对落后，尽管已经建立了全国性的检测网络，但是检测试剂不统一、行业或终端实验动物饲养者自律性不高，成为影响中国实验动物质量的重要因素。

Charles River 公司是全球最大、品系最齐全的实验动物供应商，其在生产技术规范、整体管理、质量控制、技术服务、商业运行模式等方面都处于世界领先地位。

经典案例 11：美国查尔士河公司

目的：分析美国查尔士河公司（Charles River Laboratory，CRL）的生产技术规范、整体管理、质量控制、技术服务、商业运行模式等，为中国未来实验动物规模化发展提供借鉴。

概况：Charles River 公司成立于 1947 年，总部位于美国马萨诸塞州的威明顿。Charles River 公司定位于为全球制药企业、生物技术公司、政府机构及科研院所提供必要的产品及服务，加速其研究和药物发展进程。1947~1966 年，Charles River 公司成立的前 20 年，生产基地在美国本土，主要从事大鼠、小鼠的繁育。1966 年，Charles River 公司在法国成立了第一个海外分支设施，经过 65 年的发展，目前拥有分布于北美洲、欧洲、亚洲等 15 个国家的 60 余处设施，7000 余名员工，已经成为全球实验动物商业化运作和市场供应的领导者。年产值 1.14 亿美元（2011 年），股票市值 26.2 亿美元。

质量控制：1981 年，Charles River 公司首次建立商业化的全项遗传监测项目。1997 年 Charles River 公司提出了国际遗传学标准（international genetic standard，IGS）的概念。通过这一举措，让 Charles River 公司在全球不同地域生产的同一个品系的动物具有相同的生物学性状，极大促进了实验动物的国际化、标准化。1982 年，Charles River 公司建立了动物健康检测实验室。1984 年首次建立无病毒抗体动物，为实验动物模型建立了更高标准。2009 年，针对生物医药行业对免疫缺陷动物的特殊要求，Charles River 公司提出并建立了实验动物标准，满足了行业对高质量实验动物的需要。

健康监测：

（1）日常生产中的检测方法见表 0-28。

表 0-28 日常生产中的检测方法

缩写	英文名称	中文名称
MFIA	Multiplexed fluorometric immunoassay	多联免疫荧光试验（血清学首选）
ELISA	Enzyme-linked immunosorbent assay	酶联免疫吸附试验
IFA	Indirect immunofluorescence assay	间接免疫荧光试验
HAI	Hemagglutin Ationinhibition Test	红细胞凝集抑制试验
Enzyme	Serum chemical analysis of lactate dehydrogenase（LDH）	乳酸脱氢酶血清生物化学试验
PCR	Polymerase chain reaction	聚合酶链反应

（2）微生物检测项目见表 0-29。

表 0-29 微生物检测项目

检测项目	种类	检测方法
VAF/Plus	小鼠	SEND、PVM、MHV、MVM、MPV、TMEV、REO、EDIM、MAV、POLY、K、MCMV、MTLV、LCMV、HANT、ECTRO、ECUN、CARB、LDV、MNV *M. pulmonis*、*Salmonella* spp.、*S. moniliformis*、*C. kutscheri*、*H. hepaticus*、*C. rodentiium*
	大鼠	SEND、PVM、SDAV、KRV、H-1、RPV、RMV、REO、RTV、LCMV、HANT、MAV、ECUN、CARB *M. pulmonis*、*Salmonella* spp.、*S. moniliformis*、*C. kutscheri*、*H. hepaticus*
	豚鼠	SEND、PVM、LCMV、REO、GAV *M. pulmonis*、*Salmonella* spp.、*S. moniliformis*、*S. zooepidemicus*、*B. bronchiseptica*、*H. hepaticus*
	地鼠	SEND、PVM、LAMV、REO、ECUN *M. pulmonis*、*Salmonella* spp.、*H. hepaticus*
	兔	ECUN、RHDV *P. multocida*、*Salmonella* spp.、*Treponema*、Tyzzer's disease
VAF/Elite	小鼠（免疫成分）	这些小鼠在排除 VAF/Plus 病原的基础上，再排除 Beta hemolytic *Streptococcus* spp.、*K. oxytoca*、*K. pneumonia*、*P. pneumotropica*、*P. aeruginosa*、*P. mirabilis*、*S. aureus*
	小鼠（免疫缺陷）	这些小鼠在排除 VAF/Plus 病原的基础上，再排除 Beta hemolytic *Streptococcus* spp.、*K. oxytoca*、*K. pneumonia*、*P. pneumotropica*、*Pneumocystis* spp.、*Pneumocystis* spp.、*P. aeruginosa*、*P. mirabilis*、*S. aureus*、*C. bovis*
	大鼠（免疫缺陷）	这些大鼠在排除 VAF/Plus 病原的基础上，再排除 *S. aureus*、*S. pneumonia*、Beta hemolytic *Streptococcus* spp.、*Klebsiella* spp.、*K. oxytoca*、*K. pneumonia*、*P. pneumotropica*、*Pneumocystis* spp.、*P. aeruginosa*、*P. mirabilis*、*C. bovis*

（3）健康监测服务内容见表 0-30。

表 0-30 健康监测服务内容

检测类别	检测内容	检测方法
血清学检查	病毒、细菌	首选多联免疫荧光试验®（MFIA ®），次选酶联免疫吸附试验（ELISA）和间接免疫荧光试验（IFA）
传染病原 PCR 检测	小鼠 PRIA（鼠类传染性病原体）	PCR 检测
	大鼠 PRIA（鼠类传染性病原体）	PCR 检测
	鼠类传染性病原体	细胞系/微生物 PCR
	人类传染性病原体	细胞系/微生物 PCR
寄生虫检测	皮肤寄生虫	大体检查、显微镜检查
环境监测	水质、饲料和垫料、台面检测	微生物、PCR 检测法
病理学检测	诊断病理、组织病理、寄生虫、临床病理、病理学研究	解剖、显微镜

动物福利：Charles River 公司与美国农业部（USDA）合作，保证繁育及饲养的所有动物模型都得到良好的动物福利及人文关怀，并且将这一文化扩展至全球所有设施中，包括建立全球化的最佳实践（best practice）、加强指导和培训、扩展动物行为学及环境丰富计划。

技术服务体系：对外提供鸡蛋和禽类疾病诊断试剂。提供内毒素体外检测服务，为生物医药公司提供包括生物安全、分析测试在内的全方位服务。Charles River 公司拓展了临床前业务，包括提供药理学、毒理学、药代动力学研究等方面的服务。2001 年，Charles River 公司兼并 Genetic Models 公司，将其产品链拓展到为肥胖、心血管和肾脏疾病的发现治疗提供动物模型。2002 年，Charles River 公司收购了 BioLabs 公司和 Springborn 实验室，使其具备药物开发与测试服务能力，为进入临床前试验的新药提供安全性评价。2004 年 Charles River 公司与 Inveresk 公司建立合资公司，步入药物的临床研究。2005 年，Charles River 公司增加实验动物的预处理服务，以进一步满足客户需要。2009 年，Charles River 公司收购 Systems Pathology 公司，开发了计算机辅助病理系统（CAPS），旨在提高传统毒物病理学研究中的自动化、客观性、准确性、一致性和高通量。2011 年，Charles River 公司与美国辉瑞（Pfizer）公司签署代养协议，为辉瑞公司在全球的研究机构提供基因修饰模型动物。

案例启示：纵观 Charles River 公司的业务拓展和企业发展，可以看到西方国家在实验动物及其相关领域需求的转变，对中国实验动物科学技术产业发展的战略规划有一定的借鉴意义。

四、发达国家实验动物管理体系

在实验动物使用与管理方面，美国、日本、加拿大、德国、英国等都有规范化管理规定。美国实验动物资源研究所制定了《实验动物饲养管理与使用手册》，经过 8 次修订，已成为 AAALAC 认证指南。在法规标准管理与认证方面，有国家或地方政府及相关部门颁布强制性的法律、法规和标准，如《动物福利法》、《人道的管理和使用实验动物条例》、《实验动物管理与使用指南》等，依法管理实验动物工作。在此基础上，以自愿遵守、行业管理为代表的认证与评估，通过对生物医学研究中使用实验动物的基金申请进行审查这一方式，管理本国或本地区的实验动物。中国的特点是政府管理为主，而发达国家更注重行业自律。中国管理体系与其他国家管理体系的对比见表 0-31。

表 0-31　中外各国实验动物管理比较

国家	主管部门	执法依据	行业指南	管理方式	管理特点
中国	科学技术部	实验动物管理条例	无	政府管理（科学技术部）	许可证制度
美国	农业部、NIH	动物福利法	实验动物饲养和管理指南	行业自律（AAALAC）	AAALAC 认证
日本	文部科学省、劳动省、农林省	实验动物保护基准法	实验动物饲养及保育基本准则	行业自律（JALAS）	行业管理
英国	内务部	科学研究动物法案	科研用动物居住和管理操作规程	政府主导（内务部）	许可证制度
加拿大	农业食品部	动物福利法	实验动物饲养和管理指南	行业自律（CCAC）	行业管理
澳大利亚	农业部	动物福利法	动物饲养管理和为科学目的应用动物条例	行业自律（ANZCCART）	行业管理
印度	管理和监督动物实验委员会	防止虐待动物法	科学研究中动物应用指南	政府主导（CPCSEA）	行业管理

（一）美国实验动物管理体系

美国政府主要依据联邦法律检查监督动物福利的实施情况，以及将课题资助同实验动物是否符合法规要求相结合，实现对实验动物的饲养和使用，以及对动物设施的管理。按照美国法规的要求，研究机构应建立一套动物管理和使用计划，并符合联邦、州和地方各级法律及规章的要求,还必须建立“实验动物管理和使用委员会”（IACUC）以监督和评定该计划的执行情况。美国有20个州颁发设施许可证，部分州为实验动物设立了地方法律，少数几个州对研究用动物做了一般性要求，大多数研究机构制定了规章制度。

美国制定了各种法律、法规和制度，建立了一系列实验动物科学的组织机构，对实验动物的科研、生产、应用、开发，以及与之有关的设施、建筑、笼具、饲料、垫料、各种仪器设备，甚至有关的人员培训、单位评审、考核、晋升等，都有明确的规定和标准（表0-32）。这些实验动物法律、法规有力地促进了美国实验动物科学的发展。

表 0-32 美国实验动物法律、法规

发布时间	发布部门	法规名称
1966年、1970年、1976年	美国农业部	动物福利法
1974年	美国内务部	潜在危险动物管理法
2008年	NIH	实验动物管理与使用指南
1979年	NIH	人类保健与动物使用法
1983年	社会保健服务部	检验与教学用实验动物的管理与使用原则
1984年	国际动物研究委员会	美国检验与实验用脊椎动物使用和管理法
1984年	生物医学研究基金会	应用动物进行生物医学研究与检验的管理办法
1985年	社会保健服务部	社会保健服务专业机构实验动物使用及人员保健法

1. 政府层面的管理

美国农业部动植物卫生检疫局、FDA和NIH三者相互协作，共同管理实验动物的繁育与应用条件，并公布违法的案例。实验动物相关单位要在农业部动植物卫生检疫署登记，每年上报书面报告，并接受不定期检查。美国农业部根据动物福利法（Animal Welfare Act，AWA，1966年颁布）执行对各单位动物管理审核，每年进行两次现场检查；其审核的动物包括犬、猫、非人灵长类、豚鼠、地鼠、兔及其他用于研究教学或展示的温血动物等，不含大鼠、小鼠。此为法律规定，如果审核不合标准会受到处分，如限期改正、罚款和取消注册等。

2. PHS政策体系

申请联邦政府资助的科研项目涉及实验动物的，需要同时提交书面说明，保证依法并依据NIH的有关规定饲养和应用实验动物。项目进行中，每6个月提交一次由IACUC等专门检查后的评估报告，违规者将被取消资助。可以说，PHS政策只适用于承担联邦政府资金资助的单位或个人。在美国健康与人类服务部（DHHS）下属的公共卫生部（PHS）系统下由美国NIH、CDC、FDA提供经费的单位需接受NIH下属的研究危险评估办公室（Office for Protection from Research Risks，OPRR）的监督。OPRR以“实验动物管理指南”所订的标准为审核依据，审查各单位内由IACUC提交的审核记录和报告。IACUC每年需提交两次审核记录给OPRR。当由美国NIH、CDC、FDA提供经费的单位的研究人员不接受IACUC的意见来对待动物时提交报告，如果报告内容经查属实，OPRR可建议经费提供单位暂停或取消对违规人员的资助。

3. IACUC 管理

各有关研究单位设立IACUC，发挥基层管理的作用。这在美国被视为最主要的管理方式，因为 IACUC 对自己单位的情况最为熟悉，有权检查、监督、审查实验动物工作，并有权否决、批准、中止或暂停有关科研项目。IACUC 定期审查单位内部的科研项目，作会议记录并存档。每年要向美国农业部的动植物卫生检疫局（APHIS）、NIH 的 OPRR 等单位提交审查报告。美国加州大学戴维斯分校（UC Davis）是美国上游水平的大学，在生命科学和医药研究方面具有一定的地位，UC Davis 实验动物中心的管理是典型 IACUC 管理方式，对中国大学、医院、研究所等研究单位实验动物中心的管理具有借鉴意义。

经典案例 12：美国加州大学戴维斯分校（UC Davis）实验动物中心的管理

目的：分析典型的 IACUC 管理方式，为中国研究单位实验动物中心管理体系的建立提供借鉴。

概况： UC Davis 是加州大学 10 所分校之一，校园面积 5000 多英亩①，在美国公立大学中排行第 11 名，在校学生 3 万多人。UC Davis 实验动物中心负责该校兽医学院和医学院的所有教学及科研项目所涉及的实验动物和设施的管理。学校成立了 IACUC，监督和指导该中心的工作，拥有加利福尼亚州国家灵长类动物研究中心。2011~2012 年度研究经费 7.5 亿美元，其中包括 NIH 资助的 3400 万美元项目用于创制新疾病小鼠模型，如癌症、肥胖症和糖尿病，并研究预防和治疗方法。

动物设施面积 10 英亩，每年使用 3.5 万只动物，种类包括小鼠、大鼠、地鼠、沙鼠、豚鼠、兔、猫、犬、猴、鸡、羊、猪、牛、鸟、雪貂、青蛙、蜥蜴等。涉及动物的包括、牛、马、鸟（鸡、红隼、鹦鹉雀）、奶牛（乳业）、山羊、绵羊、猪、小动物（小鼠、大鼠、地鼠、兔）、水生动物教学和研究设施有 12 个。服务内容包括设施管理、动物代购、动物保健、笼具清洁、设备消毒、送货服务、教育培训等。UC Davis 大学的小鼠基因敲除项目（KOMP）有 11 634 种小鼠品系，包括 ES 细胞、活体小鼠、载体、胚胎等形式。UC Davis 有 2500 多名教学人员，21 000 多名员工，每年近 750 万美元的研究预算，有全面的医学研究系统和 13 个专业研究中心。

人员组成和职能：实验动物中心配备专职管理人员、兽医、技术人员、饲养人员等，中心主任一般由兽医师担任。具体工作和运行包括以下几个方面。

（1）实验动物的采购和转运：科研或教学需要的所有实验动物由该中心统一购买。中心建立了完善的实验动物购买或转运体系，包括购买动物的要求和流程、特殊情况的处理等，准确、高效地为科研和教学人员服务。

（2）实验动物质量保证：有完善的动物健康、微生物监测，以及进入动物中心的动物检疫技术规范和管理规范等。

（3）动物和设施的管理：所有实验动物和设施由该中心统一管理，包括动物饲养，水、饲料、垫料的更换，饲养笼具的清洗和消毒，设施的清洁、消毒、维护和维修，等等。

（4）技术支持和服务：中心向本校相关部门提供动物试验的设计、动物试验的具体操作等服务，也开展基因工程动物模型的制作、比较医学分析等。

---

① 1 英亩=4047m^2，后同

（5）教学和培训：为本校相关单位的本科生和兽医学生提供教学、培训，包括小鼠生物学研究、小鼠神经影像学研究、实验动物继续教育、职业培训等。

（6）项目的审查和监督：为了保证实验动物的福利、工作人员的福利、实验动物使用的科学性和必要性等，受学校 IACUC 委托，该中心兽医定期或不定期到项目实施地开展项目的监督检查。

案例启示：①研究单位的实验动物中心是体现管理方式的主要层面，只有在基层建立完善的管理体系和发挥基层管理的作用，才能在使用实验动物进行研究时符合科学性、伦理性的要求。在实验动物采购、转运、设施管理、项目审查和监督等统一管理中，才能发挥一所大学实验动物中心管理的权威性和有效性。②基层使用单位的人员配置包括兽医、技术人员等高级人才，而不是只有饲育人员。这样不仅能提供饲养服务，也能提供实验动物分析技术服务，有助于提高整体效益和集成创新。③教育与培训的制度化可以提高整个大学相关人员，包括高级研究人员使用实验动物的规范和技术水平，有利于整体提高。

综上所述，中国科研院校的实验动物中心在人员构成、动物使用、管理、培训等方面的缺口最大。UC Davis 实验动物中心的管理模式是中国未来管理体系的完善方面值得借鉴的。

4. 企业自我管理

实验动物生产和经营单位通过自我控制产品质量，以提高在市场竞争中的信誉，接受用户的审视和品评，属于“社会管理”范畴。美国企业的实验动物产品标准明显高于国际同类标准，对实验动物相关产品质量提高起着重要作用。

5. AAALAC 认证

欧美国家实验动物行业多采用 AAALAC 的认证办法。AAALAC 是设立在美国的一个民办的非营利专业技术社团组织，旨在通过评估和认可计划，促进高品质的动物管理、使用和福利，以提高生命科学的研究和教育。实验动物机构自愿接受认证，要通过现场审查和年度报告，其认证结果受美国 NIH 认可。AAALAC 认证以“实验动物管理指南”所制订的标准为审核依据，参考各国家、地区的法律、法规和文化背景作出是否通过认证。通过认证的机构，被认为符合联邦法律和科学界认可的伦理学基本要求。这种管理模式，有助于统一科研中使用实验动物的标准，促进实验动物行业的发展，被欧美国家的医药研发公司和实验动物单位所采用。AAALAC 是受美国科学界广泛认可的一种认证方式。

（二）日本实验动物管理体系

在日本，国家大法《实验动物保护基准法》是日本实验动物管理的基本法规，并依此建立了一系列法律、法规（表 0-33）。根据日本地方法规的要求，每一个研究机构在进行动物实验时，都要遵循文部科学省（MEXT）1987 年颁布的管理指南。2004 年日本科学理事会（Science Council of Japan，SCJ）提出制定以动物试验科学化为目的的国家动物实验指南。根据这一提议，日本文部科技省（MEXT）和厚生劳动省（MHLW）联合制定了法规性文件《动物试验基本方针》，并于 2006 年 6 月开始实施，其中包括“3R”原则。为了方便这个指南的实施，SCJ 于 2006 年 6 月出台了更为详细的《合理实施动物实验指南》作为补充。该指南包括动物体内试验的科学合理性和善待实验动物两个方面的内容。日本要求每个研究机构要成立 IACUC 负责审查由主要研究者提出的动物实验计划，并确定这个研究计划是否符合本单位要求和国家发布的法规要求。

表 0-33　日本主要实验动物法律、法规

发布时间	发布部门	法规名称
1971 年	日本实验动物学会	关于确保建筑物卫生环境的法律实施规则
1973 年	法律 105 号	动物保护与管理法
1983 年	法律 80 号	动物保护与管理法（修订）
1975 年	总理府告示（28 号）	狗和猫饲养和保护基准
1976 年	总理府告示（7 号）	展示动物饲养和保护基准
1979 年	国立大学设施长会议	关于防止动物实验中人兽共患病的通知
1980 年	总理府告示（第 6 号）	实验动物饲养和保护基准
1982 年	MHLW	关于实施医药品安全性试验的标准
1983 年	日本实验动物协会	实验动物设施建筑和设备
1987 年	总理府告示（22 号）	产业动物饲养和保护基准
1987 年	MEXT	关于大学内实验动物的有关通知
1987 年	日本实验动物学会	动物实验指南
1987 年	日本实验动物协会	实验动物生产设施设备管理指南
1995 年	总理府告示第 40 号	动物处死方法指南
1996 年	日本实验动物学会	实验动物设施建筑和设备
1999 年	法律 146 号	关于对人克隆技术规制的法律
2001 年	MEXT 告示 173 号	关于特定胚胎使用的指针
2006 年	MEXT 和 MHLW*	动物实验基本方针
2006 年	农林渔业部	动物实验的基本指南

注：MEXT，日本文部科技省；MHLW，日本厚生劳动省

日本实验动物主管部门是文部科学省，众多民间团体参与行业管理，如日本实验动物学会、日本实验动物协会、日本实验动物技术者协会、日本实验动物医学会、日本实验动物饲料协会、日本实验动物环境研究会、日本疾患模型动物研究会及日本实验动物器材协议会、日本实验动物协同组合等。日本没有国家层面对动物实验设施及从业人员的认证程序。日本实验动物协会认证两级实验动物技术人员，一级技师相当于中级职称，二级技师相当于初级职称。

（三）发达国家的实验动物科学技术教育培训

在过去的 50 年里，实验动物科学在大学教育中被逐渐发展起来，首先出现在美国，以后逐渐在欧洲和亚洲一些国家得到普及。这些大学教育为培育高质量的实验动物科学专家奠定了基础。

美国实验动物医学教育开始于 1957 年，标志是美国实验动物医学会（American College of Laboratory Animal Medicine，ACLAM）的建立，其目标是促进实验动物医学

的教育、培训和研究，并建立相关标准，认证专业人员。美国还有许多设有医学、兽医、生物系的大学都设有实验动物学课程。学制多为两年的，培训中专技术级别；有些学制为四年，颁发学士学位。美国实验动物管理研究所（Institute for Laboratory Animal Management，ILAM）提供高效的专业教育，每年一周，连续两年。美国实验动物学会（AALAS）可提供继续教育和资格培训，为实验动物技术员和技师开课，并核发技术证书。另有商业渠道供应培训材料，提供自学之需。美国实验动物培训学会（Laboratory Animal Training Association，LATA）是美国专门从事实验动物从业人员培训工作的组织。通过多年发展，美国目前形成了一个实验动物从业人员培训和资格认证体系，主要分为研究人员、兽医师、技师系列和管理人员 4 个方面。

欧洲的实验动物医学教育开始于 20 世纪 70 年代，仅次于美国，在各个设立畜牧兽医和医学院系的大学开设实验动物课程。欧洲实验动物科学联盟（Federation of European Laboratory Animal Science Associations，FELASA）建立于 1979 年，致力于欧盟 25 国实验动物规则的统一、教育培训与资格认证工作。

日本的实验动物医学大学教育主要分布在兽医系、畜牧系、生物系，大学培养的从业人员为实验动物研究人员和实验动物技术专家。日本大学的兽医系为 6 年制，实验动物学是必修课目，毕业后取得硕士学位或博士学位，主要从事实验动物的研究和教育工作，被称为实验动物研究人员。日本大学的畜牧系、生物系为 4 年制，实验动物为必修或选修课目。另外，在一些农学系、生物系的两年制大学和职高中也开设了实验动物学的教育。日本实验动物学会（Japanese Association for laboratory animal Science，JALAS）、日本实验动物协会（Japanese society of laboratory animals，JSLA）、日本动物实验技术者协会（Japanese Association for Experimental animal Technologists，JAEAT）、日本实验动物环境研究会（Japanese Society for Laboratory Animal and Environment，JSLAE）等社团组织均提供继续教育和培训机会。日本将实验动物从业人员分为实验动物技术员（laboratory animal technician）、实验动物研究人员（laboratory animal scientist）和实验动物技术专家（laboratory animal technologist），由日本实验动物协会负责对实验动物技术人员开展教育和认证工作。

在人员培训认证方面，实验动物人才分类分级管理是国际惯例，实验动物科学技术的培训与教育一般由高等院校和社会团体承担。发达国家的医学院校大多设有实验动物的相关专业。美国实验动物学院是美国和国际实验动物培训中心。对统一规范化的管理起着举足轻重的作用。社会团体在开展实验动物培训工作中也占有重要地位。美国实验动物学会将实验动物技术人员分成三个级别进行管理；欧盟实验动物联合会将实验动物从业人员分为两类，各有三级管理；日本实验动物学会则通过考试将实验动物技术人员分为一级技师和二级技师。通过培训后，它们签发的实验动物培训证书是用人单位用人的重要依据。近年来，利用网络开展的远程教育方兴未艾。美国兽医生物学研究所（Veterinary Bioscience Institute，VBI）、加拿大奎尔夫大学（University of Guelph）等还专门通过大学、研究所与专业公司合作的方式，实行市场化的远程实验动物兽医培训，取得了极大地成功。

中国实验动物从业人员已经达到 30 万人的规模，但是在教育方面存在者专业教育水平低、规模小、从业人员继续教育机会少、技能培训不完善、高水平人才教育缺乏、从业人员认证体系不完善等不足（表 0-34）。

表 0-34　中国、美国、日本的实验动物教育培训体系比较

类别	美国	日本	中国
学历教育	一些兽医学校提供两年制或四年制实验动物学历教育课程。许多医学、兽医、生物系的大学都设有实验动物学课程	主要分布在兽医、畜牧、生物系，大学培养实验动物研究人员和实验动物技术专家	部分医学、兽医和生物技术专业开设实验动物学历教育
继续教育	AALAS、ACLAM、ASLAP、LATA 等学术组织提供继续教育和培训	JALAS、JAEAT、JSLA 等学术组织提供继续教育和培训	无
人员分类	美国形成了一个实验动物从业人员培训和资格认证体系，分为研究人员、兽医师、技师系列和管理人员 4 个方面	日本实验动物从业人员分为实验动物技术员、实验动物研究人员和实验动物技术专家	无
人员资质	ACLAM 实验动物兽医师（diplomate）、AALAS 实验动物管理人员（CMAR）和实验动物技术系列（ALAT、LAT、LATG）	日本实验动物协会（JSLA）设二级（初级）技术师、一级（中级）技术师两个级别；实验动物培训师分为 A、B、S 三级	现有三个级别的医学实验动物饲养工（初级、中级、高级）
认定机构	AALAS 下属的资格认证和注册委员会（Certification and Registry Board，CRB）负责管理 AALAS 技术系列资格认证	日本实验动物协会（JSLA）	中国实验动物学会教育培训工作委员会

五、实验动物科学技术与产业的发展趋势

实验动物科学技术与产业的发展一方面与生命科学、医药等学科需求相适应，不断积累实验动物和疾病动物模型资源；另一方面实验动物模型研制技术和分析技术的进步推动了生命科学、医药等学科的发展。在实验动物产业方面，由于实验动物分析技术的高科技化，多种实验动物分析技术集成的专业机构已经出现，而实验动物生产也向高质量、品种齐全、技术全面规模化方向发展。

（一）实验动物资源研究和争夺方兴未艾

1. 小鼠全部基因的敲除即将完成

英国剑桥大学桑格研究所利用条件敲除技术进行大规模小鼠基因敲除，现在已经具备 19 000 个表达基因的条件敲除胚胎干细胞（共计 40 000 多个细胞系），其中已有 3000 个细胞系转化为条件敲除小鼠。预计在 5 年内将敲除小鼠的全部基因，由于其后发优势和全球共享性，将超越美国成为国际主要的小鼠资源。中国医学科学院医学实验动物研究所利用双转座子技术进行大片段条件敲除小鼠研究，主要针对占基因组 95%以上的非表达序列，与桑格研究所的表达基因敲除具有互补性。这些资源的研制将成为生命科学和医药研究的强大基础。

2. 大鼠基因敲除模型研究的兴起

2010 年，大鼠基因敲除技术被评为年度的十大科技进展之一，这是因为大鼠在神经

系统疾病、脑和认知科学、代谢系统疾病及药物评价方面具有小鼠不可比拟的优势。国外一些大公司开始投资于大鼠基因工程模型的研究并申请专利，企图垄断大鼠模型资源的使用。中国科学技术部“十二五”规划期间启动了对大鼠基因工程模型的研究，期望在这一领域的国际竞争中取得领先，并带动神经系统疾病、脑和认知科学、代谢系统疾病及药物评价方面的创新研究。

3. 大型实验动物的广泛应用和经济动物的基因工程育种

以非人灵长类动物和猪为代表的大型实验动物在人类疾病研究和药物安全评价中的应用越来越受到重视，成为提高药物安全性的重要模型。

非人灵长类动物是传染病，如艾滋病、肝炎、肠出血热等方面不可替代的模型动物。由于非人灵长类动物在分类上与人类最接近，目前帕金森病、糖尿病、神经精神病等的研究也在广泛地使用非人灵长类动物模型。世界非人灵长类动物需求量在20万只以上。包括食蟹猴、恒河猴、狒狒、黑猩猩、狨猴、松鼠猴和非洲绿猴等10多个种类。

中国主要饲养繁殖食蟹猴和恒河猴，每年的用量在4万只左右，主要用于艾滋病防治和药物安全评价。国内一些单位正在开展狨猴、非洲绿猴、狒狒、棉猴等资源的建设工作，在未来3~5年将会有这类灵长类动物供应。非人灵长类动物的基因工程研究也已经开始，但是由于繁殖力较低，限制了这类动物模型的应用。

由于猪在器官大小、解剖结构、生理代谢等方面与人体具有的高度相似性，在外科手术、影像诊断等临床医学技术上具有的可操作性，以及猪产品在药物、器官移植、外科材料等方面的广泛应用，使猪产品在高附加值的生物医药市场越来越受到重视。在新药研发、器官移植、疾病机制研究、临床培训等方面，每年大约需要20万头猪，在医药研究和工业方面对猪的需求也越来越大，使其成为最主要的大型实验动物、器官供体和生物发生器的实验动物物种。

基因工程技术向农业领域扩散，成为遗传育种的重要手段，“转基因生物新品种培育”重大专项在过去几年，对基因工程猪、牛、羊、鸡，鱼等多个项目进行了资助，已经形成了世界上最大的转基因经济动物研究规模，将极大地推动农牧业的发展。

4. 水生实验动物的广泛应用

水生动物具有陆生实验动物无可取代的特点，且种类繁多、繁殖力强、材料易得，已成为发育生物学、毒理学、水污染监测、生态学、遗传学、生理学、药理学等研究的重要实验材料，并具有以下优势：①可用作检测人工污染物和自然污染物的生物指示剂；②能为包括哺乳类动物在内的其他脊椎动物的疾病防御机制提出观察方法；③在生命科学基础研究中，是极为合适的脊椎实验动物。

斑马鱼基因和人类基因有着87%的高度同源性，作为模式动物的优势很突出，其的使用正逐渐得到拓展，已深入生命体的多种系统发育、功能和疾病的研究中，并已应用于小分子化合物的大规模新药筛选。已利用鱼类作为材料在生理学、发育学、遗传学、环境监测及毒性试验等方面开展了大量工作，并取得了举世瞩目的成绩。斑马鱼在环境科学研究中得到了良好地应用，在领域相关研究论文统计中，斑马鱼是最为常用的实验材料。水生实验动物正逐渐拓展应用于神经系统、免疫系统、心血管系统、生殖系统等多个系统，涉及发育、功能、疾病等方面（图0-11）。

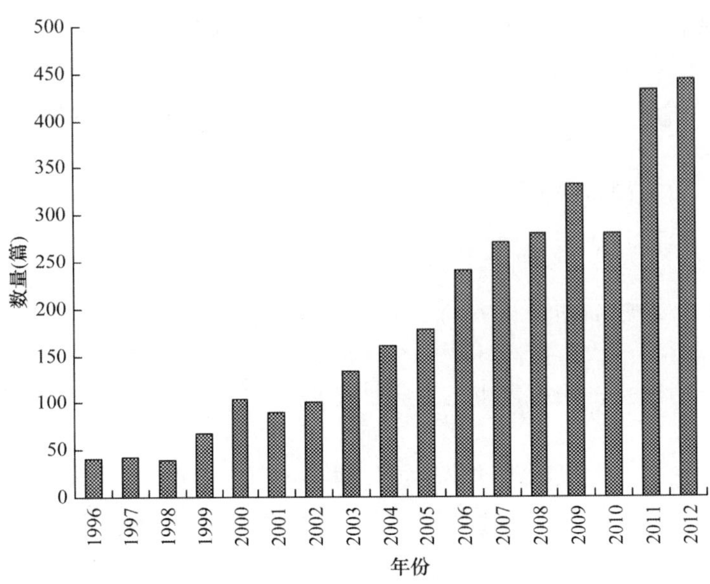

图 0-11　1996~2012 年以斑马鱼为材料相关论文被 PubMed 收录的情况

20 世纪 70 年代，著名遗传学家 George Streisinger 开始注意到斑马鱼（*Danio rerio*）的优点，并开展相关研究，也吸引了更多的研究者选择斑马鱼作为实验材料。由于斑马鱼为体外发育，雌核发育技术的发展及应用大大加速了品系建立的步伐，经过 30 多年的研究应用和系统发展，建立的野生型斑马鱼品系超过 20 个（AB、AB/Tuebingen、C32、Cologne、Nadia、SJD、Singa-pore、Tuebingen、Tuebingen long fin、WIK、WIK/AB 等），Tuebingen、AB、WIK 等品系较为常用。此外，还保存有 3000 多个突变品系和 100 多个转基因品系。这些品系资源对于利用斑马鱼开展各种科学研究起着很大的推动作用（图 0-12、表 0-35）。

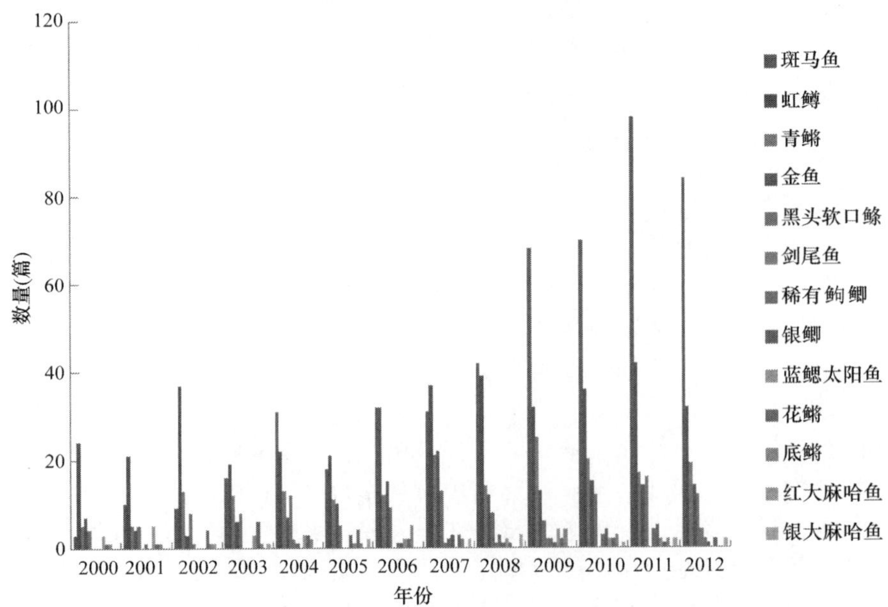

图 0-12　常用水生实验动物与环境相关论文被 Elsevier 收录的情况

表 0-35 水生实验动物的应用

品种或器官	相关学科	应用领域
斑马鱼	发育生物学	胚胎发育、基因功能等
河豚	遗传学和分子生物学	人类基因组
斗鱼	药理学	药物抑制本能行为
鱼鳃、鱼肾	生理学和内分泌学	膜生理学研究
金鱼眼	眼科学	视觉器官结构与功能
鲫鱼 M 细胞	电生理学	神经元突触生理

水生实验动物基因敲除技术日趋成熟，加上已有超过 10 种以上的鱼类完成了全基因组测序，在近阶段将有大量特定的水生实验动物应用模型构建，并应用于发育、功能、疾病等不同研究领域，成为水生实验动物使用的重要增长点。预计到 2020 年，中国应用水生实验动物开展生命科学基础研究的实验室将超过 300 家，实验动物的用量或不低于 50 万尾。

（二）实验动物技术推动生命科学创新

1. 基因组编辑技术的广泛应用

基因工程技术和相关技术是生命科学创新研究的重要推动力。2007 年基因打靶技术获得诺贝尔生理学或医学奖，主要贡献是对基因功能研究的推动；2012 年干细胞重新编程研究获得诺贝尔生理学或医学奖，主要贡献是对体细胞克隆动物及潜在医药的应用。大片段转基因技术、ZFN 技术、TALEN 技术、转座子技术的相继成熟，*Cas9* 基因敲除技术在哺乳类动物上的应用，人类细胞、非人灵长类动物、经济动物、斑马鱼等都可以使用基因工程技术加以修饰，极大地推动了生命科学创新研究。中国由于基因工程资源贫乏，更需要在不同技术的优点之上，开发高效快速和规模化新一代基因工程技术，尤其是条件敲除技术。形成快速和大规模条件敲除的技术基础，可以加快资源研制的步伐。

2. 动物人源化技术

实验动物的人源化是利用基因工程技术，将人类基因导入动物以替代动物本身的基因，使动物具有了一定的人的特性。第一方面是在动物体内转入人类药物代谢的基因，使动物在药物代谢等方面与人类更接近，用于药物安全评价，提高药物的安全性和评价效率。第二方面是在动物体内表达具有治疗用途的人类基因，生产生物药物，如表达人类抗体的小鼠，在抗体药物方面的价值巨大。第三方面是猪体内移植人类相关基因后产生的人源化器官，为人类器官移植等提供异种器官。动物人源化具有巨大的经济价值，是医药和相关产业的研究热点。

3. 实验动物分析技术的集成化和产业化

糖尿病、肥胖症、高血压、痴呆症等重大疾病都是多基因参与的复杂病因疾病，单个基因的转基因疾病模型不能反映疾病的复杂性。现在流行的方法是将多个疾病致病基因同时转基因，形成多基因的系统疾病模型，其对药物研究和疾病机制研究更具价值，成为动物疾病研制的趋势。实验动物和疾病模型的活体、即时观察是系统研究分子相互作用与整体表现的新型技术，在药物有效性分析、疾病机制研究、环境评价等方面具有广泛的应用，是实验动物分析的热点技术。

（三）实验动物产业的规模化和服务范围的扩展

欧美国家的实验动物产业已经完成规模进程，并且正在占领发展中国家的市场。其服务范围也在不断扩展，包括提供人类疾病动物模型制作、饲养管理、动物寄养、检测技术、基因服务、诊断试剂等各种相关的服务。由于规模效益高，这些大型实验动物生产机构有能力开发新型模型，建立严格的管理、监测技术体系和制度，使实验动物质量、技术服务质量不断提高。中国也应有相关服务的合并、淘汰、自我提升，向规模化发展的趋势。

六、发达国家的经验和启示

发达国家实验动物科学技术与产业经过 100 多年的发展，有它们的发展轨迹。中国仅有 30 年的发展历史，需要引进发达国家的经验、技术甚至资源，以实现跳跃性发展，才能在不远的将来迎头赶上，才不至于影响中国生命科学、医药、农业等领域的发展。

（一）实验动物资源研制、积累和维持的长期体制

美国没有受二次世界大战的影响，近 100 年来一直将实验动物资源的研究、维持和积累作为生命科学和医学的重要支撑条件和公益性资源给予重视，主要体现在三个方面：①制定了相应的长期规划，使美国的实验动物科学技术保持了持续发展的局面，尤其是近 40 年来，NIH 对实验动物资源、设施等进行了大规模的建设，形成了齐全的从昆虫、水生生物、啮齿类到非人灵长类等实验动物资源体系；②有稳定的资助体系，除了 NIH 对实验动物资源按发展规划给予资助外，美国国会每年也有定期拨款；③形成了资源共享体系，美国的实验动物资源在美国国内实现了很高程度的共享，还辐射到了欧洲，对生命科学、医药等起到了极大的支持作用。而欧洲采用多国合作、集中研制的形式，也在基因工程动物资源方面占领了一席之地。

中国需要建立实验动物资源研制、维持和积累的长期体制，包括长期发展规划、资助体系、共享规范等，将中国实验动物科学技术纳入稳定持续发展的轨道上。

（二）行业自律与 IACUC 管理

欧美国家的实验动物生产、实验动物分析、药物评价等机构，各科研院所的实验动

物中心，均具有较完善的行业自律和 IACUC 规范化管理，可分为三个层次：第一个层次是 AAALAC 的认证。AAALAC 以“实验动物管理指南”所订的标准为审核依据，对申请认证单位实施监督。第二个层次是各机构管理、生产、使用、转运环节的监测体系。规模化大型实验动物公司的监测标准自觉高于行业标准或国家标准。第三个层次是 IACUC 管理。各基层动物实验单位用权威的和严格的 IACUC 对使用中的动物、设施、人员进行管理。在实验动物的质量，以及科学、安全、合理和人道地使用实验动物方面起到了重要作用。

由于东西方文化和国情的差别，AAALAC 的一些规范并不一定适合中国国情，但是，我们需要建立自己的认证体系，生产商需要建立严格的行业自律规范，使用单位健全 IACUC 管理，因为仅依靠现在的政府部门监督是远远不够的。

（三）职业培训制度

以提高实验动物工作者和实验动物使用者的管理、兽医护理、实验动物技术培训为重点的职业培训，在欧美十分广泛，在提高实验动物科学技术整体水平方面起到了很好的作用。

中国在现有实验动物从业人员，以及管理、兽医护理、实验动物技术能力等方面与发达国家差距大，需要加大这方面的发展力度。

（四）实验动物产业规模化

发达国家实验动物产业经过长期的自由竞争，已经完成规模进程，体现了规模效益，实验动物质量、技术服务质量不断提高。中国应通过政府指导，加快中国实验动物产业化进程，进而提高实验动物及相关产品的质量。

第四章　中国实验动物科学技术与产业需求分析

中国实验动物科学技术与产业经过30年的发展，已经初步奠定了学习、技术积累、人才储备、管理体系等各方面的基础，具备了快速发展的基础。而中国生命科学、医药、环境、农业等领域的发展更快，实验动物科学技术与产业仍落后于这些学科的发展。为了满足科技强国的需要，实验动物科学技术作为众多领域的支撑条件已经到了迫切需要迎头赶上的时期。

一、中国实验动物资源需求分析

（一）生命科学对实验动物科学技术的需求

《国家中长期科学和技术发展规划纲要》中将生命科学基础研究的重点确定为“生命过程的定量研究和系统整合；脑科学与认知科学；人类健康与疾病的生物学基础；蛋白质研究；发育与生殖研究”。模式动物是以上所述领域的支撑条件，《国家中长期科学和技术发展规划纲要》也将模式动物研究列为重点之一。

第一，“生命过程的定量研究和系统整合”包括功能基因组学、表观遗传学及非编码核糖核酸、生命体结构功能及其调控网络、生命体重构、系统发育与进化生物学等重要内容。功能基因组学的主要研究对象就是基因敲除和转基因动物，而基因敲除和转基因动物直接支持表观遗传学、生命体结构功能及其调控网络、生命体重构、系统生物学、系统发育与进化生物学等方面的研究。

第二，“脑科学与认知科学”主要研究方向中的脑功能的细胞和分子机制，脑重大疾病的发生发展机制，脑发育、可塑性与人类智力的关系，学习记忆和思维等脑高级认知功能的过程及其神经基础，等等，需要大量相关基因敲除和转基因的动物模型，尤其是需要基因敲除大鼠的支持。

第三，“蛋白质研究”主要内容中蛋白质相互作用和动态变化的深入研究、生物体等层次上全面揭示生命现象本质等研究的对象是基因工程动物，强大的基因工程动物模型资源是这一研究的必须条件。

第四，“发育与生殖研究”重点研究内容中的干细胞、胚胎发育的调控机制、体细胞去分化和动物克隆机制等的研究和成果转化直接需要动物模型的支持。

实际上，未来至少需要20 000~30 000种基因敲除和转基因的大鼠、小鼠、斑马鱼、果蝇等模式动物的实验动物资源，才能对以上领域的创新研究和持续发展提供国际水平的支撑。

（二）医药研究对实验动物科学技术的需求

近年来，中国心脑血管疾病、恶性肿瘤、糖尿病等慢性非传染性疾病呈持续上升和年轻化的趋势，结核、艾滋病、肝炎等重大传染病发病率居高不下，新发传染病和老龄化疾病等已经成为中国城乡居民的主要死亡原因，并带来沉重的医疗负担。面对诸多挑战，科学技术部、国家卫生计生委和中国医学科学院等制定了《医学科技发展“十二五”规划》，包括 8 项重点任务，44 个发展重点，其中 23 个发展重点需要实验动物和技术的直接支持（表 0-36），表 0-37 所示为中国 GLP 中心使用的实验动物种类情况。根据实验动

表 0-36 实验动物科学技术对医学科技发展的支持作用

重点任务	发展重点	实验动物技术需求
发展前沿技术，引领医学发展	纳米医学技术	纳米医学产品的生物效应机制及安全性评价研究的动物模型
	干细胞与再生医学技术	干细胞分化、归巢、生物效应及安全性的动物模型
重视基础研究，解决科学问题	慢性疾病的基础研究	治病基因和敏感基因的基因工程动物模型
	传染性疾病的基础研究	传染病动物模型和人源化动物模型
	个体发育的基础研究	个体发育和再生过程中所发生的细胞分裂、迁移、凋亡等相关基因工程动物模型
	衰老和衰老的基础研究	衰老和衰老相关基因的工程动物
	脑科学与认知科学基础研究	脑重大疾病的发生、发展机制，脑发育、可塑性与智力的基因工程动物
	人与环境相互作用的基础研究	多种模式生物是研究生物、化学和物理因素等极端有害因素对机体的影响及其作用机制，早期生物效应和与疾病发生发展关系的工具
	计划生育与生殖健康的基础研究	生殖及其调控规律的基因工程动物
	中医药的基础研究	大鼠和基因工程大鼠，动物生理、影像分析技术
加强预防研究，降低患病风险	健康相关危险因素和风险评估研究	化学污染、食品药品安全等的病理、生理研究和评价需要实验动物
	疾病早期干预技术研究	早期干预技术的有效性和安全性评价需要实验动物模型
	计划生育和优生优育关键技术研究	出生缺陷预防整体技术，避孕节育新技术、不孕不育防治新技术等研究需要动物模型
	亚健康评价与干预研究	亚健康发生发展规律、药物疗法及非药物疗法、亚健康干预策略研究的评价需要动物模型
突出临床转化，提高诊疗水平	新型诊疗技术研究	分子诊断、免疫诊断、影像诊断、生物治疗、微创治疗、介入治疗、物理治疗等新型诊疗技术的适用性、效果及安全评价
关注公共卫生，构筑安全屏障	传染病防控	雪貂、土拨鼠、猴、免疫缺陷动物、病原受体人源化基因工程动物
	公共卫生安全保障	食品安全和营养卫生、环境危害和职业卫生、生物安全、药品安全等问题开展相关研究都需要多种模式动物的支持
推动健康产业，促进经济发展	新药研发	疾病模型和高质量安全评价动物资源、评价的比较医学技术资源等是药物研发、药理、毒性、药效、安全等评价和成果转化的必备条件，尤其是多靶点疾病模型和复杂病因疾病模型是药物创新的热点工具
	医疗器械研发	大型实验动物为主的动物模型评价
	中药现代化	中药药效评价、安全性评价与不良反应监测、新型制剂、临床疗效评价等多种动物模型资源和先进的比较医学分析技术支持
	新型健康产品开发	功能性食品、保健品新型健康产品的研究，有效性、安全性评价需要多种动物模型资源和先进的比较医学分析技术支持
完善条件平台，支撑医学发展	新型医学研究中心	临床研究与基础医学研究的结合点，新型医学研究中心主要实验材料是疾病模型和分析技术
	医学实验动物平台	疾病动物模型信息库是整合医学科技及生命科学领域信息资源的重要部分 系统建立丰富的实验动物品系资源和实验动物基因突变体库；加快发展重大疾病的实验哺乳动物模型，满足疾病机制、药物筛选、临床治疗研究等需要；建立起国内模型动物的保种基地，实现实验动物和模型动物的保种及规模化供应

表 0-37　GLP 列表（按服务内容列表）

全部	啮齿类（小动物）	非啮齿类（大动物）	非啮齿类不涉及灵长类
54	53	42	9

物疾病模型资源统计，需要在实验动物多样性方面引进 20~30 个物种，包括传染病敏感动物、非人灵长类动物等。在基因工程模型方面需要建立 3000 种以上的实验动物资源，主要包括 20 种主要威胁国人健康的大病种动物模型，治病机制研究基因工程大鼠、小鼠模型，药物代谢基因人源化模型，器官移植人源化模型动物，等等，才能为医药科技发展提供国际水平的支持。

（三）农业对实验动物科学技术的需求

农业领域的人兽共患病、动物疾病、兽药、疫苗和生物制品、动物源性食品的安全等一系列研究均离不开实验动物的支撑，动物卫生领域研究对实验动物的需求不断增加，其发展潜力和前景十分广阔。

1. 对高质量、标准化、商品化和社会化实验动物的需求增加

兽用生物制品的研制和检验、食品安全的风险评估、毒理学检测（包括农药残留、兽药残留、食品加工过程中形成的污染物、食品中天然存在的有毒有害物质、生物性污染等）、药品检测均需要高质量、标准化、商品化和社会化的实验动物。

2. 对实验动物品种（系）、数量的需求增加

在兽用生物制品的质量评价中，动物实验发挥着不可替代的作用。兽用生物制品的检验、新生物制品研发、监管部门开展监督检验复核、菌种鉴定、生物制品检测方法研究、动物疫病诊断试剂研发、各企业中间产品质量控制等方面均要使用实验动物。但真正能用于研发的实验动物的品种（系）和数量非常有限，迫切需要增加对实验动物品种（系）的开发，增加实验动物的数量。

3. 实验动物疾病模型需求加大

人兽共患病的病原学、发病机制、预防治疗、诊断试剂及药物疫苗研发等方面急需实验动物疾病模型，而中国实验动物疾病模型相当匮乏，重大疾病模型和相关模型资源不到发达国家的 10%，且一些发达国家限制向中国等亚洲国家出口新模型，进而限制中国在医药研究领域的国际竞争力。此外，中国动物疫病的病原复杂，需要自己的疫病模型。故预测未来，中国将会加快实验动物疾病模型研究与开发进程，逐步实现产业化，填补空缺，以满足生命科学研究所需，打破国外的生物技术垄断。

4. 基因工程实验动物资源需求增多，实验动物模型逐步朝多样化发展

目前，中国基因工程实验动物资源不及发达国家的 5%，随着转基因、基因敲除、

DNA 芯片技术、免疫学等新技术的出现，动物卫生领域中基因功能研究、疫病机制研究、药物创制等需要的实验动物模型将会逐渐多样化。

综上所述，在未来 10~20 年中国需要的实验动物物种和品系资源量在 30 000 种，才能达到发达国家 2010 年的水平（表 0-38）。

表 0-38 中国未来 10~20 年需要的实验动物物种和品系资源量

类别	内容	总量
物种资源	在现有基础上增加 30 个物种，包括狒狒、狨猴、非洲绿猴、啮齿类、小型猪等	实验动物物种总量达到 60 个左右
基因工程品系	转基因和基因敲除鱼、小鼠、大鼠、兔、猪等增加 20 000 种	以大鼠、小鼠基因工程动物品系为主，总量达到 25 000 品系以上
疾病动物模型	已自发突变大鼠、小鼠，基因工程大鼠、小鼠为主，包括人源化模型增加 5000 种	疾病动物模型总量达到 6000 个品系左右
总量		25 000~30 000 个品系

二、中国实验动物产业需求分析

随着生命科学、医药、食品、农业、环境等领域的发展，对实验动物需求增大、各领域研究更强调体内研究对实验动物的需求，以及中国自有实验动物资源替代现有进口资源，中国实验动物的需求量在现有基础上将有 50%以上的增长，以实验动物供应、实验动物技术、实验动物相关产品为主要内容的实验动物产业将成倍的增长。

常规实验动物在于品种、品系的丰富，以及遗传、微生物和寄生虫等方面质量的提高，总量需求增加不会太多。

主要是对基因工程品系和疾病模型品系需求的增加，非人灵长类动物、水生实验动物品系数量和动物数量也会增加。

根据生命科学、医药、食品、农业、环境等领域的发展，动物实验未来 20 年内主要动物品系总需求量见表 0-39。

表 0-39 中国未来 20 年主要实验动物需求量和级别要求分析

类别	内需求量/万只	级别	用途
非人灵长类动物 5~10 个品种	6~10	SPF	传染病研究、药物安全评价、医学教育、基因工程
啮齿类常规品系 30~40 个	2000~2500	SPF	生命科学、医药、食品、农业、环境等研究与评价，生物制剂生产
基因工程动物模型和疾病动物模型 20000 个品系	150~300	SPF	医药研究、医药产业、生命科学、食品、农业、环境等研究与评价
小型猪 3~5 个品种	3~5	SPF	生命科学、医药研究、医药产业、医学教学、农业基因工程等
犬 2 个或 3 个品种	3~5	SPF	医药研究、医药产业、医学教学
SPF 鸡蛋	5000~8000	SPF	农用疫苗生产
水生生物 5~10 个物种	50~100	清洁	生命科学、医药研究、医药产业、环境研究与评价

三、中国实验动物科学技术人才需求分析

中国开展生命科学研究的科研院所已经建立实验动物中心或将建立实验动物中心，一些药物生产、生物制剂生产厂家开始向科研型企业转化，也将建立实验动物中心。根据初步统计和预测，中国实验动物使用机构将会成倍的增长（表 0-40）。根据发达国家研究单位实验动物中心或实验动物室的行之有效的运行模式，其职能包括实验动物的采购和转运、质量保证、技术支持和服务、《实验动物学》的教学和职业培训、动物实验项目审查和监督等。实验动物中心的组成包括专职管理人员、兽医、技术人员、饲养人员等才能满足以上功能，才能在实验动物质量控制，科学、安全、合理和人道地使用实验动物等方面，发挥集成效益。

表 0-40　中国实验动物使用机构增长分析

机构类别	已有实验动物中心或动物设施数	将增加实验动物中心或动物设施数	小计
院校	420	70	490
医院	250	200	450
研究机构	1200	200	1400
企业	130	30	160
总数	2000	500	2500

中国现有的大小规模不等的实验动物中心超过 2000 家，较大规模的实验动物中心尚没有完善的人才配置，而较小规模的实验动物中心只有区区数人，严重缺乏专业的管理人员、兽医、技术人才。再过 20 年，实验动物中心还将增加 500 家，中国基层管理人员、实验动物兽医、技术人员的需求总量将在 45 000 人以上。

实验动物生产机构、研究机构和分析机构的实验动物研究、育种、质量保障、管理等方面对高级人才的需求有两个方面：一方面是现有机构人才不足所需要的一半；另一方面是实验动物科学技术在物种、基因工程动物、疾病模型动物和动物分析规模扩大、技术服务范围扩大，需要的高级人才将是现在的 1 倍以上。

综上所述，中国未来 20 年内对实验动物人才的需求见表 0-41。

表 0-41　实验动物人才分析

类别	从事工作	需求量/人	现有数量/人
实验动物兽医师	实验动物疾病控制、研究和项目审查、实验动物中心管理	1 000	100
遗传学专家	基因工程模型研制、育种、资源保存	1 000	50
实验病理专家	动物模型病理分析、比较医学研究	1 000	200
影像、生理等专家	动物模型分析和比较医学研究	200	50
技术人员	实验动物繁育、质量保障、维持、动物实验等	35 000	10 000

四、中国实验动物基础条件建设需求分析

（一）种子基地

中国生命科学、医药、农业、生物科技最集中的地区，即大北京地区（北京、天津、

石家庄、保定等地）和大上海地区（上海、苏州、无锡、南京等），是对实验动物科学技术与产业需求最大的地区，同时也是实验动物科学人才最集中的地区。应以这两个地区为主建立世界水平的种子基地，再辐射扩散到更大范围的周围地区，形成点的突破和以点带面整体发展的格局。这需要对现有的 8 个种子基地进行梳理、整合，优胜劣汰。

1. 基因工程动物模型方面

北京地区需要建基因工程小鼠和基因工程大鼠基地。完善和提升上海、南京的基因工程小鼠基地，武汉的基因工程基地。各基地的资源相互补充。

2. 啮齿类常规品系种子基地方面

需要强化北京、上海两个基地的职能，增加实验动物物种的丰富度，建立胚胎和精子冷冻保存体系、净化体系和供种职责。

3. 非人灵长类动物和水生动物方面

强化现有非人灵长类动物种子基地的管理、整合近几年发展快的机构，设立水生动物种子基地。水生动物已成为发育生物学、毒理学、水污染监测、生态学、遗传学、生理学、药理学等研究的重要实验材料，中国未来需求在 50 万尾/年，需要整合水生动物基因工程、繁育、供应等，形成规模化种植基地。

（二） 技术平台

1. 基因工程技术平台

根据中国生命科学、医药、农业等对基因工程品系、疾病模型等需求量的增加，现有的基因工程技术平台需要加强，达到年制备基因工程动物 3000~5000 种的能力。

在生命科学、医药、农业等研究集中的大北京地区和大上海地区各建立 2 个或 3 个大型基因工程平台，可操作的实验动物物种各有侧重（大鼠、小鼠、斑马鱼、猪、兔），形成每年研制 1500~2000 种基因工程动物的能力，并对其他地区的区域性基因工程平台进行技术合作和技术扩散，全国形成 3000~5000 种基因工程研制能力。满足中国实验动物资源研究、生命科学、医药研究、农业基因工程研究等的需求。

2. 实验动物分析技术平台（委托实验范畴）

全国建立包含实验动物病理、生理、影像、行为等技术集成的国际水平实验动物分析技术平台 3~5 个，为最尖端的生物医药研究提供技术服务。

3. 实验医学平台

建立 3~5 个包含提供研究路线指导、模型制备、饲养、分析、技术指导等在内的，为临床研究人员、物种研究人员等进行临床、物种、实验动物、信息等结合研究的实验基地。形成多学科交叉研究、创新研究、研究成果转化中心。

（三）产业基地

根据中国实验动物、物种、基因工程品系、疾病模型等需求量的增加，以及实验动物质量要求的提高，实验动物产业需要：

（1）国家政策引导和管理机构的监督管理（许可证发放和认证监督）。对实验动物质量不高的小型实验动物生产厂家进行梳理、整合，优胜劣汰。催生 3~5 个年产 300 万只以上实验动物的产业基地。强化大型实验动物基地的行业自律制度，保证 2000 万只符合国家标准的常规实验动物供应。

（2）建设 3~5 个品系在 2000 个以上的基因工程品系产业基地，形成年供应 100 万~200 万只的能力。由于基因工程品系多、每个品系需求量小，管理繁复，需要对基因工程品系的产业建立相应的优惠政策。

第五章 中国实验动物科学技术与产业发展战略构想

一、实验动物科学技术与产业的战略定位

实验动物科学技术是多个学科和领域交叉形成的一门学科，包括实验动物物种、模式动物、疾病模型等实验动物资源的研制，实验动物资源的质量保障，实验动物供应，实验动物分析技术，实验动物法律、法规和管理体系建设等内容的理论与技术体系。

实验动物科学技术与产业是生命科学、医药、农业、生物科学技术等多个领域的支撑条件，是这些领域科技创新和国际竞争的基础，没有实验动物科学技术与产业的发展，这些领域的发展将会是“沙洲建瓴”，没有坚实的根基，因此其也是人类健康、食品安全、生物安全等攸关国计民生重要方面的基础。所以，实验动物科学技术与产业是“创新型国家”的战略资源之一，主要体现在以下几个方面。

第一，实验动物作为探索生命本质活体系统，或作为医药研究的疾病模型，或作为物种改造的模式动物，或作为医药、农业、食品、生物产业等技术或产品评价的“人类替难者”，或作为工程科学、物质科学、信息科学与生命科学融合过程的载体和成果转化的中间环节，是生命科学、医学、药学、农业、环境及生命科学相关新兴产业的创新前沿和巨大推动力。

第二，实验动物科学技术是生命科学、医学创新研究的重要组成部分，由实验动物科学技术衍生出来的比较医学、比较基因组学等都成为了生命科学和医学创新研究最活跃的领域。

第三，实验动物产业是实验动物科学技术实现对其他学科支撑的主要窗口，同时，其本身也是一个新兴的科技产业。

二、中国实验动物科学技术与产业发展的战略目标

中国实验动物科学技术与产业经过30多年的发展，已经在管理体系、资源研制和保存、质量保障体系、产业等方面有了长足的进步，在人才、技术、设施、设备、经验等方面有了一定的储备，为未来的发展奠定了良好的基础。根据中国生命科学、医药、农业现实需求和未来发展的需求，从国家层面、管理层面和行业层面共同努力，建立长远发展规划和稳定资助体系，理顺管理体系，引导产业规模化进程，在实验动物物种、品系资源，实验动物产业和管理体系方面实现以下战略目标。

（一）实现实验动物资源翻两番

在现有基础上，加大资源研制、国际共享、资源积累和保存力度，实现每5年翻一番的增量，在3个或4个五年计划内，争取实验动物资源增加8~10倍、实验动物物种达

到60种以上、基因工程物种达到20 000种左右、疾病动物模型达到5000种左右，解决实验动物资源贫乏的问题，基本满足中国生命科学、医药研究等领域的需求。

（二）大鼠和猪等的基因工程研究达到国际领先

由于大鼠在神经系统疾病、脑和认知科学、代谢系统疾病及药物评价方面具有小鼠不可比拟的优势，已成为新一轮基因工程模型资源国际竞争的热点。在这方面世界各国基本在一个起跑线上，是我们发展的一个突破点。在3个或4个五年计划内，争取建立大鼠基因工程模型、疾病模型、药物评价模型等5000~10 000种，在大鼠基因工程研究方面居国际领先地位，带动中国神经系统疾病、脑和认知科学、代谢系统疾病和药物评价方面的创新研究。

猪是主要大体型实验动物、器官供体和生物发生器的实验动物物种，也是农业“转基因生物新品种培育”重大专项研究的重点物种。在未来几年，实验动物科学与农业合作，加大基因工程猪的研究，占领国际制高点，并开始牛、羊等大动物基因工程研究，这在提升实验动物研究的同时，也将极大地推动农牧业育种的发展。

（三）打造国际水平的龙头企业

催生2个或3个年产动物300万~500万只，常规品系齐全、质量保证的国际水平龙头企业，形成饲料、垫料及其他相关产品的实验动物产业链。

建设基因工程实验动物2000~10 000个基因工程品系、具有100万~200万只年供应能力、成为世界三大基因工程实验动物资源之一（美国、欧洲、中国）和形成亚洲最大的基因工程品产业基地。形成资源研究、积累、维持和产业化结合的良性循环。

（四）建立以基层自律为基础的管理体制

在政府层面，理顺现有管理体系中条块之间的协调关系，形成统一的管理体系。在行业层面，加强行业自律的管理规范、技术规范，以实验动物生产、使用、研究等基层单位的认证、监督、ICACUC管理为重点的基层单位自律和管理体系，形成国际一流水平的管理和质量保障体系。

三、保障措施

为了在实验动物管理、资源研究、实验动物产业和支撑能力上实现实验动物科学技术与产业发展的战略目标，需要加强人才队伍、管理和质量保证体系、国际资源共享体系、自主资源研制和创新能力、种子基地、高质量实验动物供应链6个方面的建设。

（一）加强人才队伍建设

实验动物兽医师、遗传学育种专家、实验病理专家、动物分析专家、实验动物技术人员等是实验动物科学技术与产业领域急需的专门人才，可通过行业与教育部门合作，在专门人才教育、本科教育、职业培训和继续教育等层次上加大这方面人才培养的力度。在遗传学育种、实验病理、动物分析和质量保证方面引进一部分国外人才。实现所需不同层次人才队伍建设，为战略目标的实现提供人才方面的保障。

一是依托高校和科研院所，充分发挥实验动物科研、教学、技术培训资源优势，依据《实验动物专业人才分类分级标准》和《实验动物人才培训考核评估办法》，以《实验动物从业人员上岗培训教材》、《初级实验动物专业技术人才考试参考教材》、《中级实验动物专业技术人才考试参考教材》、《高级实验动物专业技术人才考试参考教材》、《初级动物实验专业技术人才考试参考教材》、《中级动物实验专业技术人才考试参考教材》、《高级动物实验专业技术人才考试参考教材》为参考，开展实验动物科学技术和动物实验技术技能培训，建立国家实验动物多元化人才培训考核体系。提高实验动物管理与服务水平。从基本知识普及到学历教育，开发系列培训资源。

二是加强各实验单位从业人员的上岗培训和专业培训，按照学科和行业特点，科学地分级、分类培训。力争“十三五”规划期间实施技能提高“三个一”策略，为每个实验动物许可单位培养一名高级实验动物科学技术和管理人员，一名中级实验动物科学技术术人员和一名常规动物实验操作技术人员。

三是加强各部门、各单位实验动物主管领导的法规、标准培训，以保障国家实验动物法规标准和各项管理规定在各实验动物单位得到贯彻实施。力争在“十二五”规划期间对所有实验动物许可单位的主管领导和技术主管进行一次强制性法规培训、一次实验动物标准培训和一次动物福利与动物伦理培训。

四是加强实验动物人才的国际交流与培训。扩大学术、人员、项目的交流与协作，这对加速实验动物行业的发展有着重要的实际意义。

（二）完善管理和质量保证体系

需要在法律、法规层面，以及国家标准层面、部委协调层面和基层管理层面加强管理体系建设，为实验动物科学技术与产业发展战略目标的实现提供管理方面的保障。

1. 完善实验动物法律、法规和标准建设

加快实验动物行业管理的政策法规体系建设，不断完善法制化管理体系，规范实验动物市场，依法开展打击实验动物行业假冒伪劣产品对标准化实验动物市场的冲击，营造竞争有序的市场环境。

第一方面，加快国家层面的实验动物立法，促进实验动物法制管理，提高实验动物科学技术支撑能力。与发达国家相比较，中国有关实验动物的行政许可管理和质量监督制度依据的法律体系不完善，政府实施实验动物法制化管理的基础还比较薄弱，尤其是中国缺少有关实验动物国家层面的法律及行政法规，科技行政主管部门的部门规章也亟待修订。这需要行业、国家和科技行政管理部门合作，共同推进。

第二方面，以国家和地方实验动物管理法规为基础，制定相关管理文件，规范、指导从事实验动物工作的相关单位和实验动物从业人员，引导实验动物行业向着规范化方向发展。这需要地方政府和行业合作，共同推进。

第三方面，标准的修订和增补，需要行业、实验动物标准化技术委员会等合作，共同推进。

2. 建立部委协调、中央地方协调和地区之间的协调

加强相关部门间的协调，由主管部委牵头，理顺现有管理体系，实现全国法律、法规、标准的统一，质量保障技术、试剂、质检体系的统一，进而实现管理的统一。严格执行实验动物法规标准，全面贯彻实施实验动物质量监督和许可证制度，在科研立项、成果鉴定、产品检验与监督管理中逐步实行实验动物一票否决制。

提高依法监管的技术支撑力度，促进实验动物科学技术和实验动物产业的健康快速发展，以适应中国生物医药等生命相关学科和产业的发展对实验动物科学技术支持平台不断增长的需求。

3. 加强基层管理

（1）建立实验动物设施的认证体系。以行业主导，建立以行业自律为主的实验动物设施认证体系。

（2）推广单位 IACUC 等管理机构的建立。在基层实行全面的 IACUC 管理，完善基层动物中心职能。

（3）加强实验动物执法队伍建设，提高依法监督的能力和水平。

（三）建立国际资源共享体系

1. 完善实验动物进口法规，建立国际资源共享的快速通道

欧美国家，甚至中国台湾地区都有实验动物进口的相关规定，使实验动物这一特殊动物的进口十分便利，而中国按《进出口动植物检疫法》管理实验动物进口，限制了中国对实验动物资源的共享。建议科学技术部、进出口管理总局、海关总署等参考国际常规做法，完善中国进口无特殊病源实验动物进口许可申请、进口和检疫的法规，促进国际资源共享。

2. 充分利用国际已有资源

基因工程小鼠资源主要在美国杰克逊研究所和英国桑格研究所，已经建立了超过 20 000 种的基因工程小鼠或基因敲除小鼠 ES 细胞资源，中国在小鼠基因工程方面应该以尽量共享国际资源为主，以中国实验动物学会或中国医学科学院出面，国家支持，与美国杰克逊研究所和英国桑格研究所合作，在国内建立分支机构或国际资源共享中心，以国家发展改革委员会工程中心的形式运作，充分利用国际资源。

（四）提升自主资源研制和创新能力

1. 先进技术引进、创新和技术平台建设

基因工程平台是基因工程资源研制的核心，加强基因工程新技术的引进、扩散，并

促进新一代基因工程技术的快速和大规模研发，在技术上为中国基因工程实验动物资源的快速发展提供技术保障。

2. 加速基因工程大鼠和猪的研究，抢占制高点

鉴于小鼠基因工程资源研究中国相应落后，而目前在医药研究和生命科学研究中具有广泛应用的大鼠基因工程资源各国都在起步阶段，中国应选择基因工程大鼠研究作为重点。除了科学技术部的支撑项目外，设立一个大规模基因工程大鼠资源研究的项目。例如，超级 863 计划之类的项目（类似于英国剑桥大学桑格研究所的资源研究模式），在 5~10 年内建立 1 万种基因工程大鼠，抢占基因工程大鼠研究的制高点。同时，以基因工程大鼠资源可以作为筹码，交换其他国家的相应资源。

（五）完善高质量实验动物供应链

以实验动物资源的供应为龙头，建立 3~5 家大型实验动物资源供应机构，实现集成化、标准化、社会化发展。实验动物生产是实验动物资源分发到使用者手中，并发挥其社会效益和经济效益的中间环节。现在的实验动物生产由于种子供应、管理、人才、资金等方面的问题，不能为社会提供品系丰富和质量一流的实验动物。建议以产业 863 计划项目的形式在生命科学和医药研究集中的地区扶植实验动物生产公司，将实验动物资源研究的成果高质量的分发到使用者手中，发挥其应有的支撑作用。

第六章　对策与建议

通过对中国实验动物科学技术与产业发展现状和需求的分析，借鉴发达国家的成功经验，为了加快中国实验动物科学技术与产业创新发展步伐，提出如下对策与建议。

一、充分认识实验动物科学技术与产业发展的战略地位

（一）是生命科学、医学创新研究的重要组成部分

实验动物科学技术与产业，是生命科学、医学、药学、农业等重要领域科学研究的支撑条件（动物、设备、试剂、信息）之首，也是这些领域创新研究的重要组成。疾病动物模型为药物、疫苗、生物制剂的有效性和安全性提供活体评价体系。实验动物和技术是从实验室研究成果到实际应用这一转化过程的链条。

（二）是医学、药学、农业、环境及生命科学相关新兴产业的创新前沿和巨大推动力

比较医学、比较基因组学等是基于实验动物科学与技术发展起来的，其作为实验动物科学与技术的组成部分，已经成为生命科学创新研究最活跃的领域。生物医药领域的创新研究成果不断涌现，主要得益于实验动物科学技术的进步，包括基因工程技术、基因工程动物模型、模式动物资源和动物分析技术等方面的支持。生物医药相关领域实现创新发展，离不开实验动物资源、技术和产业的推动。使用实验动物的科学研究，一直是生物医药产业创新研究的前沿。国内外生命科学研究，尤其是一流水平的研究大部分是使用实验动物或模式动物取得成果的。

（三）是“创新型国家”的战略资源之一

实验动物科学技术是在生命科学、医药和农业等领域“进入创新型国家行列，为在 21 世纪中叶成为世界科技强国奠定基础”的必需支撑条件。没有实验动物科学技术的支撑，生命科学和医药研究将难以持续发展，进而也会影响人类健康、食品安全、生物安全等国计民生重大问题的解决。实验动物资源应列为建立“创新型国家”的重要战略资源之一。

二、切实加快实验动物科学技术与产业发展的步伐

从 2010~2012 年大规模调查结果分析可以看出，由于中国实验动物市场化还处于初

创阶段，实验动物生产销售的市场竞争价格体系还没有完全形成，绝大多数生产厂家都面临着生产成本高、售价低的境地。而实验动物使用单位也大都面临着经费不足、设施规模小，很难买到月龄、体重一致的实验动物和合适的动物模型。因此，结合国内实验动物行业发展的状况和相关行业的重大需求，搭建各类资源的公共服务平台及服务体系，以平台聚集社会资源，通过资源的互动，可充分发挥优势资源综合集成和科技资源高效配置的优势，有利于生命科学研究，为现代实验动物科学技术产业化环境建设提供支撑。

（一）制定中国实验动物科学技术与产业中长期发展规划

根据中国科技发展总体规划中生命科学、医学、药学、农业等领域对实验动物资源、技术、产业、人才等的总体需求，通过顶层设计，制定中国实验动物科学技术与产业未来10~20年的发展策略、总体布局、产业规模和发展重点。为实验动物科学技术的稳步发展，以及更好的支撑生命科学、医学、药学、农业等领域的持续协调发展制定前瞻性和纲领性文件。

1. 实验动物资源建设

实现实验动物物种200种以上，品系资源20 000种以上规模，拥有常见人类疾病动物模型、基因工程动物模型，能基本满足中国医药创新研究需要。

2. 比较医学分析技术

引进世界先进的比较医学分析技术和相关设备，实现动物模型分析评价规范化发展，着重提高比较医学分析技术的创新能力。

3. 标准化实验动物生产供应基地建设

一是实验动物生产供应基地建设：通过政策引导、资金支持，逐渐形成由3~5个大型实验动物饲育单位（国有企业或民营企业）互相竞争、互相依存的实验动物市场化供应体系，以保障中国实验动物市场有效供应的社会效益及产业规模的经济效益。

二是增加高等级实验动物的生产，满足科研市场需求：逐步增加清洁级、SPF级豚鼠、地鼠等实验动物的供应比例，提高兔、犬等中大型实验动物的质量，建立SPF兔繁育基地。

三是进一步推动标准化小型实验猪和标准化实验鱼等需求增长较快的实验动物品种生产基地和种源基地的建设，发挥中国在本领域的资源优势和技术优势。

4. 标准化动物实验综合服务平台建设

国家统筹规划，建立世界先进水平的实验动物服务平台，配合国家医药产业基地建设，辐射相关区域，推动实验动物服务能力提高和医药产业发展。

一是配合国内生物医药产业基地建设，通过机制创新，外引内联，建立2~5个生物医药研发的动物实验综合服务平台，为生物医药产业基地的企业提供动物实验综合服务。

二是整合中央、军队和地方的动物实验设施资源，试点建立1个或2个区域服务示范联合体。注重发挥北京地区在实验动物科学技术和行业发展的引领及示范作用。

5. 推动提高产业规模

建立 2 家或 3 家世界水平的龙头企业，实验动物生产规模在千万只以上，推动提高实验动物产业规模化水平。

6. 制定人才培养机制

提高实验动物学科地位，制定从业人员分类标准，推动从业人员教育培训和资质认定，提高从业人员总体素质和专业技能水平。

（二）实施“实验动物科学技术与产业创新重大工程”

鉴于实验动物科学现有学科地位名不副实，不适应生命科学技术与产业的发展，前沿技术缺口大、人才严重不足等问题，急需加强实验动物科学技术创新能力建设，注重实验动物基础设施建设、人才培养、资金投入和研究能力的提升。充实实验动物资源库，建立收集、保存实验动物资源的国家实验动物基地。重视自主知识产权的实验动物品种、品系的选育、扩选，建立健全实验动物品种谱系，为生命科学技术与产业发展提供基础性支撑条件。

建议设立以下科技创新工程，以提高实验动物科学技术与产业的创新能力。

1. 实验动物科学技术创新工程

（1）实验动物资源研制专项。开发实验动物新物种 30 种，基因工程与疾病模型动物 20 000 种，实现集中研制、保存和供应。

（2）实验动物质量控制专项。开展遗传、微生物及寄生虫、营养与饲料、环境设施、病理诊断检测的标准化，统一检测试剂与方法。推动国家和省级实验动物质量检测机构的检测能力建设，更好的控制实验动物质量，缩小与发达国家在实验动物质量控制标准指标方面的差距。

（3）新型实验动物技术研究与开发专项。开展动物模型研制技术、动物模型分析技术研究与开发工作，引进吸收发达国家的先进技术经验，提高实验动物相关技术的创新能力。设立实验动物创新技术示范基地，开展技能培训、继续教育和推广工作。

2. 基础设施建设工程

（1）种子基地。根据实验动物品种，设立 10~20 家国家级实验动物种子基地，资助建立基础设施，完善管理制度，集中研制、引进、保存和提供实验动物种子资源。

（2）技术平台。在现有实验动物技术平台的基础上，国家统筹资助建立 10~20 家具有世界水平的实验动物技术平台，配合国家医药产业基地建设，提高其设施和设备规模，以便更好地为医药、生物相关科学技术与产业提供技术服务。

（3）龙头企业。在现有实验动物生产企业中，选择 2 家或 3 家具有潜力的、生产能力在百万只以上的企业，重点资助厂房设施和设备建设，提高其生产能力。

3. 实验动物产业化工程

（1）饲养规模化。规模化饲养实验动物可以保障实验动物的数量、质量和效益。应进一步推动中国实验动物产业规模化，分别在南方和北方培育 2 个或 3 个生产规模在千万只实验动物以上的龙头企业，重点资助，使企业饲养规模化能力得到提高，并使其在保证质量的前提下，提高生产规模，实现规模化生产、供应。

（2）服务范围拓展。推动实验动物产业拓展服务范围、提高服务能力，包括提供模型制作、饲养管理、动物寄养、检测技术、基因服务、诊断试剂等各种相关的服务。由于规模效益高，这些大型实验动物生产机构有能力开发新模型，建立严格的管理、监测技术体系和制度，使实验动物质量、技术服务质量不断提高，使中国实验动物产业具有淘汰、合并、自我提升，向规模化发展的趋势。

（3）动物实验公共平台。国家统筹规划，分步骤建立实验医学平台、实验动物分析技术平台、基因工程技术平台、比较医学技术共享平台、实验动物信息平台、实验动物公共服务平台，使其成为科技可持续发展的重要前提和根本保障。

4. 创新人才培养工程

建立 5~10 家实验动物创新人才培训基地。依托中国实验动物学会，资助建立从业人员继续教育培训网络，实现在线培训和考试。设立实验动物从业人员分类标准，推动实验动物科研、管理、技术、兽医人才职业培训与资质认证。

（三）建立稳定资金投入机制

根据中国实验动物科学技术与产业 10~20 年的中长期发展规划，设立相应的资金投入机制，主要在实验动物资源研制和资源保存方面加大投入。

根据未来 10~20 年中国生命科学、医学、药学、农业等领域对实验动物资源、技术、产业、人才等的总体需求，设立一定规模的实验动物专项资金，重点解决实验动物资源贫乏的问题，包括引进和开发实验动物物种到 30 种，引进和开发基因工程模型和疾病模型等资源到 2 万种左右，建立资源保存的稳定维持机制，扶持 2 个或 3 个实验动物产业示范基地，形成国际水平龙头企业，保证高质量动物、饲料、垫料及其他相关产品的供应，达到发达国家当今（2012 年）的水平，基本满足中国生命科学、医药、农业、食品、环境和生物产业等领域的需求，并极大地提升这些领域的创新能力。

资源保存是一项社会公益性的基础工作，应该把实验动物资源保存与共享所需经费纳入国家财政经常性支出，代替目前的临时性项目方式，维持国家实验动物资源库或中心的正常运转。实现资源共享，改变“重建设、轻运行、无管理”的现状。资源保存单位也要将资源保存放在首要位置，实现资源集中保存。

三、建立完善实验动物科学技术与产业的创新发展体制与机制

（一）设立实验动物管理委员会

《实验动物管理条例》规定：“国家科学技术委员会主管全国实验动物工作。国务院

各有关部门负责管理本部门的实验动物工作。”但是目前，国务院各有关部门基本上已经撤销了本部门的实验动物管理工作，在国家层面出现了管理真空，缺乏跨部门的实验动物管理机构。实验动物是食品安全评价的实验条件，建议在国家食品安全管理委员会下设实验动物管理委员会，统筹管理和推动全国实验动物科学技术与产业发展。

（二）完善法律、法规与管理体系

加快《实验动物管理条例》在国务院层面的立法，配套建设实验动物行业管理的政策法规，不断完善法制化管理体系，规范实验动物市场，依法开展打击实验动物行业假冒伪劣产品对标准化实验动物市场的冲击，营造竞争有序的市场环境。加强相关部门间的协调，发挥属地管理优势，健全执法队伍，加大宣传和执法力度，严格执行实验动物法规标准，全面贯彻实施实验动物质量监督和许可证制度，在科研立项、成果鉴定、产品检验与监督管理中逐步实行实验动物一票否决制。推动建立与国际接轨的动物福利保障制度。

应该加快国家层面的实验动物立法，促进实验动物法制管理，提高实验动物科学技术支撑能力。与发达国家相比较，中国有关实验动物的行政许可管理和质量监督制度依据的法律体系不完善，政府实施实验动物法制化管理的基础还比较薄弱，尤其是中国缺少实验动物国家层面的法律及行政法规，国家科技行政主管部门的部门规章也亟待修订。

应该以国家和地方实验动物管理法规为基础，制定相关管理文件，规范、指导从事实验动物工作的相关单位和实验动物从业人员，引导实验动物行业向着规范化方向发展。

应该依法加强实验动物福利伦理的审查工作，注重各单位实验动物管理委员会等管理机构实际履行监督职责，加大实验动物从业人员生物安全、人员防护的培训和安全措施落实的检查。建立实验动物突发事件应急反应队伍，培养应急队伍应对实验动物突发事件的能力。

应该加强实验动物质量的监督检查力度，推进实验动物行业产业化、市场化机制的建立。政府主管部门应加大对实验动物行业管理的科技投入，提高依法监管的技术支撑力度，促进实验动物科学技术和实验动物产业的健康快速发展，以适应中国生物医药等生命相关学科和产业的发展对实验动物科学技术支持平台不断增长的需求。

1. 建立、完善实验动物法律、法规与管理体系

实施中国特色的实验动物人才培训、认证与评价制度。由主管部门牵头，建立部委协调和统筹机制。理顺现有管理体系，实现全国法律、法规、标准，使质量保障技术、试剂、质检体系统一，进而实现管理统一。

（1）修订实验动物管理条例。

（2）制定高效的实验动物进出口管理办法。

（3）完善的实验动物标准体系。

（4）实验动物资源共享平台管理办法。

（5）实验动物资源产权或所有权管理办法。

（6）实验动物资源收集保存管理办法。

（7）实验动物数据信息和实物资源使用管理办法。

（8）与国际规范接轨的实施方案。

2. 建立实验动物从业人员职业培训和资质认证制度

实验动物行业的人才培养和科技队伍建设是关系到实验动物科学技术进步和全行业可持续发展的带有全局性的重要问题。国家和地方政府应把加强实验动物专业人才培养，特别是实验动物行业的中高级人才队伍的建设放在突出的位置，并与加大实验动物科学技术投入有机地结合起来，发挥综合效益。

提高实验动物学科地位，鼓励开展学历教育。参照欧美国家在兽医、医学教育结束后，再接受2~3年实验动物专业教育，使其成为实验动物专业人才的方法。建立以提高实验动物工作者和实验动物使用者的管理、兽医、实验动物技术培训为重点的职业培训，提高实验动物科学技术整体水平。中国在现有实验动物从业人员，以及管理、兽医、实验动物技术能力等方面与发达国家差别大，急需加大这方面的发展力度。

3. 建立健全实验动物标准体系

实验动物标准体系的基本框架是指以实验动物质量控制为主线，围绕实验动物管理、饲育、生产、销售、运输、使用和福利等各个环节，针对可能对实验动物质量构成危害的因素所建立的标准体系。现有实验动物国家标准，主要是质量控制标准。基础标准和产品标准缺乏，应集中对实验动物生产过程控制，质量追溯，保存运输，销售管理，实验动物（包括实验用动物）、动物模型评价，相关产品生产、使用等进行分块集中制定。特别是常用实验动物的标准制订、修订工作，为依法监督提供技术支撑。农业实验动物、模式动物和基因工程动物模型的标准亟须规范。

（三）建立资源研制、引进、保存与共享的长期维持机制

中国需要建立实验动物资源研制、积累和维持的长期体制，包括长期发展规划、资助体系、共享规范等，将中国实验动物科学技术纳入到稳定持续发展的轨道上。这需要国家层面的整体规划和统一布局管理，改善运行机制，形成国家财政专门投入渠道，满足生命科学迅速发展的需求。

1. 明确实验动物资源的社会属性

实验动物是国家科技发展的重要支撑条件和研究基础性材料。为此，国家投入大量经费，支持科技人员进行实验动物的研究与开发。从这一点上讲，所有研究成果均属国家所有，都应该为中国科技发展服务。但由于现行体制、管理体系、机构设置、部门利益等因素的影响，使得以国家财力支持而开展的研究活动成为部门或地区，甚至是单位和个人的事情，其研究成果也随之成为部门、地区、单位甚至个人的“私有财产”，在实验动物使用方面人为设置各种障碍。这已成为制约实验动物资源共享的最主要的影响因素之一。

2. 建立有效的共享机制

实验动物资源的共享与合作是全球性的发展趋势，主要目标在于打破国与国、机构与机构之间的壁垒，增进实验动物资源的分享、利用和保存，避免资源的重复生产与浪费。中国实验动物资源需要以优势实验室或专业研究机构的集中研制为主，辅以分散深入分析，形成资源研制、资源积累共享、创新研究相互支持的良性循环。各机构应建立实验动物资源长期保持机制，并提供维持经费，或交到国家指定机构统一保存。

实验动物资源共享是一项复杂的系统工程，涉及资源、技术、人才、资金、政策法律、规则规范、监督与评估等一系列措施和环节。实验动物资源共享包含信息共享和实物共享两个层次的内容。中国在实验动物资源共享和服务体系方面还缺乏国家标准和技术规范，而且没有健全的数据库，无论软件、硬件都无法满足社会共享的需求。由于科技体制和管理等多方原因，从国外引进的非常有研究和应用价值的动物模型资源，随研究工作的结束而丢失的情况经常发生。

实验动物资源保存与共享既是实验动物资源再次整合、集成、优化、标准化的过程，也是实验动物资源重新合理配置的过程。在这个过程中，涉及原有管理体制、管理办法、资源所有权和使用权等各方面关系的调整。要开展资源共享机制和共享原则等有关政策和管理办法方面的研究建设，以明确资源共享过程中各方面的关系，解决如何监督、如何通过信息反馈途径对共享进行评价的问题，以实现资源共享。

（四）建立行业自律机制，实现行业自我管理

建立行业自律机制，实现行业自我管理可分为三个层次：第一个层次是中国实验动物学会，以“实验动物管理指南”（待制定）所订的标准为审核依据，对各认证单位实施监督；第二个层次是各机构的管理、生产、使用、转运环节的质量监测体系；第三个层次是各机构 IACUC 管理，基层实验动物使用单位用权威的和严格的 IACUC 规章对使用中的动物、设施、人员进行管理。需要建立中国特色的认证体系，倡导生产厂家建立严格的企业标准和自律规范，使用单位健全 IACUC 管理。仅依靠现在的政府部门监督是远远不够的。

各有关研究单位设立 IACUC，以发挥基层管理作用。这已经在欧美国家被视为最主要的管理方式。IACUC 对自己单位的情况最为熟悉，有权检查、监督、审查实验动物工作，并有权否决、批准、中止或暂停有关科研项目。IACUC 定期审查单位内部的科研项目，作会议记录并存档。每年要向国家实验动物主管部门提交审查报告，并接受检查。

参 考 文 献

贺争鸣，李冠民，李根平，等. 2007. 中国非人灵长类实验动物产业发展的现状、问题及对策. 实验动物与比较医学， 3：208-210.

加拿大突变小鼠数据库 Canadian Mouse Mutant Repository，Toronto，Ontario（CMMR）. [2012-10-25]. http://www.phenogenomics.ca/databases/mutants_samples.html

加拿大小鼠联盟 Canadian Mouse Consortium（CMC）. [2012-10-25]. http：//www.mousecanada.ca/ps/catalogue.htm

秦川. 2007a. 常见人类疾病动物模型的制备方法. 北京：北京大学医学部出版社，10.

秦川. 2007b. 现代生活和生物安全. 北京：科学普及出版社，1.
秦川. 2008. 医学实验动物学. 北京：人民卫生出版社，11.
秦川. 2009. 2008~2009 年实验动物学学科发展报告. 北京：中国科学技术出版社，4.
秦川. 2010. 实验动物学. 北京：人民卫生出版社，8.
秦川，张连峰. 2010. 小鼠基因工程与医学应用. 北京：中国协和医科大学出版社，1.
人类癌症模式小鼠联盟 Mouse Models of Human Cancer Consortium，Frederick，MD（MMHCC）. [2012-10-25]. http：//mouse.ncifcrf.gov/
日本实验动物中央研究所 RIKEN BioResource Center（RBRC）Experimental Animal Division. http：//www2.brc.riken.jp/lab/animal/search.php
日本熊本大学动物资源发展中心 Center for Animal Resources and Development（CARD）. [2012-10-25]. http：//cardb.cc.kumamoto-u.ac. jp/trans- genic/strains.jsp
唐利军，曾开红，秦春娥，等. 2008. 中日实验动物科学技术发展之比较. 中国比较医学杂志，18（8）：78-80.
陶雨风，刘忠华，毕玉春，等. 2011. 国内外实验动物管理体制及法规条例的比较. 实验动物科学，28（4）：46-51.
滕岳峰. 1999. 中国的小型猪与香猪. 广东畜牧兽医科技，（1）：30-32.
突变小鼠资源联盟 Mutant Mouse Regional Resource Center（MMRRC）. [2012-10-25]. http：//www.mmrrc.org/catalog/StrainCatalog SearchForm.jsp
汪思应. 2010. 美国大学的动物实验的准入制管理. 中国比较医学杂志，20（8）：76-78.
王建飞，Rozm H. 1996. 美国实验动物科学技术事业的沿革与现状. 上海实验动物科学，16（2）：118-123.
王晓明，刘万策，陈梅丽，等. 2013. 实验动物资源数据库数据质量建设的探讨. 实验动物科学，30（1）：38-40.
魏泓. 1997. 中国小型猪研究的现状. 中国实验动物学杂志，7：252-255.
徐平. 2011. 实验动物资源开发、保存和共享利用.中国比较医学杂志，21（10）：48-56.
薛丽香，张凤珠，孙瑞娟，等. 2014. 中国疾病动物模型的研究现状和展望. 中国科学：生命科学，44（9）：851-860.
杨果杰，潘甜美. 2000.日本实验动物从业人员的教育和再教育. 实验动物科学与管理，17（3）：20-23.
杨果杰，杨磊，浦野彻. 2005.日本实验动物法制化管理状况. 实验动物科学与管理，22（2）：24-27.
尹海林. 2003. 美国实验动物的法规化管理. 四川动物，22（1）：51-53.
岳秉飞. 2011. 实验动物资源开发、引进、共享、供应. 中国比较医学杂志， 21（10，11）：45-47.
张德福，丁卫星.1997. 小型猪研究的现状及其进展. 国外畜牧学：猪与禽，9（1）：28-32.
张连峰. 2011. 中国常用实验动物资源的现状及对未来发展的思考. 中国比较医学杂志，21（10，11）：39-44.
Charles River Laboratories，Inc. [2012-10-25]. http：//www.criver.com/
Clive J. 2013. 2012 年全球生物技术/转基因作物商业化发展态势. 中国生物工程杂志，33（2）：1-8.
European Mouse Mutant Archive（EMMA）. [2012-10-25]. http：//www.emmanet.org/mutant_types.php
Harlan，Inc. [2012-10-25]. http：//www.harlan.com/
Howe K，Clark M D，Torroja C F，et al. 2013. The zebrafish reference genome sequence and its relationship to the human genome. Nature，496（7446）：498-503.
ILAR. [2012-10-25]. http：//www2.nas.edu/ilarhome
International Mouse Strain Resources（IMSR）.http：//www. infor- matics.jax.org/imsr/
Kong Q，Qin C. 2009. Analysis of current laboratory animal science policies and administration in China. ILAR J，51（1）：e1-e11.
Kong Q，Qin C，2010. Laboratory animal science in China：current status and potential for the adoption of alternatives.Altern Lab Anim，38（1）：53-69.
Liu H，Chen Y，Niu Y，et al. 2014.TALEN-mediated gene mutagenesis in Rhesus and Cynomolgus monkeys. Cell Stem Cell，14：323-328.
Mouse Genome Database Home Page. [2012-10-25]. http：//www.infor- matics.jax.org
Niu Y，Shen B，Cui Y，et al. 2014.Generation of gene-modified Cynomolgus monkey via Cas9/RNA-mediated gene targeting in one-cell embryos. Cell，156（4）：836-843.
Niu Y，Yu Y，Bernat A，et al. 2010. Transgenic rhesus monkeys produced by gene transfer into early-cleavage-stage embryos using a simian immunodeficiency virus-based vector. Proc Natl Acad Sci USA，107（41）：17663-17667.
Rat Genome Database（RGD）. [2012-10-25]. http：//rgd.mcw.edu/
Taconic，Inc. [2012-10-25]. http：//www.taconic.com/wmspage.cfm?parm1=16
The Jackson Laboratory（TJL）. [2012-10-25]. http：//jaxmice.jax.org/query/
Thomas Gaj，Charles A. Gersbach，Carlos F. 2013. Barbas. ZFN，TALEN，and CRISPR/Cas-based methods for genome engineering. Trends in Biotechnology，4：4

专题一　实验动物科学技术在创新药物研究中的应用

摘　要

人类新药研发的“从人到人”、“从动物到人”、“从实验动物、设备、信息、试剂（AEIR）到人”的三个历史发展阶段表明，作为人类的替难者及生命科学研究四大重要技术支撑条件之一的实验动物，在创新药物研究领域中发挥着不可或缺的作用，地位异常重要。

近年来，美国、日本及欧洲等发达国家或地区的实验动物科学技术在创新药物研究领域中的应用出现了一些新的特点，主要表现在对实验动物的应用已由传统的实验动物逐步转向具有人类疾病特征的动物模型；对实验动物的应用也已日趋人性化，人道地对待实验动物、改善动物的福利、提高动物实验结果的可信性，已成为科学家们的共识。用做实验的动物种类不断增加，尤其是基因工程动物模型的深入研究和广泛应用，更是发达国家实验动物科学技术与产业的发展趋势。

与发达国家相比，中国实验动物科学技术及其产业现状与创新药物研究的应用需求还存在很大差距，甚至已严重地制约了创新药物的研发。主要表现在实验动物的品种、品系资源有限；实验动物质量有待提高；基因工程动物模型的应用较少。为此，建议国家有关部门建立健全相关法律、法规和规章，改革现行管理体制及运行机制；整合现有实验动物资源平台，加强人类重大疾病动物模型的研发力度；设立专项资金，加大对实验动物行业的经费投入。发挥实验动物在创新药物研发中的条件支撑作用。

基 本 概 念

药物学（pharmacy）：是一门以研究药物的作用、临床应用、不良反应和注意事项等为主要内容的古老学科。对新药的研发是人类追求健康的具体行动，是伴随着人类发展历史不断发展的重要实践活动。

创新药物（new drug）：是指化学结构或治疗用途新颖，在以前的研究文献或专利中未见报道，具有自主知识产权专利的药物。

创新药物研究（new drug discovery）：是指阐明生物活性物质的结构、活性及其相互关系，探索药物作用的新机制、新靶点，进行新药有效性和安全性评价的综合性研究过程。

AEIR：是英文 animal、equipment、information、reagent 的缩写，其中 A 为实验动物、E 为设备、I 为信息、R 为试剂。AEIR 是现代生命科学研究所必需的四大重要支撑条件。

反应停（thalidomide）事件：20 世纪 60 年代初德国生产的镇静药“反应停”被错误地应用于孕妇早期止吐，导致 1.2 万“海豹肢畸形儿”诞生。该药害事件被称为“反应停事件”。

良好实验室操作规范（good laboratory practice，GLP）：是为实验室管理而制定的规范性文件，涉及实验研究的计划、实施、监督、记录、实验报告等各个方面。为了规范新药研究中非临床实验室安全性评价研究工作，美国 FDA 于 1978 年率先颁布实施，后被世界各国所接受。例如，中国 2003 年颁布实施了 GLP（《药物非临床研究质量管理规范》）。

基因工程动物模型（genetic engineering animal model）：是指生物医学科学研究中所建立的能够模拟人类疾病表现的基因工程动物。

引　言

药物学（pharmacy）是一门以研究药物的作用、临床应用、不良反应和注意事项等为主要内容的古老学科。对新药的研发是人类追求健康的具体行动，是伴随着人类发展历史不断发展的重要实践活动。

古代的新药研发模式是“从人到人”。人们在生活实践或与疾病斗争的过程中，逐渐认识到某些天然物质的治疗作用，从而积累了一些防治疾病的经验。在中国，早在原始社会，就有“伏羲氏尝味百草”和“神农尝百草，日遇 70 毒”的记载；公元前 11 世纪以前的夏代和商代，中国就有了酒和汤液的发明；长沙马王堆三号汉墓出土的《五十二病方》记载的药物已达 242 种之多；到了明代，李时珍所编《本草纲目》，集历代本草之大成，收载药物 1892 种、附方 11 000 余首、插图 1160 幅，此后，其不仅在国内广为流传，还陆续译成德文、日文、英文、法文等文字，成为国际上研究药学和生物学的宝贵参考资料。国外早期药物学的发展与中国的情况类似，从古希腊的医药神 Asklepios 时代到 19 世纪，对药物的评价方法基本上也都是靠人体尝试，由经验积累而得。由于这些经验知识都是靠人们的亲口尝试而获得的，因而人类药物研究的最原始方法是“从人到人”。

近代以来的新药研发是“从动物到人”。进入 19 世纪后，人们深刻认识到以人类自身为受试对象的原始药物发现方法会对受试对象带来极大的风险。而且，随着有机化学、植物化学，以及生理、生化、病理等基础医学的发展，人们对药物作用的认识也在不断提高和深化。因此，人们开始寻求药物发现的其他方法。一方面，人们通过对天然产物进行提取和合成的方法来研制新药。例如，1803 年德国药师 Sertürner 从阿片中提取到纯吗啡，开创了从天然产物中分离有效药物的新方法；19 世纪后期，德国较发达的染料工业就开始考虑新药的合成与对现有药物分子结构的改造，并取得了一定的成绩。另一方面，人们逐渐认识到动物实验在药物研究中的重要性，开始尝试利用动物进行药物的实验研究。例如，德国医生冯·梅林（Baron Joseph Von Mering）和俄国医生闵可夫斯基（Oscar Minkowsk）在用切除胰腺的犬进行胰腺消化功能研究时，从犬胰腺中分离出胰岛素，有效地用于糖尿病的治疗。正如巴甫洛夫所言：“没有对活动物进行实验和观察，人们就无法认识有机世界的各种规律，这是无可争辩的”。自那时起，药物研究便进入了“从动物到人”的时期。

进入 20 世纪 30 年代后，在动物实验的支撑下，新药研究进入快速发展的时期。现代临床上常用的抗生素、抗精神失常药、治疗心血管病药、抗肿瘤药、维生素等大部分是在那一时期问世的。但是，由于当时药政管理不严格，很多新药经过简单的动物实验，发现有一定的疗效就应用于临床，因而“药害事件”时有发生。进入 70 年代后，国内外都逐渐认识到药物研究不仅需要动物，更需要标准化的实验动物，从而重视药物研发中的动物实验研究工作。

现代的新药研发是“从 AEIR 到人”。科学技术的不断发展，使药物研究的条件日趋规范化。现代药物研究的基本条件概括为 AEIR，其中 A 为实验动物（animal）、E 为设备（equipment）、I 为信息（information）、R 为试剂（reagent）。实验动物位居首位，其重要性可见一斑。尽管有许多研究工作可以通过离体细胞生物学技术、分子生物学技术、高通量筛选、计算机模拟等体外试验来完成，但由于体外试验与体内反应并不完全相同，体外试验不能替代体内试验，尤其是研究的后期，要判定药物的有效性和安全性时，必须使用活体动物以代替人类进行试验。

如前所述，在现代药物研究中，实验动物仍发挥着不可或缺的作用。动物实验结果的准确性和可靠性，是保证新药研发成功和降低临床应用风险的重要措施。目前，中国的创新药物研发水平与发达国家相比有明显的差距。为了提高中国创新药物研发水平、满足国人临床用药需求、促进中华民族身体健康，就需要大力开展实验动物科学技术研究，加快实验动物产业发展。这便是专题一研究的目的和意义之所在。

第一章　中国实验动物科学技术在创新药物研究领域中的应用现状

一、创新药物研究与实验动物的关系

（一）创新药物研究的主要内容

创新药物（new drug）是指化学结构或治疗用途新颖，在以前的研究文献或专利中未见报道，具有自主知识产权专利的药物。创新药物研究（new drug discovery）是指阐明生物活性物质的结构、活性及其相互关系，探索药物作用的新机制、新靶点，进行新药有效性和安全性评价的综合性研究过程。

创新药物研究通常包括以下过程：首先，要发现或人工合成新的分子或化合物，并筛选出有生物活性的前药；其次，要经过不同的动物模型和实验方法，研究其药理作用、作用机制、代谢过程、毒性反应及质控方法，以预测药物在临床应用中的药效及可能出现的不良反应；再次，经过各期临床人体试验，验证其安全性和有效性；最后，获得药物监管机构的批准。所以，创新药物研究可分为临床前研究和临床研究两大阶段。药物临床前研究是新药研发的重要阶段，是评价的基础工作。临床前研究结果的准确性和可靠性，是保证药物研发成功和降低临床风险的重要措施。临床前研究又可再分为药物发现（或合成）、药理学研究、毒理学研究等环节。

（二）实验动物科学技术在中医药研究领域中的重要作用和地位

如引言所述，中国医药学是几千年来中国劳动人民长期与疾病作斗争的丰富经验总结。它对中华民族的繁衍昌盛具有不可磨灭的贡献，对世界医学的发展也有很大的影响。从中医发展史看，中医药学几千年来的研究途径几乎全是通过临床观察方法，以认识疾病的发生、发展、变化规律及总结有效的防治措施。医学发展的历史证明，局限于临床观察方法是中医学发展缓慢的原因之一。

动物实验是现代医学的常用方法和手段，中医药学利用动物实验方法，在一定范围内可以揭示更为具体的中医理论本质，有利于中医学科学达到一个新的认识水平。中医将动物实验手段从现代医学中移植过来，近几十年才逐渐发扬光大，将动物实验方法渗入到中医生理、病理、方药、针灸、防治等研究领域，通过动物实验，提示了一些中医理论实质，为中医理论提供了一些实验的科学依据，使动物实验方法在中医学研究中出现了新的萌芽，表现了强大的生命力。总结近几十年中医动物实验研究概况，实验动物在中医药研究领域中发挥的重要作用可概括为如下几个方面。

1. 可以替代人体，预测中药毒副作用

古今中外有关中药毒副作用的记载并不少见。例如，《淮南子•修务训》记载："神农尝百草之滋味，水泉之甘苦，全民知所避就，当此之时，一日而遇七十毒。"《备急千金要方》记载："水银中毒发生口舌糜烂。"近年来，国内报道的误服大青龙汤致死、误服大承气汤致死;《日本医药品副作用文献抄录》报告的葛根汤、十味败毒散、八味地黄丸、柴胡加龙骨牡蛎汤、半夏泻心汤等36种方剂有不良反应；等等。有毒副作用的药物安全量究竟是多大？中毒致死量是多少？服用后会出现哪些不良反应？哪些药物在什么情况下有毒副作用？发生毒副反应后，如何救治？要解决这些问题，不可能也不允许在人体上直接进行试验，因为医学的宗旨是为人类防病、治病、增进健康的，所以首选就是进行动物实验。

2. 可以严格控制实验条件，较可靠地证实治疗效果

人类疾病的转归，除药物治疗外还受多种因素的影响，如气候环境、精神情绪、饮食劳逸等。这些因素在一定条件下会导致疾病好转或恶化。临床上还可见到，由于患者产生强烈的治愈要求，对接受治疗产生良好的疗效愿望，心理上产生一种有效偏因，从而出现治疗有效的反应，即所谓的"假阳性"现象；反之，临床上也常见到患者在治疗中，因饮食起居不慎，或受到精神刺激等因素的影响，从而导致疾病恶化。这些情况都会引导医生在治疗疾病中产生错误的疗效判断。之所以有些个案报道或新方疗效报道的疗效结果在临床上重复使用时，出现与原报道结果不符的现象，其原因之一就是与其他因素的影响有关。所以，要比较可靠地评论药物的治疗效果，就需要在严格控制各种影响因素的条件下进行给药治疗。由于人类心理、行为的高度复杂性，在多数情况下很难严格控制，而通过动物实验就较容易严格控制实验条件，能较可靠地证实治疗效果。

3. 可以缩短研究周期，加快中医发展

中医学的发展历史告诉我们，有些问题单凭临床经验积累，需要花费很长时间才能得到解决，甚至虽花费很长时间，问题仍得不到解决；而通过动物实验，有些问题就可以得到迅速解决。例如，"中药十八反"中，有几对相反药，历来有人主张必须恪守，也有人认为不必绝对化，更有人认为合用有显著的治疗效果，多少年来一直没有充分的依据能说明这一问题。有人通过动物实验，仅在几个月内就证明：相反药配伍后，其毒性远比单味药高，同时证明了两种药物用量不同，产生的毒性大小也不一样。

4. 可以验证和发展中医理论，为中医理论提供实验科学依据

中医学产生于自然哲学时期，是在长期的医疗实践经验积累的基础上，以整体综合观察方法，在不干扰原有生理病理的情况下，逐渐形成和发展起来的高度概括的医学理论。在其形成和发展过程中，由于缺乏科学实验和其他科学手段，使中医理论难以深入地提示更为具体的规律，出现了一些笼统、抽象、模糊的概念，使丰富的实践经验与笼统、抽象、模糊的理论结合起来。动物实验可以使人类直接深入观察动物体内变化，以

解决难以达到的人体内部更深层次的问题，揭示一些更为具体、更为确切的规律，尤其是当需要从组织形成学角度来观察时，就更需要借助动物实验。通过动物实验不仅可以为验证中医理论提供科学的实验依据，还可以为进一步发展中医理论提供科学的实验依据。例如，自肾阳虚证动物模型问世以来，中医证候动物模型的研制已经历了 40 多年的发展，中医证候动物模型的研制开发，为中药的疗效及其作用机制提供了客观的实验依据，对于验证传统中医基础理论的实质内涵及其科学性，发现新问题，探求新规律，丰富和创新中医基础理论，都起到了积极的推动和促进作用。

（三）实验动物科学技术在创新药物研究领域中的重要作用和地位

众所周知，药物是一种特殊的物质，其特殊性就在于它能够帮助人类与疾病作斗争。而评判一种物质能否成为药物，就要看它的有效性和安全性如何。

在创新药物临床前研究的各个环节，尤其是在药理学和毒理学研究中，都离不开实验动物的支撑。动物实验是新药研究的重要手段，也是新药临床前评价的重要基础工作。没有动物模型的应用，药物研究就不能实现实验室与临床的衔接。据统计，*Nature*、*Science* 等国际著名杂志中，使用动物模型研究成果发表的生物医学论文占生物医学论文总数的 35%~46%，在过去 100 年中，有 67.5%的诺贝尔生理学或医学奖研究成果是通过实验动物和动物实验获得的。

历史上曾经发生过许多因未进行动物实验，或动物实验时选择动物不当、实验操作不规范等原因，而导致的灾难性“药害事件”。例如，1935~1937 年，由于未做任何安全性评价就进入临床，美国的二硝基酚减肥引起白内障并引发骨髓抑制，导致 177 人死亡；美国的磺胺酏剂（含二甘醇）引发急性肾衰竭，导致 107 人死亡。再如，20 世纪 60 年代初，个别德国生产的镇静药所导致的“反应停（thalidomide）事件”，由于将镇静药“反应停”错误地应用于孕妇早期止吐，导致 1.2 万“海豹肢畸形儿”诞生。调查发现，该药物上市前，曾研究过该药对怀孕大鼠的影响，由于大鼠体内缺少将“反应停”转化为有害异构体的酶，因此不产生畸胎，以致掩盖了药物对人类胚胎的强烈致畸作用，导致不可挽回的灾难后果。又如，1954~1956 年，法国的有机锡胶囊事件，引起 207 人视力障碍，其中 102 人死亡。这是因为当时急性毒性实验仅观察了 24h，不能出现神经毒性症状，半数致死量（LD_{50}）不准确，就误以为有机锡胶囊毒性不大。如果按现在的要求观察 7~14 天，此悲剧就可以避免。

由此可见，在创新药物研究过程中，规范化地开展动物实验工作非常重要。在应用实验动物开展创新药物研究时，一定要根据新药本身的特性和临床特性进行实验设计，选择能敏感反映受试药物信息的相关动物模型。一般应通过已经掌握的与受试药物有关的药效学、药代动力学及可能的体外代谢实验等背景资料，全面考虑，选择合适的动物模型，并采取多种动物模型相互验证。此外，实验动物的质量和动物实验条件一定要能够符合创新药物研究的需要。这包括实验动物的遗传质量、净化等级、生存环境标准及实验动物从业人员素质等。应该说，采用合格的实验动物、在合格的动物实验设施内，开展规范的动物饲养管理和实验操作，是整个创新药物研究的重要内容之一。

总之，作为人类的替难者及创新药物研究四大重要技术支撑条件之一的实验动物，在创新药物研究中发挥着不可或缺的作用，具有非常重要的地位。可以说，一个国家的实验动物科学技术发展水平从一定程度上反映出其医药科技的发展水平。为此，近代以来，世界各国都对实验动物工作给予了高度的重视，通过法制化、标准化、规范化的管理来提高实验动物质量和动物实验结果的可靠性。

二、中国实验动物科学技术在创新药物研究领域中的应用成就

（一）中国实验动物科学技术在创新药物研究领域中的应用历史

1918 年，原北平中央防疫处处长齐长庆首先开始饲养繁殖小鼠，并从日本引进豚鼠；1946 年，汤飞凡教授从印度 Hoffkine 研究所引入小鼠，饲养在昆明中央防疫处（这便是当今普遍饲养的 KM 小鼠）；1948 年，蓝春霖教授从美国引入金黄地鼠；再后来，北京、上海、长春、兰州、成都等地的生物制品研究所和北京、上海的一些科研机构、大专院校等许多单位，陆续建立了一定规模的实验动物繁殖场。当时的设施条件极其简陋，专业化管理更无从谈起。直至 1982 年以后，在原国家科学技术委员会的重视和领导下，通过多次召开全国性会议、加紧各种条例的制订和专业人员的培训等措施，中国的实验动物工作才开始走上快速发展的轨道。但那时的实验动物设施环境条件还没有根本性的改善，也没有动物质量等级标准。大多数的饲养场地还是平房，冬季用煤火取暖，夏季用风扇或直接打开门窗降温。

1988 年 10 月，经国务院批准原国家科学技术委员会颁布了《实验动物管理条例》，将实验动物分为普通动物、清洁动物、无特定病原体动物和无菌动物 4 个等级；并规定“应用实验动物应当根据不同的实验目的，选用相应的合格实验动物。申报科研课题和鉴定科研成果，应当把应用合格实验动物作为基本条件。应用不合格实验动物取得的检定或安全评价结果无效，所生产的制品不得使用”；1994 年 1 月，原国家技术监督局颁布了国家标准《实验动物环境及设施》（GB/T 14925－94），将中国的实验动物环境设施标准统一划分为开放系统、亚屏障系统、屏障系统和隔离系统 4 个等级；并对设施的选址、建筑要求、功能区划、设施内环境的各项技术指标，以及检测方法、饲料、垫料、饮水、笼架具等做出了明确的要求。这两个国家法规和标准的相继出台，对中国实验动物科学技术工作的发展起到了有力的推动作用，创新药物研究所用实验动物质量和动物实验条件也得到了相应的提高。2003 年，国家食品药品监督管理局颁布了《药物非临床研究质量管理规范》（GLP），对药物非临床研究所使用的实验动物质量和动物实验条件都做出了诸多明确的规定。GLP 的实施对中国创新药物研究，尤其是药物安全性评价研究工作的规范化，更起到了有力的促进作用。在 2005 年召开的第 19 次国际经济合作发展组织（OCED）工作会议上，中国被认可为 OCED 的观察员。在接受检查后，符合 OCED 要求的实验数据将会得到 OCED 成员国的互认。专业从事药物临床前综合性评价研究工作的北京昭衍新药研究中心有限公司，更是于 2009 年通过了美国 FDA 的 GLP 检查。长久以来制约中国新药研发的临床前数据认可问题，很可能将从这里找到突破口，这也将为中

国药物研究与国际接轨、研究数据国际互认打下基础。

（二）中国实验动物科学技术在创新药物研究领域中的应用成就

目前，在实验动物基础研究和实验动物生产供应方面，国内已经建立了诸多实验动物研究中心、实验动物种质资源中心、实验动物生产供应企业。例如，作为“国家遗传工程小鼠资源库”的南京大学模式动物研究所目前拥有 1406 个小鼠品系，已为 80 余家科研单位提供遗传工程小鼠 10 万余只，其中包括心血管、肥胖、糖尿病、免疫缺陷、阿尔茨海默病、肿瘤等多种人类疾病的动物模型；上海南方模式生物研究中心已建立了 300 余种具有自主知识产权的遗传工程小鼠模型，为国内高校、科研院所及生物医药研发企业提供 260 项模式生物技术服务；中国医学科学院医学实验动物研究所已拥有 400 余种小鼠资源，包括工具小鼠、神经系统相关小鼠、心脏病和高血压相关小鼠、代谢相关小鼠、免疫和传染病相关小鼠、衰老小鼠等，与近百个实验室建立了基因工程动物模型合作研究或技术服务的关系；作为美国 Charles River 公司在华合资企业，北京维通利华实验动物技术有限公司年产符合 SPF/VAF®标准的啮齿类实验动物超过 400 万只，涵盖 30 多个品种品系的小鼠、大鼠、地鼠、豚鼠、兔等实验动物，已经成为国内最大的实验动物生产供应商。总之，快速发展的实验动物基础研究和市场供应为创新药物研究提供了有力的基础支撑。

随着创新药物研究的不断深入开展，实验动物在药物研发领域中的应用种类在不断增多、数量在日趋增加。随着各项法规、标准的不断贯彻、落实，实验动物在药物研发领域中的应用也日趋规范，并注重与国际接轨。截至目前，全国已有 50 多个药物安全性评价研究机构通过了 GLP 认证；有 40 多个实验动物相关机构通过了 AAALAC 认证，其中的绝大多数机构从事药物安全性评价研究。

经过几十年的不断发展，中国的药物创新研究业已取得了可喜的成就：拥有中国科学院药物研究所、中国医学科学院药物研究所、军事医学科学院毒物药物研究所等大型新药研发基地，也有蒿甲醚、丁苯酞、双环醇、人工麝香、丹参多酚酸、艾瑞昔布等具有自主知识产权的诸多新药问世。在药物的创新研究工作中，实验动物发挥了不可或缺的作用。以中国医学科学院药物研究所为例，2003~2012 年，该所使用各种实验动物合计 44.90 万只，其中小鼠 31.53 万只（占 70.2%），大鼠 12.10 万只（占 27.0%），豚鼠 0.55 万只（占 1.2%），犬、猴、小型猪共计 0.17 万只（占 0.4%）。尽管年均使用动物的总量未有明显变化，但随着新技术、新方法的不断实施，动物的种类和数量发生着明显的变化，其中基因工程动物和小型猪的使用有从无到有、数量逐年增多之势，显然模型动物在药物创新研究领域中的应用是越来越受到青睐。

总之，与历史相比，中国的实验动物科学技术在药物创新研究领域中的应用始终处在不断发展、不断进步的状态之中。

第二章　发达国家实验动物科学技术在创新药物研究领域中的应用现状与发展趋势

一、发达国家实验动物科学技术在创新药物研究领域中的应用现状

与其他领域科学技术的发展类似，美国、日本、欧洲等发达国家或地区的实验动物科学技术在药物创新研究领域中的应用也走在世界的前列。这不仅表现在起步较早、应用较广、管理较规范等表象方面，更表现在应用的动物种类多、针对性强（广泛使用各种疾病动物模型）等实质性方面。

（一）发达国家实验动物在新药研发中的应用简史

美国，1929 年就成立了加奇森（Gachson）研究所，专门培育近交系动物；1944 年，纽约科学院召开会议讨论实验动物与医学生物学发展的关系，并进一步讨论了实验动物标准化的问题，此举引起了当时联邦政府的重视，从而迅速改变了该国实验动物工作的落后状况；此后，该国陆续颁布了《动物福利法》、《实验动物管理与使用指南》等一系列法律、法规，进一步促进了其实验动物工作的规范化，也为提高该国的药物研究工作水平发挥了巨大作用。

日本，1950 年成立了实验动物研究会（后来的实验动物学会），开创了实验动物现代化运动，20 世纪 70 年代在各研究机构和大专院校都成立了实验动物中心。无疑，这对该国药物研究工作的持久发展起到了积极地推动作用。

欧洲，1934 年，德国一些著名的科学家就向该国研究学会建议，组建一个专门机构对实验动物的健康状况和遗传背景、繁育、维持及其适应性进行研究，该国于 1957 年成立了实验动物繁育中央研究所；1947 年，英国医学研究会成立了实验动物局（后来的实验动物中心），其研究成果、认可体系、高质量繁殖种群的供应等，为该国实验动物科学管理工作发展起了主要作用。

自“反应停事件”暴发以后，发达国家都深刻认识到药政管理的重要性，纷纷要求加强新药管理，严格新药审批，提高新药评价的质量水平。在技术条件成熟的基础上，世界卫生组织和各主要大国自 20 世纪 60 年代后都先后制订了“新药评价技术指导原则”，对新药评价的技术要求提出了明确的规定。美国 FDA 于 1978 年提出了新药研究中非临床实验室工作的质量管理规范，即 GLP。凡不符合 GLP 标准的报批材料，FDA 可不予受理。同样的原则后来在临床评价工作、药品生产和药房制剂工作中也提了出来。

此后，FDA 的规定逐渐被其他国家所接受。1982 年，日本厚生省颁布了《关于实施医药品安全性试验的标准》；1990 年，日本、美国、欧洲三方政府的药品主管部门及制药界代表发表了“关于药品注册协调国际会议的声明”（International Conference on Harmonization for Drug Application，ICH）。这些法规、标准都对新药研发中实验动物的应用作出了明确的规定，为各国新药研发的规范化、标准化起到了有力的推动作用。

（二）发达国家实验动物在新药研发中的应用现状

目前，发达国家对实验动物的应用已经由传统的实验动物逐步转向具有人类疾病特征的动物模型。21 世纪初，人类和小鼠基因组序列草图的公布标志着生命科学进入了一个新的纪元——后基因组时代。自此，人们开始把目光更多地投向了基因的功能与作用研究。由于基因工程（转基因、基因敲除）动物能够模拟人类某些疾病的发生和发展过程，从动物整体水平研究目的基因的生物学特性，从而为这些疾病的成因、发病机制、诊疗技术研究及药物研发工作提供重要的技术支持。于是，以基因工程动物（genetic engineering animal）为主的各种疾病动物模型，在创新药物研究领域中备受科学家们的青睐和推崇。2007 年度诺贝尔生理学或医学奖的成果“基因敲除小鼠和基因敲除技术”是实验动物科学技术本身的飞跃，也使人类对生命本质的探索进入新的高度。

如今，基因工程动物模型已经在发达国家创新药物的药物筛选、发病机制研究、药效评价等研究领域中得到不同程度的应用。例如，在肿瘤研究方面，早在 1984 年，Brinster 等就将癌基因导入小鼠受精卵，所产生的小鼠能形成脑脉络丛乳头瘤，建立了肿瘤转基因动物模型，从而开创了肿瘤研究的新纪元。随着多种肿瘤转基因及基因突变型转基因动物模型的建立，极大地推动了肿瘤形成分子机制的研究，在癌基因、抑癌基因的研究中获得了丰硕成果，并为潜在致癌源的测试、肿瘤治疗及抗癌药物的筛选开拓了新途径。在免疫研究方面，由于乙型肝炎病毒（HBV）、丙型肝炎病毒（HCV）、人嗜 T 淋巴细胞病毒（HTLV）、人类免疫缺陷病毒（HIV）及猴 SV40 病毒等只感染人和灵长类动物，转基因技术则成为研究这些病毒的有效模型，并已取得不少进展。目前，已制备成功的有 HBV、艾滋病和人白血病 I 型病毒的小鼠转基因模型。在心血管疾病研究方面，Mullins 等（1990）将 DAB/2J 小鼠的肾素-2 基因片段注射进大鼠受精卵原核，培育出转肾素基因的低肾素型高血压大鼠模型。该转基因大鼠与高血压患者的症状相近。随着研究的不断深入，目前已建立了高血压、低血压、动脉粥样硬化、心脏病等基因工程动物模型。在老年退行性疾病药理学研究方面，Dickey 等（2003）用 *APP* 和 *PS1* 两种突变基因成功制作了可模拟人阿尔茨海默病早期记忆功能障碍的基因工程动物模型。

近 20 年来，国外已制作了 9000 多种基因工程动物模型和 17 000 多种基因敲除细胞系，并且在未来 2~3 年将完成建立 2 万个小鼠基因组敲除 ES 系的工作。在利用基因工程动物模型进行药物研发的成果方面，近 10 多年来也取得了一定的成就。1998 年，以 COX-2 为作用靶点的新药赛来西布（Celecoxib）作为治疗关节炎的新药通过审批；同年，西地那非（Sidenafil）作为勃起障碍的新药上市。2001 年，能够抑制 *BCR-ABL* 致癌基因、对慢性髓样白血病有疗效的 Gleevec 通过审批。虽然目前每年只有 2 个或 3 个作用于新靶点的药物上市，但这些新的靶点为治疗疾病提供了全新的机制，为一些以前无法治疗的疾病提供了新的希望，具有巨大的发展潜力。

当然，国外在应用基因工程动物模型的过程中，也遇到了许多需要突破的技术瓶颈。例如，动物模型对于了解疾病病理的分子机制具有重大作用，但很少有模型能用临床前的发现预测人类将发生的情况；研究成功的药物可以治愈小鼠疾病，但却很少通过临床试验（Sigma 公司的科研人员表示，近 89%的候选药物未能通过审批）。此外，基因工程动物模型目前多使用近交系小鼠，但由于小鼠的生理学特征与人类差异较大，且近交系的遗传变异有限，不能在单基因水平上解决特征相关（如肥胖和高血压等）的问题，不能充分反映人类疾病的病理生理状况，也还不是人类疾病最理想的动物模型。相反，大鼠体型较大，其生理学特征易于研究，在很多方面比小鼠更接近于人类（2.5 万~3 万个基因中的 90%与人类和小鼠相似)，是人类疾病较理想的动物模型。可喜的是，继美国南加利福尼亚州一个科研小组在 2008 年 12 月 26 日《细胞》杂志上宣布，他们首次成功地在大鼠胚胎中提取到 ES 细胞后，美国威斯康星医学院及法国国家卫生院等部门的研究人员于 2009 年 7 月 24 日在《科学》杂志上宣布，他们利用 ZFN 技术成功创建了首个基因靶标剔除大鼠。目前，Sigma 公司已经获得多种基因敲除的大鼠模型，对人类疾病的发病机制、治疗及新药物的研制提供了良好的试验平台。显然，基因敲除大鼠模型的建立将为人类疾病的研究带来更大的便利。总之，探索复杂疾病的遗传基础就需要全新的遗传策略，这也是我们在实验动物基础研究和创新药物研究工作中需要深入思考的问题。

二、发达国家实验动物科学技术在创新药物研究领域中应用的发展趋势

纵观发达国家实验动物科学技术及其产业的发展，有以下几个特点。

（一）使用动物的种类在不断增加

随着实验动物科学研究的不断深入，美国、日本、欧洲等发达国家或地区，尤其是美国，投入大量资金开发实验动物资源，一些水生动物（如斑马鱼）、特殊动物（如小型猪）、野生动物（如土拨鼠、雪豹）、昆虫等也逐步被开发利用，并被实验动物化，使得实验动物的种类不断增加。其中，能够模拟人类疾病模型特征的基因工程动物模型的大量开发成功，更是大幅度降低了新药研发成本，提高了新药研发效率。目前，美国、日本及欧洲的实验动物有 200 多个物种，26 000 多个品系，其中有 2607 个品系为常规实验动物，其他为亚系、重组近交系、同类系、同源重组近交系、转基因品系、基因突变品系等。

（二）动物实验模型走向市场化、国际化

发达国家已从实验动物生产供应的专业化、产业化，发展到了动物模型供应和动物

实验技术服务的市场化、国际化。以美国为例，NIH 和杰克逊研究所是世界上最大的遗传保种和遗传研究中心。NIH 实验动物资源中心保存有 250 个常用近交系大鼠、小鼠品系，20 种不同背景的无胸腺小鼠。而杰克逊研究所成立的国际小鼠资源中心（IMR）拥有 3000 个小鼠品系，占全世界实验小鼠资源的 97%。已有约 60 个国家、近 12 000 个实验室使用该中心提供的小鼠。美国从事实验动物生产供应的企业主要有 4 家，其中 Charles River 公司是一家专业从事实验动物产业的机构，也是全球最大的大鼠、小鼠供应商，在美洲、欧洲和亚洲的 7 个国家中设立了 20 个生产基地；2011 年该公司收入 11.3 亿美元，其中动物模型销售收入占 59%，即 8 亿美元。日本的 SLC 公司、英国的 BK 公司等也是世界上有一定规模的实验动物生产供应企业。

（三）实验动物福利和动物保护运动已深入人心

国际上普遍认为，动物应享有五项基本福利（也称为五大自由），即免受饥渴的自由，生活舒适的自由，免受痛苦、伤害和疾病的自由，免受恐惧和不安的自由，免受身体热度不适、能够自然表达天性的自由。发达国家对实验动物的应用已经日趋人性化，替代（replacement）、减少（reduction）和优化（refinement）的“3R”原则深入人心，即使用非生物材料或无知觉的低等动物（如无脊椎动物）代替有知觉的脊椎动物，以单细胞生物、微生物，或细胞、组织、器官，甚至计算机模拟替代整体动物进行实验研究；通过改良设计方案或用高质量的动物，在保证获取一定数量与精确度的数据信息的前提下，减少动物使用量；通过使用适合的动物品种、品系，改进实验方法、规范动物实验操作程序，优化动物实验方案；通过使用麻醉等方法减少动物精神紧张和痛苦，善待实验动物。

实验动物的福利和动物保护运动呈现全球化趋势，发达国家普遍开展了前述的“3R”运动。人道地对待实验动物、改善动物的福利、提高动物实验结果的可信性，已成为科学家们的共识。随着“3R”运动的不断推进，实验动物在发达国家的使用受到很大的限制，许多药物研发企业的经营者陆续将目光转向中国、印度等动物福利意识还比较落后的国家。近年来，越来越多的生物医药外资企业和 CRO 进入中国就是明显的例证。

显然，能够模拟人类某些疾病发生和发展过程的各种人类疾病动物模型的建立和应用，是发达国家实验动物科学技术的发展方向。高质量、集约化的生产模式，市场化、国际化的供应模式则是实验动物科学技术产业的发展趋势。而人道地对待实验动物、改善动物的福利、提高动物实验结果的可信性，应成为科学家们尊重生命伦理、严谨实验研究的科学态度。

三、发达国家的经验及对我们的启示

美国、日本和欧洲等发达国家或地区的创新药物研究之所以取得了举世瞩目的成就，除了拥有雄厚的技术力量和先进的仪器设备外，也离不开实验动物的强大支持。这就提示，要使中国的药物研发摆脱仿制、立足创新、走向世界，就应当少走弯路，借鉴发达国家的先进经验，立足国情、着眼长远、从基础做起，实现实验动物基础研究水平的快速提高，实验动物生产企业的生产规模更大、品种品系更全、产品质量与国际接轨，从而为创新药物研发等生命科学研究领域提供更好的保障服务。例如，通过加大政府的资金投入和人才培养，设立和扶植规模较大、技术领先的实验动物基础研究机构和生产供应企业；通过行业的法制化、标准化管理，以及相关单位自身的规范化管理来做大、做强相关单位；等等。

第三章　中国的实验动物科学技术现状给创新药物研究带来的问题与挑战

一、中国的创新药物研究面临着实验动物科学技术支撑能力严重不足的问题

创新药物的研究具有重大的社会效益和经济效益。随着经济的发展和社会的进步，人们对防病、治病的需求日益增长。据全球权威的医药管理咨询公司 IMSHealth 发布的年度预测报告显示，2011 年全球药品市场规模达 8800 亿美元，2014 年达 1.1 万亿美元；2013 年中国药品市场销售额超过法国和德国，成为继美国和日本之后的全球第三大药品市场。

中国尽管拥有多个国家级大型新药研发基地，也有一些具有自主知识产权的新药问世，但目前生产的药品 98%都是仿制的，具有自主知识产权的创新药物较少，经济效益、社会效益明显低下。眼看欧美诸多销售额数十亿美元的优势品种，身为全球第三大医药市场的中国，为无法创新生产这样的中药或西药品种而汗颜。而中国缺少创新药物的一个重要原因就在于实验动物科学技术在药物创新研究领域中的应用不足，不能发挥有力的支撑作用。归纳起来，主要表现在以下几个方面。

（一）政府对实验动物的重视程度有待于提高

如前所述，中国的实验动物工作起步较晚，相应的法规标准建设滞后，资金投入不足。中国许多省、市近年来都相继出台了地方《实验动物管理条例》，而作为上位法的国家《实验动物管理条例》颁布于 1988 年，20 多年来一直未得到修改，已经不能适应目前的实际情况，严重制约着中国的实验动物法制化、标准化管理。美国在 2010 年仅对杰克逊研究所的经费支持就达 5200 万美元。尽管中国已建立了国家科技重大专项、973 计划、863 计划、科技支撑计划，以及自然科学基金的科技经费投入机制，但作为小学科、小行业的弱势群体，实验动物基础研究机构得到的经费支持非常有限，实验动物生产供应企业得到的经费支持则更是微乎其微，难以对创新药物研究发挥有力的支撑作用。

（二）实验动物品种、品系资源有限

目前，仅美国杰克逊研究所就保存各种实验动物资源 20 000 多种，而中国仅有 1000 余种。由于品种、品系不够丰富，目前中国使用的实验动物仍以常规品系为主，缺少有

针对性的疾病动物模型，致使使用数量在不断增大，与发达国家使用的种类繁多、针对性强形成鲜明对比。显然，中国需要迅速扩大实验动物品种、品系资源，尤其是具有人类疾病特征的基因工程动物模型的开发力度，以满足中国创新药物研究的需要。

（三）实验动物质量还有待于提高

尽管 GLP 要求新药研发要使用高质量的实验动物，但在实际工作中，实验动物的质量还不尽如人意。我们对 2006~2008 年北京地区普通级 Beagle 犬、大耳白兔，以及清洁级以上大鼠、小鼠的微生物和寄生虫的抽检结果进行了统计分析。结果显示，普通级 Beagle 犬的质量虽在逐渐提高，但体外寄生虫时有检出；普通级大耳白兔携带体外寄生虫的较为普遍；清洁级大鼠和小鼠的微生物检测结果基本合格，但有体内寄生虫阳性的样本；SPF 大鼠和小鼠的供应数量较少，尚不能充分满足科研工作的需要。此外，实验动物质量标准体系不完善，中国很多用于科学实验的动物，如实验用猪、羊、鱼类、爬行动物类、昆虫类等都缺少质量控制标准。

二、中医药走向世界面临着动物实验研究滞后的尴尬

在科学迅速发展的今天，中医药学研究已经突破了长期以来以经典校释、引证发挥和临床诊治观察为主的传统模型，吸取了现代医学诸多学科的技术、方法、研究成果及思维方式，在临床实践和实验研究中取得了巨大成就。在实验研究中，中医药动物模型已为广大中医药和中西医结合工作者所青睐。广州中医药大学的陈苑等检索了中国 20 本中医药核心期刊在 2005~2009 年发表的有关动物实验与实验动物模型研究的文献，分析了在中医药领域实验动物模型研究的状况及发展趋势。结果表明，20 本中医药期刊在 2005~2009 年共发表论文 51 479 篇，涉及动物实验的文章有 7192 篇，只占全部文献量的 13.97%；糖尿病的动物实验研究文献数量最多，共 982 篇；动物模型的种类只有 324 种。这表明中医药研究也离不开实验动物的支撑。但是，由于实验方法、动物个体差异等不同，有的研究结果还存在较大差异，进而表明动物模型所模拟中医证的标准仍在探索之中。因此，探索并制定与人体相同、病征结合的动物模型，建立规范的造模方法和统一的模型评价体系，让动物说话，让传统的中医药走向世界已迫在眉睫。

第四章　中国创新药物研究对实验动物科学技术需求提出的战略构想

实验动物是药品质量检验和安全性评价成败的关键因素之一。为促进创新药物研究，兼顾中国特有的中医药研发特点，在未来的中长期时间（10~20年）里，中国的实验动物科学技术需要在以下几个方面重点发展、取得突破。

一、大力开展动物模型研究，满足创新药物研发对动物模型的需求

创新药物研发离不开人类疾病动物模型。尽管中国已经建立多个实验动物种质资源中心，也有诸多高校、科研院所开展了人类疾病动物模型研究，但目前的动物模型种类和数量都与国际发达国家存在明显差距，还不能满足中国创新药物研发对动物模型的实际需要。因此，建议通过整合、扶植已有实验动物研发机构，打造3~5个具有国际先进水平的区域性模型动物技术服务平台，围绕肿瘤、心脑血管病、糖尿病、老年退行性疾病等主要威胁国人健康的重大疾病，建立200~500种疾病动物模型。

二、采取积极的引导和鼓励措施，促进基因工程技术在创新药物研究中的应用

从发达国家的发展历程来看，基因工程动物模型在药物创新研究中发挥了非常重要的作用，基因工程动物模型的利用水平也是医药学发展水平的一个重要标志。因此，中国应当采取积极的引导和鼓励措施。例如，将基因工程动物模型纳入药效评价和新药安全性评价体系，以促进基因工程动物模型在药物创新研究中的广泛应用。

基因工程药物未来的发展方向是将针对危害人类健康的重大疾病（创伤修复、心脑血管疾病治疗、神经系统疾病和肿瘤等），在基因工程多肽，以及基因治疗药物、疫苗、重大疾病防治药物、药物新剂型、分子诊断技术等方面进行突破性的研究和发展，加大力度开发对老年疾病的治疗，研发能够产生有效作用的新型制剂和特效药物。因此，中国应当采取积极的引导和鼓励措施，如将基因工程药物研发纳入优先发展战略，以此促进基因工程药物产业的发展。

三、加强中医药研究实验动物技术研发，解决中医药走向世界的瓶颈问题

动物实验在中医药研究中的作用有目共睹，但对动物实验研究重视不够，不利于中

医药的快速发展，更不利于中医药走向世界。

临床医学是中医学的精华，其中蕴藏着学术价值极高的科研素材，对中医基础理论的研究往往也是从临床入手的。中医动物实验应以中医理论为基础、以整体观念为指导，通过临床实践，严格辨证（包括辨病与辩证结合），采用中药、针灸、推拿、气功等传统治疗方法，研究病征的发生、发展和转归，产生研究结果。

随着中医学学术发展的日渐深入，越来越多的动物实验被运用到中医学的治疗原则、治疗方法和中药的研究中。经过近几十年的不懈努力，中国目前已建立中医动物模型 150 余种，这仅仅是初步的探索，还有待于进一步研究。中医药只有通过大量实验研究，借用现代医学先进技术和方法，才能使中医药逐渐发扬光大，逐步走向世界，为人类健康事业作出更大贡献。

第五章　对策与建议

一、建立健全相关法律、法规和标准，改革现行管理体制及运行机制

尽快修订 1988 年颁布的《实验动物管理条例》，充实有关动物福利伦理和生物安全等条款，以适应建设创新型国家的社会发展需要，达到符合国情、与国际接轨。健全相关法律、法规和国家标准，加大监督检查，有效促进实验动物工作的标准化和规范化。

改革中国实验动物科学技术与产业发展的管理体制及运行机制，将政策、资金向具有一定技术实力的实验动物研究单位和生产企业倾斜，打破条块分割和部门利益限制，使实验动物生产供应进一步标准化、市场化、国际化，也使实验动物的应用进一步标准化、规范化。

二、整合现有实验动物资源平台，加强人类重大疾病动物模型的研发力度

为加强生命科学前沿领域的原创性基础研究，培养优秀科研人才，探索新的与国际接轨而又符合中国发展的科研运作机制，2004 年中国战略性地建立了注重原始创新研究、培养一流人才、增强生命科学国际竞争能力的北京生命科学研究所。该所的运行管理模式是：实行理事会（由国家部委、学术机构和北京市政府等 8 个部门组成）领导下的所长负责制；所长和研究室主任的聘任实行国际公开招聘（需在生命科学领域有世界领先水平的科研成果，且有很高的学术造诣和国际声誉）；资金主要由北京市政府和科学技术部负责提供。建所 8 年多来，该所已有多项基础研究得到国际科学界瞩目，2012 年年初美国休斯医学研究所（HHMI）评选国际青年科学家（给予研究经费资助）时，中国获得的 7 位青年科学家中有 4 位来自该研究所。

实验动物是生命科学研究和生物医药产业发展的重要基础条件。为此，建议国家借鉴北京生命科学研究所的模式，整合现有实验动物平台资源，扶植具有基础条件的已有实验动物研发机构和实验动物资源基地，强化实验动物基础研究，培养领军专业技术人才，有效提高中国实验动物科学技术水平，尤其是人类重大疾病动物模型的研发水平，最终推动新药研发事业的快速发展。

三、设立专项资金，加大对实验动物行业的经费投入

为了加快自主创新，培育新兴产业，改善民生，提高综合国力，中国于 2006 年决定

实施国家重大科技专项，关系国计民生的“重大新药创制”被确立为 16 个重大专项之一。“重大新药创制”专项探索并实施了举国体制，凝聚了全国产、学、研、医、政等各方面的优势力量，围绕创新品种研发、大品种改造、技术平台、基地建设、关键技术 5 个方面设置课题予以支持。仅“十一五”规划期间，中央就投入经费逾 40 亿元，使中国的新药创制取得了辉煌的成就：申请国外专利比原计划超额 192%，取得国外授权比原计划超额 125%；取得新药证书和提出新药申请共 40 项，比原计划超额完成 33%；国际论文数量和专利发明申请数均跃至国际第三；医药工业产值达 10 832 亿元，同样跻身世界前三。实践表明，“重大新药创制”专项在提高中国医药科技创新能力、改善民生、培育新兴产业方面发挥了重要作用。

实验动物是生命科学研究和生物医药产业发展不可或缺的重要支撑条件。在国家《科研条件发展“十二五”专项规划》中明确提出要“开展动物模型资源研发。围绕人类重大疾病、新药创制等科研需求，通过基因修饰、遗传筛选和遗传培育等手段，研发相关动物模型资源。重点开展传染病基础性研究与防控、药物研发、个性化治疗等需要的人源化小鼠模型资源研发。建立稳定的大鼠遗传修饰技术体系，实现转基因与基因敲除大鼠研制的常规化、标准化和规模化”、“加强具有中国特色实验动物资源培育。重点开展非人灵长类动物、小型猪、树鼩等实验动物资源研究，加快建立大型实验动物遗传修饰技术和模型分析技术体系，研发和应用非人灵长类动物、小型猪、树鼩等遗传工程动物模型资源。探索开展野生动物、实验用猫、实验用鸟类、实验用昆虫等资源动物的开发和标准化研究”。

《科研条件发展“十二五”专项规划》切中了创新药物研究等科研工作对实验动物产业发展的迫切需求，而要实现这些宏伟目标，必须以雄厚的资金作保证。因此，建议国家有关部门像设立“重大新药创制”科技重大专项一样，增设“实验动物科学技术创新”专项资金，加大对实验动物行业的经费投入，尤其注重加大人类重大疾病动物模型研发资金的投入，为实验动物科学技术创新注入澎湃动力，从而有效促进实验动物科学技术产业的发展。

专题二　实验动物科学技术在人口健康研究中的应用

摘　要

实验动物和人类疾病动物模型是生命科学基础研究、人类重大疾病机制研究、创新药物研制、重大传染病防治、转化医学研究等不可或缺的支撑条件，也是人口健康和公共安全重点研究领域。人口健康领域是实验动物科学技术最主要的应用领域。通过系统调查国内外人口健康领域实验动物和疾病动物模型发展现状，归纳总结了该领域对实验动物科学技术与产业的需求，概括了战略构想、发展目标和重点任务，提出了三条重大建议。

战略意义：疾病动物模型是实验动物科学最主要的组成部分。比较医学研究则是对动物模型进行分析鉴定，建立比较医学信息，在为实验动物用于人类疾病、基础医学、药物评价、食品安全、航空航天等研究提供模型资源的同时，提供比较医学信息资源。

中国实验动物科学技术与产业的发展，可以提高人口健康水平、解决国计民生问题、降低医疗成本负担。未来的疾病模型建设，要重视资源、平台、产业、经费和人才建设。通过引进和自主创制，加大疾病动物模型资源建设。通过实验医学平台建设，建立高精尖的比较医学技术体系。建议建立疾病动物模型保存、供应和创制的示范基地，建立使用疾病动物模型进行实验医学研究的技术平台。

国内外现状：发达国家竞相将人类疾病动物模型的研制作为战略资源，投入大量经费，希望由此驱动生命科学和医学的创新研究，占领上述这些领域科学创新的制高点，并欲转化为经济垄断。例如，美国把实验动物资源建设作为国家的固定投入项目，每年投入数十亿美元，建立了国际上最有影响力的人类疾病动物模型资源中心和生产供应中心，保存了全球 60%以上的人类疾病动物模型资源。中国现有的实验动物物种仅占发达国家的 15%，生命科学和医药研究最常用的大鼠、小鼠模型不及发达国家的 10%。在疾病模型基础设施建设方面，欧美国家明显处于领先地位。动物实验的 GLP 管理已成为必须遵循的规范。不同国家实验动物基础设施之间进行共同的国际认证，并相互承认实验结果，也是当前发展的趋势。中国人口健康领域疾病动物模型的发展水平，仅相当于欧美国家 30 年前的水平，所以希望能得到国家的重视和支持，争取在未来的 10~15 年达到欧美国家当今水平。

需求分析：实验动物和疾病动物模型是人类疾病研究不可或缺的支撑条件，所有与人类健康相关的研究，包括药物、疫苗、生物制品的开发、人类疾病发病机制的研究等，都离不开实验动物和疾病动物模型。第一是利用新型疾病动物模型 3000 种和常规实验动物品种资源 100 种，并按要求完成实验动物品种、品系的遗传特性、发育繁殖、代谢、生理生化、免疫病理、行为药理、疾病模型等基础研究；第二是利用高等灵长类动物模型 500 种，服务于人类重大疾病的机制研究和新药研发；第三是利用代表性疾病动物模型 1000 种，发展疾病的早期诊断、预防、治疗新技术和新途径研究。

战略构想：①资源建设：引进资源，自主开发，实现共享。②平台建设：通过建设实验医学平台，建立高精尖的比较医学技术体系。③产业发展：疾病模型的标准化、产业化和规模化发展，全面推进产业联盟。④科研经费：加大投资，专项基金，鼓励创新，学科融合。⑤人才队伍建设：加强比较医学人才队伍建设，开展教育培训、专业人才培养和资质评定。

重大建议：①建立疾病动物模型创制、保存和供应的国家级示范基地；②建立利用疾病动物模型进行实验医学研究的国家级技术平台；③全国层面建立实验动物从业人员资质评定和培训体系。

基 本 概 念

人类疾病（human disease）：是指在一定病因作用下，人类机体自稳调节紊乱而发生的异常生命活动的过程，并引发一系列代谢、功能、结构的变化，表现为症状、体征和行为的异常。

疾病模型（model of diseases）：是指为阐明人类疾病的发生机制、建立预防、诊断和治疗方法而制作的具有人类疾病模拟表现的实验动物。

比较医学（comparative medicine）：是指对不同物种的疾病发生、发展进行比较，从而了解人类疾病发生、发展的规律，用于诊断、治疗、病理、生理、药理、毒理和新药创制等研究的一门综合性交叉学科。

基因打靶（gene targeting）：是指利用细胞染色体 DNA 可与外源性 DNA 同源序列发生同源重组的性质，以定向修饰改造染色体上某一基因的技术，包括基因敲除和基因敲入两种方法。

基因敲除（gene knock-out）：是指通过同源重组使特定靶基因失活，以研究该基因的功能，是基因打靶最常用的一种策略。

基因敲入（gene knock-in）：是指通过同源重组用一种基因替换另一种基因，以便在体内测定它们是否具有相同的功能，或将正常基因引入基因组中置换突变基因以达到靶向基因治疗的目的。

基因沉默（gene silencing）：是指利用 RNA 干扰技术（2006 年获生理学或医学奖）结合转基因技术，在动物体内，由少量的双链 RNA 就能阻断基因的表达，得到与基因敲除相似的效果。

基因捕获（gene trapping）：是指一种使小鼠中大量的基因被灭活，以确定它们的功能与表型关系的方法。

引　言

《医学科技发展“十二五”规划》指出，中国是医学研究的“资源”大国但不是“创新”大国，解决疾病和健康领域的诸多问题迫切需要医学科技的创新突破。而医学科技创新性突破需要实验动物作为“载体”来实现。实验动物科学是开展实验动物和比较医学研究的一门学科。心脑血管疾病、肿瘤、艾滋病和肝炎等重大疾病的发病机制研究、新药创制、基因操作、组织工程技术等都需要比较医学的支撑。

1. 实验动物科学技术在人口健康领域研究中的作用、地位

人类疾病种类很多，世界卫生组织（WHO）颁布的《疾病分类与手术名称》中记载的疾病名称就有上万个，且新的疾病还在发现或出现过程中。

人类疾病研究是实验动物科学技术最主要的应用领域。实验动物科学的使命是为生命科学和医药研究提供实验动物和疾病模型资源、模型分析和评价技术及疾病模型信息支撑，是生命科学基础研究、重大疾病机制研究、药物创制、重大传染病防治持续发展、创新研究及转化医学研究等不可或缺的支撑条件，也是人口与健康和公共安全重点领域、生物前沿技术等发展重点的评价和成果转化等的支撑条件。近百年来，医药研究的诺贝尔奖、重大医学成果和顶级科技论文，一半以上依托动物实验完成。因此，实验动物是医学研究和医药成果转化等重要环节不可或缺的支撑工具。

比较医学研究则是对动物模型进行分析鉴定，建立比较医学信息，在为实验动物用于人类疾病、生物学、基础医学、药物评价、食品安全、航空航天等研究提供模型资源的同时，提供比较医学信息资源。实验动物科学是生命科学研究的前沿和支撑，是现代医学、现代生命科学发展的基石。

2. 实验动物科学技术在人口健康领域研究中的目的和意义

近年来，中国实验动物作为生命科学研究的基础支撑条件发展迅速。在实验动物资源建设方面，同世界先进国家的距离日趋缩短。随着生命科学技术的发展、人类疾病研究的深入和疾病模型的增加，比较医学研究已经成为一个十分活跃的创新领域，并成为后基因组时代生物医学的制高点之一，其所渗透到的领域在不断扩展，研究方法和研究范围也日趋广泛。未来 5 年中，在人类疾病动物模型资源扩展的基础上，将建立对人类疾病动物模型进行从整体到分子水平的分析手段，并产生大量的比较医学成果，包括数字化实验病理、动物行为学分析研究、传染病疾病模型研究和比较代谢组学研究等多方面的成果。

本专题的目的就是对这些研究成果进行归纳、整理，以便更深入了解人类疾病动物模型的研究成果。在国家重视和给予充分资助的情况下，中国科学家有准备、有能力进行深入的比较医学研究，为人类重大疾病的发病机制研究、新药创制和生物安全等国家科技发展关键领域提供支撑。

第一章　人口健康领域科学研究与实验动物

一、人口健康领域科学研究热点及实验动物的支撑作用

中国是一个人口大国，老龄化人口越来越多，医疗已经成为公众主要的负担之一。现代社会生活节奏加快，不少人体力劳动、户外活动减少，饮食营养失调，这种生活方式、行为的影响是引起大量疾病的主要因素或重要因素。人口健康领域科学研究问题的解决，还需要实验动物作为“替身”，分析发病机制，验证药物的有效性、安全性。人口健康领域是实验动物的主要应用领域，其份额占实验动物行业的80%左右。

（一）人口健康领域科学研究的热点问题

1. 社会进步引起的主要疾病谱的变化

由于社会经济的进步，以前严重威胁中国城乡居民健康的传染性疾病、孕产和围产期疾病已明显减少；复杂的非传染性慢性疾病和新发传染病已成为中国及整个人类面临的健康和生命的主要威胁及挑战。恶性肿瘤、心脏病、高血压、脑卒中及糖尿病5种慢性病的发病率越来越高。这些慢性疾病严重影响了中国人口的健康，给社会经济带来沉重的负担。

2. 中国医院患者的主要疾病组成

根据国家卫生计生委（卫计委，原卫生计生委）发布的《2012年中国卫生统计提要》统计结果，主要疾病按系统分类包括呼吸系统疾病、消化系统疾病、损伤、中毒和外因、妊娠、分娩和产褥期病、泌尿生殖系病、恶性肿瘤、脑血管病、缺血性心脏病、内分泌、营养和代谢疾病、传染病和寄生虫病。主要慢性疾病包括高血压、胃肠炎、糖尿病、类风湿性关节炎、脑血管病、椎间盘疾病、慢性阻塞肺病、缺血性心脏病、胆结石胆囊炎、消化性溃疡等；主要恶性肿瘤包括肺癌、肝癌、胃癌、食管癌、结直肠癌、白血病、脑瘤、女性乳腺癌、胰腺癌、骨癌等。

3. 中国医学领域的主要研究进展

根据中华医学会编写的《医学学科发展报告》（2006~2007 年），中国医学领域取得重要进展的学科包括呼吸病、结核病、心血管病、消化病、肾脏病、糖尿病、妇产科、儿科、普通外科、神经外科、胸心血管外科、泌尿外科、骨科、小儿外科、烧伤外科、显微外科、眼科、耳鼻咽喉科、肿瘤、急诊医学、老年医学、放射、超声医学。

中国医务工作者紧密跟踪和掌握国际上发展的最新技术，如基因组学、蛋白质组学、干细胞和克隆技术、细胞生物学和分子生物学技术等，加强国内不同单位之间、不同学科之间的协作及与国际间的合作，积极参与国际竞争，对一些严重危害人民健康的常见病、多发病的病因及发病机制进行了深入的研究，取得了许多创新性的成果。

在疾病和医学相关基因的分离和克隆方面，中国科学家也取得了令人瞩目的成绩。

近年来，感染性疾病领域发生了许多多年未遇的重大事件：SARS、禽流感、EV71、H7N9接踵而至；艾滋病、肝炎感染病例数持续上升；血吸虫病死灰复燃；狂犬病、炭疽、奈瑟菌感染等在全国散发；生物恐怖事件惊动政府和民众；医院感染的发病率呈上升趋势；免疫功能低下相关感染，尤其是真菌感染严重困扰医院和医药工作者；结核病发病率不断攀升，结核菌耐药菌株不断出现；抗生素滥用，以及与此相关的耐药问题不仅是对医药界的严峻挑战，更是对人类生存问题的严重威胁。

4. 中国医学研究热点领域及发展趋势

根据中国医学科学院编著的《中国医学科技发展报告》统计，医学领域研究包括基础医学、临床医学、预防医学、药学、中医药、医药生物技术、生物医学工程7个方面。文献计量学分析结果表明，2012年中国学者在医学热点研究领域的突出成果主要集中在恶性肿瘤（cancer）、神经系统疾病（nervous system disease）、干细胞发育生物学（stem cell）、氧化应激（oxidative stress）、免疫性疾病（auto-immune disorder）、心肌梗死（myocardial infarction）、脊髓损伤（spinalcord injury）、心脑血管疾病（cardio vascular disease）八大类。

《中国医学科技发展报告》统计的近三年中国医学科学技术发展代表性工作：第一是恶性肿瘤研究，约占近三年代表性工作的1/3，包括食管癌、鼻咽癌、肝癌、黑色素瘤、白血病等；第二是复杂疾病，包括冠心病、糖尿病、代谢病等；第三是传染病研究，包括肝炎、流感、寄生虫病等（表2-1）。

表2-1　中国医学科技发展代表性工作

时间	事件	疾病
2012年	光控基因表达系统疾病机制解析及基因治疗新工具	基因治疗
	PLK1过表达在食管癌发生发展中的作用及分子机制研究	食管癌
	中国汉族人群发现4个冠心病心肌梗死易感基因	冠心病心肌梗死
	记忆唤起-消退模式消除病理性记忆的研究	病理性记忆
	Tespa1调控T细胞受体信号转导及胸腺T细胞的发育	免疫病
2011年	鼻咽癌的分子分型和个体化治疗研究	鼻咽癌
	炎症促进细胞癌变的分子调控机制研究	细胞癌变
	黑色素瘤治疗研究	黑色素瘤
	代谢失调与重大人类疾病的分子机制研究	代谢病
	一个新致病细胞的发现——银屑病研究进展	银屑病
	多模磁共振影像对精神疾病的研究与临床转化	精神疾病
	叶酸预防神经管畸形机制及叶酸不敏感神经管畸形研究	神经疾病
	特应性皮炎和麻风病易感基因研究	皮炎、麻风病
	线粒体超氧炫解码细胞能量代谢研究	代谢病
	重要寄生虫病检测和监测技术研究进展	寄生虫病
2010年	中国肝癌易感基因研究取得重要突破	肝癌
	鼻咽癌发病风险预测研究	鼻咽癌
	中国复杂疾病易感基因研究取得重大突破	复杂疾病
	家族性反常性痤疮的致病基因	痤疮
	千人基因组研究	基因组
	遗忘机制的发现	遗忘
	攻克肿瘤的典范——砷剂成功治愈白血病的机制研究	白血病
	戊型肝炎防控产品研究取得重大突破	肝炎
	中国甲型H1N1流行性感冒疫苗的安全性和免疫原性	流行性感冒
	甲型H1N1流感疫苗安全性和有效性研究最新进展	流行性感冒
	中国糖尿病患病现状和特点	糖尿病

《中国医学科技发展报告》统计的近三年中国医学科技前沿热点问题包括表观遗传学、蛋白质组学、转化医学、循证医学、纳米医学、再生医学、合成生物学、基因组学等（表 2-2）。

表 2-2 中国医学科技前沿热点问题

时间	事件	关键词
2012 年	表观遗传学进展与展望	遗传病
	纳米药物的现状和展望	纳米医学
2011 年	蛋白质组学研究	蛋白质组学
	干细胞与再生医学技术	再生医学
	抗肿瘤抗体药物	肿瘤
	生物医学工程前沿领域及技术	生物医学工程
2010 年	肿瘤——分子网络病	肿瘤
	合成生物学	合成生物学
	免疫与肿瘤	肿瘤
	细胞治疗	细胞治疗
	中国冠状动脉旁路移植手术风险评估模型（SinoSCORE）	冠心病
	生物信息学	生物信息学
	宏基因组学	基因组学

临床医学发展趋势，包括病毒感染性疾病、老年疾病、肿瘤疾病、神经系统疾病等，逐渐成为内科关注的主要疾病；疾病的早期预防与康复将占有更重要的位置；基因研究为病因研究、诊断、治疗提供新思路；微创技术与影像技术不断扩大传统外科的治疗范围；人口素质的提高对妇科、产科、儿科的水平提出更高要求；显微技术与医学信息技术的高速发展为诊疗开辟新途径。

5. 医学类科技奖励

为了了解医学领域研究热点成果，我们还分析了近 5 年（2008~2012 年）来中华医学科学技术奖获奖项目中一等奖、二等奖的获奖项目。从表 2-3、图 2-1 可以总结出，近 5 年来，中华医学奖一等奖、二等奖的获奖项目中，主要涉及人类疾病研究，其中外科疾病最多，其次是肿瘤、心血管病、神经疾病和传染病。这也反映了人类疾病研究中的热点疾病。外科疾病主要是骨科、器官移植等研究。肿瘤研究对象主要是恶性肿瘤，包括食管癌、淋巴瘤、肺癌、胃癌、前列腺癌、喉癌、肝癌。神经系统疾病中以脑血管病变、神经变性、创伤等研究居多。传染病研究中以艾滋病、乙型肝炎居多。

表 2-3 近 5 年来中华医学科技奖获奖项目归类情况 （单位：个）

领域	外科	肿瘤	心血管病	神经病	传染病	其他病	药物	其他	总计
数量	27	25	21	18	15	44	9	6	165

注：①其他病包括泌尿病 6 个、呼吸病 5 个、代谢病 5 个、血液病 5 个、眼科 5 个、妇科 3 个、免疫病 3 个、消化病 2 个、皮肤病 2 个、耳鼻喉 2 个、寄生虫病 2 个、精神病 1 个、遗传病 1 个、口腔病 1 个、检验 1 个。

②其他包括蛋白质组学 1 个、食品安全 1 个、医疗器械 3 个，未归类 1 个

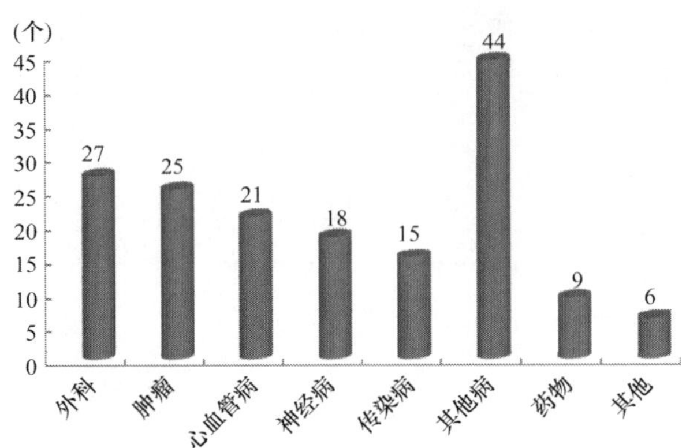

图 2-1　近 5 年来中华医学科技奖获奖项目归类情况

6. 部分重大疾病发病情况

心脑血管病：有“发病率高、复发率高、致死率高、致残率高、并发症多”的特点，已经成为严重威胁人类身体健康的疾病之一。据国家卫生计生委心血管病防治研究中心（阜外医院）发布的中国心血管病报告（2011，http://218.249.165.36/down load/36382832/49044863/4/pdf/118/134/1359334113142_390/中国心血管病报告 2011.pdf），中国每年死于心脑血管病的人数达到 350 万以上，其中一半以上与高血压有关（图 2-2）。心血管病死亡约占总死亡原因的 41%，居各种死因之首。估计全国心血管病患者有 2.3 亿人，其中高血压 2 亿人、脑卒中 700 万人、肺心病 500 万人、心力衰竭 420 万人、风心病 250 万人、心肌梗死 200 万人、先心病 200 万人。

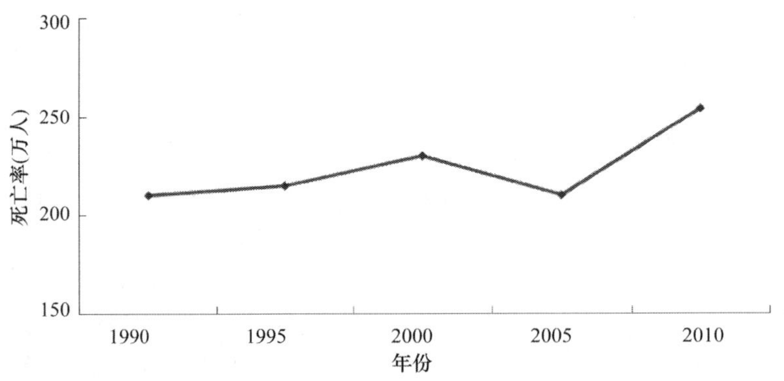

图 2-2　1990~2010 年中国城市居民心血管病死亡率变化
（图片来自《中国心血管病报告（2011 年）》）

恶性肿瘤：2012 年中国肿瘤登记年报显示，全国每年新发肿瘤病理有 312 万例，因癌症死亡的病例达 270 万，占居民死因的 13%。中国近 20 年来癌症呈现年轻化，以及发病率和死亡率“三线”走高的趋势。数据来源于 24 个省的 72 个监测点，覆盖 8500 万人。从病种看，居全国恶性肿瘤发病第一位的是肺癌，其次为胃癌、结直肠癌、肝癌和食管癌，前 10 位恶性肿瘤的发病率占全部恶性肿瘤发病率的 76.39%。居全国恶性肿瘤死亡第一位的是肺癌，其次为肝癌、胃癌、食管癌和结直肠癌（图 2-3），前 10 位恶性肿瘤死亡率占全部恶性肿瘤死亡率的 84.27%。

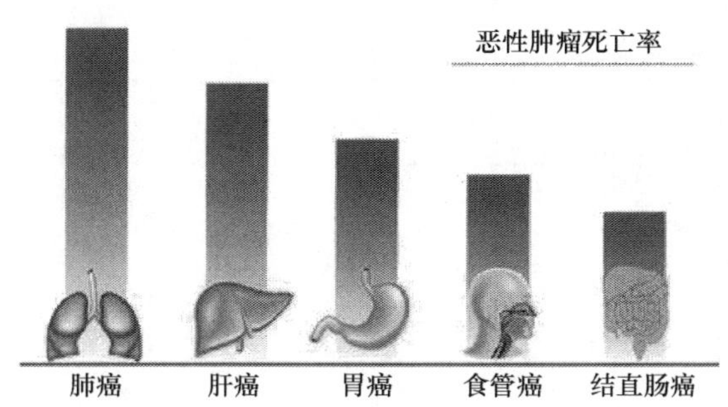

图 2-3　恶性肿瘤死亡率

（图片来自《2012 年中国卫生统计提要》）

呼吸疾病：是一种常见病、多发病，主要病变在气管、支气管、肺部及胸腔。主要包括慢性阻塞性肺病（简称为慢阻肺，包括慢性支气管炎、肺气肿、肺心病）、支气管哮喘、肺癌、肺部弥散性间质纤维化及肺部感染等疾病。根据中国《2012 年中国卫生统计提要》，呼吸疾病（不包括肺癌）死亡率在城市死亡率中占第 4 位，且在城市医院住院患者前 10 位疾病中高居第 1 位。肺癌则在恶性肿瘤致死率中高居榜首，特别成为男性患者头号杀手。

内分泌和代谢病：内分泌疾病估计患病率不低于 5%，包括糖尿病、甲状腺疾患、代谢紊乱、肥胖症、代谢综合征、骨质疏松证（好发于女性）、维生素 D 缺乏、勃起功能障碍（好发于男性）、血脂障碍和甲状腺炎。根据中国《2012 年中国卫生统计提要》，内分泌疾病在 2011 年城市医院住院患者前 10 位疾病中排名第 9 位，2011 年部分市县前 10 位疾病死亡率中排第 6 位。糖尿病在慢性疾病患病率中排第 3 位。

消化疾病：如胃肠炎、消化性溃疡、肝胆病、消化系统肿瘤等是中国常见病、多发病，也是严重危害人类健康的全球性疾病，胃肠道和肝脏引起的疾病负担占所有疾病的 10%。根据中国《2012 年中国卫生统计提要》，消化疾病在 2011 年城市医院住院患者前 10 位疾病中排第 2 位，2011 年部分市县前 10 位疾病死亡率中排第 6 位。在慢性疾病患病率排名中，胃肠炎第 2 位、消化性溃疡第 10 位。在所有恶性肿瘤的死亡患者中，食管癌、胃癌、肝癌、肺癌、结直肠癌等消化系统肿瘤均排在前列，其中，胃癌的发病率居第 2 位，肝癌居第 3 位，结肠癌的发病率明显升高，并且有年轻化趋势，而食管鳞癌更是中国的特色病。

神经疾病：是指发生于中枢神经系统、周围神经系统、植物神经系统的以感觉、运动、意识、植物神经功能障碍为主要表现的疾病。有些神经病，如脑血管疾病、癫痫、脑炎、脑膜炎等临床上常见。神经病中慢性病占多数，往往迁延不愈，给患者的工作、生活带来很大影响，致残率很高。根据中国《2012 年中国卫生统计提要》，神经疾病在 2011 年部分市县前 10 位疾病死亡率中排第 8 位。

传染病：是由各种病原体引起的且能传播的一类疾病。世界卫生组织公布的 2002 年世界主要致死疾病，排名前 3 位的分别是艾滋病、结核和疟疾。

根据国家卫生计生委发布的《2012 年中国卫生统计提要》，2011 年法定传染病发病数居前的病种依次为病毒性肝炎、肺结核、感染性腹泻病、手足口病、流行性腮腺炎。死亡率居前的病种依次为艾滋病、肺结核、狂犬病、病毒性肝炎、流行性出血热。2012 年法定传染病发病数居前 5 位的依次为手足口病、病毒性肝炎、肺结核、感染性腹泻病、流行性腮腺炎。死亡数居前 5 位的依次为艾滋病、肺结核、狂犬病、病毒性肝炎、手足口病（表 2-4）。2012 年全国报告法定传染病发病 6 951 478 例，死亡 17 315 人，报告发病率为 515.94/10 万，死亡率为 1.29/10 万。

表 2-4　2012 年部分全国法定报告传染病发病死亡统计表

病名	2012 年		2011 年		2012 年与 2011 年同期比/%	
	发病数	死亡数	发病数	死亡数	发病率增减	死亡率增减
艾滋病	41 929	11 575	20 450	9 224	16.71	24.89
病毒性肝炎	1 380 800	747	1 372 344	830	0.14	−10.50
流行性出血热	13 308	104	10 779	119	22.86	−13.48
狂犬病	1 425	1 361	1 917	1 879	−26.01	−27.91
肺结核	951 508	2 662	953 275	2 840	−0.66	−6.70
流行性腮腺炎	479 518	0	454 385	1	5.03	−100.00
感染性腹泻病	885 678	17	836 591	23	5.36	−23.53
手足口病	2 168 737	567	1 619 706	509	33.26	10.79

中国传染病防控形势依然严峻，国务院批准的“艾滋病和病毒性肝炎等重大传染病防治”科技重大专项中重点资助的传染病包括艾滋病、肝炎、手足口、流感、结核、鼠疫等重大传染病，为降低重大传染病的发病率、病死率发挥了重要作用。表 2-4 为 2012 年部分法定传染病，其中手足口病发病率最高、艾滋病死亡率最高、狂犬病病死率最高。

（二）人口健康领域中实验动物使用情况

以“人类疾病”和“动物模型”等为关键词，查阅 CNKI 数据库中近 10 年发表的有关实验动物论文数（表 2-5）。从表 2-5 可以看出，使用“动物实验”和“模式动物”的频率较高，而实验动物和动物模型较少提及。小鼠、大鼠、地鼠和兔最常用，犬、猴、小型猪、斑马鱼使用量较少（图 2-4）。

表 2-5　CNKI 数据库文献查询（按年份分类）　　　（单位：篇）

关键词	2003 年	2004 年	2005 年	2006 年	2007 年	2008 年	2009 年	2010 年	2011 年	2012 年	总计
人类疾病	5 974	6 697	7 401	8 925	9 147	9 572	9 721	10 621	11 596	18 904	98 558
实验动物	14 11	2 384	2 177	3 049	2 204	3 805	3 198	3 133	4 927	8 014	34 302
动物实验	25 142	31 059	36 130	43 072	45 688	47 060	47 352	48 383	47 951	54 183	426 020
动物模型	1 426	2 230	2 977	3 687	3 904	3 894	3 650	4 261	4 367	7 130	37 526
模式动物	6 148	7 841	9 176	12 039	13 099	13 916	14 961	16 780	17 914	25 019	136 893
小鼠	31 160	38 182	44 923	54 110	58 507	60 022	61 626	63 914	64 767	65 151	542 362
大鼠	33 513	42 050	48 578	57 449	61 495	61 836	63 815	65 342	66 618	65 541	566 237
地鼠	38 699	46 761	52 891	62 909	66 139	67 304	66 817	67 258	67 774	69 911	606 463
豚鼠	1 074	1 181	1 293	1 470	1 388	1 239	1 215	1 192	1 042	1 046	12 140
兔	8 193	9 036	10 508	12 162	13 424	12 991	12 818	13 171	13 882	14 634	120 819
犬	2 830	3 221	3 313	4 014	4 119	4 333	4 172	4 236	4 048	3 725	38 011
猴	2 074	3 217	2 415	2 704	2 743	2 929	2 915	3 178	3 228	3 425	28 828
斑马鱼	370	614	801	1 081	1 414	1 608	1 896	2 175	2 477	2 264	14 700
小型猪	290	362	465	537	659	634	587	628	621	564	5 347
动物福利	416	683	862	1 042	854	957	968	1 197	1 036	1 128	9 143
动物替代	1 266	1 701	2 057	2 449	2 727	2 931	2 864	2 970	2 977	3 010	24 952

资料来源：http：//epub.cnki.net

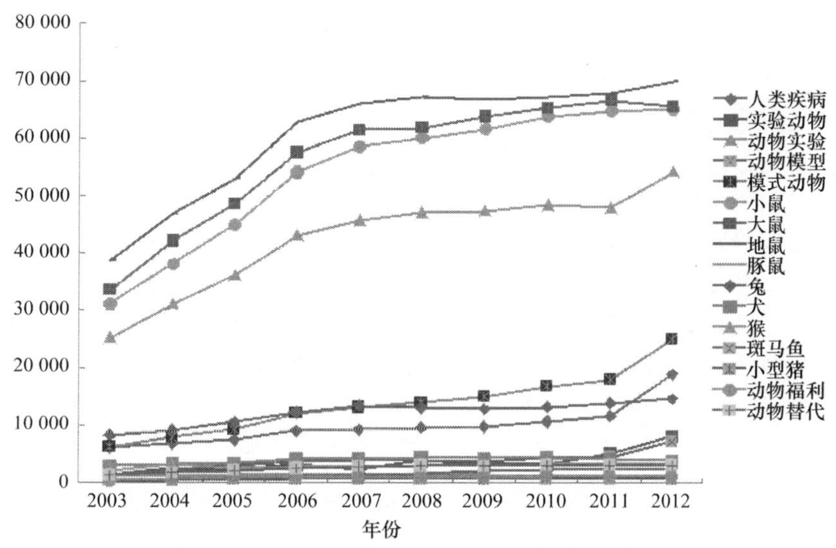

图 2-4 CNKI 数据库中人类疾病和实验动物相关主题文献发展趋势

从表 2-5 所示统计结果可以看出，中药学、基础医学、生物学、畜牧与动物医学、中医学、药学等使用实验动物发表的文章较多。实验动物在中药现代化、基础医学研究等方面应用较广泛。肿瘤学、外科学、心血管系统疾病、内分泌疾病、神经病学、消化系统疾病、眼科与耳鼻咽喉科等系统疾病使用实验动物发表的文章较多，提示这几个学科是临床医学领域使用动物实验研究的热点学科。小鼠、大鼠、地鼠是使用量较多的实验动物，其中以地鼠为实验动物的文献最多，其次是大鼠和小鼠，这与实验动物使用量不相符。实际上，在实验动物品种中，以小鼠的使用量最多，占到 60%；大鼠次之，占到 20%；然后是地鼠、兔、豚鼠、犬、猴等。

（三）医学研究中科学基金对实验动物的资助项目

国家科技投入大幅度增加，根据国家统计局、科学技术部、财政部联合发布的《2012 年全国科技经费投入统计公报》，2012 年中国全社会研究发展（R&D）经费投入总量突破万亿元，达 10 298.4 亿元，比上年增加 1611.4 亿元，增长了 18.5%；R&D 经费投入强度为 1.98%，比 2011 年的 1.84%提高 0.14 个百分点。2012 年国家财政科学技术支出 5600.1 亿元，比 2011 年增加 803.1 亿元，增长了 16.7%；财政科学技术支出占当年国家财政支出的比例为 4.45%，高于 2011 年 4.39%的水平。2012 年中国基础研究经费为 498.8 亿元，比 2011 年增长 21.1%。

根据对 CNKI 科技论文数据库的调查结果，在论文资助基金中，排在前列的包括国家自然科学基金、国家重点基础研究发展计划（973 计划）、国家高技术研究发展计划（863 项目）、国家科技支撑计划、高等学校博士学科点专项科研基金、国家科技攻关计划、广东省自然科学基金、江苏省自然科学基金、北京市自然科学基金、山东省自然科学基金、浙江省自然科学基金、中国博士后科学基金、教育部留学回国人员科研启动基金、跨世纪优秀人才培养计划、解放军总后勤部卫生计生委科研基金、长江学者奖励计划、国家卫生计生委科学研究基金等。其中以国家自然基金居多，占论文资助基金总数的 10%左右。在地方省市自然科学基金中，广东、江苏、北京、山东、浙江等名列前茅，折射出这些省市在科技方面的发达程度。

国家自然科学基金在 2010 年起加大了对实验动物学领域的资助力度，在动物学下面设立了实验动物学，又分为实验动物和动物模型两个小类。2012 年生命科学和医学领域课题共计 13 449 项，其中使用实验动物的相关课题 5343 项，所占比例为 39.73%。动物学领域项目 261 项，其中使用实验动物的项目 23 项，所占比例为 8.81%（表 2-6）。这些课题中，使用频率较高的分别是小鼠、大鼠、地鼠、豚鼠、兔、斑马鱼、犬、小型猪、猴。使用动物模型的学科主要包括肿瘤、神经、循环、中医药、影像、免疫、眼、口腔、消化等（表 2-7、表 2-8）。

表 2-6　2012 年中国生命科学和医学领域自然科学基金使用实验动物的项目和动物种类统计

（单位：项）

动物模型	小鼠	大鼠	豚鼠	地鼠	犬	兔	猪	猴	斑马鱼	线虫	果蝇	总计
1200	2216	1386	23	6	16	10	163	61	103	85	74	5343

注：生命科学领域课题 5462 项、医学领域课题 7987 项，总计 13 449 项。以上数据均按关键词检索。生命科学和医学领域中实验动物相关课题所占比例为 39.73%

表 2-7　国家自然科学基金对实验动物科学领域的资助项目（1988~2012 年）

序号	品种	模型	小鼠	大鼠	地鼠	豚鼠	小型猪	斑马鱼	果蝇
1	小鼠	肿瘤学	肿瘤学	中医药	预防	耳鼻喉	口腔	发育	遗传学
2	大鼠	神经	循环	神经	肿瘤学	中医药	循环	水产学	发育
3	地鼠	循环	免疫	循环	病原	生理学	兽医	遗传学	动物学
4	豚鼠	中医药	神经	认知	神经	眼科学	影像	环境化学	细胞生物
5	兔	影像	代谢	药理	中医药	呼吸	动物学	动物学	神经
6	斑马鱼	免疫	药理	消化	生殖	病原	中西医	细胞生物	分子生物
7	犬	眼科	病原	预防	药理学	循环	整形	循环	肿瘤学
8	小型猪	口腔	细胞生物	生理	食品	神经	消化	肿瘤	畜牧学
9	猴	消化	消化	—	发育	药理学	器官移植	神经	—

（四）重要的医疗和 CRO 机构使用实验动物情况

1. 大型医疗机构实验动物使用情况

截至 2013 年 10 月月底，全国医院 24 000 个（其中三级医院 1728 个），疾病预防控制中心 3522 个。60%以上的三级医院建立了实验动物中心，代表着各省市医疗水平和科研实力。医疗、科研、教学并举，已经成为当前大型医院的主要发展方向。通过调查协和医院等几家有代表性的科研实力较强的大型医院、医学院、科研机构等科研项目集中的热点和实验动物使用的情况，可判断中国现在人口健康领域的科研热点问题和实验动物科学技术未来发展的方向。

表 2-8　CNKI 数据库文献查询——按学科分类

关键词	人类疾病	实验动物	动物实验	动物模型	模式动物	小鼠	大鼠	地鼠	豚鼠	兔	犬	猴	总计
中药学	3 051	51 458	66 959	62 875	4 022	75 895	84 249	90 177	5 458	11 596	2 987	810	459 538
基础医学	10 091	34 031	43 219	29 882	7 387	63 682	52 253	64 666	3 519	16 938	3 430	3 531	332 629
生物学	10 537	35 908	53 156	20 684	24 679	56 265	33 615	48 701	2 737	15 612	4 629	6 950	313 473
畜牧与动物医学	5 805	32 557	48 148	18 766	39 426	35 265	18 547	29 851	2 025	42 605	32 210	1 961	307 166
中医学	10 234	12 971	23 996	21 347	2 254	30 222	46 622	30 651	1 347	4 281	716	398	185 039
药学	2 352	19 112	25 842	14 833	1 868	31 900	38 579	34 793	3 386	7 898	3 164	1 221	184 948
预防医学与卫生学	8 256	12 621	16 125	4 550	2 987	16 656	17 903	21 448	756	1 833	3 054	898	107 087
军事医学与卫生	—	1 168	—	991	—	—	1 567	—	94	—	—	—	3 820
生物医学工程	964	4 338	8 215	3 622	—	5 230	6 111	4 947	214	4 056	1 143	—	38 840
医学教育边缘学科	6 353	3 828	4 468	2 327	1 356	5 356	5 395	3 796	287	1 204	569	—	34 939
临床医学	4 254	4 820	7 996	4 456	—	7 549	8 061	6 782	424	4 161	1 733	360	50 596
临床医学分支													
肿瘤学	6 291	13 406	28 520	17 030	2 128	67 776	29 187	42 050	145	9 107	631	—	216 271
外科学	2 228	17 717	32 659	22 270	2 623	19 086	33 361	25 120	513	11 542	4 173	398	171 690
心血管系统疾病	5 269	8 452	16 881	13 020	1 221	20 225	25 434	21 383	443	6 456	3 002	—	121 786
内分泌疾病	5 258	8 116	14 725	12 950	1 188	20 750	27 242	24 199	582	2 494	—	281	117 785
神经病学	3 528	9 068	15 952	16 244	1 599	14 276	24 698	19 745	339	3 343	—	452	109 244
消化系统疾病	1 812	4 347	7 783	8 135	—	9 991	14 411	11 534	187	1 352	—	—	59 552
眼科与耳鼻咽喉科	1 733	5 179	9 677	7 241	1 063	8 305	8 414	8 076	2 751	6 505	—	583	59 527
泌尿科学	1 761	3 238	6 668	6 004	—	9 243	11 941	9 813	100	2 347	—	—	51 115
妇产科学	2 397	1 905	4 931	3 083	—	10 710	6 799	7 105	48	1 483	—	—	38 461
感染性疾病	3 894	2 897	4 087	2 456	—	7 842	2 689	6 851	463	1 309	3 461	974	36 923
急救医学	—	3 126	6 067	5 363	—	4 046	9 458	6 670	38	1 304	—	—	36 072
呼吸系统疾病	1 711	2 633	4 696	4 942	—	6 107	7 001	6 384	916	1 058	—	—	35 448
儿科学	2 000	1 986	4 768	3 744	—	6 763	7 870	6 475	188	823	—	—	34 617
口腔科学	879	3 590	6 749	3 905	—	4 780	5 338	4 834	76	2 002	1 278	336	33 767
特种医学	—	4 133	5 811	3 471	—	4 527	6 500	6 128	192	1 350	696	—	32 808
精神病学	1 840	2 247	3 779	4 059	—	4 444	5 937	5 084	—	—	—	—	27 390
皮肤病与性病	916	—	—	—	—	3 876	1 144	2 250	315	—	—	—	8 501
心理学	1 374	1 184	2 028	998	—	—	—	—	—	—	—	—	5 584
总计	104 788	306 036	473 905	319 248	93 801	550 768	540 326	549 513	27 543	162 659	66 876	19 153	3 214 616

典型案例 1：北京协和医院

目的：北京协和医院是中国实力最强的大型三级甲等综合医院，是中国最高水平的医疗和科学研究相结合的典范。分析北京协和医院的医药研究和实验动物使用情况，有助于了解中国大型综合性医院的科研实力、存在的问题，对未来实验动物科学技术发展具有重要的意义。

概况：北京协和医院在职职工 4000 余人，其中两院院士 8 人、正副教授 682 人；临床、医技科室 54 个，开放住院床位 2000 余张，国家临床重点专科 14 个、国家级重点学科 20 个、北京市重点学科 5 个。

北京协和医院建院之初，就志在“建成亚洲最好的医学中心”，是西方医学在中国的发源地。至今已经出了张孝骞、林巧稚、黄家驷等 12 名两院院士，其中王忠诚院士获得国家最高科学技术奖。培养造就了一代医学大师和多位中国现代医学的领军人物，并向全国输送了大批的医学管理人才，创建了当今知名的 10 余家大型综合及专科医院。

医院获得国家科学技术进步奖 23 项、省部级科研奖 140 余项。2006~2011 年来承担国家级科研课题 177 项、省部级科研课题 151 项，其中国家自然科学基金资助 131 项；在国内外发表学术论文 7500 余篇。在 2010 年、2011 年、2012 年复旦大学医院管理研究所公布的“中国最佳医院排行榜”中连续三年名列榜首。

研究规模：医院设有国内领先的中心实验室、临床药理中心、实验动物中心和卫生计生委内分泌重点实验室。医院中心实验室占地 $840m^2$，能够提供蛋白质组、分子生物学、细胞生物学、免疫组织化学及细胞免疫学等方面的高端实验研究平台。

动物中心：该院动物实验中心占地 $350m^2$，使用面积 $580m^2$。2004 年 4 月开始启用，年均在研课题 100 余项，完成实验课题 40 余项。共接待实验人员 600 余人，实验课题 500 多项；发表与动物实验有关的学术论文 600 多篇。该院在肝脏移植、胰腺肿瘤治疗、脊柱侧弯治疗、肠内肠外营养、糖尿病治疗等领域取得的重大科研成果都是基于动物实验的结果。

管理模式：实验动物饲养和实验遵循《实验动物管理条例》、实验动物使用许可证和国家标准相关要求。动物实验经过所在机构的实验动物伦理委员会批准。动物中心运转经费来自医院定期拨款和实验人员缴纳的使用费。中心负责动物饲养、日常管理、上岗证培训、设施建设、麻醉和咨询等，并为动物实验提供技术指导。

案例启示：①北京协和医院作为中国最高水平的大型综合医院，其有国际影响力的成果，基本上都是用实验动物或临床结合动物实验研究取得的；②从北京协和医院动物中心的规模和重要性可以看出，中国如果想在医学研究领域与发达国家竞争，就必须优先发展实验动物科学技术。

典型案例 2：中国医学科学院阜外心血管病医院

目的：中国医学科学院阜外心血管病医院是中国综合实力最强的心血管病专科医院，代表着中国专科医院中实验动物使用的情况。分析该医院的医药研究和实验动物使用情况，有助于了解中国大型专科医院的科研实力、存在的问题，对未来实验动物科学技术的发展具有重要的意义。

概况：中国医学科学院阜外心血管病医院始建于 1956 年，是世界最大心脏病诊治中心之一和全国心血管疾病诊疗的国家级临床中心，是国家级三级甲等心血管专科医院。设有 8 个科研机构，开放床位 967 张。2006~2011 年，医院主持了国家 973 计划、863 计划、“十一五”规划等重大项目 200 多项。“十一五”期间实际到位科研经费 4 亿余元，年均 8037.9 万元。获得成果奖 37 项，获国家发明专利 21 项。2011 年主编学术著作 12 部，发表科技论文共 334 篇，其中发表被 SCI 收录论文 126 篇。

研究规模：是中国重要心血管疾病科学研究的国家级基地。拥有 1 个国家重点实验室和 3 个部级重点实验室，3 个面向全国开放的技术平台（中心实验室、病理与生理实验中心、动物实验中心）。

动物中心：具有心血管研究大动物实验从手术到术后看护、监护一体化服务平台。拥有最新型的动物实验设备，生物标本保存设备，确保全院各类前沿课题的高质量完成，并能组织实施各类心血管专科医生临床前新技术、新装置的培训。大型动物实验可完成心肌再灌注模型、心梗模型的骨髓干细胞移植实验，冠状动脉造影，冠状动脉支架植入术，以及瓣膜置换等多种实验；可建立冠脉球囊介入心肌缺血再灌注损伤模型，起搏器植入模型，肺动脉栓塞模型及溶栓治疗，牛颈静脉带外通道右室流出道一肺动脉植入模型，手术植入 Ameroid 环环缩或结扎制作的慢性心梗模型，ARDS 损伤模型及房颤电生理模型，经介入法致二尖瓣、三尖瓣返流制作的心衰模型等一系列模型。小动物实验组现可建立各类心梗、脑梗、肺梗模型，急慢性缺血模型，缺血再灌注损伤模型，室壁瘤模型，心衰模型，肺动脉高压模型，心肌、脊髓保护模型，大鼠、兔体外循环后存活模型，大鼠主动脉缩窄模型，大鼠糖尿病模型和兔高血脂粥样斑块模型等实验动物模型。

管理模式：动物实验中心遵从《实验动物管理条例》、国家标准等法规要求，以动物实验规范为理念，以国际先进的 GLP 实验室管理为方向，进行全面规范管理，是中国心血管研究大动物实验从手术到术后看护、监护成功率最高的一体化服务平台。

案例启示：①实验动物是医学基础性研究的主要对象，主要应用在两个方面：一是作为“正常动物”模拟人体，开展临床操作实践研究或训练；二是作为“疾病模型”模拟疾病，开展科研课题研究。②实验动物科学技术在人类疾病研究和治疗中发挥着重要的支撑性作用，是医学成果转化的桥梁，是“代人受过”的研究对象。

2. CRO 组织和 GLP 机构

CRO 作为一个新兴的行业，自 20 世纪 80 年代初起源于美国。该产业高度分散，有 1100 多家公司遍布全球。CRO 在美国已发展到 300 多个，而欧洲有 150 多个。1996 年，北京美迪生药业研究有限公司（MDS Pharma Service）在中国投资设立了中国第一家真正意义上的 CRO，从事新药的临床试验业务。2011 年 CRO 的市场价值达到 600 亿美元，相当于 12%的复合年增长率（表 2-9）。

表 2-9 中国 CRO 组织和 GLP 机构的统计数据

类别	机构数量	服务能力	生产规模
CRO	600 家	国内 CRO 机构主要从事临床前研究和临床试验研究，还包括新药研发咨询、新药申请报批等业务。临产前研究以化学药物研究服务为主，如药明康德、保诺、开拓者化学、睿智化学、康龙化成等。临床试验规模还不大，主要是外资和合资企业	CRO 市场份额 80 亿~100 亿元。CRO 机构主要集中在北京（20 亿元，25%，200 家）、上海（28 亿元，30%，300 家）、南京（5 亿元，6%，50 家）、天津等地
GLP	56 家	新药临产前服务，主要包括给药毒性试验（啮齿类、非啮齿类）、局部毒性试验、生殖毒性试验、遗传毒性试验、致癌试验、免疫原性试验、安全性药理试验、依赖性试验、毒代动力学试验等	中国 GLP 机构规模一般为 20~50 人，服务项目一般不超过 10 项。GLP 市场份额为 5 亿~10 亿元

2003 年起国家食品药品监督管理局开始对全国药物临床前安全评价实验室（GLP 机构）进行了试点检查，至 2013 年 12 月有 54 家单位通过认可，获得了临床前安全评价 GLP 实验室的资格。这些机构今后将成为生物医药领域使用实验动物的主要机构之一。药品、生物制品、疫苗、食品等产品将从这里经过动物实验的安全性、有效性评价之后，走上临床试验。在这些机构，实验动物，以及动物模型资源的质量和种类，对人类疾病的诊断治疗将产生重大影响。20 世纪五六十年代初期的“反应停”事件之所以没有在美国发生，就是因为美国 FDA 的审查员认为该药品临床前评价结果不过关，而没有批准其上市，挽救了大批儿童（表 2-10）。

表 2-10 药物毒害事件

药品	时间	国家	药害作用
亮菌甲素注射液	2006 年	中国	急性肾衰竭
苏丹红一号	1995~2005 年	欧盟、中国等	第三类致癌物质
龙胆泻肝丸	2000~2002 年	中国	肾损害
四咪唑	20 世纪七八十年代	中国	迟发性脑病
氨基苷类抗生素	20 世纪 90 年代	中国	药物致聋、致哑
奈韦拉平	2003 年	荷兰	肝脏毒性和皮肤过敏
乙酸铊	1930~1960 年	世界各国	慢性中毒
米贝拉地尔	2005 年	美国	致死性心律失常
三苯乙醇	20 世纪 50 年代后期	美国	脱发、皮肤干燥、男性乳房增大、阳痿、视力下降、白内障
孕激素	20 世纪 50 年代	美国	女婴外生殖器男性化畸形
反应停（沙利度胺）	1960 年左右	欧洲、北美洲、拉美洲、日本	海豹肢畸形

（五）实验动物科学技术与产业在人口健康领域研究中的作用、地位

人类疾病动物模型（animal models of human disease）是指为阐明人类疾病的发生机制，以及建立预防、诊断和治疗方法，而制作的具有人类疾病模拟表现的实验动物。疾病模型是实验动物科学最重要的组成部分，也是实验动物科学服务于医药创新研究的基石。

通过疾病动物模型研究，人们可以有意识地改变那些在自然条件下不可能或不容易控制的因素。借助于疾病动物模型的实验结果了解人类疾病，有助于全面揭示疾病特性、发生发展规律及防治措施。实验动物和动物模型作为人类“替身”常用于疾病防治、药理毒理学实验及系统生物学等方面研究，已成为生物医药创新不可缺少的支撑条件，在全球已形成产业化和社会化供应趋势。利用人类疾病动物模型，科学家们阐明了许多疾病的本质，并研究出了多种治疗人类疾病的药物和措施，为人类疾病防治和医学发展作出了重要贡献。

人类疾病动物模型是疫苗、免疫佐剂、抗毒素及药物等有效性和安全性研究的基础。每种疾病动物模型都有其局限性，只有发展丰富的疾病动物模型资源，才能有效支撑医药创新发展。例如，在 SARS 期间，中国医学科学院医学实验动物研究所试验了 30 个不同物种的 80 个品系的实验动物，最后利用恒河猴、大鼠建立了 SARS-CoV 感染动物模型，并完成了疫苗评价。

动物模型资源多样性的不足限制了多个领域的创新研究，如神经系统疾病、重大传染病等的深入研究，从而导致大量药物毒害事件的发生。

二、人类疾病动物模型是实验动物科学最主要的组成部分

实验动物科学包括实验动物和动物实验两个部分。在研究人类疾病时，需要将实验动物制作成人类疾病动物模型才能更好地模拟和研究人类疾病。因此，疾病动物模型是实验动物科学最主要的组成部分，也是实验动物在人类疾病领域的主要应用形式。现代医学研究越来越注重体内试验，比较医学作为实验动物与医学的结合点与支撑点，成为医学研究的前沿和不可替代的重要支撑。

由于实验动物资源对生命科学、医学、药学及人口健康的重要性，发达国家竞相将实验动物作为战略资源，投入大量的经费，希望由此驱动生命科学和医学的创新研究，并在生命科学、医药研究和生物技术的科技竞争中立于不败之地，不仅占领科学创新的制高点，并将其转化为经济垄断。

实验动物涉及疾病机制研究、治疗方法研究、药效学研究、疫苗研究和评价等领域，PubMed 论文数据库直接反映医学研究发展的历程，在过去 30 年，共收录 195 万篇论文，其中使用实验动物的论文达 154 万篇，占收录论文总数的 79%。在药学方面，涉及毒理、药物安全评价，PubMed 论文数据库能够部分反映药学研究发展的历程，共收录 280 万篇论文，其中使用实验动物的论文达 245 万篇，占收录论文总数的 85%（表 2-11）。

在各国竞争的生命科学、医学创新研究方面，*Nature*、*Science*、*Cell*、*Nature Medicine*、*Nature Genetics*、*Nature Cell Biology*、*Nature Biotechnology*、*Journal of Experimental Medicine* 等国际一流学术杂志中发表的论文数量，可以间接反映一个国家在生命科学、医学的创新能力和竞争力，这些创新能力和竞争力直接与人口健康领域相关的工业价值相关联。在过去 30 多年，这些顶级期刊共收录 29 万篇论文，其中使用实验动物的论文达 22 万篇，占收录论文数的 77%（表 2-12、表 2-13），近 10 年在 *Journal of Experimental Medicine* 杂志发表的论文中使用实验动物的文献频率稳定在 40%左右（图 2-5）。

表 2-11　实验动物信息查询 PubMed　（单位：篇）

动物品种	农业	医学	药学	食品及化妆品	创新研究	总计
小鼠（mouse）	311 540	1 122 198	290 781	38 646	28 116	1 791 281
大鼠（rat）	158 895	719 964	184 555	31 564	5 786	1 100 764
豚鼠（guinea pig）	36 370	137 743	30 143	5 060	1 734	211 050
地鼠（hamstar）	23 792	109 926	31 247	2 725	1 952	169 642
兔（rabbit）	93 300	341 455	61 614	9 644	3 817	509 830
犬（dog）	61 151	94 182	13 258	1 277	461	170 329
猪（pig）	93 203	101 826	17 403	6 055	1 814	220 301
猴（monkey or NHP）	347 835	11 946 084	1 680 168	212 884	169 130	14 356 101
牛（cow）	135 092	283 322	42 411	6 165	3 017	470 007
马（horse）	46 671	62 306	7 243	1 609	503	118 332
羊（sheep）	69 562	115 099	16 432	2 138	1 508	204 739
鱼（fish）	104 634	160 175	38 243	11 493	3 331	317 876
鸡（chicken）	62 976	113 873	18 429	2 861	1 667	199 806
猫（cat）	32 277	83 874	13 685	4 789	775	135 400
雪貂（ferret）	2 909	5 268	828	165	118	9 288
线虫（elegant）	169	2 164	255	50	70	2 708
果蝇（Drosophila）	13 623	72 998	9 240	672	5 595	102 128
总计	1 593 999	15 472 457	2 455 935	337 797	229 394	20 089 582
总篇数	1 854 164	19 501 452	2 870 432	464 043	297 162	24 987 253
所占比例/%	86.0	79.3	85.6	72.8	77.2	80.4

表 2-12　2002~2011 年 *Journal of Experimental Medicine* 杂志发表论文中使用实验动物的文献频数

年份	文献总计/篇	实验动物频数总计	实验动物频率
2002	331	149	0.45
2003	367	165	0.45
2004	344	134	0.39
2005	382	116	0.304
2006	297	131	0.441
2007	311	109	0.35
2008	297	127	0.428
2009	274	100	0.365
2010	258	101	0.391
2011	233	94	0.403

表 2-13　2002~2011 年 *Cell* 杂志论文发表中使用实验动物的文献频数

年份	文献总计/篇	实验动物频数总计	实验动物频率
2002	356	18	0.051
2003	356	11	0.031
2004	395	16	0.041
2005	449	15	0.033
2006	538	33	0.061
2007	545	40	0.073
2008	515	26	0.05
2009	543	17	0.031
2010	466	27	0.058
2011	470	25	0.053

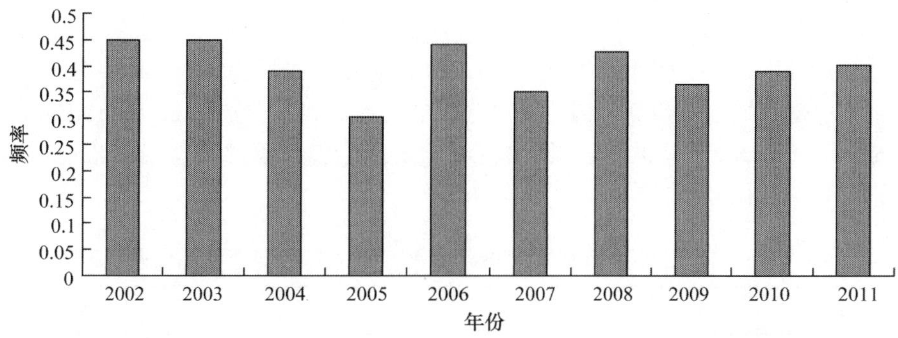

图 2-5　近 10 年 *Journal of Experimental Medicine* 杂志发表论文中使用实验动物的文献频率统计图

三、实验动物在人口健康领域的支撑作用和地位

（一）疾病动物模型是人类医学研究取得创新性突破的工具

历史上医学重大发现和疾病动物模型的关系：历史上医学重大发现与动物密切相关，从动物体内实验得到结果（表 2-14）。据美国哈佛医学院 1996 年统计，1945~1995 年，人类与健康研究中 51 项重大突破性成果中，22 项是通过动物模型遗传研究获得的。

表 2-14　部分医学重大发现与疾病动物模型的关系

重大发现	年份	发现人	所用动物
血液循环	1628	哈维	蛙、蛇等
醚麻醉	1846	玛登	鸟类等
细菌与疾病的关系	1878	科赫	牛、羊等
细菌致弱用免疫	1880	巴斯德	鸟类
狂犬病免疫	1885	巴斯德	鸟类、家兔
虫媒传播疾病	1898	史密斯等	牛
蚊传播疟疾	1898	罗斯	鸟类
肿瘤的病毒病原	1910	洛斯	鸡
胰岛素	1921	班定	犬
休克治疗	1927	博莱罗克	犬
抗细菌药物（百浪多息）	1935	多麦克	小鼠
心肺旁道器	1953	葛明	猫
小儿麻痹症疫苗	1954	索尔克	恒河猴
变性脑病的病毒病原	1965	格但斯克	猩猩
心脏移植	1967	伯纳德	犬

疾病动物模型在诺贝尔奖科技成果中的作用：1901~1997 年通过动物实验取得的 31 项重大成果中有 18 项获得诺贝尔奖。1901~2010 年，有 75 年的奖项直接涉及动物或实

验动物，总共25种动物，累计使用122次。其中常规实验动物，如小鼠、豚鼠、大鼠、地鼠、犬、兔、猪、猴的使用频率是69次；传统动物，如鸟类、猫、马、鱼、蛇、果蝇、蜜蜂、线虫、鸡、蛙、水母等的使用频率是 50 次（http：//www.animalresearch.info/en/medical/nobel prize）。最近10年诺贝尔生理学或医学奖几乎都是使用实验动物研究得到的原创成果（表2-15）。

表2-15　近10年诺贝尔生理学或医学奖主要发现与使用的实验动物

年份	主要成果	物种
2004	发现气味受体和嗅觉系统组织方式	小鼠、犬
2006	发现核糖核酸（RNA）干扰机制	线虫，果蝇，小鼠
2007	建立基因打靶技术和基因敲除技术	小鼠
2008	发现导致严重人类疾病的两类病毒（HPV和HIV）	鸡、小鼠，人类，黑猩猩
2009	发现端粒和端粒酶保护染色体的机制	线虫、酵母、小鼠
2010	建立体外受精技术	小鼠
2011	发现人体免疫系统激活的关键原理	果蝇、小鼠
2012	发现细胞核重新编程研究	小鼠

疾病动物模型研究在科技论文中的比例：近百年来医药研究的诺贝尔奖、重大医学成果和顶级科技论文，一半以上依托动物实验完成。在具有世界影响力的*Science*杂志上发表的生命科学论文和医学论文中，以动物为模型的研究成果占35%，而在*Nature*杂志中则占 46%。在人类疾病的发病机制、治疗和药物研究领域的最高学术刊物——《自然医学杂志》（*Nature Medicine*）上发表的论文中，与实验动物相关的研究占71%，以实验动物为主发表的论文占12%（图2-6、表2-16）。临床医学中肿瘤学、外科学、心血管系统疾病、内分泌疾病、神经病学、消化系统疾病、眼科与耳鼻咽喉科等系统疾病使用实验动物发表的文章较多，提示这几个学科是临床医学领域使用动物实验研究的热点学科。

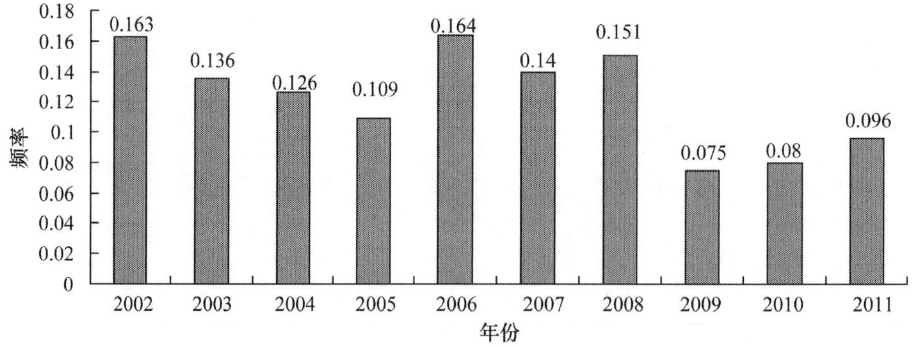

图2-6　近10年*Nature Medicine*杂志发表论文中使用实验动物的文献频率统计图

表 2-16　2002~2011 年 *Nature Medicine* 杂志发表论文中使用实验动物的文献频数

年份	文献总计	实验动物频数总计	实验动物频率
2002	399	65	0.163
2003	412	56	0.136
2004	406	51	0.126
2005	394	43	0.109
2006	420	69	0.164
2007	392	55	0.14
2008	358	54	0.151
2009	371	28	0.075
2010	488	39	0.08
2011	501	48	0.096

（二）基因工程动物模型对人类健康的推动作用

人类基因功能的发现：建立以基因同源重组为原理的定时、定位基因敲除动物模型和以定位转移外源基因为原理的转基因动物，检测靶基因在动物体内生物学功能的改变情况，以发现特定基因的新功能。在发现新基因功能的过程中，有两种较为常用的研究策略。第一种是传统生物学途径，即生物活性发现→蛋白质鉴定→基因克隆→细胞分析→动物模型（动物实验）→医学验证（人类体内功能及疾病关联性分析）。第二种是反向生物学途径，又有两种方式：①基因序列→蛋白质表达→细胞筛选→动物模型（动物实验）→医学验证（人类体内功能及疾病关联性分析）；②疾病标本→提取基因→致病基因或易感基因分析→蛋白质分析→细胞分析→动物模型（动物实验）→医学验证（人类体内功能和疾病分子机制）。基因工程动物模型是人类基因功能研究的主要受试对象和关键环节。伴随着转基因技术、基因打靶技术、胚胎工程技术和基因组计划的完成，基因工程动物成为基因功能、蛋白质功能研究的主要工具，也是疾病分子机制研究的主要工具，疾病相关基因动物模型资源是疾病机制研究的创新源泉。

人类疾病本质的研究：从广义上讲，人类疾病都直接或间接与遗传基因有关，这为使用相关基因工程动物模型研究人类疾病提供了科学依据。随着各种基因工程技术的发展，人类疾病发生发展的研究对基因工程动物模型的倚重越来越大。人类许多疾病的病因和发病机制非常复杂，世界发达国家均将人类重大疾病，特别是慢性疾病及其并发症的预警指标、早期诊断和治疗作为疾病防治重点。

人类疾病治疗性研究：疾病治疗性物质都需要临床前评价，这需要大量高质量实验动物，才能实现实验结果的科学性和可重复性，减少不良反应的发生。

（三）人类疾病治疗性研究对疾病动物模型的巨大需求

器官移植：器官移植主要使用小型猪，随着人源化动物模型的出现，器官移植所需要的实验动物品种会不断扩大。

干细胞技术：干细胞技术主要使用小鼠，已经用于治疗白血病等恶性肿瘤。随着基因工程技术的发展，干细胞技术的研究和临床应用对实验动物的需求不断增加。

新药研发：新药临床前评价已经形成一定市场规模，随着GLP机构规模扩大，对实验动物资源的需求也会增加。

医疗器械评价：使用实验动物进行医疗器械生物学和动物体内评价是个新兴领域，未来也是实验动物行业的一个重要发展方向。

第二章　中国实验动物科学技术在人口健康研究领域的应用现状与发展方向

一、疾病模型资源规模

中国实验动物生产量达到1900万只的规模，使用量高达1600万只，高于欧盟25国的总和1210万只。中国有300多家具一定规模的实验动物生产单位，有3000多家实验动物使用单位。

中国常用实验动物（包括实验用动物）有30余个品种100多个品系（包括引进和中国特有资源）。常用小鼠11个品系，大鼠7个品系，地鼠、豚鼠、实验犬各2个品种，实验兔以大耳白、新西兰兔为主，其他动物还有猴、猫、鸡、小型猪等。按照使用量依次分为小鼠（54%）、地鼠（24%）、大鼠（13%）、兔（5%）、其他（4%，包括豚鼠、小型猪、犬和猴等）。绝大多数的实验动物用于科研，其次为检定、相关产品生产和教学。GLP等毒理学试验对实验动物需求所占比例不断攀升，教育培训和疾病诊断等应用量相对较少。诱发动物模型、遗传工程小鼠、自发动物模型的需求也在逐年增高。高质量的实验动物，特别是SPF动物的需求不断增加。小型猪、非人灵长类动物、实验用羊、SPF鸡和其他野生物种的实验动物化也有逐年增加的趋势。

根据文献统计结果，中国科研人员已经根据各种人类疾病制作疾病模型5000多种，包括自发疾病模型、诱发疾病模型和基因工程模型。但是，由于各个单位基本仅是满足“自制自用”，多数疾病模型制作之后也仅作为发表文章之用，没有妥善保存，更没有进行标准化研究。作为中国最大的实验动物研究机构，中国医学科学院医学实验动物研究所仅保存疾病模型600多种。中国急需建立人类疾病动物模型大型比较医学数据库，以保存这些疾病模型资源基础数据，供科研人员使用，规范制作流程，避免重复制作。

疾病模型资源是疾病机制研究、新药研发、治疗方法研究和转化医学的工具，根据不完全统计可用于糖尿病、肥胖症、心脑血管病、肿瘤、痴呆等对中国人类健康影响最大的20个大病种的疾病机制研究、新药研发、治疗方法研究和转化医学的基因工程模型及疾病动物模型资源约有700个品种、品系（表2-17）。

表2-17　中国的常用重大疾病机制研究动物模型资源

病种	疾病动物模型品系/种
心脑血管病	60
阿尔茨海默病、帕金森病等神经系统疾病	132
糖尿病、肥胖症、高血脂等代谢疾病	106
肿瘤	56
免疫疾病	89
其他疾病	75

近年来，中国实验动物的进出口越来越频繁，不断引进新品系，同时中国科学家也在培育一些特色品系（种），如小型猪、水生实验动物、犬、猫和野生动物实验动物化等，使中国实验动物资源日趋丰富，应用领域不断扩大。中国成为实验动物生产和使用的大国，实验动物质量不断提高，在世界范围的影响不断扩大。质量较低等级的小动物使用量不断减少，SPF 级、基因工程动物和疾病动物模型使用量不断增加，这个发展趋势与欧美等发达国家的发展趋势相似。

二、疾病模型供应体系

实验动物饲育环境的设施规模及其技术参数指标不断的提升、高端仪器设备的不断引进为实验动物质量提高提供了硬件保障。欧美国家经过 50 多年的发展，实验动物使用量趋于稳定并有下降的趋势，而中国尚处在高速发展期，实验动物生产量和使用量，以及设施、设备、人员和机构数量等，在今后几年还会有新的增加。国内外研发人员或机构会不断将生物医药研发的动物实验委托给国内的动物实验机构，从而推动中国实验动物行业的发展。

中国实验动物发展正在迅速地由过去的自产、自用、自销的“小农经济”模式，走向市场专业化、高科技产业化。中国实验动物产业化经过近 10 年的发展，已逐步形成规模。年产实验动物 2000 万只以上，主要由实验动物生产企业完成；部分科研院所和大专院校仅生产较少量的实验动物。出现了 5 家年产实验动物百万只以上的实验动物厂家，这些厂家同时也是疾病模型的主要销售机构，逐步形成了覆盖全国的销售网络（表 2-18），这为今后在实验动物品系、质量、服务等方面的提高打下了基础。

表 2-18　主要实验动物公司产量、品系和分布

公司	生产范围	产量/万只	品系	地区
上海斯莱克实验动物有限公司	SPF 级：小鼠、兔、大鼠、地鼠、豚鼠；清洁级：小鼠、大鼠、地鼠、豚鼠、兔	450	大鼠、小鼠、地鼠、豚鼠、兔 5 个品种 58 个品系	上海
北京维通利华实验动物技术有限公司	屏障环境：大鼠、小鼠、豚鼠、地鼠、SPF 鸡；隔离环境：大鼠、小鼠；普通环境：兔	400	大鼠、小鼠、地鼠、豚鼠、兔等 30 多个品系	北京
北京华阜康生物科技股份有限公司	屏障环境：大鼠、小鼠	200	小鼠、大鼠、自发和基因工程模型等 200 个品系	北京
军事医学科学院实验动物中心	屏障环境：大鼠、小鼠、豚鼠、地鼠；普通环境：兔、猴	100	小鼠、大鼠、猴等 20 多个品系	北京
上海西普尔-必凯实验动物有限公司	SPF 级：小鼠，大鼠 清洁级：小鼠，大鼠	100	大鼠、小鼠等 27 个品系	上海

在中国，人类疾病动物模型研制机构主要是医药科研机构、大学、医院等，普遍缺乏资源集中或长期保存的设施和机制。其中大部分疾病模型已经随着研发者退休、工作变动，或者缺乏后续资金支持而消失，仅能从文献中查阅制作方法和研究应用等。多数疾病模型的应用推广是靠科技合作的方式进行的。以产品的形式，在市场上流通的疾病模型仅占很小的一部分。供应疾病模型的机构，主要是实力较强的 10 多家实验动物机构。

在这方面，国家应重视并建立实验动物和疾病模型资源长期保存机制，资助建立实验动物资源数据库，实现疾病模型资源集中供应和有效共享。

三、人类疾病动物模型研制技术

疾病模型按照产生原因可以分为自发疾病模型和诱发疾病模型。自发疾病模型是指未经任何人工处理，在自然情况下发病的实验动物，包括突变系的遗传疾病和近交系的肿瘤疾病模型等，如无胸腺裸鼠、肌肉萎缩症小鼠、肥胖症小鼠、癫痫大鼠、高血压大鼠、无脾小鼠和青光眼兔等都是自发疾病模型。诱发疾病模型是指使用物理的、化学的和生物的致病因素制作的疾病模型，如用病原感染的方法制作的传染病模型，用致癌剂、放射线、致癌病毒制作的肿瘤模型，等等。这些常规疾病模型研制技术仍然是疾病模型的主要研制技术。

21 世纪人类步入科学的新时代，人与自然都面临着高新技术革命的巨大影响和激烈竞争。在实验动物领域，以基因工程技术为代表的一些疾病模型研制新技术也得到了发展，包括克隆技术、转基因技术、基因打靶技术，大片段转基因技术、ZFN 技术、TALEN 技术、RNA 介导基于成簇的规律间隔的短回文重复序列和 Cas 蛋白的 DNA 内切核酸酶[clustered regulatory interspaced short palindromic repeat（CRISPR）/Cas-based RNA-guided DNA endonuclease，CRISPR /Cas]敲除技术、转座子技术、生物反应器、悉生技术、生物芯片技术、纳米技术等。这些新技术的发展，引领着生命科学的快速进步，并已经形成产业化、规模化发展。数字化病理分析技术、分子影像技术、生物信息学技术、各种组学技术、胚胎技术、芯片技术、行为学技术在模型分析方面得到广泛应用，使动物模型分析进入活体、即时、无创阶段；结合经典的分析技术，在研究生命现象、疾病发展过程等方面有了更科学、快速的方法，极大地促进了生命科学、医药、农业、环境等领域的创新研究。特别是小鼠基因组学和功能基因组学研究，已成为当今生命科学研究的前沿领域。中国已经建立 10 家以上的基因工程技术平台，其中规模比较大的有三家（表 2-19），开始对小鼠、大鼠、斑马鱼、鸡、猪、马、牛、羊等进行基因工程进行基因修饰。

表 2-19　中国主要的基因工程动物平台

机构名称	模型数量	模型种类	主要技术
中国医学科学院医学实验动物研究所	600 种小鼠、大鼠模型	心脑血管、神经、肿瘤、代谢、信号转导、免疫、传染病、口腔等多种疾病模型。荧光、cre、microRNA 工具鼠	转基因、基因敲除、干细胞基因打靶等
南京大学模式动物研究所	481 种小鼠模型	心血管、肥胖、糖尿病、免疫缺陷、老年痴呆、肿瘤等多种疾病模型。组织特异性 cre 工具鼠	转基因、基因敲除、基因敲入、复杂基因组改造等
上海模式生物研究中心	700 种小鼠、斑马鱼、家蚕模型	肿瘤、炎症、代谢障碍、神经精神疾病等模型	转基因、基因敲除、基因敲入等

四、比较医学人才培养

比较医学是指以实验动物或疾病动物模型研究生命基本规律和疾病发生机制，并同人类生命的基本规律和疾病的发生机制进行比较，为了解人类本身和人类相应疾病的发生、发展规律及其预防、诊断、治疗提供依据的一门综合学科。比较医学在全世界的发展极不平衡，只有少数发达国家形成了比较完整的比较医学体系。

比较医学的主流方向是人类疾病动物模型的开发，特别是遗传工程小鼠和新模式动物（如线虫、斑马鱼等）潜在价值的挖掘及在医学研究中的推广应用。中国已经有几个研究实力强劲、比较医学开展得较早和较好的单位建立了比较医学中心。从事实验动物科学和比较医学的主体绝大多数来自农业院校和综合大学的兽医、畜牧、动物学、生物学等专业，培养这个领域高学历人才的硕士点主要设在临床兽医学、预防兽医学和动物学等几个二级学科专业。

中国实验动物从业人员约有 10 万人，其中 70%分布在人口健康领域，从事动物实验研究、药品生物制品检测、实验动物科学技术研究、实验动物产业、实验动物科学教学和培训等。按行业分布：医疗单位占 26%、科研院所占 20%、大专院校占 18%、军医系统占 16%、生物医药占 12%、其他行业占 8%；按照专业构成：医学专业占 80%、畜牧兽医专业占 9%、生物专业占 5%、实验动物专业占 1%、其他专业占 5%（图 2-7）。

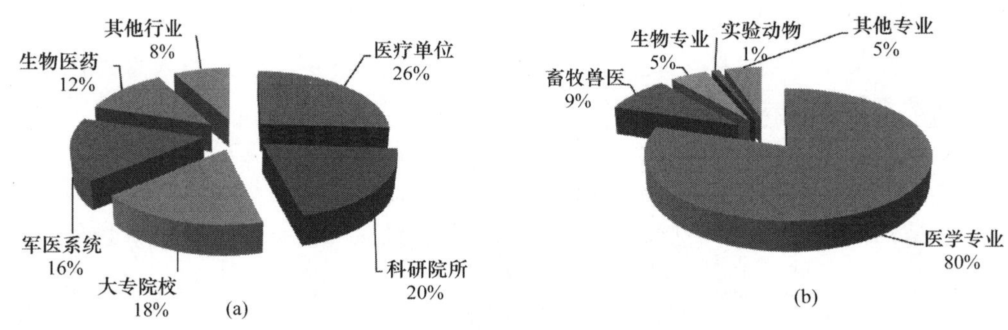

图 2-7　实验动物从业人员分类

（a）按行业；（b）按教育背景

实验动物或比较医学专业研究生的培养伴随着实验动物科学的发展而逐步兴起。自 1986 年中国协和医科大学实验动物学部被批准设立动物学（实验动物）硕士授权点之后，国内一些大学和科研院所陆续设立动物学（实验动物）硕士学位研究生授权点。2004 年，北京协和医学院等机构开始设立比较医学硕士研究生学位。开展实验动物相关专业本科生教育的高校只有首都医科大学设立的医学实验学、扬州大学设立的实验动物专业班（兽医方向）、中国医科大学等少数高校开设专科层次的实验动物学教育，还有 5 家高等职业学校开设了实验动物专业中专教育（表 2-20）。但是，仅医学实验动物学是二级学科，比较医学没有进入本科生专业目录，也没有列入学科体系，专业技能培训刚刚起步，人才培养极大受限。

中国比较医学人才严重不足。比较医学是交叉学科，涉及西医、中医、兽医、生物学和实验动物学的基本内容，因此，比较医学人才既要具备实验动物学、动物学

表 2-20　主要的实验动物学人才学历教育机构

机构名称	起止时间	专业名称	学历层次	每年人数	学制/年
北京协和医学院实验动物学部等 20 家	1986 年至今 2004 年至今	动物学 比较医学	硕士	不定	3
中国农业大学	1985~1986 年	实验动物科学	本科	30 人×2 期	4
扬州大学	1999 年至今	实验动物方向	本科	30~40 人	4
首都医科大学	2004 年至今	医学实验学（实验动物）	本科	30 人	4
白求恩医科大学	1992~1993 年	实验动物管理	大专	30 人×2 期	3
首都医科大学	2001~2004 年	实验动物技术	大专	30 人	3
中国医科大学	2002 年至今	实验动物技术	大专	30 人	3
北京农业职业学院等 6 家	1996 年至今	实验动物技术	高职（中专）	30 人	3

的基础知识，还要具备医学的专业知识，特别应熟悉生命科学研究的前沿理论和技术，参与热点问题的研究。专业背景的全面性决定了开展比较医学人才培养的难度。

五、基础设施建设水平

中国实验动物科学技术经过近 30 年的发展，据不完全统计，共有 300 多家规模较小的生产单位，使用单位有 1800 多家。实验动物生产和使用量达到 2000 万只以上的规模，总量与美国相当，但资源种类却不及美国的 1/10。全国规模较大的实验动物生产单位只有 5 家，分布在北京、上海；几乎每个省市都有 1 家或 1 家以上的中小型大型实验动物生产单位，供应本省市机构使用。实验动物机构的发展趋势是，生产实验动物的单位越来越少，但生产规模越来越大，动物质量也越来越高。实验动物使用单位不断增加，覆盖的行业范围不断扩大，说明实验动物的应用领域不断扩大。

能够生产和使用 SPF 级动物的机构，都建立了实验动物屏障设施，或使用独立换气笼盒（IVC），以及隔离器来饲养实验动物。除常规的实验动物饲养设备、表型分析设备之外，基因工程设备、分子影像学设备、代谢设备等高端设备也越来越多。这些设备的使用，为开展疾病模型表型和比较医学分析奠定了基础。

实验动物开始了产业化发展，国内出现了一些大型实验动物生产企业；发展了非人灵长类动物、比格犬、禽类、小型猪、布氏田鼠、树鼩、雪貂、土拨鼠和大鼠等；常规实验动物的品种、品系和疾病动物模型发展仍严重滞后。国家资助建立了 7 个种子中心（表 2-21）、实验动物种质资源的保存与共享平台、实验动物信息平台（E 平台）、实验动物公共服务平台、实验动物遗传资源共享平台，有利于实验动物资源共享。

表 2-21　国家实验动物种子中心

序号	中心名称	依托单位
1	国家啮齿类实验动物种子中心（北京和上海）	中国食品药品检定研究院，中国科学院上海实验动物中心
2	国家遗传工程小鼠资源库	南京大学
3	国家犬类实验动物种子中心	广州市医药工业研究所
4	国家兔类实验动物种子中心	中国科学院上海实验动物中心
5	国家禽类实验动物种子中心	农业科学院哈尔滨兽医研究所
6	国家非人灵长类实验动物种子分中心	苏州西山中科实验动物公司
7	国家实验动物数据资源中心	广东实验动物监测所

六、成绩、经验和启示

随着经济和生命科学的迅速发展，中国的实验动物科学也随之快速发展。中国用 20 年的时间走完了欧美等发达国家半个多世纪的路程。与欧美一些发达国家相比，中国实验动物整体水平与它们 10 多年前大致相似。差距主要表现在实验动物质量参差不齐，品种和品系较少，产业化、社会化的水平不高，学科地位较低、学历教育尚不发达，技能培训和认证制度还不够完善，等等。

中国实验动物行业在发展过程中吸收了大量欧美国家的精华，同时也有中国的特色，如科学技术部主管实验动物的管理体系、实行实验动物许可证制度、颁发并不断修订实验动物国家标准、各省市建设的省级实验动物中心和公共服务平台等。

政府还需要继续增加对实验动物行业的投资和扶持力度，加大实验动物资源的研究开发和质量控制，不断完善许可证制度、继续完善实验动物质量检测体系和标准化建设，推广和普及应用高质量实验动物，提高实验动物学的学科地位，在高等院校设立专业教育培训，积极培育实验动物兽医师，加快产业化进程。

七、存在的问题

动物模型资源缺乏和多样性不足是对生命科学和医药创新研究的极大限制，已成为中国生命科学、医药创新研究和生物前沿技术在农业、工业、人口与健康、公共安全等领域应用的瓶颈之一。而《国家中长期科学和技术发展规划纲要》中为了实现中国进入“创新型国家行列，为在 21 世纪中叶成为世界科技强国奠定基础”的宏愿，明确提出加强科技支撑条件的建设，实验动物资源作为“纲要”中诸多重点领域的支撑条件，迫切需要更快、更好的发展。

第一，实验动物资源研发需要较大的投入和较长的周期，由于科研经费资助偏少、缺乏连续性，加之研发人员不稳定、流动性大、力量不强，致使许多有开发前景的资源无法进行系统研究和标准化，研究成果也没能转化为有效资源。

第二，由于受知识产权保护的限制，一些发达国家对中国实验动物资源引进设置障碍，使一些急需的实验动物品种、品系无法引入。

第三，中国实验动物资源信息量不足，资源数据库不够完善，影响了实验动物种质资源的共享。在 2003 年调查的 680 个单位中，仅有 6.5%的资源单位建有网站，其中建立数据库的仅占 6.8%。

第四，实验动物生产规模化和社会化程度不高。中国经过近 30 年的发展，实验动物产业化逐步形成规模，虽然年供应量达 1900 万只以上；但总体上规模化、社会化程度低，自繁自用依然居多。以常用的大鼠、小鼠为例，年产 100 万只以上的单位仅有几家，没有形成全国性的供应网络。

八、与国外的差距

中国实验动物资源建设严重滞后，与国外差距巨大。中国的实验动物资源和疾病模型资源不到发达国家的10%，仅在重大疾病研究方面，中国就有缺少5000种以上疾病动物模型的巨大差距。在中国经济发展和科技发展正在形成国际竞争力的今天，出现了发达国家通过知识产权和资源垄断限制中国实验动物和人类疾病动物模型使用的现象。

1997年以来，实验动物管理工作正式由科学技术部管理，国家卫生计生委、农业部、教育部、国家中医药局、药监局等部委纷纷撤销了实验动物的管理部门和相关部门规章。实验动物科学与技术发展进入混乱无序状态，发展速度远远落后于中国科学技术的发展速度。科学技术部设立了6个实验动物种质中心和3次实验动物专项科技支撑计划，支持了有限的几项课题；新成立的国家实验动物专家咨询委员会，对实验动物行业的实质性推动作用微乎其微。国家重视程度的下降，直接严重延缓了实验动物行业的发展，成为中国医药产业发展的薄弱环节。中国实验动物资源不及发达国家的1/10，甚至1/100。实验动物领域的专家学者不得不与其他较发达领域的专家们一起竞争有限的科研项目。医药行业的专家不得不从欧洲、美国、日本等国家或地区进口价格昂贵的实验动物品系。所幸，为了支撑医药产业发展，国家发展改革委员会设立了6个实验动物产业基地；各省市科技主管部门设立了实验动物管理办公室，在一定程度上推动了实验动物行业的发展。在这段时间，国家标准化管理委员会设立了全国实验动物标准化技术委员会，以推动实验动物国家标准的制订、修订。

事实证明，国家的重视程度、政策法规制定和科技经费投入对实验动物科学技术发展影响巨大。我们建议成立国家实验动物监督管理机构，完善法律、法规和制度建设，建立全国性协同创新机制。把实验动物资源放在国家战略资源的高度，推动实验动物科学技术发展，支撑中国医药产业发展和创新性研究。

九、未来发展方向

（一）重点丰富常规品系

实验动物资源是国家生命科学领域研究、开发的重要科技资源。实验动物资源的充分合理利用是生命科学领域，包括生物医药科技创新的基础和保障。中国在生命科学研究领域使用的实验动物品种、品系，以从国外引进的品种、品系占主要地位。未来应重点培育，引进实验动物品种、品系资源，特别是常规品系。

（二）培育特种实验动物

中国特有实验动物资源有4个来源，包括自主开发与培育、历史沿革、野生动物驯化和基因工程动物。根据科研需要，中国近期应重点培育雪貂、土拨鼠、狒狒、非洲绿猴等特种实验动物品种。

（三）发展基因工程动物

基因工程动物是现代科技的产物，在医学诸多学科都有应用。应该发展基因工程动物作为医药创新研究的一个生发点。

（四）推进模型资源共享

中国科学家已经制作了大量的动物模型，可惜没有实现资源和数据共享，导致大量重复工作，以及资金和人员的浪费。今后国家应重点推进模型资源共享，建立信息资源库，避免浪费，提高科研效率。

（五）规范实验动物的使用

实验动物多由非实验动物专业的科研人员使用，其操作使用非常不规范，容易导致生物安全事故，影响动物福利伦理。应制定实验动物使用规范或国家标准，开展技术培训，规范实验动物操作，以保证动物实验结果的科学性、有效性和可重复性。

第三章　国外人口健康领域实验动物科学技术和产业的发展现状与方向

一、疾病模型资源规模

欧美国家利用各种技术建立了大量的，包括小鼠、大鼠、兔、猪、鱼、牛、鸡、羊等在内的疾病模型资源，品种、品系的保有总量超过 1 万种。在疾病动物模型资源中，基因工程疾病模型资源占了多数。在基因工程模型资源中，基因工程大鼠、小鼠和兔占了 90%以上，主要用于基因功能研究，以及心脏病、痴呆症、高血压、骨质疏松、糖尿病等人类重大疾病的机制研究，为这些疾病的药物代谢和药物作用机制研究等提供动物模型。这些资源为医学研究和药学研究起到了巨大的推动作用。在美国最新登记的 1 万个发明专利中，大约有 10%的发明专利是使用动物研究的结果，这些专利有相当一部分将会对医药的发展起到促进作用。

欧美等发达国家的实验动物供应已经实现了产业化生产。欧美等国的 Charles River 公司、Harlan 公司、Janvier 公司、杰克逊研究所、Taconic 公司等少数企业占据了全球近 80%的实验动物市场份额（表 2-22、表 2-23）。规模化生产便于实现实验动物的质量控制。国外实验动物质量控制要求越来越高，近交系、SPF 级、基因工程动物等数量逐渐增加，普通动物数量则越来越少。

表 2-22　国际主要实验动物公司的服务范围、产量和主要品系

公司	服务范围	年产量	主要品系	分布
美国 Charles River 公司	研究模型、遗传模型、啮齿类动物外科手术、动物诊断、病理学、毒理学、药效学实验、转基因动物、遗传检测、内毒素监测、生物安全性检测等	500 万	130 种，小鼠 85 种、大鼠 38 种、沙鼠 1 种、豚鼠 2 种、地鼠 1 种、兔 1 种、大动物 2 种	北美洲、欧洲和日本等 17 个国家或地区拥有 70 余个设施
美国 Harlan 公司	提供高品质啮齿动物和大型动物等研究模型及技术服务：动物模型、动物饲养、动物外科手术、健康监控、动物抗体生产和基因修饰等	380 万	117 种，小鼠 77 种、大鼠 34 种，棉鼠、豚鼠、地鼠、沙鼠、兔、犬各 1 种	美国、欧洲等 9 个国家或地区拥有 15 个生产基地
美国 Taconic 公司	提供高质量的动物模型和相关技术服务项目。基因工程动物模型是其特色，由各研究机构提供	300 万	常规品系 24 种，包括小鼠 13 种、大鼠 11 种。3847 个基因工程品系	欧洲、美国拥有 6 个生产基地和 3 个实验室
法国 Janvier 公司	提供 SPF 和 SOPF 高品质实验动物和技术服务，包括基因修饰技术等	300 万	40 种，小鼠 25 种，大鼠 13 种，沙鼠、地鼠各 1 种	欧洲最大的实验动物机构，有 1 万多平方米动物设施
美国杰克逊研究所	提供常规小鼠及疾病模型小鼠品系，以及饲养、冷冻保存、组织细胞、药理、基因组学和相关技术服务	300 万	6815 个小鼠品系，主要为基因工程小鼠品系	美国有 3 个动物设施、38 个研究组、1500 多人

表 2-23　国外主要基因工程资源保种单位

序号	保种单位	保种数量
1	美国杰克逊研究所	12 000 种（包括基因工程小鼠和 ES 细胞）
2	英国桑格研究所	3000 小鼠品系/19 000 种条件敲除 ES 细胞（将成为最多的保种单位）
3	日本 Riken 研究所	1000 种（包括基因工程小鼠和 ES 细胞）
4	日本熊本大学遗传研究所	5000 种（包括基因工程小鼠和 ES 细胞）

二、疾病模型供应体系

随着生命科学的发展，实验动物越来越被世界各国重视，且对各国的国民经济建设和高新技术的发展发挥了重要作用，涉及各种研究和生产的需要。常规实验动物的生产量和使用量已大幅度降低，疾病模型正在逐渐取代常规实验动物。在欧洲、美国、日本等发达国家或地区中，实验动物已经发展成为独立的科学研究与生产部门，建立了全国性的现代化实验动物中心、研究中心及辅助用品规程化的生产公司。100 多年来，使用疾病动物模型从事生命科学研究，促进当今生物、医学、农业等领域的进步与发展，造福人类与动物健康。

以美国、日本为代表的发达国家的基本现状是：疾病模型生产供应商品化，质量管理标准化，检测试剂成品化。欧美国家实验动物供应公司严格控制实验动物质量，以此参与市场竞争。仅美国杰克逊研究所一个机构，每年向 1.5 万个实验室提供的不同疾病模型小鼠，就对美国的医药研究产生了巨大的推动作用。

发达国家十分重视实验动物物种资源的收集、保种，已有的实验动物物种达 200 多个。通过基因工程技术建立了大量的大鼠、小鼠模型资源，对基因功能、基因相互作用和调节网络的研究将揭示生命、疾病、衰老的本质，并进一步推动人类社会新一轮产业革命。美国已经积累了 20 000 种基因工程小鼠，主要保存在杰克逊研究所。英国剑桥大学建立了 12 000 种基因敲除小鼠 ES 库。日本积累了 5000 种以上的基因工程小鼠资源（表 2-24、表 2-25）。

表 2-24　中国基因工程资源与发达国家的比较

科目	中国	美国
小鼠品系/个	1 000	14 606
大鼠品系/个	20	1 210
其他品系/个	50	3 000

表 2-25　美国、日本、中国人类重大疾病动物模型资源比较

序号	疾病种类	美国	日本	中国
1	神经疾病	2859	112	122
2	免疫疾病	2691	127	89
3	心血管病	1106	100	60
4	肿瘤	963	101	56
5	衰老	718	56	28
6	代谢病	528	125	39
7	糖尿病	355	52	28
8	肥胖	239	60	29
9	病毒性传染病	109	76	57
10	精神性疾病	200	50	10
	总计	9768	859	518

以英国、美国为首的发达国家，在实验动物科学技术研究领域投入大量资金，开发实验动物资源和技术，建立实验动物研究服务中心，为社会提供资源与技术服务。据统计，仅通过NIH支持建立的国家级实验动物资源和技术服务机构就包括啮齿类动物、灵长类动物、水生动物、猪、无脊椎动物等动物种类，共计36个中心和资源库（表2-26）。

表2-26　美国实验动物资源中心一览表

资源分类	资源单位	资源种类
啮齿类资源	基因敲除项目Knockout Mouse Project（KOMP）Repository（2期）（杰克逊研究所、密苏里大学、加州大学戴维斯分校、北卡罗来纳大学、贝勒医学院等）	13 581个小鼠品系，包括活体小鼠957个、ES细胞系13 466个
	突变小鼠资源中心Mutant Mouse Regional Resource Centers（MMRRC）（杰克逊研究所、密苏里大学、加利福尼亚大学、北卡罗来纳大学等）	32 776个小鼠品系，包括活体小鼠3856个、ES细胞系28 920个
	诱发突变小鼠资源Induced Mutant Resource（Jackson研究所）	304种化学诱变小鼠品系
	国家无菌啮齿类动物资源中心National Gnotobiotic Rodent Resource Center（北卡罗来纳大学）	无菌、悉生、SPF小鼠、大鼠、斑马鱼等20多种；小鼠品系包括129S6/SvEv、BALB/c、C57BL/6J、Swiss、CD和部分转基因动物；
	鹿鼠遗传资源中心Peromyscus Genetic Stock Center（南卡罗来纳大学）	10种野生型鹿鼠和20种突变型鹿鼠
	特殊小鼠品系资源Special Mouse Strains Resource（Jackson研究所）	249个特殊品系，包括重组近交系（199）和染色体置换系（50）
	大鼠资源研究中心Rat Resource and Research Center（RRRC）（密苏里大学、密歇根大学和德克萨斯大学等）	300多种大鼠品系
非人灵长类资源	加利福尼亚国家灵长类研究中心 California National Primate Research Center	5300只恒河猴和56只南美伶猴
	新英格兰国家灵长类研究中心 New England National Primate Research Center	9种1700多只猴，包括1000多只恒河猴，其他旧大陆猴及新大陆猴，包括狨猴、松鼠猴、绢毛猴
	俄勒冈国家灵长类研究中心 Oregon National Primate Research Center	3800只恒河猴、335只日本雪猴、10只长尾黑颚猴、9只狒狒和85只食蟹猴
	西南国家灵长类研究中心 Southwest National Primate Research Center	3200只猴，包括1600只狒狒、160只黑猩猩，其他为SPF恒河猴、狨猴和绢毛猴
	国家灵长类研究中心 Tulane National Primate Research Center	5000只猴，包括恒河猴、食蟹猴、狒狒（5种）、非洲绿猴、松鼠猴、白眉猴（5种）、赤猴、豚尾猴
	华盛顿国家灵长类研究中心 Washington National Primate Research Center	3000只猴，包括食蟹猴、恒河猴、松鼠猴、豚尾猴
	威斯康星国家灵长类研究中心 Wisconsin National Primate Research Center	3000只猴，包括恒河猴、食蟹猴和狨猴
	耶基斯国家灵长类研究中心 Yerkes National Primate Research Center	3400只猴，包括恒河猴、黑猩猩、白眉猴、松鼠猴、食蟹猴
水生实验动物	斑马鱼国际资源中心Zebrafish International Resource Center（俄勒冈州大学）	斑马鱼13161个品系
	剑尾鱼遗传资源中心Xiphophorus Genetic Stock Center（德克萨斯州立大学）	剑尾鱼23种，65个品系
脊椎动物资源	国家猪资源研究中心National Swine Resource & Research Center（密苏里大学）	杜洛克、长白猪等10个品系，16个转基因品系
	国家蟾蜍资源中心Nation Xenopus Resource Center	25个非洲爪蟾
无脊椎动物资源	果蝇资源中心Bloomington Drosophila Stock Center（印第安纳大学）果蝇基因组学资源中心Drosophila Genetic Resource Consortium（DGRC）	果蝇41 000个品系和100万以上的克隆
	线虫遗传资源中心Caenorhabditis Genetics Center（CGC）（明尼苏达大学）	线虫11 273株
	国家海兔资源中心National Resource for Aplysia（迈阿密大学）	海兔10 000多个
	国家嗜热四膜虫资源中心National Resource for Cephalopods（康奈尔大学）	多种嗜热四膜虫

资料来源：http：//dpcpsi.nih.gov/orip/cm/resource_dir.aspx

现保有 200 多个物种，占全球物种数的 80%以上；近 2 万个实验动物品系，占全球实验动物资源的 60%以上。国际实验动物科学理事会（ICLAS）建立诊断实验室能力评估项目（PEP）和遗传质量检测项目（GQMP），旨在提高实验动物质量检测能力，建立实验动物遗传检测实验室网络。

三、疾病模型研制技术

疾病模型研制技术多种多样。传统的研制技术主要是诱发性动物模型，通过物理、生物、化学等致病因素的作用，人为诱发具有类似人类疾病特征的动物模型。而基因工程技术越来来越成为“时代的弄潮儿”，频频出现在国际知名期刊发表的文章中，成为使用频率较高的疾病模型研制技术，包括转基因、基因打靶、基因沉默等。

转基因技术：通过基因导入技术将外源基因随机整合到动物的基因组内，并能遗传给后代。导入的基因可以来源于任何物种，包括植物、微生物和人类。1981 年，第一次成功地将外源基因导入动物胚胎，创立了转基因动物技术。1982 年获得转基因小鼠，随后，相继培育成功了遗传工程大鼠等。转基因小鼠是最常用的转基因动物，主要用于生命科学和医学研究，目前已经建立了多种疾病的转基因小鼠模型，包括心脏病、痴呆症、高血压、骨质疏松、糖尿病等小鼠模型，为这些疾病的深入研究、药物筛选等提供了工具。

基因打靶技术：基因打靶（gene targeting）是指利用细胞染色体 DNA 可与外源性 DNA 同源序列发生同源重组的性质，以定向修饰改造染色体上某一基因的技术。包括基因敲除和基因敲入两种方法。基因敲除（gene knock-out）是指通过同源重组使特定靶基因失活，以研究该基因的功能，是基因打靶最常用的一种策略。基因敲入（gene knock-in）是通过同源重组用一种基因替换另一种基因，以便在体内测定它们是否具有相同的功能，或将正常基因引入基因组中置换突变基因以达到靶向基因治疗的目的。基因打靶技术已经被广泛应用在几乎所有生物医学领域，使人类对心脏病、癌症和糖尿病等多种疾病有了更加深入的了解。

基因沉默技术：是指利用 RNA 干扰技术（2006 年获诺贝尔生理学或医学奖）结合转基因技术，在动物体内，由少量的双链 RNA 就能阻断基因的表达，得到和基因敲除相似的效果。近年来，越来越多的基因敲除采用了基因沉默技术这种更为简洁的方法。

基因捕获技术：是指一种使小鼠中大量的基因被灭活，以确定它们的功能与表型的关系的方法。其真正突破是在小鼠 ES 中的大规模应用，在全能细胞中，用基因捕获的方法产生的突变往往可以使基因完全失活，并且通过胚胎技术产生突变小鼠，在小鼠体内研究基因的功能。用基因捕获技术产生的突变小鼠与用基因剔除方法产生的突变小鼠具有相似的效果，但此项技术要方便快速得多。

除了以上经典的基因修饰技术之外，目前还发展了一些新技术，如 ZFN 技术、TALEN 技术、CRISPR/Cas 是基因组学里的三大利器（表 2-27）。中国科学家周琪等已经首次利用 CRISPR/Cas 技术在大鼠体内实现多基因同步敲除。

表 2-27 使用 ZFN、TALEN 和 CRISPR/Cas 对人及模式动物进行基因工程案例

遗传修饰类型	修饰物种	修饰基因	使用的核酸酶
基因敲除	人	*CCR5*	ZFN TALEN CRISPR/Cas
	人	*TCR*（T 细胞受体编码基因）	ZFN
	斑马鱼	*gol*（Golden）、*ntl*（No tail）、*kra*	ZFN
	猪	α1，3-半乳糖转移酶编码基因 *GGTA1*（α1，3-galactosyltransferase）	ZFN
		低密度脂蛋白受体编码基因 *LDLR*（LDL receptor）	TALEN
	牛	*ACAN12*、*p65*	TALEN
	人	*EMX1*、*PVALB*	CRISPR/Cas
	大鼠	*IgM*、*Rab38*	ZFN
	拟南芥	*ADH1*、*TT4*	ZFN
	秀丽隐杆线虫	*ben-1*、*rex-1*、*sdc-2*	ZFN/TALEN
	仓鼠	*DHFR*	ZFN
	果蝇	*Yellow*	ZFN
	水稻	*OsSWEET14*	TALEN
基因敲入	人	*OCT4*、*PITX3*	ZFN/TALEN
	人	*CCR5*	ZFN
	人	凝血因子 9 编码基因 *F9*（coagulation factor IX）	ZFN
	小鼠	*Rosa26*	ZFN
	人	*AAVS1*	ZFN TALEN CRISPR/Cas
	人	*VEGF-A*	ZFN
	斑马鱼	酪氨酸羟化酶（tyrosine hydroxylase）编码基因 *th*、*fam46c*、 *smad5*	TALEN
	玉米	*IPK1*	ZFN
基因修正	人	*IL2RG*	ZFN
		α1 抗胰蛋白酶（α_1-antitrypsin）编码基因 *A1AT*	ZFN
		β球蛋白（β-globin）编码基因 *HBB*	ZFN
		α突触核蛋白（α- synuclein）编码基因 *SNCA*	ZFN
	烟草	乙酰乳酸合酶（acetolactate synthase）编码基因 *SuRA*、*SurRB*	ZFN
	果蝇	*yellow*	ZFN

四、人类疾病动物模型对医学创新的作用

医学科技创新性突破需要临床与基础的结合，其结合点就是实验动物或疾病动物

模型，很多医学创新是通过实验动物作为“载体”的体内整体、系统研究来实现的。人类健康相关领域研究都需要实验动物和疾病动物模型作为支撑条件。进入生物医药产业时代，实验动物科学是参与生物高科技领域国际竞争所必须占领的制高点，对于打破国外生物医药资源和技术垄断有巨大地推动作用。

在过去的 100 年中，68%的诺贝尔生理学或医学奖是使用实验动物的研究成果。《自然医学》（*Nature Medicine*）杂志发表使用实验动物的论文占论文总数的 71%，《实验医学》（*Journal of Experimental Medicine*）杂志占 45%。*Science* 杂志在过去 5 年（2007~2011 年）选出的 50 项重大科技进展中，生命科学占 22 项，其中利用实验动物的研究占 13 项。这些数据说明，实验动物已经成为医药科技创新的重要工具。

五、比较医学人才培养

比较医学人才培养在全世界的发展极不平衡，目前只有少数发达国家形成了比较完整的比较医学人才培养体系。美国是比较医学发展最早的国家，目前大概有 30 多所院校设有“比较医学系或部”（department of comparative medicine），绝大多数设在医学院内。少数设在兽医学院内。比较医学的主要职能之一就是教学和职业培训，培养研究生、博士后及具有资格的兽医师；提供服务，如按照法规对从事动物实验的人员进行培训。除上述一流大学外，其他多数大学的实验动物部门仍是以代购实验动物、提供动物饲养设施和兽医服务等为主。

从事比较医学的机构和人员绝大多数分布在医药院校或研究所的实验动物部门，其他则散布在涉及生命科学的各个学科领域，如遗传学、解剖学、水产科学、兽医学等。相对于从事实验动物服务的专业队伍而言，专门开展比较医学研究的人数很少。国际上，知识结构全面的比较医学人才目前还非常稀少，可供参考的学术著作非常有限。

除学历教育外，欧美国家还提供比较医学从业人员继续教育、技能培训和资质认定。美国实验动物学会（AALAS）开展实验动物管理人员（CMAR）和实验动物技术系列（ALAT、LAT、LATG）培训及资格认证。AALAS 下属的资格认证和注册委员会（Certification and Registry Board，CRB）负责管理 AALAS 技术系列资格认证，并广泛适用于实验动物行业的各个领域。欧洲实验动物科学联盟（FELASA）致力于欧盟 25 国实验动物规则的统一、教育培训与资格认证工作。建立认证体系的目的是要继续推动“3R”原则在实验动物管理和使用中有效执行。FELASA 认证体系将实验动物从业人员分为 4 个等级，Category A1~A4 为实验动物技术员、Category B 为参与研究工作的技术员、Category C 为科研人员、Category D 为专家。日本将实验动物从业人员分成实验动物技术员（laboratory animal technician）、实验动物研究人员（laboratory animal scientist）和实验动物技术专家（laboratory animal technologist），见表 2-28。

表 2-28　各国实验动物人才教育培训体系比较

类别	美国	欧盟	日本	中国
学历教育	一些兽医学校提供二年制或四年制实验动物学历教育课程。许多医学、兽医、生物系的大学都设有实验动物学课程	与美国类似，部分兽医学校提供二年制或四年制实验动物学历教育课程	主要分布在兽医、畜牧、生物系，大学培养实验动物研究人员和实验动物技术专家	部分医学、兽医和生物技术专业开设实验动物学历教育
继续教育	AALAS、ACLAM、ASLAP、LATA 等学术组织提供继续教育和培训	FELASA 及各国学会提供继续教育和技术培训的机会	JALAS、JAEAT、JSLA 等学术组织提供继续教育和培训	中国实验动物学会及各省市学会提供技能培训
人员分类	美国形成了一个实验动物从业人员培训和资格认证体系，分为研究人员、兽医师、技师系列和管理人员 4 个方面	FELASA 认证体系将实验动物从业人员分为 4 个等级 A~D	日本实验动物从业人员分为实验动物技术员、实验动物研究人员和实验动物技术专家	中国分为 6 类，实验动物技术人员、研究人员、实验动物医师、实验动物管理人员、辅助人员、阶段性从业人员
人员资质	ACLAM，实验动物兽医师（diplomate）；AALAS，实验动物管理人员（CMAR）和实验动物技术系列（ALAT、LAT、LATG）	Category A1~A4 为实验动物技术员、Category B 为参与研究工作的技术员、Category C 为科研人员、Category D 为专家	日本实验动物协会（JSLA）设二级（初级）技术师、一级（中级）技术师两个级别；实验动物培训师分为 A、B、S 三级	现有三个级别的医学实验动物饲养工（初级、中级、高级）
认定机构	AALAS 下属的资格认证和注册委员负责管理 AALAS 技术系列资格认证	FELASA 下属的认证委员会（Accreditation Boards）负责考核认证。	日本实验动物协会（JSLA）	中国实验动物学会教育培训工作委员会

六、基础设施建设

疾病模型基础设施先进性与国家发达程度密切相关，差距明显。在疾病模型基础设施建设方面，欧洲部分国家（英国、法国、德国等）、美国、日本、加拿大、澳大利亚明显处于领先地位。这些国家在实验动物应用设施上已相应组建和增加了与基因工程疾病模型相适应的设备和机构。动物实验的 GLP 管理已成为必须遵循的规范。不同国家的实验动物基础设施之间进行共同的国际认证，并相互承认实验结果，也是当前发展的趋势。

世界卫生组织、美国、加拿大、欧盟等先后颁布了实验室生物安全指南、手册等，包括脊椎动物生物安全实验室（ABSL-1~ABSL-4）的有关内容。世界上较大的感染性动物实验设施，如澳大利亚动物健康研究所（AAHL），其动物实验设施占地 6000m^2，包括可以使用牛、马等大型实验室动物的 ABSL-3、ABSL-4 实验室；西班牙动物健康研究中心（CReSA），其 ABSL-3 动物实验设施占地约 4500m^2，可以进行猪、羊、鸡、大鼠、小鼠等动物实验；荷兰传染病控制中心（CIDC），其 ABSL-3 动物实验设施占地约 6000m^2。

在基础设施认证方面，主要是 AAALAC 认证。该机构是一个较为权威的评估和认证实验动物设施的国际机构，要求在生物科学、医药领域人道、科学地对待实验动物。美国和欧盟强力推荐在有 AAALAC 认证的实验室开展的动物实验。世界 500 强医药巨头联合申明，其医药产品的动物实验将在 AAALAC 认证机构完成。

国外始终将实验动物饲养设备，以及饲料、垫料等关系到实验动物资源建设的基础保证条件，作为实验动物工作中一个不可分割的部分给予高度重视。经过多年的发展，已形成一套较为完整的生产设施和质量控制体系，以市场为先导，按照市场规律形成产业化，从而也使质量得到了保证。

七、成绩、经验和启示

（一）发展成绩

1. 管理行业化（政府监督，行业自律、法制化、IACUC）

欧美国家多以政府监督下的行业自律为主要管理模式，政府侧重动物福利（宏观），行业侧重行业指南（微观）。欧洲、美国、日本等国家或地区的最高管理法规为国家法律，有专门的执法人员。例如，美国农业部（USDA）下属的动植物卫生检验署（APHIS）动物饲养管理法规执行处（REAC）雇用 80 多名兽医学官员，每年至少一次对实验动物科研、教学、检测等机构进行突击检查“动物福利法”中规定的各种动物（大鼠、小鼠除外）。

2. 资源多样化（资源集成，战略高度）

由于实验动物资源对生命科学、医学、药学及人口健康的重要性，发达国家竞相将其作为战略资源，投入大量经费，希望由此驱动生命科学和医学的创新研究，不仅占领这些领域科学创新的制高点，而且转化为经济垄断。例如，美国等国家，把实验动物资源建设作为国家的固定投入项目，每年投入数十亿美元，建立了国际上最有影响力的人类疾病动物模型资源中心和生产供应中心，保存了全球 60%以上的人类疾病动物模型资源，向全球有偿提供高质量的人类疾病动物模型。正是这些战略的投入，才使美国一直引领全球生命科学研究和生物医药产业的发展。例如，美国最大的制药企业前几位中的每一个企业的年产值都超过中国全部制药企业年总产值。

3. 质量规范化（质量检测体系、检测试剂）

为保障实验动物质量和动物实验结果的可靠性，欧美等发达国家实验动物管理部门和生产机构非常重视实验动物质量控制。欧美国家没有实验动物国家标准，行业内普遍遵守《实验动物管理和使用指南》（ILAR 编制），采用的是在国家立法的基础上，多种方式（如美国动物福利法、国立卫生研究院 PHS 政策、动物福利管理办公室等结合管理），加上行业组织（美国实验动物学会、AALAS）、第三方组织（如美国实验动物管理评估及认证协会、AAALAC）多渠道管理，美国国家科学委员会下属的实验动物资源研究所（ILAR）提供科技咨询。生产企业为参与市场竞争，非常重视实验动物质量控制和监测。在遵守国家法规的基础上，参考国际组织标准，制订了严格的企业标准体系，具有一定的领先性和权威性。国际实验动物科学理事会（ICLAS）制订的实验动物质量标准包括病毒学、细菌学、寄生虫学、小鼠遗传学和大鼠遗传学质量标准，为多数国家认同或采用。一些行业质量监管部门（如美国 FDA）根据实验动物用途的不同，还制定有更为严格的标准。为达到对实验动物质量的监控和及时准确地评价，国外实验动物机构都建有自己的监测体系，建立了一整套检测标准和检测规程。开展检测方法的研究，商品化、系列化的标准检测试剂盒的应用，极大地满足检测工作的需要，检测工作的质量也得到了保证。

4. 技术集成化（高通量技术，技术服务）

随着生物技术的发展，特别是转基因和基因剔除技术的建立，以及在此基础上实现的基因的定位剔除、精细突变的引入、染色体组大片段的重排和删除、组织特异性或时相特异性基因工程等技术，使得科学家可以有目的地干预动物的遗传组成，使其携带（或者缺失）特定基因导致新的生物性状的出现，这类动物称为遗传工程动物模型。目前国际上已经把遗传工程动物模型的制作技术，建成一个系统化、程序化的作业体系，大规模地开展遗传工程动物模型的制备，并将其作为一项研究基因功能的常规方法。由于遗传工程动物模型为未知基因功能和人类疾病发病机制的研究提供了一个全新的强有力的手段，因此不但获得了广泛的应用，并且蕴含极大的商业价值。

5. 专业交叉化（多学科交叉，比较医学）

欧美国家对实验动物学科非常重视，在大部分医学院校都设立了实验动物中心或比较医学部，一些农业院校也设置了实验动物医学部等，从业人员来自医学、兽医等各个学科。比较医学本身就是多学科交叉的结果，利用比较的方法研究动物实验和医学之间的关联。

6. 设备高端化（大型仪器设备，高、精、尖）

中国在设备方面与欧美国家差距越来也越小，但就整体情况而言，欧美国家在实验室设备方面还是比中国齐全、先进，不乏高精尖设备。中国对设备的使用率和范围有待提高。

7. 人员专业化（欧美认证体系）

美国形成了一个实验动物从业人员培训和资格认证体系，分为研究人员、兽医师、技师系列和管理人员 4 个方面。美国实验动物学会（AALAS）将实验动物技术人员分为初、中、高三个级别，定期开展培训，通过考试后颁发资格证书，并受行业内普遍认可。一些医学、兽医类高校也开展技术培训活动或开设实验动物课程。实验动物兽医师由美国实验动物兽医协会（ACLAM）提供培训、考试和颁发资质证书。欧盟也设置了 A、B、C、D 4 类考试，分别面向研究人员、技术人员、兽医师等。日本、新西兰等国也都有实验动物专业培训和资格认证。

8. 机构认证化（AAALAC 国际认证）

AAALAC 国际认证是欧美普遍认可的行业内认证，其执行标准是美国实验动物资源研究所（ILAR）编写的《实验动物管理和使用指南》（第 8 版）。机构认证的特点是执行统一要求，便于开展合作，规范化管理，推动动物福利水平。

9. 产业社会化（公司化）

发达国家的实验动物行业基本形成了实验动物和相关技术产品及技术服务的产业化和社会化供应，包括实验动物资源供应、动物饲料生产、人员技术培训、实验技术操作、质量检测服务、设施设备供应等。一些设在大学的开放平台还提供基因工程动物创制、动物实验服务、模型分析和信息共享等服务。美国几家规模化的实验动物供应企业，如Charles River公司等已经成为世界上最大的实验动物供应商，占据了世界实验动物行业的优势份额。

10. 数据信息化（数据库和网站）

欧美国家在实验动物数据库方面比较全面，尤其是美国杰克逊研究所和NIH，建立了品系资源库、生物学数据库、基因组数据库、蛋白质数据库等，方便数据共享。

（二）发展经验

1. 美国

美国制定了各种实验动物的法律、法规和制度，建立了一系列实验动物科学的组织机构，对实验动物的科研、生产、应用、开发，以及与之有关的设施、建筑、笼具、饲料、垫料、各种仪器设备，甚至有关的人员培训、单位评审、考核、晋升等，都有明确的规定和要求。这些实验动物法律、法规有力地促进了美国实验动物科学的发展。美国比较有特点的经验：AAALAC认证、IACUC管理、USDA年检、PHS审查、人员认证、资源集成、信息共享、专业化教育、PI制度等。

2. 英国

以英国为首的欧洲实验动物医学教育开始于20世纪70年代，仅次于美国，在各个设立的畜牧兽医和医学院系开设实验动物学课程。英国推行实验动物许可证制度，类似于中国的许可证制度，其比较有特色的是动物福利法制化、许可证制度、审查官、人员分级、替代技术、动物产业化等。

3. 中国

与发达国家相比，中国的实验动物产业主要以供应常规实验动物为主，特种实验动物资源及基因工程动物资源在很大程度上依赖进口，存在自主创新能力不高的缺点；在动物实验技术服务方面，中国主要以标准化的临床前药物安全评价为主，而对科研依赖度高的比较医学技术服务，尚未脱离出来；技术人员培训尚未形成产业化规模；等等。在发展规模上，中国的实验动物产业呈分散发展的特点，无大型企业，导致重复投入、重复建设、重复引进、低端竞争的局面层出不穷。此现状使中国实验动物行业至今尚无力与发达国家抗衡。

（三）发展启示

1. 政府主导

实验动物行业发展离不开科技主管部门的支持和引导。

2. 行业管理

加强行业管理，制定行业规范、标准或指南，持续开展规范化的人员培训和资质认证。

3. 加强法制

完善实验动物的法律、法规建设，提高法制化水平。

4. 强化质量

实验动物质量是实验动物行业发展的核心，应继续完善现有的实验动物质量监测体系、种质中心和标准体系等。

5. 资源引进

积极引进国际实验动物品种、品系资源，丰富中国实验动物资源库，实现资源共享。建立大型实验动物和比较医学数据库，实现信息共享。

6. 发展产业

大力发展实验动物相关产业，提高实验动物产业化水平，建立 3~5 家大规模实验动物生产企业，鼓励制定企业标准，实现规模化生产，提高质量水平。

7. 加大投资

建议国家加大投资力度，建立实验动物专项课题。同时积极引进资金，建立实验动物生产和动物实验技术服务企业，推动实验动物行业发展。

第四章　人口健康领域实验动物科学技术与产业发展的需求分析

进入 21 世纪，中国人民健康正面临着很多威胁，一些新的传染性疾病（如 SARS、禽流感等）频繁发生，一些原本已经得到控制的传染性疾病（如结核、疟疾等）卷土重来；肿瘤、心血管疾病、代谢性疾病等一些慢性疾病的发病率逐年攀升；食品安全和环境安全问题越发成为社会的突出矛盾。实验动物科学技术研究是解决以上威胁人类健康问题的关键。

根据中国实验动物发展的总体目标，“九五”规划和“十五”规划期间，科学技术部对中国实验动物种质资源的发展进行了总体部署和建设，科学技术部陆续建成了 8 个种质资源基地。但中国拥有的实验动物物种仅占发达国家的 15%，生命科学和医药研究中最常用的大鼠、小鼠模型不及发达国家的 10%。建立的这些种源基地，尚未充分发挥对《国家中长期科学和技术发展规划纲要》中强调的人口与健康、公共安全、生物前沿技术、生命科学基础研究、农业等领域的支持作用。未来几个“五年”计划，需要加强对实验动物科学，尤其是实验动物资源的研究力度。

《国家中长期科学和技术发展规划纲要》将模式动物学列为重点之一。转化医学的兴起也引起了临床医生对实验动物的重视，实验动物和动物实验本身是转化医学中必不可少的环节，随着转化医学的开展，对实验动物行业的发展将起到更大的推动作用。可以预见，实验动物资源和技术平台将是支撑中国生命科学与医药创新研究的基石，也是今后重点发展的领域之一。

一、人口健康领域的研究热点及对疾病动物模型的需求

（一）人口健康领域的研究热点

人口健康领域研究包括基础医学、临床医学、预防医学、药学、中医药、医药生物技术、生物医学工程 7 个方面。中国在热点研究领域的突出成果主要集中于恶性肿瘤、神经系统疾病、干细胞发育生物学、氧化应激、免疫性疾病、心肌梗死、脊髓损伤、心脑血管疾病八大类。近 3 年中国医学科学技术发展的代表性工作，第一是恶性肿瘤研究，包括食管癌、鼻咽癌、肝癌、黑色素瘤、白血病等；第二是复杂疾病，包括冠心病、糖尿病、代谢病等；第三是传染病研究，包括肝炎、流感、寄生虫病等。

随着经济的快速发展、人们生活水平的迅速提高，中国人的饮食结构和环境因素也发生了巨大变化。这直接影响到中国疾病谱的变化。糖尿病、心脑血管疾病等慢性疾病构成了生活方式疾病的主体。有限的卫生资源大多用于慢性重大疾病的中晚期治疗，缺乏有效的早期诊断和防治手段。应确立基础研究以临床需求为导向，推动转化医学发展。实验动

物和疾病动物模型建设为医药创新研究搭建了技术平台，为基础与临床相结合的转化医学研究提供了可持续发展的资源平台。随着人类重大疾病的需求，药物研制需求大量的动物模型。

实验动物和疾病动物模型是人类疾病研究不可或缺的支撑条件，所有与人类健康相关的研究，包括药物、疫苗、生物制品的开发，人类疾病的发病机制的研究等，都离不开实验动物和疾病动物模型。

（二）对疾病动物模型的需求分析

实验动物和疾病动物模型是人类医学研究取得创新性突破的工具。现代医学研究越来越注重体内试验，比较医学作为实验动物与医学的结合点与支撑点，成为医学研究的前沿和不可替代的重要支撑。现代药物的研究更加注重整体（系统），疾病动物模型和实验动物是最好的系统研究和评价药物作用机制、代谢、毒理的生物系统。新发再发传染病研究同样需要易感实验动物、传染病疾病动物模型、免疫相关基因动物模型等资源的支持。

在医药科技创新持续发展所需要的支撑条件，即实验动物资源方面，中国和发达国家相比，具有很大的差距，动物模型资源缺乏和多样性不足是对医药创新研究的极大限制，已成为中国医药创新研究和生物前沿技术在农业、工业、人口与健康、公共安全等领域应用的瓶颈之一。

根据中国医药研究的需要，急需解决的问题包括以下三个方面。

1. 常规实验动物质量不高，严重影响医药研究质量

中国常用实验动物资源有30个品种100多个品系，生产厂家300多个，规模化生产企业较少，普遍存在品种退化、遗传漂移、微生物和寄生虫质量不合格的问题。无法提供用量较少的实验动物品系，是“十二五”期间必须解决的问题，否则，使用不合格动物的医药研究犹如“筑沙建城”。

2. 中国实验动物品系贫乏，影响医药的创新研究

在疾病动物模型资源方面，中国常用的心脑血管疾病、肿瘤、肥胖症、糖尿病、自身免疫病、老年病等重大疾病的动物模型，如地鼠、小鼠、大鼠等模型不到100种（为发达国家的5%），不利于药物的创新研究。基因工程模型资源不到2000种，还不及发达国家的10%（欧洲、美国、日本2万种以上）。对药效研究具有优势的大鼠基因工程资源，中国还刚起步。

3. 疾病模型比较医学研究分析技术落后

需要重点资助实验动物和比较医学相关关键技术，如基因工程技术、分子影像学技术、病原检测技术、各种组学技术等。

4. 无大型实验动物和比较医学数据库

虽然中国也陆续建立了国家自然科技资源平台实验动物资源库、动物模型数据库、模式生物数据库、实验动物品系数据库等，但总体规模较小，数据量少，数据分散，不

利于实验动物和比较医学数据资源的共享和使用。

应加大投资力度，增加疾病动物模型资源种类 3000 种，集中建立大型实验动物和比较医学数据库。提高实验动物质量，部分解决急需的疾病动物模型资源和开发最新比较医学技术，是保证人类重大疾病和新药创制“十二五”规划总体目标得以实施的重要基础。

今后 10~20 年发展需求预测如下所述。

第一，创建新型疾病动物模型 3000 种和常规实验动物品种资源 100 种，并加强实验动物品系的遗传、发育、代谢、生理生化、免疫病理、行为药理、疾病模型等基础研究。

第二，创建若干高等非人灵长类动物模型 500 种，服务于人类重大疾病的机制研究和新药研发，并在全国广泛推广。

第三，利用若干代表性疾病动物模型 1000 种，发展疾病的早期诊断、预防、治疗新技术和新途径研究。

实验动物行业应该充分利用现有资源和学科优势，积极参与人类疾病和转化医学研究，把有限的财政资源用在体系建设、平台建设和人才队伍建设上。

（三）生物医药产业将成为疾病模型主要用户

中国生物医药产业集群已初步形成以长江三角洲、环渤海为核心，珠江三角洲、东北等东部沿海地区集聚发展的总体产业空间格局。已批准设立国家级生物产业基地的省市已达到 21 个，主要分布在环渤海与长三角地区。其中，环渤海地区有 9 家基地、长三角地区有 6 家基地，分别占东部沿海基地总数的 53%与 35%（图 2-8）。这些产业基地均配套建立了实验动物基地。

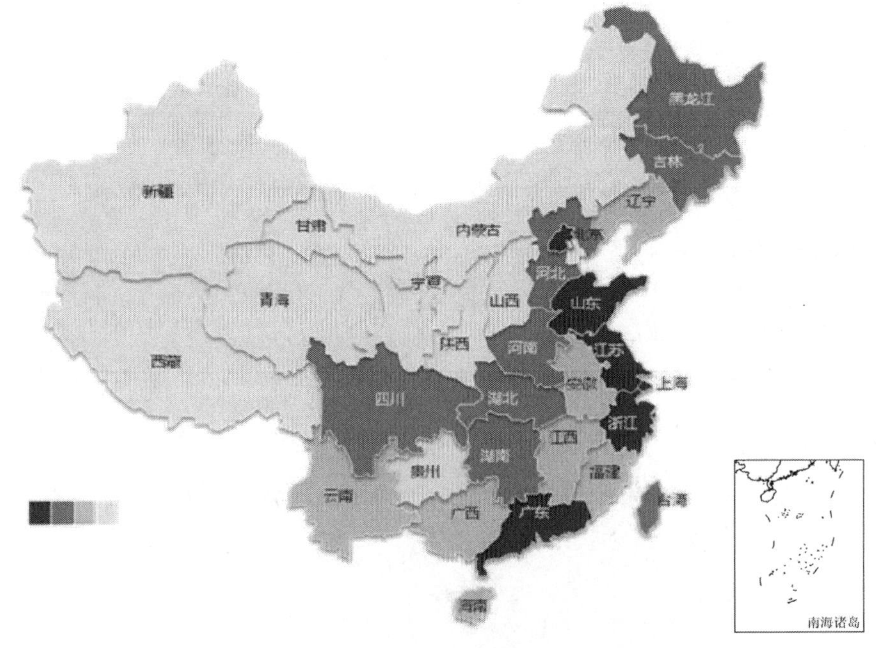

图 2-8　全国生物产业发展热点分布

（图片来自生物 360 网站）

（四）对人才培养方面的需求分析

中国有 10 万余人从事与实验动物相关的工作，其中约有 1/5 的人员长期从事实验动物工作，其余的人员只是不定期地进行动物实验工作。每年需补充约 10%从事实验动物工作的人员，即每年新增约 2000 人。按岗位分工，实验动物饲养工作岗位需求占 15%、实验动物管理工作岗位需求占 10%、实验动物技术工作岗位需求占 20%、实验动物研究工作岗位需求占 15%、实验动物多能型工作者需求占 40%。从学历要求来看，中国实验动物从业人员整体水平以本科生以下为主，高层次人才及专业人才紧缺。需要国家重视实验动物人才培训和资质认证，推动实验动物专业教育和技能培训工作进展。

二、中国实验动物科学技术与产业发展的战略意义

（一）提高人口健康水平

中国的实验动物科学发展尚落后于发达国家，近年来虽有较大发展，但仍不能满足中国生命科学发展的需要，是中国生命科学、医学、药学研究成果的科学性和创新性，甚至更大突破的一个主要限制因素。中国目前正在进行的“新药开发”、“传染病防治”等旨在提升中国人口健康水平，解决人民看病难、吃药贵等问题的重大科技专项，需要实验动物资源和比较医学信息资源的有力支持，需要实验动物科学的快速发展，以适应医药研究、生命科学研究的发展需求，这种需求是急切的和必需的。

（二）解决国计民生问题

疾病模型与国计民生息息相关，可用于食品安全，药品安全、疾病防控等国家层面公共安全领域。凡是与国民入口、皮肤接触有关的产品，都应该经过疾病模型科学实验验证，无毒、无害，安全有效后才能投入市场。根据《国家中长期科学和技术发展规划纲要》、《医学科技发展“十二五”规划》内容，以及中国实验动物科学、比较医学现状和需求，以为中国医药研究提供国际水平的支撑条件，为中国医药领域的创新研究和科技建国的总体战略提供应有的支撑为目标，为中国医药创新研究和持续发展提供支撑条件。

（三）降低医疗成本负担

疾病模型的发展，可以促进医药产业发展，生产更多安全有效的药品、医疗器械，从而降低医疗成本，减轻病患负担。中医药是中国传统医药，成本低廉，资源丰富。中医现代化需要基于疾病动物模型，从分子水平阐明中医药治病机制，才能得到欧美同行的认可。

第五章　人口健康领域实验动物科学技术与产业发展的战略构想

一、战略构想、发展思路

（一）资源建设

引进资源，自主开发，实现共享。

中国实验动物科学发展晚，可以借鉴发达国家的东西比较多，如管理模式、人员培训方式、实验动物资源建设等，充分利用国际资源带动中国本土资源的扩展。本着“国外已经有的资源引进，国外没有的资源开发”的方式，加快中国实验动物科学的发展速度。与此同时，注重中国特有资源的保护和开发工作，注重具有中国特色的技术进步。

（二）平台建设

通过建设实验医学平台，建立高精尖的比较医学技术体系。

结合中国生命科学研究、医药研究需求，发现我们需要加强研究和发展的重点。充分利用和合理配置人力资源、技术资源、动物资源，加强有关创新型国家建设和人民健康重大研究方向的支持力度，重点突破，带动全面发展。建立国家重点实验室，加强学科理论研究。充分发挥各方面的积极性，逐步拓展研究领域和深度，全面推进实验动物科学发展。

（三）产业发展

疾病模型的标准化、产业化、规模化发展，全面推进产业联盟。

实验动物是特殊商品，实验动物相关产品，如饲养笼具、饲料、垫料等也具有特殊性。中国经过多年的发展，已经初步形成了产业化发展的形势，但仍然存在小而全和专业化程度不高的问题。今后几年中国应大力推动实验动物及相关产品的专业化和产业化进程，建立产业联盟，实现实验动物产业化、规模化发展，形成分工合作的集团化生产供应局面，在保证质量的前提下满足市场需求。

（四）科研经费

加大投资，专项基金，鼓励创新，学科融合。

实验动物科学是支撑性学科，它的发展依赖于国家科学技术的整体发展，依赖于政府的扶持和资助。发达国家的发展模式为以政府资助、公益研究为主（常规实验动物生产供应除外）。政府的支持力度决定本学科的发展。国家各种研究计划和基金应增加支持实验动物科学的科学研究项目，为解决生命科学中的重大问题提供支撑条件。

（五）人才队伍

比较医学人才队伍建设应开展教育培训、人才培养和资质评定。

提高实验动物学的学科地位，设立实验动物和比较医学一级学科。大力发展人员培训和资质评定，提高从业人员水平。应建立全国统一的岗前培训和等级培训体系；建立符合学科发展需要的专业教育学科体系；在国家学科分类中将实验动物科学纳入一级学科范畴，在国务院学位委员会中设立实验动物科学专业。

二、发 展 目 标

以中长期发展规划为指导，在加强法制化、标准化管理的基础上，建立丰富的实验动物资源与技术协作共享体系，建立中国实验动物科学的学科和人才培训体系，使未来20年后，中国实验动物科学的发展接近发达国家的水平。

三、重 点 任 务

（一）通过引进和自主创制，加大疾病动物模型资源建设

人类的健康问题是全世界共同关心的问题之一。世界各国，包括中国，对生命科学和医药研究的投入不断扩大，并且由于系统生物学、组学等学科的发展，以及对生命科学和医学的渗透，模式动物、基因工程动物、胚胎工程动物正在逐渐取代常规实验动物。实验动物资源和动物实验技术已经成为许多高新生物技术产业的原材料和技术服务平台，其质量提高将在很大程度上推动中国高新生物技术产业发展。

（二）整合疾病动物模型资源，建立资源基地，规范资源供应

虽然在实验动物资源方面，中国与欧美国家还存在很大差距。但是经过近30年的积累，中国实验动物资源也已初具规模。首先应充分发挥现有动物模型资源的作用，实现资源共享。其次基因突变大鼠品系、基因突变猪品系、基因突变猴品系等也会越来越多，自发突变人类疾病模型动物、基因工程人类疾病模型动物、人类基因多态性工程动物等资源不断扩大，这些品系资源的建立将为不同的医学研究、生命科学探索和药学研究提供有力的支持。另外，SPF 动物、无菌动物等高质量实验动物和模式动物、疾病动物模型、实验动物化的野生动物和水生动物等的供应量及使用量将逐年增加，常规实验动物生产使用量逐渐减少。

（三）建立国际水平医学实验动物平台

现在各地都在建立实验动物平台，应从国家层面统筹安排，有点、有面的建立国家和省市两级实验动物资源平台，避免重复建设和资源浪费。根据行业发展需要，建立 3~5 个国家级实验动物工程中心，推动技术创新能力发展。

（四）加强教育培训工作和专业人才储备

21 世纪最缺的就是人才。人类疾病发生、发展和治疗机制的研究是解决人类健康问题的主要途径之一，作为以实验动物和人类疾病动物模型为主要对象，探讨疾病发生、发展和治疗机制的比较医学将是新兴研究领域，比较医学技术的发展也将为医药研究提供重要的技术手段。而这一切都需要大量的实验动物专业人才去实现。

（五）建立健全动物模型标准化体系和技术指南

实验动物质量是行业发展的核心，应继续完善实验动物质量监测体系、种质资源体系和标准化体系，鼓励建立国家标准、行业标准、地方标准和企业标准，建立健全实验动物标准化体系和技术指南。随着欧美国家实验成本增加、部分资源短缺、市场饱和，以及中国和印度等国家生物医药产业的兴起，不少国际大型医药公司在中国设立研发外包机构，在一定程度上推动了中国实验动物科学的发展和国际大融合潮流。应充分利用国际实验动物管理、资源、技术和培训模式，带动中国实验动物行业快速发展。

第六章　对策与建议

一、建立疾病动物模型保存、供应和创制的国家级示范基地

坚持国家目标，在国家科技基础性工作整体发展框架内，作好统筹规划，合理布局。根据基础和科技发展对实验动物科学的需求，配合中国生命科学研究和医药卫生事业发展的需要，兼顾东部经济发达地区和西部经济落后地区平衡，制定实验动物科学技术近期发展计划和中长期发展规划。国家卫生计生委、教育部、农业部、药监局、中医药局等行业主管机构应建立行业性实验动物监督管理机构及相关制度，设立专项资金。

二、建立利用疾病动物模型进行实验医学研究的国家级技术平台

从国家层面统筹安排，有点有面的建立实验医学研究的资源和技术平台。建立全国性协同创新机制，统筹建立 1 个国家级实验医学研究中心和 3~5 个省部级实验医学研究中心。积极引进欧美国家先进技术、资源，鼓励开展国际合作交流。

三、建立实验动物从业人员资质评定和培训体系

提高比较医学学科地位，加强学历教育和继续教育，扩大实验动物从业人员规模，提高从业人员教育水平。开展实验动物专业人才培养与团队建设，建立实验动物从业人员资质评定和技术培训工作，提高实验动物从业人员整体水平。

专题三　实验动物科学技术与食品安全研究

摘　要

食品安全是指食品无毒、无害，符合应当有的营养要求，对人体健康不造成任何急性、亚急性或慢性危害。作为一个发展中国家，中国在确保食品安全方面仍然面临严峻挑战，实验动物“试吃”是食品安全评价的重要手段。

新资源、新技术食品，保健食品，食品添加剂在人类使用之前需要进行健康风险评估，基于动物实验的食品毒理学评价是食品安全风险评估的基础。中国近年来加大了基因工程作物、家畜、水产品等的研究投入，但基因工程培育的新品系真正进入产业化阶段和市场化阶段还有极大困难，实验动物科学技术是保障新技术、新资源食品产业发展的必要条件。

本报告综合了食品安全研究中实验动物科学技术应用的国内外发展现状，力求全面客观地阐述食品安全未来发展趋势对实验动物科学的需求，提炼中国食品安全研究中应用实验动物科学和技术面临的主要问题和对策。经过调研，为适应中国未来20年食品安全领域的发展需要，建议在实验动物科学技术与产业的以下方面优先发展。

（1）建立符合国际质量控制规范的食品安全毒理学评价实验室监控体系。良好实验室规范（GLP）是国际公认的毒理学质量控制规范，中国尚未建成食品安全良好实验室规范体系，建立符合国际质量控制规范的食品安全毒理学评价实验室监控体系迫在眉睫。

（2）加强具有中国特色实验动物资源培育及其在食品安全领域的应用。中国食品安全评价仍以对啮齿类动物的应用为主。与其他产品相比，食品应用范围更广，人类接触时间更长，人民对食品安全问题更关注。应用非人灵长类动物、小型猪等在解剖、生理、生化等诸方面更接近于人的动物，进行食品安全研究势在必行。建议加强具有中国特色实验动物资源培育，重点开展非人灵长类动物、小型猪、树鼩等实验动物资源的研究和产业化。另外，由于从动物数据向人外推存在种属差异，尤其对于诸如过敏反应、受体介导反应等种属特异性强的效应，研发自主知识产权的遗传修饰非人灵长类动物、小型猪、树鼩等动物模型，应用到食品安全领域研究中很有必要。

（3）建立实验动物资源引进快速通道和共享机制。目前实验动物资源引进手续繁琐、周期长、共享机制落后，不利于研究者利用实验动物开展食品安全研究，建议由国家统一布局，完善协调机制，建立实验动物资源引进的快速通道，加大实验动物资源引进和共享的力度。

基本概念

食品安全（food safety）：根据世界卫生组织的定义，食品安全是指“食物中没有毒和有害物质对人体健康影响的公共卫生问题”。食品安全也是一门专门探讨在食品加工、存储、销售等过程中确保食品卫生及食用安全，降低疾病隐患，防范食物中毒的一个跨学科领域。

食品毒理学（food toxicology）：毒理学的基础知识和研究方法在食品安全研究中的应用。食品毒理学的研究对象主要是食品中的有毒、有害物质，包括化学性污染（如农药残留、兽药残留、食品加工过程中形成的污染物等）、生物性污染物（如细菌及细菌毒素、霉菌及霉菌毒素等）、食品包装材料、食品添加剂、食品中天然存在的有毒有害物质等。食品毒理学除研究食品中的有毒、有害物质外，还包括研究新资源食品、保健食品、转基因食品和食品中天然成分等毒理学安全性。通过动物实验对其急性毒性、遗传毒性、亚慢性毒性、慢性毒性、致畸性和致癌性的评估，为其是否能够安全食用、政府审批和上市，或指定食品中污染物限量标准并进行监督和管理提供科学依据。食品毒理学安全性评价是保障食品安全和国民健康的重要手段。

转基因食品（transgenic food）：转基因食品是指利用基因工程技术改变基因组构成的动物、植物和微生物生产的食品和食品添加剂。利用现代分子生物技术，将某些生物的基因转移到其他物种中去，改造生物的遗传物质，使其在形状、营养品质、消费品质等方面向人们所需要的目标转变。以转基因生物为直接食品或以转基因生物为原料加工生产的食品就是转基因食品。

良好实验室操作规范（good laboratory practice，GLP）：就实验室实验研究从计划、实验、监督、记录到实验报告等一系列管理而制定的规范性文件，涉及实验室工作的所有方面。它主要是针对医药、农药、食品添加剂、化妆品、兽药等进行的安全性评价实验而制定的规范。

引　　言

食品安全是指食品无毒、无害，符合应当有的营养要求，对人体健康不造成任何急性、亚急性或慢性危害。作为一个发展中国家，中国在确保食品安全方面仍然面临严峻挑战，食品安全问题仍然比较严重。长期以来，中国的食品供应体系主要是围绕解决食品供给量问题而建立起来的，食品不安全因素贯穿于食品供应的全过程，各大类食品均存在安全隐患，重大食品安全事故屡有发生。目前中国存在的主要食品安全问题依次为：微生物引起的食源性疾病；农药残留、兽药残留、重金属、天然毒素、有机污染物等引起的化学性污染；非法使用添加剂（物）。另外，随着科学技术的快速发展，新技术、新资源食品发展迅速，其存在的安全风险受到社会广泛关注。

毒理学研究各种化学性、物理性和生物性有害因素对人体的危害作用及机制。食品毒理学是食品安全的基础，研究食品中有毒有害物质的性质、来源及对人体损害的作用与机制，评价其安全性、确定这些物质的安全限量，并提出预防管理措施。实验动物科学作为应用基础学科已经融入到众多学科研究中，在食品安全研究领域，动物实验是食品毒理学的主要研究方法，实验动物科学技术的发展水平决定食品毒理学的发展水平，食品毒理学的发展离不开实验动物科学技术及其产业发展的推动。

1. 基于动物实验的食品毒理学是食品安全风险评估的基础

风险评估是指对人体接触食源性危害产生不良作用的可能性、严重性和不确定性进行科学评价。风险评估包括 4 个步骤，即危害识别、危害特征描述、暴露量评估和危险性特征描述。其中危害识别和危害特征描述主要是通过毒理学的研究资料，包括动物实验、体外实验和人群流行病学资料获得物质的毒性大小和剂量反应关系特征，从而推出人群的安全暴露水平，根据人群的暴露水平对人群摄入该类物质的风险进行评估，作为政府制定标准和监管的依据。图 3-1 所示为美国食品安全科学委员会提出的食品安全性评价决策树，在世界范围内被广泛接受。表 3-1 所示为食品安全性毒理学评价实验中使用的实验动物。

实验动物和动物实验的标准化、规范化是食品毒理学安全性评价的保证。实验动物标准化的目的是提供标准化的动物及标准化的管理以控制实验过程中的影响因素，从而保证实验结果科学可靠。在食品毒理学研究中，健康的实验动物是保证工作顺利进行和获得正确可靠研究结果的重要条件。实验动物科学和技术的发展是食品安全性研究发展的主要推动力。反之，实验动物科学技术和产业化的发展水平也是制约食品安全性研究水平的主要因素。

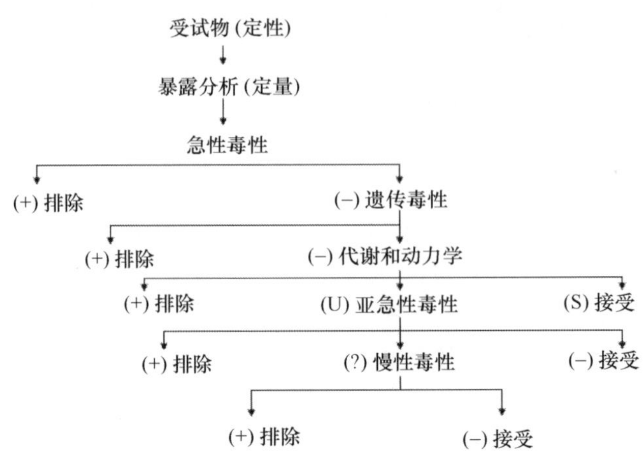

图 3-1 食品安全性评价决策树

+毒性不可接受；?证据不足；S 已知代谢途径并且安全；U 代谢途径未知

表 3-1 食品安全性毒理学评价实验中使用的实验动物

评价阶段	试验名称	实验动物
第 1 阶段	急性经口毒性	大鼠或小鼠
第 2 阶段	遗传毒性试验：细菌致突变试验	大鼠（用于制备肝 S9）
	遗传毒性试验：骨髓微核试验	小鼠或大鼠
	遗传毒性试验：哺乳动物骨髓细胞染色体畸变试验	小鼠或大鼠
	遗传毒性试验：小鼠精子畸形试验	小鼠
	遗传毒性试验：小鼠睾丸染色体畸变分析	小鼠
	遗传毒性试验：V79/HGPRT 基因突变试验或 TK 基因突变试验	大鼠（用于制备肝 S9）
	遗传毒性试验：显性致死试验	小鼠或大鼠
	遗传毒性试验：果蝇伴性隐性致死试验	果蝇
	遗传毒性试验：非程序性 DNA 合成试验	大鼠（用于制备肝 S9）
	传统致畸试验	大鼠或兔
	30 天喂养试验	大鼠
第 3 阶段	90 天喂养试验	大鼠
	繁殖试验	大鼠
	代谢试验	大鼠或小鼠
第 4 阶段	慢性毒性合并致癌试验	大鼠或小鼠

2. 实验动物科学技术是保障新技术、新资源食品产业发展的必要条件

新技术的应用在现代食品产业发展中越来越受到重视，以转基因技术和纳米技术为基础的转基因食品和纳米食品的发展具有一定的代表性。2012 年国际农业生物技术应用服务组织（ISAAA）的第 44 期年报是自 1996 年转基因作物首次商业化以来，关于其全球发展态势的连续第 17 个年度报告。1996~2011 年全球转基因作物种植面积增长曲线见图 3-2。由于转基因作物在产量、经济、环境和物质财富等方面带来的持续、显著的效益，2011 年有 29 个国家的 1670 万小农户和大农场主种植了超过 1.6 亿 hm^2（3.95 亿英亩）

的转基因作物，比 2010 年增长了 8%，达到历史最高点。其中，美国仍保持领先地位，占全球种植面积的 43%，但发展中国家势头强劲，种植面积以相当于发达国家 2 倍的速度迅速增长。一个十分重要的动向是巴西成为 2011 年增长引擎，增长率达到 20%。种植面积超过 100 万 hm^2 的 10 个国家是美国（6900 万 hm^2）、巴西（3030 万 hm^2）、阿根廷（2370 万 hm^2）、印度（1060 万 hm^2）、加拿大（1040 万 hm^2）、中国（390 万 hm^2）、巴拉圭（280 万 hm^2）、巴基斯坦（260 万 hm^2）、南非（230 万 hm^2）和乌拉圭（130 万 hm^2）。中国种植面积列第 6 位。ISAAA 预测，到 2015 年，将有约 40 个国家的 2000 万以上的农民种植 2 亿 hm^2 转基因作物。

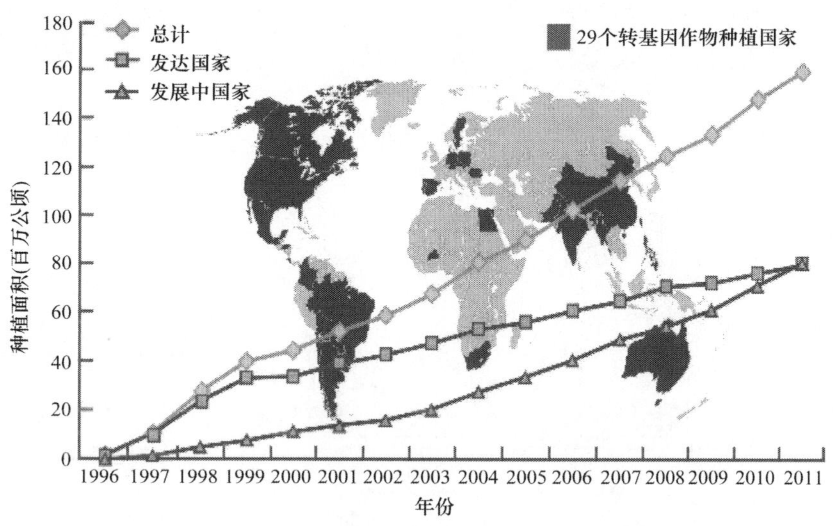

图 3-2　1996~2011 年全球转基因作物种植面积增长曲线

（Clive，2012）

转基因作物及其产品的使用安全性问题除了与一般食品所共有的问题外，还有其独特的安全性问题，即转入基因所表达蛋白质的毒性和致敏性，以及作物本身在营养成分、天然毒素和抗营养物质含量方面的变化及其他可能的非预期效应。转基因植物性食品安全性评价包括基因受体、基因供体、基因修饰过程、转基因食品的营养评价、外源基因表达物质和全食品的毒理学检测、转基因植物及其产品致敏性研究等。转基因外源表达蛋白质毒性检测，除了利用生物信息手段对其氨基酸序列与已知有毒蛋白质进行序列比较之外，还应对其稳定性及毒性（包括外源蛋白急性毒性）、短期喂养实验进行评价。此外，针对转基因全食品还应开展全食品的喂饲试验评价。蛋白质致敏性评价包括与已知致敏原氨基酸序列的同源性分析，外源基因表达蛋白质对热、加工过程和消化稳定性研究，特异的血清学试验等相关研究。

中国近年来加大了基因工程作物、家畜、水产品等的研究投入（转基因生物新品种培育重大专项），然而基因工程培育的新品系真正进入产业化和市场化阶段还有极大困难。在食品安全层面，国际国内对转基因食品的安全性一直存在着巨大的争议，虽然有些国家建立了转基因食品安全评价体系，以及针对转基因食品的法律、法规，并批准了一些转基因食品上市，但国际组织和世界各国对转基因食品都持谨慎态度。另外，部分学者认为转基因食品因为终生食用可能产生累积性危害性，可能危及几代人。这些负面的报道导致民众对转基因食品有恐惧感，致使多项针对转基因食品的研究因公众反对而终止。可以说，安全问题不解决，基因工程育种的产业化几乎是不可能的。而这一问题的解决，有待于提供动物模型、分析技术，提供使大众信服的安全评价结果。

纳米技术的飞速发展丰富了人类的生活，成为农业和食品领域发展的一个新的推动力。根据 Woodrow Wilson 国际学者中心对全世界纳米技术项目的统计、分类、分析，纳米技术已被广泛应用于电子、化妆品、汽车、医疗、食品等行业。发达国家开展了纳米包装、纳米保鲜、纳米粉碎、纳米传递系统等技术研究，其成果在实际生产中得到了应用并产生了显著的社会经济效益。截至 2011 年 3 月 10 日，纳米食品产品有 105 种（图 3-3）。

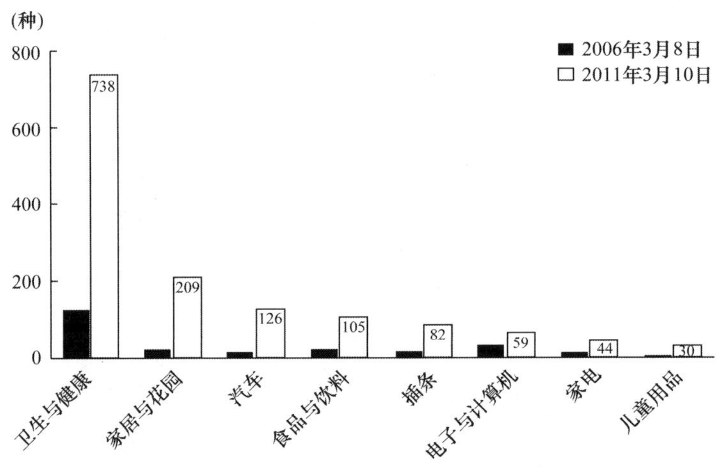

图 3-3 2006 年和 2011 年全球纳米产品种类统计

新资源食品是无安全食用历史或仅在局部地区有食用历史的非传统食品。不管是新资源食品，利用基因工程技术改变基因组构成的动物、植物和微生物生产的食品和食品添加剂，还是纳米技术食品，其安全性评价方法仍将在未来 10~20 年中进行不断地完善。应用传统食品毒理学方法难以满足这些新技术、新资源食品安全性评价的需要，由于其安全性研究必须建立在全食品评价上，新的研究方法离不开动物实验，因此实验动物科学技术与产业的发展将成为保障新技术、新资源食品产业发展的必要条件。

本研究对实验动物科学技术在食品安全性评价研究领域应用状况进行调查，进一步查明实验动物科学技术在食品安全性评价研究中的作用及研究需求，在分析现状的基础上，把握实验动物科学技术在食品安全领域的发展趋势，分析中国的特点和需求，为中国实验动物科学技术发展战略提供依据。从实验动物应用者的角度对中国实验动物科学技术及其产业化提出建议。

第一章　中国实验动物科学技术在食品安全研究中的应用现状

一、取得的成绩与经验

（一）逐步建立食品安全性毒理学评价程序和方法

中国食品毒理学的萌芽可以追溯到远古时代，由于经济社会和科学技术的限制，直到新中国成立，中国才开始现代食品毒理学的科学研究。20 世纪 50 年代中央卫生研究院与卫生计生委药品生物鉴定检定所最先开始了食品毒理学研究，并于 60 年代对木薯毒性、农药残留毒性、粮食熏蒸剂及白酒中甲醇毒性等进行食品安全性毒理学评价，为制定食品卫生标准提供依据。随着中国食品工业的不断发展，食品毒理学科学研究需求急剧扩大，食品毒理学专业与机构设置水到渠成。1975 年，为期半年的首届全国食品毒理培训班在上海举办，不仅讲授了毒理学基础理论，还进行了动物实验的示教与操作；分别于 1980 年、1984 年、1992 年举办了三期食品毒理培训班，培养了大批食品毒理学工作者，为中国食品毒理学的发展与研究打下了基础。1981 年医药院校中开始设立毒理专业课程，部分省级卫生防疫站建立了食品毒理科，开始对食品的毒性进行安全性评价。一些国家早在 70 年代就建立了食品安全性评价体系，而当时在中国尚无系统的食品卫生标准和安全性评价法规。1981 年国家卫生计生委将制定“食品安全性毒理学评价程序和方法”列入《1981~1985 年全国食品卫生标准科研规划》，1983 年颁布并在全国试行。1985 年修改了《食品安全性毒理学评价程序和方法（试行）》。80 年代食品毒理学工作者按《食品安全性毒理学评价程序和方法（试行）》对 1000 多个农药、食品添加剂、金属毒物、霉菌毒素、食品包装材料、新资源食品及辐照食品等进行了毒性研究，完成了有机氯农药 4 个阶段的毒性试验。80 年代对污染物的研究中，特别是对污水灌溉粮的研究中，首次发现污水灌溉粮对胎鼠的胚胎毒性，为农业部制定农田水质灌溉标准提供了重要参考。1992 年《食品安全性评价程序和方法》及《食品毒理学试验操作规范》在中国食品卫生标准分会通过，1994 年由国家技术监督局颁布实施。2003 年《GB15193.1－2003 食品安全性毒理学评价程序和方法》和《保健食品检验与评价技术规范》颁布实施。1996 年至今，中国保健食品行业快速发展促进了保健食品安全性评价的长足进步，食品毒理工作者对 5000 多个保健食品进行了安全性评价，保证了保健食品的安全，也加快了食品毒理学的发展。2003 年再次修订的《食品安全性毒理学评价程序和方法》颁布实施，标志着中国建立在常规动物实验基础上的食品毒理学实验方法趋于成熟。目前，中国现行的对食品安全性评价的方法和程序还是按照传统的毒理学评价程序，即初步工作→经口急性毒性试验→遗传毒性试验、传统致畸试验和 30 天喂养试验→亚慢性毒性试验（90 天喂养试验、繁殖试验、代谢试验）→慢性毒性试验和致癌试验。评价程序4阶段共17项实验，其中的13项实验明确规定要使用实验动物进行测试，4项实验要使用动物制剂（表3-1）。

中国食品毒理学研究方法的发展依赖于实验动物科学技术及其产业化发展。20世纪50年代中国毒理学实验的重点是急性毒性实验方法的研究，包括各种途径的半数致死量测试和计算方法的探讨。60年代初，对快速毒性测试、蓄积毒性测试、急性阈剂量测试等方法已积累了一定的经验，为制定食物中毒预防措施和食品卫生标准提供理论依据。70年代初，开展了合成纤维、塑料、橡胶等新化学物毒性研究，为食品接触材料的毒性提供参考。80年代，开展了致癌、致畸、致突变研究，建立了一系列快速筛选试验方法。1982年，在大量动物实验基础上，中国开展了辐照食品的卫生标准研究是一个成功的案例。

典型案例1：实验动物在中国辐照保藏食品卫生标准制定中的作用

20世纪80年代国家科学技术委员会下达辐照保藏食品的安全性和应用卫生标准的研究，全国组成大规模的协作组。1982年，在大量动物实验的基础上，中国开展了辐照食品的人体实验，受试者达400多人，观察指标共20多项，包括外周血淋巴细胞染色体畸变分析、姐妹染色单体互换和Ames试验等遗传学指标，为制定辐照食品管理办法、人体试食试验管理办法、辐照食品卫生标准提供依据，除分别制定了辐照食品管理办法、人体试食试验管理办法、15项单种食品的辐照卫生标准外，还制定了六大类食物（谷类、水果类、蔬菜类、干果类、禽肉类和调味品）的辐照卫生标准。此项工作受到国际原子能机构的高度重视和评价，处于国际领先地位。这是中国实验动物科学技术推动食品安全研究的代表性案例。

（二）新技术、新资源食品安全研究受到重视

近年来，《食品安全性毒理学评价程序和方法》得到进一步完善，并逐步与国际组织和发达国家接轨，目前已制订的食品毒理学试验方法标准达20余项。针对酶制剂、包装材料、新资源食品的毒理学评价特点制定了相关程序要求，出台了《食品容器和包装材料安全性评价毒理试验要求》、《新资源食品安全性评价规程》、《转基因植物及其产品食用安全检测大鼠90天喂养试验》等食品安全毒理学评价的标准和技术规范。新建了一系列与食品及转基因食品安全性评价相关的食品安全监测、预警与评价方法和技术，使中国食品整体安全性评价水平无论从检验设备、人员素质，还是检验的技术水平等均有显著提高，并逐渐与国际接轨。

以目前受到社会广泛关注的转基因食品为例，中国食品安全研究工作者，在转基因食品安全的研究方法和评价程序研究上紧跟国际发展，做了大量的工作。以转基因水稻为例：水稻在世界上100多个国家均有种植，是世界上一半以上人口的主食。亚洲的水稻产量占世界总产量的92%，中国是世界水稻产量最高的国家，占世界总产量的31%。水稻是中国的主要粮食作物，占中国粮食总产量的40%。但是，水稻本身还存在许多问题，一方面水稻容易受到病虫害的危害，另一方面水稻的营养品质有待提高。生物技术在农业中的广泛应用，为水稻的抗逆、增产、改善营养品质提供了更快捷、更有效的手

段。从 20 世纪 90 年代开始，国内外的科学家已经成功培育出一系列的抗虫、抗病及改善营养品质的转基因水稻品种。但是，由于目前的安全性评价体系还不完善，人们对转基因产品的环境和食用安全性存在疑虑，还没有国家允许转基因水稻的商业化种植。

目前开展的转基因水稻食用安全性评价工作，主要是从全食品水平与表达蛋白质水平进行的，评价主要从实质等同性分析、营养与毒理学评价的动物喂养试验、致畸性评价、免疫毒理学评价、致敏性评价和外源基因与蛋白质的安全性评价等几个方面来进行。

典型案例 2：中国疾病预防控制中心对 *Xa21* 转基因水稻食用安全性进行的系统评价

Xa21 转基因水稻的目的基因来源于野生稻，表型性状为抗水稻白叶枯病，应用生物技术整合到传统水稻‘明恢 63’中。研究者将 *Xa21* 转基因水稻的主要营养成分（蛋白质、脂肪、碳水化合物、纤维、灰分、各类脂肪酸、维生素和矿物质等）与非转基因亲本进行了实质等同性分析后，根据美国制定的满足啮齿类动物生长发育营养需求的 AIN93G 饲料配方，以及转基因水稻和传统水稻的营养成分（主要是蛋白质含量）设计出满足大鼠营养需求的水稻粉的最大添加量。在对 72 只雌雄各半的 Wistar 大鼠进行了为期 28 天的喂养后，对其进食量、体重、长、蛋白质功效比、血常规、血生化、脏体比和骨密度等营养指标进行了检测和比较，认为转基因水稻对大鼠没有明显的毒副作用。90 天喂养试验将 Wistar 大鼠按性别、体重随机分为转基因水稻组、非转基因水稻组和 AIN93G 正常对照组，分别饲喂相应饲料 90 天，自由进食，观察大鼠体重、身长、血常规、血生化、脏器重量、骨密度和脏器的病理学检查，结果与非转基因水稻组相比。实验中期转基因水稻组血糖降低，胆固醇和高密度脂蛋白升高，实验结束时上述差异消失，但雌性组谷草转氨酶活性显著升高；与 AIN93G 正常对照组相比，实验中期转基因水稻组体重、甘油三酯、高密度脂蛋白显著增高，血糖降低，实验结束时上述差异消失；脑、心、脾、肺、肾、胃、十二指肠、肾上腺、睾丸、卵巢病理检查未见异常；现有实验结果不能证实转基因水稻对大鼠有亚慢性毒性作用。致畸性评价将刚离乳的 Wistar 大鼠按雌、雄分别随机分为 4 组，即转基因水稻组、非转基因水稻组、AIN93G 对照组和敌枯双阳性对照组。单笼喂养，饲喂相应鼠料，喂满 90 天，雌、雄合笼，观察妊娠期母鼠和胎鼠的生长发育情况。结果表明，转基因水稻组与非转基因水稻组、AIN93G 对照组相比，所有观察指标均无统计学差异；转基因水稻组孕鼠增重、活胎体重、身长、尾长均显著高于阳性对照组，而死胎数、吸收胎数、畸形率（外观、内脏、骨骼）均显著低于阳性对照组。应用 BALB/c 小鼠进行免疫毒理学评价，将小鼠随机分为 4 组，即转基因水稻组、非转基因水稻对照组、AIN93G 对照组和阳性对照组，相应饲料喂养 30 天，比较各组小鼠免疫功能改变情况。结果表明，转基因水稻组，所有观察指标与非转基因水稻组相比均无显著性差异；与 AIN93G 组相比，脾脏/体值、自然杀伤（NK）细胞活性高于 AIN93G 组，其余指标无显著性差异。致敏性评价应用转 *Xa21* 基因水稻的粗提蛋白质灌饲 BN 大鼠，发现转基因水稻组与非转基因水稻组检测到的特异 IgE 抗体的动物例数没有统计学差异。皮肤过敏实验表明，转基因水稻组和非转基因水稻组特异 IgE 抗体滴度相同。

典型案例 2 的研究中，仅营养成分分析采用化学分析方法，对转基因食品安全性评价主要依赖于动物实验，即使转基因作物与相应的非转基因作物营养成分分析无差异，在动物喂养实验中，也可能观察到“非期望效应”，这是因为用传统的化学分析方法来分析食品的营养成分有其局限性。例如，蛋白质总量和氨基酸构成相似的两种食品，其蛋白质的种类和构成可完全不同。

《国家“十二五”科学和技术发展规划》中明确指出，加快实施国家科技重大专项研究。其中对于转基因生物新品种培育，要针对保障食物安全和发展生物育种产业的战略需要，围绕主要农作物和家畜生产，突破基因克隆与功能验证、规模化转基因、生物安全等关键技术，完善转基因生物培育和安全评价体系。转基因食品的评价方法和程序得到发展，基本与国际组织和发达国家要求一致，并颁布了《转基因植物及其产品食用安全检测大鼠 90 天喂养试验》标准方法，特别在转基因致敏性评价动物模型的研究方面达到国际先进水平。

（三）新检测技术方法的引进和应用于食品安全性研究

近年来，中国的食品毒理学研究经历了由宏观到微观，由整体、细胞到分子的发展过程。在常规的基因重组与克隆技术、核酸杂交技术、聚合酶链反应（PCR）和 DNA 测序技术基础上，中国一些科研单位和高校已将转基因动物和转基因细胞、穿梭质粒、荧光原位杂交、差减杂交和差异显示技术、RNA 干扰和反义核酸技术、基因芯片技术、单细胞电泳技术和流式细胞技术应用于检测 DNA 损伤、已知或未知的基因突变、染色体畸变、筛选疾病相关基因等方面，并建立了一些毒理基因组学、蛋白质组学、代谢组学和表观遗传学的技术平台。这些技术以终点明确、高通量、敏感性高等优点，显著提高了毒理学研究的整体水平。有的单位还对原技术进行了必要的改良和创新，使之更具生命力。

（四）食品安全评价实验室的规范化建设初见成效

吴又桐等在 2006 年，对全国 14 所疾病预防控制部门、4 所检验检疫部门、5 所高等院校和 2 所药检部门，共 25 个毒理学实验室进行的调查表明，有 23 所实验室（92%）的实验动物操作人员均获取了动物操作资格证书。

中国疾病预防控制中心、中国检验检疫科学研究院、中国食品药品检定研究院和中国农业大学等机构初步建立了国家食品安全中心，若干检测实验室参加国际有关实验室组织之间的检测比对试验，并得到国际相关实验室的互认。国家食品药品监督管理局认证的保健食品注册检验机构 31 家，从构成上看，疾病预防控制机构 21 家，其余为大学或科研院所。

中国疾病预防控制中心对全国 3096 个疾病预防控制机构食品检验资源开展调查，共 2154 份调查表进入统计，卫生系统具有食品检测实验室的疾病预防控制机构基数为 3004 个，调查覆盖率不低于 70%。表3-2 所示为各级食品检测机构实验室资质状况，表 3-3 所示为各级食品检测机构检测项目数，表 3-4 所示为不同地区食品检测机构检测项目数，表 3-5 所示为各级食品检测机构专业技术人员分布情况。调查结果显示，在全国疾病预防控制机构，也就是设置食品毒理学实验室的主要系统中，开展食品毒理学评价的单位仅限于国家级和省级，从全国来统计，所有食品检验机构的专业技术人员中，4.5%从事食品毒理学检测。

表 3-2　各级食品检测机构实验室资质状况

资质状况	国家级	省级	地市级	县级	全国
有	1	27	304	1189	1521
无	0	0	46	578	624
合计	1	27	350	1767	2145
资质认定率/%	100	100	86.9	67.3	70.9

表 3-3　各级食品检验机构检测项目数

领域	国家级	省级	地市级	县级
理化	104	106.3	54	29.2
微生物	20	19.6	14.1	9.5
毒理	15	9	0	0

表 3-4　不同地区食品检验机构检测项目数

领域	东部地区	中部地区	西部地区
理化	49	25	29
微生物	16	7	8
毒理	13	9	12

表 3-5　各级食品检测机构专业技术人员分布情况

领域	国家级		省级		地市级		县级		全国	
	人数	构成比/%	人数	构成比/%	人数	构成比/%	人数	构成比/%	人数	构成比/%
理化	52	50.5	409	37.4	1827	44.4	3936	44.6	6224	44.0
微生物	24	23.3	245	22.4	1694	41.2	3902	44.3	5865	41.5
毒理	23	22.3	339	31.0	90	2.2	0	0	631	4.5
质量控制	4	3.9	101	9.2	505	12.3	801	9.1	1411	10.0

二、存在的主要问题

（一）食品安全评价技术要求尚未完全与国际接轨

尽管中国近 20 年来，在食品安全性毒理学检验和评价方面出台了一系列法规、标准，在食品安全性的检验和评价，以及保障食品安全方面作出了贡献，但应看到，当前中国在食品安全性毒理学检验和评价领域仍有许多不足。例如，国标《食品安全性毒理学评价程序和方法》尚未与国际完全接轨，急需对现有标准进行修订，并建立与国际接轨的食品安全性毒理学评价程序和方法。

目前食品毒理学评价方法主要是针对急性毒性、慢性毒性、遗传毒性、致畸性和致癌性等。为与国际接轨，正致力于建立特殊毒性，包括神经毒性、免疫毒性与过敏性、内分泌干扰作用的新评价技术和标准化方法。食品中有害成分的毒性生物标志物和联合毒性研究逐步深入。

另外，对保健食品的安全评价在国际上还有争议。保健食品是指声称具有特定保健功能，或者以补充维生素、矿物质为目的的食品，即适宜于特定人群食用，具有调节机体功能，不以治疗疾病为目的，并且对人体不产生任何急性、亚急性或慢性危害的食品。世界各国对保健食品的概念尚不统一。在美国，保健食品的范围很广，既涉及营养素（如维生素、矿物质、氨基酸等），又包括草药或其他植物中的非营养成分。德国将绿色食品、特定食品（食疗食品）及改良食品（纯净食品）定为保健食品。日本将强化食品与疗效食品定为保健食品。欧盟定义“保健食品是指那些含有特殊营养成分，或特殊生产工艺，使其营养价值明显区别于一般食品的一类食品”。虽然各国对保健食品的定义不同，但其共同之处都是这类食品在医学上或营养学上均有特殊要求，且都具有调节生理功能的特点。各国区分保健食品与药品的意见较为统一。保健食品与药品的最大区别是：不以治疗为目的，在提供营养、满足人们的感官需要的同时，还调节人体的生理状态，除特殊情况外，无剂量限制，长期大量食用不会引起毒副作用。

截至目前，获批的国产保健食品为 12 595 种，进口的保健食品为 703 种。保健食品的安全性在国际上受到关注，大多数保健食品中使用的原料成分作为药物使用是可以的，但作为保健食品长期和广泛食用，其安全性还有待进一步研究。

（二）食品安全毒理学评价实验室尚需进一步规范化

中国食品安全毒理学评价实验室尚未纳入 GLP 监管体系。GLP 是针对药品、化学品、食品添加剂、农药、化妆品及其他医用物品的毒性评价而制定的管理法规。实验的质量控制是保证实验数据具有科学性、准确性和公正性的先决条件。没有质量保证，实验数据的可靠性是无法肯定的。GLP 就是在科学的、全面的、全过程的严格管理和监督下，全体工作人员自觉遵守 GLP 的规定，提供准确的、可信的实验数据和报告。

安全性评价的最终产品并没有实体，而是数据。因此，只有保证有关安全性试验计划、实施等所有因素和过程可信才能保证最终产品可信。GLP 实验室动物饲养设施的完善、试验动物的饲养及管理、濒死及死亡动物的处理、试验就业人员的健康检查等事项都要形成文件、规范运行。因此，实验动物科学技术和产业发展对保证食品毒理学安全性评价数据的可靠性起着至关重要的作用。

针对目前的现状，国家食品药品监督管理局计划将食品评价纳入其 GLP 监管范围，如能实现，将显著提升中国食品安全评价的质量控制水平。

（三）替代方法研究相对滞后

近年来，中国毒理学工作者在毒理学替代法研究方面进行了有益的尝试和积极的探索，参照欧盟、美国、经济合作与发展组织等国家和国际组织的方法引进和建立了评价皮肤毒性、遗传毒性和生殖发育毒性等的替代方法。但就总体而言，这方面的研究工作还相对滞后，尚无专门的研究机构和验证体系。目前，国内已有实验室正在进行体外替代研究，包括人体细胞转化模型、体外重建皮肤替代模型和眼刺激试验等替代方法。近年来，在国家科技支撑计划食品安全关键技术专项课题的资助下，军事医学科学院彭双清研究员等学者对替代研究进行探索，建立了以急性毒性、遗传毒性和发育毒性为组合的替代评价方法，并对一系列化合物进行了评价验证。

（四）食品安全研究仍以啮齿类动物为主

《食品安全性毒理学评价程序和方法》中的实验方法还是应用大鼠、小鼠、兔等实验动物。国内的食品安全研究仍以传统的实验动物为主，而发达国家对实验动物的应用已经由传统实验动物逐步转向依托于新技术研发的模型动物。以转基因动物为例，转基因动物是分子生物学与胚胎工程结合，用实验导入的方法使外源基因在染色体基因组内稳定整合，并能遗传给后代的一类动物。应用转基因动物研究食品安全性，具有很大的优势。例如，因其短时间可以得出科学结果、使用最少动物、为人类提供更为密切的研究数据等特点，被广泛应用在毒物学方面的研究。现在通过转基因动物，使过去需要用 2 年进行致癌性生化测定的实验研究变得更为简捷。当然，转基因动物致癌模型还需要进行更多的验证工作。

第二章　发达国家实验动物科学技术在食品安全研究中的应用现状

一、发达国家现状

（一）建立了成熟的食品毒理学安全性评价原则、试验指南和实验室质量控制规范

联合国粮食及农业组织/世界卫生组织食品添加剂联合专家委员会（Joint FAO/WHO Conference on Food Additives，JECFA）主要关注食品添加剂的毒理学安全性评价，主要相关性文件是环境健康标准 70（EHC70），即《食品中添加剂和污染物的毒理学安全性评价原则》。

联合国粮食及农业组织/世界卫生组织农药残留联合会议（Joint FAO/WHO Meeting on Pesticide Residues，JMPR）提出了对食品中农药残留进行毒理学安全性评价的原则，主要相关性文件是环境健康标准 104（EHC104），即《食品中农药残留的毒理学安全性评价原则》。

经济合作与发展组织（Organization for Economic Cooperation and Development，OECD）制定的《化学品测试准则》中包括 44 项与健康影响相关的试验指南，其中 34 项可用于食品安全性评价。

FDA 于 1982 年出版了《直接用食品添加剂和食用色素毒理学安全性评价原则》（红皮书Ⅰ），介绍了进行标准毒性试验的一般原则。1993 年发表第一次修订版（红皮书Ⅱ），除了对一些方法进行修订外，还补充了一些试验内容。2000 年发表了第二次修订版《食物成分毒理学安全性评价原则》（红皮书 2000），与红皮书Ⅱ的区别在于其具体内容不再局限于食品添加剂。

美国环境保护署（US Environmental Protection Agency，EPA）的《EPA 870 系列指南》与 OECD 的指南大同小异，有些方法可相互引用。共有 49 项毒理学试验方法，其中的 38 项可用于食品安全性评价。

发达国家和国际组织对食品安全毒理学实验室均要求符合 GLP 规范。英国医药卫生制品管理局（MHRA）是该国的 GLP 监督管理部门，负责所有化学品，包括新的和现有的化学物质、医药产品、兽药、化妆品、食品添加剂、动物饲料添加剂和农药等的监督及管理。德国以欧盟的 GLP 相关指令为原则，指导开展了工业化学品、医药产品、兽药、食品添加剂、动物饲料添加剂、农药、炸药和化妆品的 GLP 工作。1978 年 FDA 首先公布了 GLP 法规，它是以联邦食品、医药品、化妆品法律的形式颁布的，而不是以指导原

则的形式颁布的。它的范围包括食品和色素添加剂、药物和生物制品、电子产品、医疗设备等。OECD 成员国所共同遵守的 GLP 法规，也是世界上运用最为广泛的、唯一具有国际通行意义的 GLP 法规，其中 2004/10/EC 指令规定所有化学物质（化妆品、工业化学品、药品、食品添加剂、动物饲料添加剂等）对人体、动物和环境影响的非临床试验研究的实验室必须取得官方 GLP 认可，只有合格的实验室才能被其他成员国实验室和国家机关认可。

（二）营养毒理学研究方兴未艾

营养毒理学既研究营养素的有害作用，也研究营养素的营养作用，区别于毒理学其他分支。营养素只有在一定含量范围内才对机体表现营养作用，超出此范围，不管过低或过高，都将产生有害或毒性作用，甚至在极大量或极小量时出现致死效应。对膳食组分和营养素的毒性研究，正是建立在这种双向剂量——效应关系之上的。

某些膳食组分的致癌、致畸和致突变作用已得到广泛的重视和研究。研究提示，高脂肪饮食和高热量摄入都是肿瘤发生的相关因素。大剂量的硫胺素及核黄素与酪氨酸的联合作用都可成为诱发实验动物肿瘤的因素。

在大剂量维生素 A 对动物的致畸作用得到确定之后，又对其他各种维生素进行了广泛研究。发现维生素 E、维生素 C 等在缺乏或过量摄入时，都可导致生殖系统的损害、胚胎畸形或死亡。

由于机体常同时暴露于多种毒物与多种营养素相互作用的环境，因此，目前营养毒理学并不局限于对一种毒物或一种营养素的毒性研究。对这种联合作用的研究，随着毒理学和营养学的发展，正在成为突出课题。此外，如何将膳食组分的营养学标准和其毒理学标准有机地结合起来，仍值得探讨。

典型案例 3：维生素 A 的过量摄入与骨质疏松

维生素 A（VA）是一类复合物，包括类胡萝卜素和视黄醇。VA 缺乏可以影响儿童正常的生长发育，影响暗适应和夜间视力，并影响细胞分化。VA 缺乏还可以降低转铁蛋白的合成，使红系祖细胞增殖分化异常，从而导致缺铁性贫血。医学会膳食参考摄入量委员会制订的成年男女 VA 可耐受最高安全限量为 2800~3000μgRE/d。但过量摄入 VA 却可以导致致畸作用，其中包括对骨骼分化和生长的影响。美国加州大学洛杉矶分校的一项动物研究表明，给成年大鼠饲喂视黄醇 15 000μgRE/d 共 4 天，之后剂量降至 7500μgRE/d，8 天后大鼠出现跛行步态，20 天后所有动物均出现骨折。Melhus 等在对北欧脆性骨折危险性与 VA 关系的研究中发现，视黄醇摄入量小于 1.5mg/d 的妇女的骨密度比摄入量小于 0.5mg/d 的妇女低 10%，而髋骨骨折危险性前者是后者的 2 倍。从这个案例可以看出，食品安全问题不仅在于外源性化学物的添加或污染，还在于传统食品中的内源性物质，甚至营养素都可能引发安全问题，对这些危害的识别和评价依赖于动物实验。

（三）新检测技术、方法不断推出

在阐明毒物对机体损伤作用和致癌过程的分子机制方面，以及分子生物标志物探索方面都取得了重要的突破，如基因芯片、蛋白芯片等生物芯片技术，转基因和基因敲除技术，干细胞培养技术，等等。国际上一些重要的毒作用机制的发现都与这些新技术或新方法在毒性测试方法和评价模型中的应用密切相关，如毒理芯片、转基因突变检测模型动物和致癌检测模型动物、转基因细胞实验系统等。

由于国际上对动物福利保护的呼声越来越高，在毒物的风险评价方法上，国际上的发展趋势是用替代实验取代整体动物实验。优化试验方法和技术，减少受试动物的数量和痛苦，用“3R”模式取代整体动物实验。在毒理学安全性评价中替代动物实验的体外模型研究已成为毒理学发展的重要方向。

“3R”原则自提出以来，受到欧美等发达国家和地区的高度重视，得到政府管理门、学者和民间越来越广泛的支持。欧盟、美国和日本等多个国家和地区已制定相关法律、法规以加强“3R”原则的贯彻实施。欧盟、美国、德国、日本、荷兰、澳大利亚等国家和地区已经建立了专门的机构开展替代方法的建立、验证和管理等工作，如欧洲替代方法验证中心（ECVAM）、美国替代方法验证协调委员会（ICCVAM）、德国动物实验替代方法评价研究中心（ZEBET）、日本动物实验替代方法学会（JSAAE）和荷兰国家替代方法研究中心（NCA）等。截至 2011 年 7 月，已有 69 种动物实验替代方法获得了 OECD 等组织的管理认可。

几年来，许多毒理学替代法已通过有关权威机构的验证，并被欧盟、美国和 OECD 等推广应用，纳入其法规管理范围。目前，在世界范围内得到认可的替代方法主要包括急性毒性、刺激性和腐蚀性、致敏作用、光毒性检测、生殖毒性检测等。

（四）新技术、新资源食品安全评价进展迅速

从 20 世纪 80 年代世界上第一例转基因植物诞生以来，转基因的相关研究日益加快，转基因产品越来越多。据初步统计，关于转基因作物的研究论文 2000 年为 676 篇，2009 年增加为 1301 篇，这 10 年总论文数量为 10 171 篇。

新资源食品是无安全食用历史，或仅在局部地区有食用历史的非传统食品。国际上一些组织或国家，如欧盟、加拿大、澳大利亚也非常注重对该类食品的管理，制定了相应的新资源食品法规，要求新资源食品在上市前均应经过系统危险性评估，并建立了进入市场前的评估和审批体系。

纳米技术的飞速发展丰富了人类的生活，纳米技术和纳米材料在食品产业中得到广泛应用。由于纳米技术食品颗粒小，细胞穿透力高，因此纳米食品安全性及评价方法已成为国际组织和各国关注的重点。2003 年 10 月美国政府增拨了 600 万美元的专款，启动纳米生物效应的研究工作。2004 年美国国家环境保护局（EPA）向 12 所大学拨款 400 万美元，开展纳米材料对环境和人可能造成危害的研究。2005 年 7 月至 2006 年 3 月，日本多家机构联合启动纳米材料对健康影响的调查项目。2006 年 7 月，日本厚生劳动省

制订一个为期 3 年的计划，通过动物实验研究纳米材料的吸收及其毒性等。欧盟于 2003 年开始支持 NANOSAFT 项目以评价纳米技术对环境和健康的风险；2004 年年底启动“纳米安全性综合研究计划”；欧盟在 2007 年 1 月开始实施的 FP7 计划中投入了 3.5 亿欧元用于与纳米技术相关的研究，其中对纳米材料风险评价的资助较 FP6 有显著增加。

二、发达国家的发展方向与趋势

（一）动物实验仍将在食品安全性毒理学评价中发挥重要作用

鉴于风险评估是国际食品法典委员会强调的用于制定食品安全控制措施的必要技术手段，是政府制定食品安全法规、标准和政策的主要基础，食品毒理学在各国食品安全政策、法规和标准等制定中将发挥越来越重要的作用，这给食品毒理学的研究和发展也带来了更大的挑战和机遇。未来 10~20 年，动物实验仍是食品毒理学安全性评价中的重要组成部分。随着技术进步和“3R”研究的深化，实验动物使用数量可能会减少，实验周期可能会缩短，实验动物遭受的痛苦可能会降低，但动物实验在食品安全研究中完全被替代是不可能的。例如，两代繁殖实验会被扩展的一代繁殖实验所替代，但难以应用体外实验来替代。实验动物科学技术进步与产业的发展将极大地促进食品安全性毒理学评价的发展。

（二）动物实验替代方法成为 21 世纪毒理学安全性评价的重要方向

21 世纪，动物实验替代方法将在毒理学领域迅速发展。毒理学替代法将涵盖一般毒性、靶器官毒性、遗传毒性、致癌性和局部毒性等多种毒性终点，研究手段与技术方法也将从一般的组织细胞培养发展成为含基因组学、蛋白质组学、代谢组学、系统生物学、计算机模拟和生物信息学等多学科、多层次的综合评价体系。实验动物科学技术与产业的发展将是动物实验替代方法发展的重要保障。以计算机模型替代动物实验。例如，建立计算机模拟程序取得实验数据替代动物实验，将计算机程序操作引入课堂教学，替代动物实验操作，都是今后 10~20 年研究的内容。更有前沿科学考虑如何将计算机模拟系统与实验动物模型结合起来，形成一个“科技整合系统”，应用于人类生物医学研究之中。可以预期这种“科技整合系统”的应用，可以大幅度减少实验动物的应用数量，这也符合实验动物科学的发展方向。

（三）毒理组学将成为食品安全性毒理学评价的重要方法

2007 年美国国家科学院发表了一份题为《21 世纪毒性测试：远景和策略》的研究报告，在此报告的引导下，毒理学研究领域正经历着巨大的变革。同时随着科学和技术的进步，基础生命科学的大量新原理、新技术不断渗透到毒理学研究各个领域，毒理学学科正经历着一次又一次蓬勃发展的时代。21 世纪，随着基因、蛋白质和代谢物水平的各种“组学”技术平台的建立，毒理组学将为食品毒理学研究提供一个准确、高可靠的新技术平台，极可能成为食品毒理学安全性评价的重要工具。但目前，此技术在毒理学研究中的应用还没有形成一个统一的标准，合理选择确定分析方法的质量控制及标准化，将是毒理组学在食品毒理学中应用的研究重点。实验动物成为毒理组学研究首选的基础材料和实验手段。

传统食品安全性评价的毒理学试验，最终要将动物实验结果外推到人，由于不同种属间毒代动力学和毒效学的差异，确定外推安全系数一直是毒理学界的一大难题。毒理基因组学通过动物和人类特定组织毒性相关基因表达谱的比较结果，初步评估毒性结果的外推，可提高外推到安全水平的把握度。采用高通量芯片技术，可以从大量甚至全部基因分子中筛选出适当的“桥式生物标志物”，用于比较毒性作用的种属间差异。

（四）新资源、新技术食品的毒理学安全性评价将不断建立和完善

应用传统食品毒理学方法难以满足新技术、新资源食品安全性评价的需要。例如，经典毒理学方法用于评价食品中化学性污染物、添加剂或添加物时，设定的最高剂量可以远远高于人的可能摄入量，但对于新技术、新资源食品，需要对全食品摄入的安全性进行评价，尤其是转基因食品非期望效应的发现（典型案例 3）。而单一食品的超量摄入，会破坏实验动物的膳食营养平衡，并且即使实验中动物仅摄入被评价食品，其摄入量也是相当有限的。另外，食品烹调方式对于全食品安全性的影响也是不容忽视的。这些特点使得经典方法难以得出令人信服的评价结果。不规范、不科学的实验数据将会对大众带来误导（典型案例 4）。

典型案例 4：转基因微生物食品安全性

嗜曙红红细胞增多-肌痛综合征（EMS）可能是一种非期望效应。1989 年夏秋季，美国出现以严重肌肉疼痛和嗜曙红红细胞增多为特征的疾病，病例达 1500 例，27 人死亡，50%以上的病例 1 年后仍表现明显症状。研究表明，EMS 是由于食品被大量色氨酸污染所造成的。流行病学分析表明，一家公司采用解淀粉芽孢杆菌合成色氨酸，1988 年引进一种新的基因工程菌株提高色氨酸合成的产量，产生 60 多种杂质，其中 1，1′-乙缩醛二色氨酸（EBT）与 EMS 发生之间有明显关联。动物实验表明 EBT 可引起与 EMS 相似的面部病理变化。

典型案例 5：不规范转基因食品安全性动物实验数据对公众的误导

1998 年，苏格兰 Rowett 研究院的 Putsai 博士通过电视台发表讲话，声称在实验中用转雪莲花凝集素基因的马铃薯喂饲大鼠，大鼠“器官生长异常、体重减轻和免疫系统遭到破坏”，这一结果引起轰动，绿色和平组织策划了破坏转基因作物实验田等行动，欧洲掀起反转基因食品热潮。但英国皇家学会专门组织了评审，指出这项实验有 6 个缺陷：不能确定转基因与非转基因马铃薯的化学成分差异；对实验组大鼠仅食用富含淀粉的转基因马铃薯，未补充其他蛋白质以防止饥饿是不适当的；动物数量太少，无统计学意义；未按双盲法测定；统计方法不恰当；实验结果无一致性。由此例可见，应用不规范的动物实验进行的评价是不可信的，对公众产生误导。

目前普遍公认的转基因食品食用安全性评价原则是 OECD 于 1993 年提出的“实质等同性”原则：通过对转基因食品中的各种主要营养成分、主要的营养拮抗物质、毒性物质及过敏成分等物质的种类和含量进行分析测定，并与对应的传统食品进行比较，若两者之间无差异，则认为转基因食品与传统食品在食用安全性方面具有实质等同性。如果转基因食品和其对应的食品间有特定性状差异，应该在传统食品长期安全食用的经验基础上考察这些特定性状的差异，并针对这些差异进行营养学、毒理学及免疫学实验。1999 年 *Nature* 杂志发表的一篇文章列举了实质等同性概念的种种局限。文章的核心观点是：转基因食品在化学上与传统食品相似并不能提供足够的证明表明其安全。实质等同性概念是有利于转基因食品的生产厂商而不是有利于消费者，各国监管当局对实质等同性概念的态度，已经成为转基因食品安全性评估程序进一步发展的障碍。转基因食品的安全性评估，最好是进行全面的生物学、毒理学、免疫学实验。

三、发达国家的经验与启示

目前，全球食品安全形势不容乐观，主要表现为食源性疾病不断上升，恶性食品污染事件接二连三，食品生产/加工新技术与新工艺带来新的危害，世界范围内由于食品安全卫生质量而引起的食品贸易纠纷不断。这些问题已成为影响各国经济发展、国际贸易及国家声誉的重要因素。因此，世界卫生组织、FAO 及世界各国近年来均加强了食品安全工作，包括机构设置、强化或调整政策法规、监督管理和科技投入。发达国家在食品安全领域的主要经验是食品安全研究与监管依托于强大的科技支撑体系。科技支撑体系是一个由科技资源投入，经过科技组织运作，形成符合经济和社会发展需要的科技产品的有机系统。而科技资源作为科技支撑体系的物质基础，主要包括人力（从事科技研究开发的专业人员及其他为科技研究与开发服务的人员）、财力（科技研究与开发经费）、物力（用于科技研究与开发活动的实验室、科研仪器、设备）。针对食品安全而言的科技支撑体系涉及“从农田到餐桌”的全程控制要求，涉及多种技术。最重要的就是以风险评估为基础的食品安全性评价理念和机制业已形成。

第三章　中国食品安全研究中应用实验动物科学技术面临的挑战

一、食品安全评价新技术发展可能带来新的技术性贸易壁垒

“技术性贸易壁垒”又称为“技术性贸易措施”或“技术壁垒”，是指以国家或地区的技术法规、协议、标准和认证体系（合格评定程序）等形式出现，涉及的内容广泛，涵盖科学技术、卫生、检疫、安全、环保、产品质量和认证等诸多技术性指标体系，运用于国际贸易当中，呈现出灵活多变、名目繁多的规定。由于这类壁垒大量的以技术面目出现，因此常常会披上合法外衣，成为当前国际贸易中最为隐蔽、最难对付的非关税壁垒。中国是农业大国，如果中国在食品安全评价新技术发展中不能跟上发达国家，则可能遭遇技术性贸易壁垒。

二、现有模型动物难以对食品安全性进行令人信服的评价

将纳米颗粒添加到传统食品原料中在中国已有15年历史，其相应的产品有维生素纳米制剂、含纳米钙或纳米硒的纳米食品和保健品。此外，还涉及包装中纳米颗粒。转基因食品的安全性一直难以通过常规实验给出令人信服的证据。一个关键的问题在于现有模型动物与人类的巨大差异。

毒理学的一个基本原则是：“严格合理设计的动物实验的实验结果可以用于人类。”也是纳米毒理学力求达到的目标。动物之间及动物与人类之间的种属差异不容忽视。例如，小鼠对真菌毒素黄曲霉毒素1的致癌作用不敏感，而大鼠却非常敏感。在小鼠饲料中含有10 000ppb的黄曲霉毒素仍不能诱发小鼠肝癌，而大鼠饲料中仅含有1ppb时，肝肿瘤的发生率已明显增加。致癌作用在大鼠和小鼠上所表现的差异，与两个物种在谷胱甘肽转移酶的一种特殊形式mGSTA3-3表达方面的差异密切相关。mGSTA3-3对黄曲霉毒素环氧化物有极强的催化分解能力。小鼠能正常表达mGSTA3-3，但大鼠表达的是这种酶的另一种形式，对黄曲霉毒素的催化解毒能力很低。再如，糖精有诱发大鼠膀胱癌的倾向，但对摄入糖精的人类却并不适用。因为有研究表明，糖精只有在大鼠尿液中的浓度达到可以结晶的水平时，才有可能诱发大鼠膀胱癌。而在人类，即使饮食中大量摄入糖精，也不会达到糖精可以结晶的浓度。在毒理学中，确定来自动物的实验资料与人类反应之间关联的性质及程度是一个重要的问题，必须探明不同物种毒性反应差异的基本机制和原理。

三、有限的实验室难于应对食品安全评价的巨大需求

目前中国的食品安全毒理学评价实验室仅有30家左右，而食品安全问题层出不穷，有限的实验室难以应对食品安全评价的巨大需求。这个问题要在尽可能短的时间内来解决，才能保障中国食品安全。

第四章　中国食品安全研究对实验动物科学技术与产业发展的需求分析

一、人 才 需 求

若按食品安全毒理学评价实验室将增加至 50 家计算，从业人员预计约为 5000 人，其中，需要受过实验动物专业教育的人员占有一定比例，预计不少于 500 人。对于其他实验技术专业人员的需求预计为临床病理学技术人员 500 人、组织病理学技术人员 500 人、一般毒理学技术人员 1000 人、特殊毒理学技术人员 1500 人。

二、设施建设需求

食品安全毒理学评价实验室所需实验动物设施平均约为 4000m^2，合计为 20 万 m^2。除应符合现行动物设施国家标准外，对含纳米材料等食品评价的设施，还应具有相应的特殊要求。食品致病微生物安全评价设施则需要达到相应的生物安全级别。

三、技 术 需 求

食品安全研究需具有动态、适时、无损、灵敏、高分辨等特征的生命科学检测、成像、分析与操纵方法，功能和结构信息获取新分析及表征技术等新技术。食品安全研究将不再局限于一般健康人群，将会进一步关注到各种特殊人群，如不同年龄人群、常见疾病状态人群等不同群体。届时，食品安全研究对人类疾病动物模型、遗传工程模式动物等的应用需求将加大。

第五章　对策与建议

针对中国食品安全研究存在的问题，从实验动物使用者的角度提出以下三点建议。

一、建立符合国际质量控制规范的食品安全毒理学评价实验室监控体系

质量控制是食品安全实验室检测数据可靠性的保证。食品理化检测可以通过盲样测试等能力验证，进行检测质量的控制。由于实验动物的毒理学评价必须通过全过程质量控制，目前，国际上对毒理学评价实验室最主要的质量控制规范就是要求实现 GLP。GLP 最早起源于药品研究，在发达国家已应用于法规所要求的所有非临床健康和环境安全研究，包括医药、农药、食品添加剂与饲料添加剂、化妆品、兽药和类似产品的注册或申请许可证，以及工业化学品管理。中国已建立国家食品药品监督管理总局监控的新药 GLP 体系、农业部监控的农药 GLP 体系、环境保护部监控的新化学品生态和环境毒性 GLP 体系、国家认证认可监督管理委员会监控的化学品 GLP 体系，但食品安全领域尚未建成 GLP 体系。为了更好地保护人民健康和安全，建立符合国际质量控制规范的食品安全毒理学评价实验室监控体系势在必行。

二、加强具有中国特色实验动物资源培育及其在食品安全领域的应用

新药非临床毒理学安全性评价，不仅要求应用啮齿类动物，还要求应用非啮齿类动物，常用的动物为犬和猴。而中国食品安全评价仍停留在只使用啮齿类动物。与药品相比，食品应用范围更广，人类接触的时间更长、数量更大；人民对食品安全问题更关注。鉴于食品安全研究实验动物应用现状，结合食品安全研究的需求和发展趋势，应用非人灵长类动物、小型猪等在解剖、生理、生化等方面更接近于人的实验动物，进行食品安全研究势在必行。另外，诸如小鼠的模型动物国外已达到相当高的研究水平和产业化水平，中国应立足于引进资源的同时，建议加强具有中国特色的实验动物资源培育，重点开展非人灵长类动物、小型猪、树鼩等实验动物资源研究和产业化。另外，由于从动物数据向人外推存在种属差异，尤其对于诸如过敏反应、受体介导反应等种属特异性强的效应，研发自主知识产权的遗传修饰非人灵长类动物、小型猪、树鼩等动物模型，应用到食品安全领域研究中很有必要。

三、建立实验动物资源引进快速通道和共享机制

目前实验动物资源引进手续繁琐、周期长、共享机制落后，不利于研究者利用实验动物开展食品安全研究。建议由国家统一布局，完善协调机制，建立实验动物资源引进的快速通道，加大实验动物资源引进和共享的力度。

专题四　实验动物科学技术与动物卫生研究

摘　　要

本研究对中国动物卫生领域中实验动物科学技术生产和应用现状进行了调查。实验动物在本领域的应用所呈现的显著特点：一是品种多，包括鸡、猪、牛、羊、鸭、鹅、兔、小鼠、豚鼠、马、鱼、貂等；二是数量大，在中国各兽医生物制品企业，年生产 160 多个品种、总量约 12 000 批、1100 亿头份（羽份）的兽医疫苗和抗血清检验中，所用动物至少包括 SPF 鸡 240 000 只、猪 30 000 头、牛 6000 头、犬 300 只、貂 400 只、羊 2400 只、鹅 200 只、鸭 800 只。2012 年全国 SPF 鸡生产企业有 20 家，共生产 SPF 鸡蛋约 5050 万枚，在基本满足本领域使用需求的同时，还向韩国等东南亚国家出口 SPF 鸡蛋约 150 万枚。

通过与发达国家的有关情况进行对比研究发现，中国实验动物科学技术基础相对薄弱，发展相对滞后，尤其是在动物卫生领域中的实验动物科学技术尚处于初步发展阶段，有的概念尚待进一步发掘和探讨，理论有待进一步丰富和发展，有的操作规范还需要在实践中检验和完善。

本研究还探讨了中国动物卫生领域中实验动物科学技术与产业发展面临的困境。例如，管理体制不健全、部门管理缺少实验动物管理专项经费；实验动物专业人才匮乏，实验动物研究后劲不足；实验动物标准不完善；缺少质量统一标准化的检测试剂和动物卫生领域法定的实验动物质量监督检测机构；产业化程度过低，实验动物质量得不到保证；实验动物质量低，制约了兽药行业发展；行业管理部门对实验动物事业关注不够，相关经费投入少；免疫攻毒实验过于频繁，动物福利未得到有效关注，生物安全存在隐患；实验动物学术交流活动较少，业务水平有待提高；等等。针对上述问题，提出了中国动物卫生领域实验动物科学技术与产业发展战略构想和具体对策。

基 本 概 念

动物实验（animal experiment）：是指在实验室内，为了获得有关生物学、医学等方面的新知识或解决具体问题而使用动物进行的科学研究。

兽医生物制品（veterinary biological product）：是指用天然或人工改造的微生物、寄生虫、生物毒素或生物组织及代谢产物为原料，采用生物学、分子生物学或生物化学等技术制成的生物活性制品，用于预防、治疗或诊断动物疾病。

质量检验（quality monitoring）：是指对产品的一个或多个质量特性进行观察、测量、试验，并将结果和规定的质量要求进行比较，以确定每项质量特性合格情况的技术性检查活动。

兽药标准物质（standard substance of veterinary drug）：是指供兽药标准中物理和化学测试及生物方法试验用，具有确定特性量值，用于校准设备、评价测量方法或给供试兽药赋值的物质，包括标准品、对照品、对照药材、参考品等。

靶动物（target animal）：是指用做考察、研究或治疗对象的动物。

效力试验（potency test）：是指在特定条件下、采用特定技术方法检查（兽药）产品预期效能的技术活动。

免疫攻毒试验（immunological toxic test）：是指在特定条件下用特定免疫制品（疫苗或抗血清）对特定动物进行免疫接种，一定时间后用致病性病原微生物或毒素对其进行人工攻击，以确定该制品的免疫预防效力的技术性检查活动。

质量保障体系（quality security system）：是指以提高和保证产品质量为目标，运用系统方法、依靠必要的组织结构，把组织内各部门、各环节的质量管理活动严密组织起来，将影响产品质量的一切因素统统控制起来，形成的一个有明确任务、职责、权限，相互协调、相互促进的质量管理的有机整体。

引　言

1. 动物卫生领域的研究内容

动物卫生研究是指与动物疫病防控和动物产品质量安全相关的科学研究活动。动物卫生研究不但关系到动物疫病防控和畜牧业发展大计，更重要的是，由于在已知的人类疾病中约有60%属于人兽共患病；所有新出现的传染病中，约有75%属于人兽共患病；大部分人类感染的人兽共患病都来源于猪、鸡、牛、山羊、绵羊和骆驼等动物；13种最主要的人兽共患病，每年导致全球约220万人死亡。因此，加强动物卫生研究是保障人类健康、提高公共卫生安全水平的必然途径。

本研究通过对中国动物卫生研究领域的实验动物科学技术应用状况进行调查，并与发达国家的有关情况进行对比研究，探讨实验动物科学技术与产业发展在动物卫生研究领域的地位和作用，提出中国动物卫生领域实验动物科学技术与产业发展战略构想和具体对策。

2. 实验动物科学技术在动物卫生领域的应用

动物实验是动物卫生研究的基本手段。目前，中国的动物传染病，特别是猪瘟、口蹄疫、高致病性禽流感、高致病性猪蓝耳病、狂犬病等重大动物疫病的防制措施主要是免疫接种，因此，兽医疫苗在防控动物疫病中发挥着至关重要的作用。而在兽医疫苗的研发中，涉及疫苗安全和有效性的几乎每个试验中，都需用符合特定条件的实验动物。同时，各兽医疫苗生产企业和质量监督部门在进行兽医疫苗质量检验的过程中，几乎在每个疫苗的安全和效力检验中，均需使用符合条件的实验动物。可以说，动物试验是疫苗研发和质量检验的基本手段，没有实验动物，就无法进行兽医疫苗的研发和检验，兽医疫苗的质量就无法保障。此外，在动物疫病致病机制的研究、菌株毒株的致病性（毒力）鉴定、动物传染病的流行病学研究、化学药品的急性慢性毒理学研究、药物残留代谢研究、动物源性标准物质的研究和制备等工作中，实验动物也是必不可少的工具。因此，实验动物是动物卫生研究的重要技术平台，实验动物科学技术水平和实验动物质量直接影响着动物卫生研究成果的科学性。

“实验用动物”与“实验动物”具有本质区别。实验用动物是指能够用于科学实验的所有动物。也就是说，实验用动物不仅包含了实验动物（如大鼠、小鼠、地鼠、豚鼠、兔、SPF鸡、小型猪、比格犬、猴等），而且包括野生动物（如青蛙、斑马鱼、蟾蜍、果蝇）、经济动物（水貂、狐狸等）、伴侣动物（猫、犬等）、家畜（猪、牛、羊等）和家禽（鸡、鸭、鹅等）等。与实验动物相比，野生动物、经济动物、伴侣动物、家畜、家禽等的生物学特性、遗传学背景、微生物控制程度等都具有一定的不确定性。因此，应用这些动物进行科学实验，其结果与其本质相比往往存在较大差异，从而降低了实验结果的可信度。但因动物卫生研究的特殊性，应用实验动物以外的“实验用动物”也只是迫不得已的选择，正是这一点，构成了实验动物科学技术在动物卫生研究领域中应用的特殊性。因此，在动物卫生领域，通常将尚未标准化的实验用动物也用做“实验动物”。

1）在兽医生物制品研制和检验方面的应用

中国是畜牧养殖业大国，畜牧业的发展不仅关系到动物产品的有效供应，还关系到农业农村工作的大局和国家的长治久安。动物疫病的有效防控是畜牧业健康发展的前提和保证。预防用生物制品（如疫苗、微生态制剂）、治疗用生物制品（如抗血清等）、诊断用生物制品（各类检测试剂盒）等的广泛应用，是目前中国动物疫病防控措施中的主力军。这些兽医生物制品的研制和质量检验，都离不开大量的实验动物。

实验动物在兽医生物制品研制和检验方面的应用特点之一，即极其普遍。

以兽医疫苗的研制过程为例。首先，用实验动物鉴定制苗用的候选菌、毒株的毒力、免疫原性、纯净性等特性，主要采用的是靶动物或小鼠、家兔等替代动物。其次，在兽医疫苗的实验室研制阶段，要利用大量的靶动物和替代动物对试制疫苗的安全性和免疫效力进行试验研究，这些试验包括单剂量安全性试验、重复剂量安全性试验和超剂量安全性试验、活疫苗菌毒种的毒力返强试验、疫苗的免疫攻毒效力试验、最小免疫剂量试验、免疫持续期试验、保存期试验、免疫接种动物后的血清抗体效价与攻毒保护平行关系试验、替代动物与靶动物免疫攻毒保护相关性试验等。只有通过大量的动物试验，才能获得该疫苗各种特性的具体数据，从而制定出切实可行的生产规程、质量标准和用药程序。在治疗类兽医生物制品和诊断制品的研发过程中，同样需要开展大量类似的动物试验。

在各个兽医生物制品生产企业中，每批生物制品在出厂前均需严格按照质量标准中的各项规定进行全面检验，其中的绝大部分安全检验和效力检验都需进行动物试验。在所有兽医生物制品生产企业的设施建设中，无论是在投资规模，还是在占地面积等方面，设计和建设检验用动物实验室都占有非常重要的地位。在兽医生物制品出厂检验中，动物实验是最重要的检验工作内容。随着兽医生物制品企业生产的产品越来越多、批量越来越大，以及在新产品研发方面的投入不断增加，大部分兽医生物制品企业都不断扩建动物实验室。通常情况下，每个兽医生物制品企业都需分别建设安全检验用动物实验室和效力检验用动物实验室，多数生产企业的效力检验用动物实验室还需包括免疫动物实验室和攻毒动物实验室两部分。涉及一类或二类动物病原微生物（按世界卫生组织对感染性微生物分类标准）攻毒试验的，还需建设生物安全二级动物实验室。此外，还需按照各种动物及各个微生物和寄生虫的级别要求分开设计。因此，目前典型的兽医生物制品生产企业的检验用动物实验室应包括普通级小动物安全检验实验室、清洁级小动物安全检验实验室、SPF 级小动物安全检验实验室、普通级大动物安全检验实验室、大动物效力检验免疫动物室、小动物效力检验攻毒实验室、大动物效力检验攻毒实验室等。目前，中国最大的兽医生物制品生产企业的动物实验室面积已经达到 $7000m^2$ 左右。

在新的兽医生物制品研发过程中，动物实验是最重要的研究内容，同时也是耗资最大的研究内容。兽医生物制品新产品申报资料中的技术数据，大部分都是根据动物实验获得的数据。

在中国的兽医生物制品质量标准中，规定用动物进行终产品安全和效力检验的历史由来已久。在新中国成立后制定的第一版《兽医生物药品制造及检验规程》中，收载的31个兽医疫苗和抗血清质量标准中，无一例外地均使用动物进行安全或效力检验。例如，狂犬病灭活疫苗安全和效力检验中，需使用小鼠、豚鼠和兔；羊痘活疫苗的检验中，需用小鼠、豚鼠、兔和绵羊。《中国兽药典》（2010 年版）收载的 82 个兽医疫苗和抗血清（40 个活疫苗、40 个灭活疫苗和 2 个抗血清）中，用动物进行安全或效力检验的产品达100%，其中用靶动物进行安全或效力检验的产品有 58 个（占 71%），用非标准化实验用动物（鼠、鸡、豚鼠、兔、犬以外的动物）进行安全或效力检验的产品有 36 个（占 44%）。

应用动物实验进行兽医生物制品安全或效力评价，在世界范围内也是十分普遍的要求。在《美国联邦法规》中公布的 73 个兽医生物制品质量标准中，用动物进行安全或效力检验的产品达到 65 个（占 89%），其中用靶动物进行安全或效力检验的产品有 39 个（占54%），用非标准化动物进行安全或效力检验的产品有 23 个（占 32%）。

由此可见，在兽医生物制品的质量评价中，动物实验发挥着不可替代的作用。尤其是在评价兽医疫苗免疫效力的各种方法中，尽管用于检测有效抗原含量的化学方法、生物化学方法已常应用于兽医疫苗生产过程的中间控制，但是，基于动物免疫学原理的疫苗抗原相对含量测定法、免疫抗体效价测定法、替代动物免疫攻毒法及靶动物免疫攻毒法等仍然是（也仍将是）最令人信服的兽医生物制品成品免疫效力评价方法。也就是说，动物实验仍将是得到最广泛认可的兽医疫苗免疫效力评价载体。

实验动物在兽医生物制品研制和检验方面的应用特点之二，即品种多、数量大。

在兽医生物制品领域应用实验动物的工作主要包括各兽医生物制品生产企业对其产品进行的出厂检验、各企业和有关科研单位从事的兽医生物制品新药研发、监管部门根据国家计划开展的监督检验、有关单位根据授权对国内新产品和进口产品进行的复核检验等。另外，在菌毒种鉴定、质量检验方法研究、动物疫病诊断试剂研发、各企业中间产品质量控制中也需使用动物。其中，兽医生物制品出厂检验和新生物制品研发中使用的动物数量远高于其他项目。用动物进行出厂检验的项目包括安全检验、效力检验，有时在外源病毒检验中也会使用动物。在菌毒种鉴定、工艺研究、实验室安全、效力、免疫期和保存期试验等研发全过程中几乎所有的试验项目均需使用动物。

《中国兽药典》（2010 年版）三部收载的 82 个兽医生物制品中，涉及的检验用动物品种包括 SPF 鸡、猪、牛、羊、鸭、鹅、兔、小鼠、豚鼠、马、鱼、貂等。其中，用猪进行安全或效力检验的产品达到 16 个，用牛、羊进行安全或效力检验的产品有 18 个。用非标准化动物进行安全或效力检验的产品（36 个）所占比例相当高（44%）。

中国各兽医生物制品企业每年生产约 160 种兽医疫苗和抗血清，总量约 12 000 批、1100 亿头份（羽份）。经测算，这些产品出厂检验中所用动物种类和数量大约为 SPF 鸡240 000 只、猪 30 000 头、牛 6000 头、犬 300 只、貂 400 只、羊 2400 只、鹅 200 只、鸭 800 只。

在研发方面，由于参与兽医生物制品研发的单位较多，每个产品的研发周期千差万别，有关技术规范中对不同品种动物的数量要求也有所不同，难以准确统计每年用于生物制品研发的动物种类和数量。但是，自新产品研发的初期到最终的临床试验阶段，均需使用动物，且农业部对每个试验中所用样品的批数和动物数量均有基本要求。从每年申请临床试验和新生物制品注册约200个产品、每个小动物产品研发需用至少2000只动物、每个大中动物产品研发需用至少500只动物来推算，每年用于研发的动物数量总数不低于20万只（头）。从近几年的研发动向来看，在禽病疫苗研发积极性越发高涨的基础上，对猪病疫苗、水禽疫苗、犬用疫苗的研究也越来越活跃，有关试验中猪、鸭、犬的用量也越来越大。

2）在兽医化学药品研制和检验方面的应用

兽医化学药品、中兽药、消毒剂的应用，在动物疫病控制方面同样发挥着不可替代的重要作用，这些药物的研制和检验同样需要应用大量实验动物。

在新兽药研制中，标准化的实验动物是获取准确数据的前提和基础。在新兽药上市之前，药理学研究、药代动力学实验、急性毒性实验、致畸实验、致瘤性实验、过敏性刺激实验数据等均需通过动物实验获得。兽医药品用法用量的探索，使用后对靶动物增重、生殖（产仔、产蛋）能力的影响等也均需要通过动物实验得以确认。

兽药药理学研究中普遍使用实验动物。药物代谢动力学研究的目的就是了解新兽药在动物体内动态变化的规律及特点，为临床合理用药提供参考，选用的实验动物常有成年大鼠、小鼠、兔、豚鼠、犬等。药效学、毒理学研究中一般需选用相同的实验动物。药物分布试验中，一般选用大鼠或小鼠。药物排泄试验中，一般首选大鼠。药理学研究一般选用小鼠、大鼠、犬、猫等。

在新兽药的急性毒性实验中，需用动物观察一次给药后所产生的急性毒性反应和死亡情况。对于不少药物，需做半数致死量（LD_{50}）实验；如果药物毒性很小，则进行耐受剂量实验。进行药物LD_{50}测定时，常用小鼠和大鼠，如ICR、KM小鼠，SD或Wistar大鼠。在上述实验中，如果动物质量欠佳，体重不准，组间体重差异大或有不良的外环境影响（如室温过高或过低等），均可产生不正确的数据，导致错误结论。

在新兽药的长期毒性试验中，需观察动物在连续给予受试药物后，因药物积蓄而对动物机体产生的毒性反应及其严重程度，提供毒性反应的靶器官及其损害是否可逆等信息，确定无毒性反应的剂量，为拟定安全使用剂量和休药期提供参考。由于长期毒性试验持续时间一般较长，而且要设定高、中剂量组，因此，通常需要较大数量的动物和可靠的动物饲养环境。长期毒性试验中通常还需要使用两种以上的动物，才能比较正确地预示受试药物在临床上的毒性反应。通常使用的一类动物是啮齿类动物，另一类动物是犬、猴或小型猪。啮齿类动物常用SD大鼠或Wistar大鼠，试验期在3个月内者，宜用6~8周龄大鼠，超过3个月者宜用5~6周龄大鼠。

研发某些特殊的兽药，需选用相应的特殊实验动物开展试验研究工作。例如，研发镇痛药，需用成年小鼠、大鼠、兔，也有用豚鼠、犬等的。研发解热药，首选兔，因其对热原质较敏感，也可用大鼠进行试验。研发作用于心血管系统的药物，如降压药物研究，需选用犬、猫、豚鼠进行实验，也可用兔。研发作用于呼吸系统的药物，如镇咳药，需选用豚鼠进行实验。研发作用于消化系统的药物，需选用大鼠、豚鼠、兔、犬等进行实验。研发作用于泌尿系统的药物，如利尿药物或抗利尿药物的研究，需选用雄性大鼠或犬进行实验。研发作用于内分泌系统的药物，如肾上腺皮质激素类药物研究，要选用大鼠、小鼠进行实验。

在部分兽医化学药品检验中，也需要使用符合特定要求的实验动物。例如，在热源检查中，须使用体重为2kg左右的兔；在异常毒性检查中，须使用体重17~20g的小鼠；在升压物质检查中，须使用清洁级以上的成年大鼠；在降压物质检查中，须使用体重2kg以上的健康猫。在过敏反应检查（豚鼠）、绒促性素生物测定（小鼠）、缩宫素生物测定（大鼠）、洋地黄生物测定（鸽）中，均需使用实验动物。

3）在其他动物卫生研究领域的应用

实验动物在兽医药品生产用原材料质量研究和检验中有所应用。例如，在生物制品生产用细胞系的致瘤/致癌性试验中，须选用无免疫力的小鼠（裸鼠或去除胸腺的小鼠）。

在动物流行病学分析、病因调查、微生物致病力等微生物学研究中，实验动物的应用也是不可或缺的。根据研究对象不同，可选用的动物很多，包括小鼠、大鼠、裸鼠、沙鼠、豚鼠、地鼠、兔、犬、猴、猫、猪、马、牛、羊、鸡、鸭、鹅等。特别是在开展猪、马、牛、羊、鸡、鸭、鹅等动物传染病及其病原学研究时，选用靶动物进行实验，是必不可少的研究内容。

在动物免疫学研究中也常应用实验动物。例如，BALB/c-nu小鼠，缺乏T细胞免疫；鸡红细胞可用于炎症的吞噬反应试验；豚鼠易于致敏，对组胺反应十分敏感，适于做过敏性实验研究。

此外，在中兽药研究、动物生理生化和行为学研究、动物遗传学研究、饲料和营养学研究、环境保护研究中，实验动物的应用都很普遍。例如，啮齿类动物，尤其是大鼠、小鼠和豚鼠，广泛应用于对空气或水体污染评价的试验。在重金属环境污染物的研究中，除大鼠、犬、猫等动物外，某些野生动物种类和鱼类也可以作为良好的动物模型。在农药环境污染研究中，小鼠、大鼠、豚鼠、犬及某些鸟类是常用的实验动物。在微生物环境污染研究中，各种动物，包括家畜、啮齿类动物、非人灵长类动物、犬、鱼类、昆虫、鸟类等都得到广泛应用。

第一章　中国发展现状

一、发 展 现 状

中国实验动物科学的起步，最早可追溯至1918年，原北平中央防疫处齐长庆博士首先饲养繁殖小鼠，用于实验并从日本引进了豚鼠。1981年根据全国人民代表大会和全国政治协商会议关于实验动物问题的提案，国务院责成国家科学技术委员会就这个问题进行调查研究，做好组织协商工作。自此，中国实验动物科学发展加快。

（一）实验动物学术团体、法律、法规和标准

1982年11月，国家科学技术委员会在云南西双版纳召开了第一次全国实验动物工作会议。1983年北京实验动物学学会成立。1987年中国实验动物学学会成立，同年，中国申请加入了国际实验动物学理事会（ICLAS），成为其会员。在此前后，《中国实验动物学报》、《中国实验动物学杂志》、《北京实验动物科学与管理》、《上海实验动物科学》等杂志正式出版。

1988年国家科学技术委员会以2号令颁布了中国第一部实验动物管理法规《实验动物管理条例》。之后，北京市、上海市、湖北省、云南省、黑龙江省、广东省等省市也相继出台了各省市的实验动物管理实施细则。从而使中国实验动物管理走上了法制化轨道。1994年国家技术监督局颁布（之后两次修订）了7类47项国家实验动物质量标准，1999年制订（2008年修订）了SPF鸡微生物监测10个部分的国家标准。科学技术部在全国还建立了国家和省两级实验动物质量检测机构。

（二）实验动物种质资源

美国实验动物保种已形成专业化，美国杰克逊研究所正在建立国家遗传研究资源基地，美国杰克逊研究所和NIH下属的两个实验动物保种单位，已被美国乃至国际实验动物界所公认，保存品系上万种。目前世界各国的实验动物原种基本上来自于这两个保种单位。

中国1998年1月根据《实验动物质量管理办法》，由科学技术部发文建立了“国家级啮齿类实验动物种子中心”和“上海分中心”。2004年，国家啮齿类实验动物种子中心可向外提供23个品系的实验动物种子，上海分中心可向外提供45个品系的实验动物种子，使啮齿类实验动物种源质量得到保证。2002年以来，国家又先后启动了“国家实验用小型猪种质资源基地”、“国家实验兔种质资源基地”、“国家实验用猕猴种源基地”、“国家SPF禽类种质资源基地”和“实验用比格犬种源基地”等项目，集中开展实验动物

种质资源的收集、整合、保存，并开展标准化研究，建立种质资源生物学特性数据库，实现种质资源共享。据统计，到2011年，中国农业科学院哈尔滨兽医研究所国家禽类实验动物种子中心向社会供应SPF种蛋18 000枚。

20世纪80年代初期，由于政府对实验动物的重视，中国实验动物科学工作者开始涉及悉生动物技术领域。经过短短10多年的努力，已成功培育无菌动物。中国具有丰富的野生动物资源有待开发和利用。目前的实验动物品系约有100多个，其中，中国的黑线仓鼠、东方田鼠、长爪沙鼠、TA1小鼠、TA2小鼠、615小鼠、小型猪、拉萨犬等已受到了国外同行的关注和认可。90年代中国对转基因动物的研究开展得比较普遍，成功获得了转基因兔、转基因小鼠、转基因裸鼠、转基因山羊、转基因猪等。

（三）实验动物产业化

发达国家的实验动物在市场的推动下已形成了生产专业化、供应社会化、使用商品化。以日本为例，实验动物生产、饲料、垫料、笼架具、仪器设备等均由各专门的公司和企业提供；而近100所大学、研究所的实验动物设施大多以动物实验为主。新建的实验动物设施更注重节能、实用和环境保护，而且洗刷消毒及粪便污水处理已实现自动化、实验动物设施维修专业化。日本实验动物供应商都有介绍自己公司和产品的小册子，每月将自检或委托代检的微生物学、寄生虫学及病理学的检测报告寄给客户，并用专用的恒温动物运输车运送实验动物。

中国已初步形成实验动物生产、销售专业化与产业化雏形。以北京为例，2007年，北京地区实验动物生产单位有22家，共生产实验动物200万只（头），SPF鸡蛋300万枚，其中北京实验动物中心、中国药品检定所实验动物中心和中国人民解放军军事医学科学院实验动物中心3家生产的实验动物数占北京地区实验动物总数的80%。

动物卫生领域仅SPF鸡蛋的生产初步形成产业化，2012年，20家企业年产SPF种蛋约5050万枚。

（四）动物卫生行业的“3R”研究

兽医生物制品工作者为减少动物的使用量和减少动物的痛苦，在兽医疫苗的检验中，研究建立抗原量和攻毒保护平行关系及抗原量和免疫反应的相关性后，用抗原定量检测法代替免疫动物攻毒保护法。目前批准注册的兽医活疫苗的效力检验基本均建立了抗原含量测定标准。例如，病毒活疫苗效力检验，测定疫苗中的病毒含量；细菌活疫苗效力检验，测定疫苗中的活菌数；寄生虫活疫苗效力检验，测定疫苗中的卵囊数。灭活疫苗用抗原定量检测法来代替免疫动物攻毒保护法，进行效力检验相对要少一些，但也有不少制品采用此法，如猪肺炎支原体灭活疫苗等。此外，兽医生物制品工作者还研究建立血清抗体效价与攻毒保护平行关系后，用血清抗体效价测定法代替免疫动物攻毒保护法，进行疫苗的效力检验。在批准注册的兽医生物制品中，大多数均采用血清抗体效价测定法代替免疫动物攻毒保护法，进行灭活疫苗的效力检验，如鸡新城疫灭活疫苗、禽流感灭活疫苗等。建立国家标准参照品代替本动物攻毒实验。例如，狂犬病灭活疫苗用NIH

法替代用犬免疫攻毒法，进行效力检验；猪肺炎支原体灭活疫苗用相对效力检验法（用竞争抑制酶联免疫吸附试验方法对待检疫苗与参考疫苗进行比较）替代用猪免疫攻毒法进行效力检验。用啮齿类实验动物替代靶动物进行效力检验。例如，猪细小病毒病灭活疫苗和猪副猪嗜血杆菌病灭活疫苗均用豚鼠替代猪免疫攻毒法进行效力检验；羊快疫、猝狙、羔羊痢疾、肠毒血症四联灭活疫苗用兔替代羊免疫攻毒法进行效力检验；等等。用建立 PCR 检测法替代动物，进行制苗用毒种和活疫苗的外源病毒检测。在兽医疫苗的生产中，兽医生物制品工作者常研究用原代细胞、传代细胞替代用动物生产兽医疫苗。例如，用牛睾丸原代细胞或 ST 传代细胞生产猪瘟活疫苗；用 Vero 传代细胞生产犬瘟热活疫苗；用鸡胚成纤维细胞生产猪伪狂犬病灭活疫苗；用 BHK-21 传代细胞生产口蹄疫灭活疫苗；用草鱼吻端细胞生产草鱼出血热活疫苗；利用生物反应器细胞悬浮培养技术用 MDCK 传代细胞替代鸡胚生产禽流感病毒灭活疫苗；等等。

中国利用低等动物鱼类进行替代研究已做了许多工作。开展了剑尾鱼对壬基苯酚的环境雌激素效应，以及酚类、烷基苯类、硝基苯类化合物和环境水样的毒性监测应用研究；用剑尾鱼进行石油开发污染物的毒性监测；用剑尾鱼对“敌百虫”、马拉硫磷、甲胺磷 3 种有机磷农药，以及铬、铜、铅、汞 4 种重金属进行毒性试验；研究了氯联苯暴露对剑尾鱼肝脏、卵巢及鳃组织中 Na^+/K^+-ATPase 活性的影响；用剑尾鱼、稀有𬶋鲫对双对氯苯基三氯乙烷（DDT）、重铬酸钾、苯酚等化合物进行急性毒性试验；中国稀有𬶋鲫是水生态毒理学研究中一种理想的鱼类实验模型动物，可用于评价环境中低剂量类雌激素暴露的毒性效应；利用斑马鱼对苏州河河水进行急性毒性试验；利用剑尾鱼对二氯海因、二溴海因、溴氯海因等消毒剂进行安全性评价；等等。

（五）动物卫生行业实验动物发展概况

1. 动物卫生行业实验动物管理

农业部于 1983 年召开农业系统实验动物工作座谈会。1984 年成立农业部实验动物研究所。1985 年北京农业大学（后改名中国农业大学）设立了实验动物专业为国家培养实验动物专业人才。农业部聘请美籍华人徐兆光教授为实验动物科学顾问，率先在全国举办实验动物学习班培养实验动物人才。现在大多数国内知名实验动物专家都参加过当时的实验动物学习班。1989 年，农业系统实验动物工作在全国发展形势的推动下全面开展；1992 年农业部颁布的《中华人民共和国兽医生物制品规程》收载了“实验动物暂行标准”，明确提出“兽医生物制品菌（毒）种的制备与鉴定、制品的制造与检验用的实验动物：小鼠为清洁级；大鼠、兔、豚鼠、地鼠为普通级；禽类制品毒种的制备与鉴定、活疫苗的制造和外源病毒检验所用实验动物（鸡和鸡胚）为 SPF 级”。

为进一步加强实验动物的管理，1995 年 4 月 21 日农业部文件农牧发[1995]8 号印发了《农业系统实验动物管理办法》（1997 年 12 月修订），明确提出农业系统实验动物管理实施“实验动物合格证”制度，并提出了合格证申领办法，对农业系统实验动物质量实施检测，由农业部指定法定质量监测单位负责实施。为落实该管理办法，农业部成立了实验动物管理办公室，设立专门机构、安排专门人员和经费，参与管理本行业内的实验动物工作。但在 2001 年科学技术部出台《实验动物许可证管理办法（试行）》后，农业部实验动物管理委员会办公室印章被清理，实际工作停止运作，《农业系统实验动物管理办法》已成为一纸空文。

1995 年中国兽药典委员会办公室与中国兽医药品监察所召开 1992 年版《中华人民共和国兽医生物制品规程》研讨会，就《中华人民共和国兽医生物制品规程》中“实验动物标准”，对农业系统实验动物生产、使用大单位及兽医生物制品生产企业明确提出：普通级、清洁级实验动物于 1996 年 6 月月底以前达标，无特定病原体级动物（SPF 鸡）要求在 1999 年年底以前达标。由于种种原因，禽用活疫苗的制造中全部使用 SPF 鸡胚没有完全达到预期目标。随着 2005 年全国兽医生物制品企业 GMP 化，“生产检验用动物标准”被 2005 年《中华人民共和国兽药典》收载，正式纳入国家标准。SPF 鸡和鸡胚的生产、使用量急剧上升。2012 年，国产禽用活疫苗的生产已全面使用 SPF 鸡和鸡胚，全年使用 SPF 鸡胚约 5050 万枚。

1999 年，在农业部的牵头推动下，经国家技术监督局批准，将《SPF 鸡 微生物学监测总则》、《SPF 鸡 红细胞凝集抑制试验》、《SPF 鸡 血清中和试验》、《SPF 鸡 血清平板凝集试验》、《SPF 鸡 琼脂扩散试验》、《SPF 鸡 酶联免疫吸附试验》、《SPF 鸡 胚敏感试验》、《SPF 鸡 鸡白痢沙门氏菌检验》、《SPF 鸡 试管凝集试验》和《SPF 鸡 间接免疫荧光试验》10 个标准列入中华人民共和国国家标准。2008 年，农业部门组织专家对上述 10 个标准进行修订，增加了检验方法，经国家技术监督局批准于 2009 年 5 月 1 日实施。

2. SPF 鸡

1985 年，山东省家禽研究所在中国首次建立 SPF 鸡群。之后，中国兽医药品监察所、中国农业科学院哈尔滨兽医研究所、北京实验动物中心等单位相继建立 SPF 鸡群。经过近 30 年的发展，中国的 SPF 种蛋生产经历了从无到有、从少到多、质量水平从低到高的发展历程。据不完全统计，2000 年，全国 7 家 SPF 鸡生产企业，共生产 SPF 鸡蛋 534.6 万枚；2005 年，7 家 SPF 鸡生产企业，年产约 625 万枚；2008 年，14 家 SPF 鸡生产企业，年产约 1467 万枚；2009 年，16 家 SPF 鸡生产企业，年产约 2396.6 万枚；2012 年，全国 SPF 鸡生产企业有 20 家，共生产 SPF 鸡蛋约 5050 万枚，基本达到了供需平衡，日趋饱和。此外，中国 2012 年还向韩国等东南亚国家出口 SPF 鸡蛋约 150 万枚（表 4-1）。

中国使用 SPF 鸡的数量，2001 年 28 348 只，2006 年 73 000 只，2009 年仅中国农业科学院哈尔滨兽医研究所和中国兽医药品监察所两个单位检验、研究用 SPF 鸡数就达 60 000 只，2011 年，兽医生物制品企业检验用 SPF 鸡达 240 000 只，正负压 SPF 鸡隔离器的数量也明显增多（2001 年为 175 台，2006 年为 1232 台）。

3. 小型猪

自 20 世纪 80 年代初开始，中国开始对小型猪资源进行调查，并开展实验动物化研究。其主要品系和资源有版纳微型猪近交系、五指山小型猪近交系、广西巴马小型猪、贵州小型猪、甘肃蕨麻小型猪、藏猪等。

表 4-1　2012 年全国 SPF 鸡蛋生产情况统计表

企业名称	产蛋量/万枚
山东无特定病原鸡实验种鸡场	100
济南昊泰实验动物繁育有限公司	200
济南斯帕法斯家禽有限公司	600
济南赛斯家禽科技有限公司	400
济南斯派福瑞禽业科技有限公司	250
山东省六一农场	300
山东育风农业科技有限公司	300
聊城隆基禽业有限公司	100
济南赛福实验动物养殖有限公司	100
中国农业科学院哈尔滨兽医研究所	50
哈药集团生物疫苗有限公司	220
哈尔滨金珠家禽养殖有限公司	260
吉林卓越生物技术有限公司	300
辽宁益康生物制品有限公司	120
北京实验动物中心	760
北京乾信实验动物有限公司	80
乾元浩股份有限公司南京药械厂	40
浙江恒达农业发展有限公司	120
浙江余姚神农畜牧股份有限公司	600
广东大华农动物保健品有限公司	150
合计	5050

版纳微型猪近交系：云南农业大学以版纳微型猪为种源，20 世纪 70 年代末开始近交培育。至 2001 年，近交系已顺利进入 19 世代，近交系数将高达 0.983，培育成功两个体型大小不同、基因型各异的近交系和 6 个家系；在不同的家系内又进一步分化出具有不同表型和遗传标记的 18 个亚系。中国科学院上海实验动物中心于 1995 年自原产地引进版纳微型猪，系统地进行了生物学特性研究，目前保持有一定规模的核心群。

五指山小型猪（WZSP）近交系：中国农业科学院畜牧研究所冯书堂研究员等培育的 WZSP 猪，原分布于海南岛五指山区。原种猪其 DNA 指纹图相似系数已达 0.698，在原近交的基础上又继续进行全同胞或亲子近交繁育，目前理论群体近交系数最高达 0.965 以上，而且遗传稳定，未发现有严重的遗传分离现象。1987 年从原产地迁地北京。通过对海南岛五指山猪进行几十年的研究，在北京异地保种、实验动物化培育、近交繁育、种质测定和分子遗传学研究，以及在畜牧、兽医，尤其是在人类比较医学、皮肤、心血管、口腔、去脂、异种器官移植新药测定研究中积累了大量的研究数据和资料，并成功培育了中国五指山猪。已广泛应用于药学、比较医学、畜牧兽医学等生命科学领域，形成了其开发利用网络，产生了一定的经济效益和社会效益，引起国内外专家的关注。目前该所已建立一个拥有 2000m^2 使用面积、150 头基础母猪、年销售 1000 多头普通级实验小型猪；400m^2 使用面积、20 多头基础母猪、年销售 200 多头清洁级实验小型猪生产基地。该所还将清洁级小型猪通过剖宫产手术成功培育的 SPF 级小型猪，饲养在隔离器中，经检测无 15 种猪传染病病原及抗体。该所正在筹建 $1200m^2$ 使用面积的 SPF 级小型猪设施。中国五指山小型猪是一个较好的实验动物模型，可应用于胚胎工程、营养代谢、细菌及病毒敏感性实验、疫苗监测、烧伤皮肤移植、去脂、牙齿口腔疾病、心血管疾病及新药研究等。

广西巴马小型猪：广西农业大学王爱德教授课题组从 1987 年开始，从原产地引入广西地方猪种巴马香猪，采用基础群内闭锁纯繁选育及半同胞为主的近交方式进行实验动物化的开发和选育，形成遗传相似性高、遗传性稳定的封闭群，并达到了一定程度的近交。其特点是遗传特性一致、稳定；白毛占体表面积大；体型趋于微型；早熟多产，耐粗饲。

贵州小型猪：贵阳中医学院从 1985 年开始，以从江香猪为基础种群，以小型化为育种目标进行定向选育，成为中国较早正式报道的小型猪。20 世纪 90 年代上海交通大学农学院华修国教授自原产地引进贵州香猪（包括黑香猪和白化香猪），系统地进行了贵州小型猪的实验动物化的开发和培育。

甘肃蕨麻小型猪：甘肃蕨麻小型猪又称为合作猪、山地猪，产于中国青藏高原，是典型的高原型小型猪种之一。由于长期生存在恶劣高寒气候（海拔 2000~3000m，最高气温 27.7℃，最低气温–28℃，年平均温度 1~7℃，温差较大）和低劣的饲养条件（终年以放牧为主，采食蕨麻等牧草的根、茎、籽及农作物的落叶等）下，具有许多适应高原环境的特点，长期以来自繁自养封闭繁殖，未受外来血缘的影响，形成一个稳定的小型原始地方猪种。贵州小型猪、广西巴马小型猪、版纳微型猪等均生长在海拔较低，温度、湿度较高的地区，而甘肃蕨麻小型猪则生长在截然不同的自然环境下，因此，甘肃蕨麻小型猪将丰富中国小型猪资源库与基因库，中国农业科学院兰州兽医研究所景志忠研究员已将该小型猪培育为实验动物模型，可望为医学生物学研究和兽医生物制品研究及检验提供独特的品系。

藏猪：藏猪产于中国青藏高原的广大地区，为典型的高原型猪种。体型较小。藏猪长期在高寒气候和恶劣的饲养条件下，终年放牧形成了适应高原环境的特点。而且产区交通闭塞，商业不发达，藏猪多在一定范围内自繁自养。藏猪是在这一特定的生态条件下，经过自然选择和人工选择而形成的一个特有的高原小型猪种。广州南方医科大学将其培育为实验动物模型，供医学生物学研究用。

目前，国内饲养小型猪的单位有中国农业科学院畜牧研究所昌平基地、广州南方医科大学、广东大华农动物保健品有限公司、上海交通大学农学院、广西农业大学、云南农业大学、中国农业科学院兰州兽医研究所、中国农业科学院哈尔滨兽医研究所、第三军事医学大学和中国农业大学等单位的实验基地。饲养规模都不太大，为 50~250 头。

4. SPF 猪群

中国的中型实验动物基地从整体上还处于初级阶段，远不能适应现代科学发展的需要。高级别中型实验动物（如 SPF 实验猪）设施的缺乏，已经成为制约中国动物卫生研究与兽医疫苗生产和质量控制的“瓶颈”。

SPF 猪是对预产期满即将分娩的母猪实施无菌子宫摘除术剖宫取仔；在无菌环境条件下，人工哺育仔猪成活，在屏障环境中育成的 SPF 猪群。1951 年美国内布拉斯加大学 Young 等，首先提出并成功进行了 SPF 猪的生产试验。随后，欧美发达国家很快开展了对 SPF 猪的研究工作。随着生命科学研究的飞速发展，SPF 猪在人体器官移植、疫苗研制、疾病模型等方面的作用日渐凸出，已成为一种重要的实验动物材料，一些科学技术发达的国家已逐渐把这项技术运用到养猪育种和养猪生产上。

中国 SPF 猪的建立、生产和推广经历了不同的阶段。从 20 世纪 70 年代初开始，先后对自然分娩/人工哺育、剖宫取胎、人工接产/人工哺乳、剖宫取胎/人工饲喂等方式进行了摸索。1982 年，中国农业大学、中国农业科学院畜牧研究所与北京市 SPF 猪育种管理中心合作，对预产期满即将分娩的母猪实施子宫切开手术，在无菌环境下取出胎儿，并在无菌饲养隔离器内，用超高温消毒牛奶喂养；21 日龄转入环境适应间，使其产生对环境的适应能力；再转到无净化设施的特定猪场饲养，成功培育并建立 SPF 猪群。该 SPF 猪群无猪支原体肺炎（猪喘气病）、猪萎缩性鼻炎、猪痢疾、猪伪狂犬病、猪传染性胃肠炎、虱和螨 7 种病原。中国兽医药品监察所曾多次购买该种 SPF 猪进行兽医生物制品研究和检验。但这样建立的 SPF 猪群，对疾病控制的种类较少，不能完全满足兽医生物制品研究、生产及检验的需要。

2009 年，中国农业科学院哈尔滨兽医研究所 SPF 猪繁育基地建设项目，申请纳入全国动物防疫体系建设规划（2009~2015 年）。该 SPF 猪群的建立，或血缘补充的途径，通过无菌剖宫产手术完成。首先大规模检测妊娠期母猪，排除垂直传播的病原，如猪瘟病毒、蓝耳病病毒、伪狂犬病病毒和细小病毒等，经过隔离观察，待妊娠 112~113 天时，实施剖宫产手术，无菌摘取胎儿。仔猪在五级净化隔离器（隔离器安放在八级净化设施中）中，人工饲喂超高温消毒牛奶，以避免母源抗体，防止外界感染。在此期间，接种乳酸杆菌，增强消化功能。21 天后转入七级净化屏障环境内的离乳仔猪室，适应 4~6 周。经采样检测未检到猪瘟、猪蓝耳病、猪伪狂犬病、猪细小病毒、猪圆环病毒、猪传染性胃肠炎、猪流行性腹泻、猪链球菌、猪传染性胸膜肺炎、副猪嗜血杆菌、猪萎缩性鼻炎、猪肺疫、仔猪副伤寒、猪肺炎支原体、仔猪红痢等病原和抗体后，转入七级净化屏障环境下的育成室，获得原代（F_0）SPF 猪。原代（F_0）SPF 猪在七级净化屏障设施环境内进行正常配种、繁殖，获得 F_1 代 SPF 猪。F_0 代和 F_1 代 SPF 猪统称为 SPF 猪。该项目正在做前期研究并在继续申报中。

5. 实验兔群

1941 年，中国兽医药品监察所的前身，原华北农事试验场家畜防疫系，从日本兽疫调查所引进日本大耳白种兔，经过几十年的精心培育，特别是 1986 年后，程水生等加大对日本大耳白兔的培育与研究，封闭繁殖十几年，培育成大耳白兔中国兽医药品监察所封闭群，并建立了该兔群的生物学特性、血液生理 16 项、生化 16 项指标，以及乙醇脱氢酶（ADH）、碳酸脱水酶（CA）、过氧化氢酶（Ce-2）、酯酶（Es）、α-甘油磷酸脱氢酶（Gdc-1）、葡萄糖磷酸脱氢酶-1（Gpd-1）、异柠檬酸脱氢酶-1（Id-1）、乳酸脱氢酶调节体-1（Ldr-1）、甘露糖磷酸异构酶-1（Mpi-1）、核苷磷酸化酶-1（Np-1）和磷酸葡萄糖酸脱氢酶（Pgd）11 个遗传生化位点检测指标；该兔群较好地保持封闭群的遗传特性，在 ADH、CA、Ce-2、Ce-2、Mpi-1、Pgd 6 个位点具有同工酶多态性，在 Gpd-1、Gdc-1、Id-1、Ldr-1、Np-1 5 个位点为单型。目前，新西兰兔、青紫蓝兔等品种在 Gpd-1 位点均呈 a、b 多态性，该品种在 Gpd-1 位点为 a/a 单型的特色，是区分该品种与其他品种异同的一个标记。在寄生虫学质量方面，将兔舍的所有笼具用“敌百虫”喷洒和乙醇喷灯火焰灭菌，将所有种兔包括仔兔同时注射依维菌素后，种兔的质量显著提高；使该兔群成为北京市最好的实验兔群。该封闭群的建立，除供应中国兽医药品监察所监察、研究用之外，还出售给中国药品生物制品检定所、北京市食品药品检验所等近百个单位进行药品检验、研究用。此外，广西生物药厂等十几个实验动物中心引种繁殖。少则 1 次引种 10 多只，多则 1 次引种 300 多只，整个兔群由该封闭群替代。多个省、市兽医生物药品厂繁育的家兔就是这群兔的后代。北京维通利华实验动物技术有限公司繁育的大耳白兔群也是中国兽医药品监察所封闭群的后代。兽医生物制品企业和一些兽医研究所都建立了自己的实验兔群。

6. 水生实验动物

1987 年，农业部首次组织开展水生实验动物的开发与应用研究。中国水产科学研究院珠江水产研究所率先将剑尾鱼作为实验动物模型来研究。剑尾鱼由于体型小、繁殖周期短、繁殖率高和易于在实验室饲养，对多种农药、重金属等毒物较敏感，对某些鱼类的病原微生物也非常敏感，适合作为动物模型。从剑尾鱼近交培育、生物学基础、遗传和遗传纯合度检测、水环境与人工生态、营养需求与人工饲料疾病普查等方面进行了系统研究，已建立了三个不同体征剑尾鱼的近交系。培育的环境设施和饲养管理基本达到标准化、规范化，保证了实验反应的一致性和可重复性。其中培育的剑尾鱼 RR-B（红眼红体）品系已通过了全国水产原种审定委员会的审定，并由农业部第 348 号公告颁布。实验证明，经过培育的剑尾鱼，可作为水环境监测、水产药物安全性评价、化学品毒性检测、遗传生物学研究和动物疾病检验的实验动物模型，具有良好的应用前景。剑尾鱼是中国第一个通过审定的鱼类实验动物，填补了国内无水生近交系实验动物的空白。剑尾鱼实验动物化的研究成功，为其他鱼类实验动物化研究提供了宝贵的经验。南京农业大学陆承平教授开展了剑尾鱼作为迟缓爱德华菌胞外产物的细胞毒性和动物致病性动物模型研究。南京农业大学、华南农业大学应用剑尾鱼进行了水产药物安全性评价中动物模型构建及水产动物疾病研究。

7. 其他实验动物

2004 年年底，中国农业科学院哈尔滨兽医研究所实验动物中心曲连东主任用检疫淘汰、灭活疫苗免疫、添加抗生素药物、五级净化隔离器饲养等净化手段，开展建立 SPF 鸭群的研究工作。到 2011 年，已净化排除了禽流感、新城疫、产蛋下降综合征、禽网状内皮组织增生综合征、鸭瘟、鸭病毒性肝炎、鸭疫里默氏杆菌、沙门菌等疾病，初步建立一个拥有 300 只鸭的 SPF 鸭群，并向兽药生产企业和兽医研究单位提供 SPF 鸭蛋。中国农业科学院上海兽医研究所林矫矫研究员，自 2003 年开展实验用家蚕及家蚕表达药物蛋白的研究，建立实验用家蚕、确定用于生物反应器的实验用蚕品种，用家蚕系统来表达日本血吸虫病诊断抗原基因、丙型肝炎诊断抗原重组基因和导向性抗栓溶栓药物重组基因等。

动物卫生领域还常用猪、牛、羊等家畜进行大量的实验研究和药品质量控制工作。这些家畜通常需达到不带有常见动物疫病、无所涉及的病原及其抗体。但是，这些家畜的标准化工作尚未起步，明显落后于世界主要发达国家，严重制约了中国现阶段家畜疫病研究、药品研发和质量控制工作。各科研教学单位、兽医生物制品生产企业、质量监督部门在用这些家畜进行科学实验时，只能临时从偏远、受污染程度较小的地区的小型或个体养殖户筛选符合实验要求的家畜。然而，要筛选获得符合要求的家畜的概率越来越小，且筛选到的家畜来源不一、背景不清，严重影响实验数据的科学性。特别是在中国，已经普遍实行重大动物疫病疫苗强制免疫接种的今天，从养殖畜群中筛选实验动物已经成为逻辑上矛盾的行为。

二、存在的问题

与国外相比，中国实验动物科学技术基础相对薄弱，发展相对落后，尤其是在动物卫生领域中的实验动物科学技术尚处于发展阶段，许多概念有待于进一步发掘和探讨，许多理论有待于进一步丰富和发展，一些操作规范还需要在实践中检验和完善。

（一）管理体制不健全，部门管理缺少实验动物管理经费

1988 年 11 月 14 日中华人民共和国国家科学技术委员会令第 2 号《实验动物管理条例》规定国家科学技术委员会主管全国实验动物工作。省、自治区、直辖市科学技术委员会主管本地区的实验动物工作。国务院有关部门负责管理本部门的实验动物工作。农业部实验动物管理机构早在 20 世纪 90 年代就制定了《农业系统实验动物管理办法》，明确提出并对农业系统实验动物质量进行定期监测。但由于农业部实验动物管理机构不断变动，最初由科技司主管，后来归畜牧兽医司管，现挂名兽医局管，无论是哪个司、局主管，都没有管理人员的编制。没有专人管理，没有实验动物专项经费及日常管理经费，无法开展实质性的实验动物管理工作，特别是动物疫病防控领域大量使用的 SPF 鸡、猪、马、牛、羊、鸭、鹅、貂、狐等动物，缺少行业管理，严重制约了实验动物的发展和相关工作的开展。

（二）实验动物专业人才匮乏，实验动物研究后劲不足

缺乏实验动物专业人才培训和研究机构。全国没有一所大学设立实验动物专业，只有扬州大学的兽医专业和首都医科大学医学实验学专业有一个实验动物学方向。20 世纪 80 年代，中国农业大学曾经开办实验动物学专业，招收了两届实验动物学专业本科学生；曾计划一半时间在国内学习，一半时间在国外培训深造；但由于种种原因没有实施，两届后也不招生了。动物疫病防控领域缺乏专门的实验动物研究机构，缺少专项实验动物研究资金，缺少专业的实验动物研究队伍，仅有极少数兽医科研机构的极少数人员从事实验动

物研究。兽医生物制品研究机构和企业的实验动物室除少数几个管理人员外，大部分都缺乏专业知识。动物卫生领域严重缺乏高水平的实验动物领军人物和高素质的专业队伍。

（三）实验动物标准不完善

动物疫病防控，以及兽医生物制品生产、检验和研发中大量使用的猪、马、牛、羊、鸭、鹅、貂、狐等动物，既没有制定质量标准，也缺少动物实验的环境设施标准。由于这些动物的使用范围基本上仅局限于兽医生物制品生产企业和科研单位，其他部门和行业的管理人员及专家很少关注。因此，这些动物的标准制定问题，难以在农业领域以外的更大范围内得到关注。按科学技术部有关规定，实验动物使用许可证的发放需要有标准，按此规定，由于缺乏标准，兽医生物制品科研单位、生产企业科研、生产和检验用猪、马、牛、羊等大动物就无法领取实验动物使用许可证。在这些动物的生产许可、使用许可、质量检测、动物实验的监管等方面都存在一大片空白。

（四）缺少标准化的检测试剂和动物卫生领域用动物法定质量监督检测机构

实验动物检测试剂，由于品种多、用量少、成本高、利润低，国内尚没有专门的研究机构来研究生产实验动物用检测试剂，这与发达国家相比相差甚远。例如，美国有Charles River、IDEXX等企业专门研究并生产实验动物检测试剂。目前，中国对实验动物进行质量检测，需要几百种检测试剂，约50%需要进口，尤其是大、中型动物的检测试剂。国内用于实验动物质量检测的试剂，除鸡白痢、鸡新城疫等少数几种检测试剂已经注册外，绝大多数检测试剂都没有注册，检测试剂的敏感性、特异性和稳定性的标准化程度很低，难以满足需求。而且也没有专门的实验动物检测试剂生产企业。用非标准的实验动物试剂去检测实验动物的质量，严重影响了实验动物的法制化管理。

国内实验动物质量检测机构绝大多数都是以检测常用实验动物（如大鼠、小鼠等）的质量为主，而对动物卫生领域专用动物（如鸡、猪、牛、羊、鸭、水貂等）的质量检测工作开展得很少；对该类实验动物的质量监管不到位。例如，在SPF鸡的质量检测方面，各SPF企业都是自检或委托检验。各企业在检测过程中应用的试剂、方法、检测的频率、检测数量各不相同。有的企业检测工作不规范，如检测病原的种类少、检测样本少、检测频率低、检测结果不能真实反映产品的质量状况等。近几年，农业部对本行业用量大的实验动物（如SPF鸡等）实施的行业管理不到位，未认定专门机构对SPF鸡等动物的质量进行定期或不定期的监督检测，制约了本行业实验动物技术的发展和应用水平，影响了兽医生物制品的研究和质量控制。

（五）产业化程度过低，实验动物质量得不到保证

虽然在中国的沿海地区，对常用实验动物的保种和生产供应已取得一定进展，正朝着实验动物专业化、产业化的方向加速发展，但对全国而言，就大型实验动物的专业化、社会化、产业化程度还很低，发展也不平衡，实验动物市场还没有真正形成规模，在一

定程度上影响了实验动物行业自身的发展。畜牧业的快速发展和动物疫病的不断增加，对兽医生物制品在质量、品种、数量上均提出了更高要求，这也就迫切需要提高实验动物的质量。但动物卫生领域常用的猪、马、牛、羊、鸭、鹅、貂、狐等实验用动物，至今没有实验动物化，缺少专门的大型实验动物生产企业，只能从养殖场和个体养殖户家中购买，这些动物的遗传背景不清，来源复杂，生产条件简陋，饲养管理粗放，缺少质量检测，从而严重影响科技水平和生物制品的质量。但近年来，由于口蹄疫和高致病性猪蓝耳病等疫病的暴发，猪、牛、羊的疫苗应用前景凸显，各科研院所和兽医生物制品生产企业加大对该类疫苗的研发，因此，大、中型实验用动物的使用量大幅度上升。目前，国内尚无建立适用于兽医生物制品研究的 SPF 猪群，研究人员使用猪进行动物实验时，总是困难重重，只能四处奔波，临时从偏远地区、受污染程度较小地区的小型或个体养殖户临时筛选符合实验要求的敏感猪。然而，筛选到符合要求的敏感猪的概率越来越小，且筛选到的猪来源不一、背景不清，实验的重复性差，不能准确表达实验的真实结果，严重影响实验数据的科学性。特别是在中国已经普遍实行重大动物疫病疫苗强制免疫接种的今天，从事动物实验还要从养殖畜群中筛选实验用动物真是不可思议。致使科研人员为解决上述困难，既浪费了时间，又浪费了大量的人力和物力，影响了研究工作的进程，影响了动物疫病的控制。

（六）实验动物质量低，制约了兽药行业发展

自从 2005 年全国兽医生物制品全面实施 GMP 管理以来，中国的兽医生物制品生产硬件设施接近国外同行业先进水平，但中国兽医生物制品的质量与发达国家相比还存在较大差距，疫苗出口量很小，特别是禽用活疫苗的出口更少。国内大部分大型种禽企业都不使用国内兽医生物制品企业生产的禽用活疫苗，其原因是国内兽医生物制品生产企业使用的实验动物原材料质量尚不能令人放心。例如，禽用活疫苗生产使用的原材料是鸡胚，发达国家用高质量的 SPF 鸡胚生产，其疫苗能销售到世界各地。中国 SPF 鸡胚的质量与国外相比存在一定差距，各企业之间的质量也良莠不齐。2009 年，有多个疫苗生产企业怀疑国产 SPF 鸡胚质量有问题，将 SPF 鸡血清样品分别送中国兽医药品监察所检测，检测结果令人震惊。检测的 6 个企业 10 个鸡群，均有不同程度检测阳性，其中有 1 个企业的 2 个鸡群中检测到共 7 种病原阳性，其中有 6 个病原是经蛋传播的病原（禽病毒性关节炎病毒、鸡贫血因子、禽白血病病毒、鸡白痢沙门菌、鸡毒支原体、禽网状内皮组织增生症病毒）。若污染了这些病原体的鸡胚制备活疫苗，其应用过程就是病原体扩散的过程，后果难以想象。由于国内实验动物的质量尚得不到保证，国内多数大型种鸡场仍不敢用国内活疫苗，其原因是不相信国内 SPF 鸡胚的质量，担心国产疫苗中含有蛋传病原，毁灭整个鸡群。所以有少数国内兽医生物制品生产企业，为提高家禽活疫苗的质量不得不花费大量的外汇从美国和欧洲购买 SPF 鸡蛋。

2008 年，中国的一家大型养禽企业，因使用国内一知名企业生产的鸡马立克病活疫苗，大面积接种鸡群后，发生了禽网状内皮组织增生症病毒感染。经查，是因疫苗中污染了禽网状内皮组织增生症病毒，而疫苗中污染的病毒来自于制造疫苗用的 SPF 鸡胚。

养禽企业向疫苗生产企业索赔数千万，后经各方协商一致，疫苗生产企业赔款 300 万。经历此次事件后，该疫苗企业在业界的形象和声誉受到严重打击。

20 世纪 80 年代初，中国某兽医疫苗生产企业生产的猪瘟活疫苗，用于猪的春防免疫接种后，引起数千头猪死亡，造成严重的经济损失。经查，用于该疫苗生产的猪原代细胞中污染了猪瘟病毒强毒株。该疫苗的质量标准中规定，用未经免疫的仔猪 2 头进行安全检验，而实际用于该批疫苗检验的猪虽未接种过疫苗，但体内却已含有猪瘟抗体，不适用于猪瘟疫苗安全检验。由此可以看出，用于兽医疫苗生产和检验的实验动物如不符合要求，既能影响产品质量，又能影响质量检验结果的可靠性。经此事件后，我们对《中华人民共和国兽药典》中的猪瘟活疫苗检验用猪的标准进行了修订："安全检验用猪应选用无猪瘟中和抗体的断奶仔猪，接种前观察 5~7 日，每日上、下午各测温 1 次，挑选体温、精神、食欲正常的猪 4 头进行安全检验"。

2001 年，某外籍华人租用国内某兽医疫苗企业场地生产兽医疫苗，其鸡痘活疫苗在淮河以北多个省进行预防接种后，引起数十万只鸡死亡。经检测证实：该疫苗中污染了某禽源病毒强毒株，造成中国该疫病大面积流行。当时，中国的家禽疫苗质量检验中尚未强制使用 SPF 鸡。可以设想，若用 SPF 鸡进行安全检验，该重大质量事故即可得到避免。

目前，SPF 鸡在兽药行业已经得到普遍应用，但其他标准化实验动物的严重缺乏，严重制约了相关产品的研发和质量控制，阻碍了兽药行业的发展。

（七）动物实验过于频繁，动物福利未得到有效关注

在"3R"研究方面，兽医生物制品研究人员虽然建立了一些疫苗的抗原含量与攻毒保护平行关系，以及抗体效价与攻毒保护平行关系后，用抗原定量检测法和抗体效价测定法来替代免疫动物攻毒保护法；用低等动物替代高等动物；用小型实验动物替代靶动物进行安全检验和效力检验。但与发达国家相比，仍然存在一定差距，缺少高水平的研究人员专门进行实验动物的"3R"研究，特别是在兽医灭活疫苗方面差距更大。例如，目前中国用于强制免疫接种的各种口蹄疫疫苗的效力检验，还没有一种可行的替代方法，均在生物安全三级动物实验室中，用牛或猪进行免疫攻毒试验，每批疫苗至少需要 17 头牛或猪，多的则需 51 头牛（口蹄疫 O 型、A 型、亚洲 I 型三价灭活疫苗），在花费大量人力、物力的同时，还承担着巨大的生物安全风险。类似的免疫攻毒试验在兽医生物制品质量检验中非常普遍。在新的兽医生物制品研发过程中，开展免疫攻毒试验的工作就更多了。近年来，中国兽医生物制品生产行业处于规模扩张期，各大企业为了提高市场竞争力，特别是新建企业为了生存，不断研发科技含量不高、市场有销售的同类产品，研发中进行大量的动物实验进行评价疫苗的安全性和有效性。频繁的动物实验中，动物的饲养、实验结束时的处死等操作不完全规范，动物福利未受到足够关注。

（八）对实验动物行业关注不够，相关经费投入少

由于国家对实验动物的研究经费投入偏少，据不完全统计，国家科学技术委员会科研条件与财务司平均每年对实验动物的投入约 3000 万元，平均每个省市还不到 100 万元。

实验动物的专项经费实在是少得可怜。农业部则根本没有实验动物专项经费。实验动物科学技术工作者只能对花钱较少的小型实验动物进行研究，并建立SPF级小型实验动物生产群。科技立项缺少实验动物相关内容导向，不能吸引科技人员申报实验动物项目和开展相关研究。在生命科学研究所需要的实验动物、仪器设备、试剂和信息4个要素中，各级领导和从业人员对仪器设备、试剂和信息3个要素的重视程度要远高于开展动物实验的实验动物本身。对于耗资较多的大、中型实验动物（猪、牛、羊），由于投入的经费缺乏，实验动物科学技术人员心有余而力不足，造成现在大、中型实验动物既无标准和级别，难以实现实验动物化；又无专门的实验用动物生产企业的落后局面，严重制约了大、中型实验动物事业发展，特别是制约了动物疫病防控领域实验动物的发展。

（九）免疫攻毒实验过于频繁，生物安全存在隐患

免疫攻毒实验方法是评价兽医疫苗效力的最直观方法。中国兽医疫苗质量控制中采用免疫攻毒方法的数量和比例明显高于发达国家。免疫攻毒实验过于频繁，使大动物来源更显困难，而且大动物个体大、所占设施面积也大，排泄物也多，攻毒后，动物尸体、粪便处理难度很大，如果不加强人员、动物尸体、粪便、废弃物、空气的管理，控制病原体外泄就难以实现。

（十）实验动物学术交流活动较少，水平有待提高

由于多头管理体制和对实验动物重视程度较低等原因，实验动物行业整体学术水平偏低，与欧美和日本等实验动物发达国家相比有较大的差距。中国每年的实验动物学术交流活动和参会人员明显少于其他相关学科，高质量和高水平的学术论文少，原创性成果更少。在动物卫生领域与实验动物相关的专门学术研讨会更为鲜见，即使召开相关会议，参会人员也寥寥无几，缺少有深度的专题报告。

第二章　国外发展现状

一、国外农业实验动物科学技术和产业发展的现状与典型案例

在农业生产、科学研究和教学等领域，几乎所有的活动都要使用实验动物。实验动物的使用越来越普遍，（如使用实验动物研究微生物的致病机制和评价药物的药效等）。在农业实验动物的发展过程中，国外发达国家的政府、行业和科学家均给予了高度重视和支持。经过多年的发展，国外农业实验动物具有质量高、品系或品种多、动物生产供应的标准化和社会化程度高、法律法规齐全、管理措施得力、产品附加值高、配套的保障性产品充分、从业专业人才素质高和队伍稳定等特点。美国、加拿大和日本的实验动物发展策略基本一致，即政府支持，（制药）公司经营，专业团队从事育种、营养、设备设施、检验、科研生产管理等。发达国家农业实验动物产业的成功实践，对中国农业实验动物更好的发展具有深刻的启示和极强的借鉴意义。

通过分析和思考美国 Charles River 公司，日本 SLC、CIEA 和兽医生物制品研究所实验动物的饲养、供应、生产、科研等环节，美国和日本农业实验动物产业成功和壮大的经验有以下 8 个方面的共同点。

（一）实验动物科研、生产机构均为生物制药企业的下属部门或分支机构

通过把实验动物做成产业，服务于市场；通过实验动物知识经济和市场经济的相互转化，积累资金；凝聚和增强了实验动物的人才、知识、信息、技术、质量和创新意识；真正做到了实验动物产业的可持续发展。除实验动物本身之外，实验动物饲料、垫料、笼具设备与实验仪器也已实现产业化生产。

美国 Charles River 公司主要的业务包括动物模型建立、研发服务、临产前服务、生物制药服务、内毒素和微生物检测、农药和动物保健品开发及禽类疫苗服务等。在禽类疫苗服务领域，Charles River 公司所属的实验动物机构主要负责提供 SPF 种蛋和 SPF 鸡。由于隶属企业，实行市场竞争机制，按照实验动物产业发展，逐步建立和实现了实验动物产业化、商品化和社会化服务。

20 世纪 60 年代中期，日本实验动物的供给已从分散的家族性生产发展为企业化生产。80 年代，日本经济高度发展时期，国家大力投资有计划地在以国立大学为中心的国家研究机构和大型制药企业开始建设大型动物实验设施。从此，日本的实验动物科学进入了世界先进行列。

（二）实验动物充分实现了社会化生产和商品化供应

欧美等发达国家 20 世纪 80 年代后，基本普及 SPF 级动物和部分悉生动物与无菌动

物。实验动物生产已经实现产业化和社会化供应，实验动物产业规模稳步提高。

Charles River 禽类疫苗服务公司创建于 1961 年，其前身为斯帕法斯公司（SPAFAS），1976 年归属 Merck 制药，1992 年至今属于 Charles River 公司（Charles River Laboratories）。实验动物产业作为（生物制药）企业的一个部门。由于定位准确，在满足生产需要和保证产品质量的同时，加大研发力度，SPF 鸡产业能够逐步发展和质量稳步提高，产业遍布全球，惠及相关领域。目前，Charles River 公司在美国康涅狄格州具有 3 个 SPF 鸡场（14 栋鸡舍），扩建的 SPF 鸡舍于 2012~2013 年建成；在伊利诺伊州有 6 个 SPF 鸡场（18 栋鸡舍）；在匈牙利有 2 个 SPF 鸡场（5 栋鸡舍）及孵化中心；在欧洲中部的德国苏尔茨费尔德建设了新的孵化车间，有 4 台 9600 枚的孵化器；在印度建立了分厂，主要进行 SPF 种蛋生产、SPF 检测和抗原生产、SPAFAS 诊断试剂的推广。SPF 鸡种蛋产能逐年提高，2008 年、2009 年和 2012 年，伊利诺伊州的 SPF 鸡场分别生产了 16.2 百万枚、18.8 百万枚和 18.8 百万枚，康涅狄格州的 SPF 鸡场分别生产了 9.9 百万枚、9.9 百万枚和 11.9 百万枚，匈牙利的 SPF 鸡场分别生产了 3.9 百万枚、4.1 百万枚和 4.1 百万枚，合计生产了 30.0 百万枚、32.8 百万枚和 34.8 百万枚。

除大规模供应 SPF 鸡种蛋外，在其他实验动物方面或实验动物产业方面，美国和日本等发达国家也走在了世界前列。美国农业部发布 2010 年度如下试验用动物使用情况统计数据：全年共使用动物约 113.5 万只，数量从多到少为大鼠、小鼠、豚鼠、兔、仓鼠、非人灵长类、犬、猪、其他农场动物、猫、羊和海洋哺乳动物。其中大鼠、小鼠约 30.3 万只，豚鼠近 21.6 万只，仓鼠 14.6 万只，非人灵长类动物 7 万多只，犬近 6.5 万只，猪 5.3 万只，其他动物比较少。

日本在实验动物设施和技术方面，在国际上明显占优势。近交系动物、无菌动物、悉生动物、无特殊病原体动物等均已实现了产业化、社会化、商品化，生产企业由原来的 50 多家通过市场竞争逐渐减少成以 SLC 和 CIEA 为首的十几个企业。日本每年使用小鼠数为 1200 万只、SPF 鸡蛋达 400 万枚、大鼠为 360 万只，其中 SPF 级占半数。

（三）实验动物实现法制化和规范化管理

国外采取国家立法，结合多种官方形式和民间组织双重渠道控制实验动物质量，即以依靠市场机制和行业自律为主，同时辅以实验动物技术中介机构的质量认证。实验动物管理法规有国际法和国家法两类，国际法主要包括国际组织条约和公约。1973 年日本颁布了《动物保护与管理法》，截至 2001 年共有 22 个与实验动物相关的法律或法规相继出台。每个实验动物使用单位又相继出台实验动物使用、管理等细则。严格执行了有法可依、有章可循、有记录可查等良好的规章制度。合格的硬件与规范合理的软件有机协调结合，使日本的实验动物科学走上了国际先进行列。

国外一般不制定实验动物质量的相关国家标准；而是由实验动物生产机构在遵守国家管理法规的基础上，参考国际组织标准，制定各自的实验动物质量标准。国外许多实验动物机构都建有自己的监测体系，建立了一整套检测标准和检测规程。鼓励和强化检测方法和检测试剂的研究，商品化、系列化标准检测方法和试剂（盒）的应用，极大的满足了检测工作的需要，使质量得到了保证。

美国 Charles River 公司为确保 SPF 鸡群的健康和提供合格产品，SPF 鸡产业部门又设置了 SPF 鸡群健康检测机构。其中病原微生物的检测实验室位于康涅狄格州的 Storrs，为 Charles River 公司所有的 SPF 鸡群提供检测服务，检测项目 32 项。按照美国 USDA800.65 条款和欧盟药典标准，从鸡 4 周龄开始，每周每群按照 1.25%比例抽样；开产前间隔 4 周，抽样 2×200 个样品。该实验室仅做血清学检查，每周检测来自美国、匈牙利的 35 个鸡群，每群鸡 50 个样品，共计 1750 个样品。

加拿大和美国均有实验动物检测中心，以美国密苏里大学兽医学院实验动物检测中心为例，它在美国有相当大的知名度，远近十几个州的实验动物饲育单位都将动物送到那里作检测。该中心的领导人 J.E. Wagner 教授曾担任美国实验动物科学学会的主席，是实验动物病理学方面的权威人士。该中心举办的实验动物病理学硕士班，已为美国各州输送了许多病理学诊断和研究的人才。中心的病理室内储存有大量的实验动物病理学切片及幻灯片，是进行教学及研究工作的宝库。除病理室外，中心还设有微生物学检测室（包括细菌和病毒检测两大方面）、免疫室和资料处理室（计算机房）。每个室都由具有博士学位的专家领导，并具备完善而先进的设备。资料室的计算机能够迅速处理每天的检测结果并随时更新信息。

（四）实验动物饲养流程化、规范化和自动化

SPF 鸡场选址和生产均采取细化的生物安全措施，其中包括设置专职生物安全经理、广泛持续的生物安全规章和操作流程培训，对所有分厂和附属机构进行生物安全审查和持续开展生物安全相关改进措施。

SPF 鸡养殖流程固定化：准备与孵化（4 周）→转移到鸡舍（屏障鸡舍）→24 周生长期→产蛋期（40~48 周）→淘汰与清理鸡舍→再进鸡。鸡舍中鸡群网上饲养，水平流净化空气，下面是 50cm 厚的垫料，淘汰鸡群后一并处理鸡粪与垫料。从加料、加水、控温、控湿、控光照、捡蛋、运输蛋等环节均达到自动化程度。

除此之外，良好的环境（净化的空气）和水质、质量合格的饲料、实验动物场址的选择、动物实验室的设计、屏障系统、严格的检疫和隔离制度、重大动物疫病或常发疫情的消灭与控制等大环境均为实验动物的健康奠定了坚实的基础，从而保证了实验动物产业和相关实验动物科学能够健康、稳定和快速发展。

（五）注重培训、交流和继续教育

形成了较为完善的实验动物人才教育和培训体系，实验动物科学教育方式有学历教育、继续教育和培训等不同层次，分布在医学和兽医类院校。美国有 30 多所医学院设立“比较医学系或部”，开设了包括本科、研究生层次的学历课程和各种形式的继续教育或培训，畜牧兽医学校开展实验动物医学教育，成立了美国实验动物医学院协会（ACLAM）和国际实验动物医学院协会（IACLAM），推动实验动物兽医师的认证工作。同时企业内部经常开展技术培训，培训内容涉及生物安全、QA/文件规范、动物健康和福利、动物

养殖、年度生产会议和技术人员交流。

（六）把工作当做事业做，专注做好一件事情，逐步推出创新性产品

发达国家从事实验动物研究的人员，具有相当高的文化和专业素质，而且能够持续和稳定地做好一件事情。不论老专家，还是年轻人，工作中认真、敬业、团结、协作。饲养管理人员的群体素质普遍高。他们中大多数具有大学本科以上学历，专业知识扎实、业务经验丰富。工作敬业和员工素质也是日本实验动物管理水平持续领先的重要因素之一。在日本生物制品研究所，一个研究人员或一个团队，几十年或一生专注做一件事情。公司创造了稳定和宽松的良好学术环境，研究人员功利思想较淡薄，能够默默地在生产一线不畏艰苦和辛勤耕耘；一生专注从事做好一件事情，如抗马立克病鸡、SPF 鸡、小型猪、兔和鼠的培育。有专门的研究机构（部门）和人员长期从事实验动物品种、环境、设施、饲养、繁殖、疫病检测技术、生产供应。

（七）拥有国家层面的专门研究机构

美国、英国、德国、法国及日本等都已建立了全国性的、现代化的实验动物中心、研究中心及辅助用品规程化的生产公司。例如，英国目前的实验动物中心（Laboratory Animal Centre，LAC）、美国实验动物协会（American Association of Laboratory Animals Science，AALAS）、日本实验动物研究会，法国于 1953 年、荷兰于 1955 年、西德于 1956 年相继设立了中心机构。同时在 1956 年联合国又创立了国际实验动物理事会（ICLA）。在这些国家里均实现了实验动物生产社会化、标准化、商品化，完整的组织机构与完善的教育、科研、生产管理与应用体系，有力地推动着工农业生产、医疗保健事业与科学技术的发展。

（八）国家投入，社会鼓励和支持，持续创新

日本国家投入大量资金建立本国的动物实验中心。例如，横滨市立大学医学院实验动物中心的人员工资、设施运转费等均由横滨市政府财政支出，以扶持实验动物学科的发展。有了资金保障，事业就能够逐步发展起来。这些发达国家中，不仅有一系列的实验动物科学组织机构，而且在实验动物的研究、生产、应用、开发，以及有关设施、建筑、笼具、饲料、垫料、各种仪器，直到人员培训、学位评审、考核晋升等方面都有明确的分工和规定。同时，还有由专家制定、国会批准颁布的有关实验动物工作法规，这一套比较完整的科学管理体系，保证和促进了实验动物科学这门学科的迅速发展。

在这些经济发达国家中，还专门设有为了实验动物科学发展和动物质量提高的独立研究机构。在许多综合性大学、医学院、兽医学院、研究所和许多进行动物实验研究的单位，都设有规模大、水平高、设施和环境条件现代化的实验动物中心。在那里进行着实验动物和动物实验的各方面的科学研究工作。它们根据研究的不同需要，按照遗传工程原理，共培育了 2743 种实验动物。其中，各类动物的近交系 772 种（小鼠计 540 种）、

部分近交系 132 种（小鼠 46 种）、随机近交系 79 种（小鼠 45 种）、重组近交系 45 种（小鼠 18 种）、达突变系 506 种（小鼠 60 种）、远交群 372 种（小鼠 135 种）、同源系 528 种（小鼠 390 种）、杂交种群 180 种（小鼠 60 种）、其他 129 种（小鼠 93 种）。

美国有 1300 个有关实验动物工作的生产与研究单位。美国 NIH 实验动物资源中心和 Jackson 实验室是世界上最大的遗传保种和遗传研究中心。仅 NIH 实验动物资源中心就维持着 250 种近交系大鼠、小鼠，不同背景的无胸腺裸鼠有 20 多种，其中重组近交系的培育成功是哺乳类动物遗传学中的一个重要进展，并已广泛用于新多态型基因位点和新组织相溶性位点的鉴定、多态型位点的多效性及其连锁关系的研究。同时，也广泛应用于感染性、自发性、诱发性等病变的研究，以及生物学、药理学、形态学和行为学等方面的研究。

二、国外实验动物科学技术和产业发展趋势

（一）实验动物种质资源不断扩大、质量稳步提高和数量逐年下降

一方面，用于科学研究的动物种类，从昆虫、鱼类、啮齿类、有蹄类到非人灵长类不断扩展；另一方面，遗传学家培育的用于特定研究目的的实验动物品种、品系越来越多，如专供犬瘟热和流行性感冒研究的雪貂。另外，SPF 动物、无菌动物等高质量实验动物和模式动物、疾病动物模型、实验动物化的野生动物和水生动物等的供应和使用量逐年增加，常规实验动物生产使用量逐渐减少。随着现代科学的发展和西方动物保护主义运动的影响，实验动物科学已从过去注重于动物的饲养管理和实验操作，越来越集中于动物的福利和实验结果的质量，表现为以下几个基本特点。

1. 实验动物使用总量下降，高质量实验动物使用量增加

早在 20 世纪 70 年代，发达国家的实验动物总使用量已经趋于平衡，近 20 年来减少了约 50%。但是，高质量实验动物的使用数量呈上升趋势，普通级逐渐被清洁级动物和 SPF 级动物取代。目前发达国家使用的大鼠、小鼠等小型实验动物大多为 SPF 级。在日本，1985 年普通级、清洁级、SPF 级大鼠使用的比例约为 2∶5∶12，而 1991 年上升为 2∶11∶50。

2. 保种、生产供应和实验动物及设施专业化、产业化、规模化、集约化与资源共享普遍化

创始于 20 世纪 40 年代的美国 Charles River 公司，拥有 8 个本土分公司和 18 个国外分公司，雇员达 2400 余人，占有 60%的美国市场、80%的欧洲市场和 40%的日本市场，是世界上最大规模的实验动物供应商。据美国一家动物保护组织估计，全美一年约有 2800 万只动物被用于实验；日本有 10 家单位生产 SPF 级动物，1998 年就可以提供大鼠 300 万只、小鼠 700 万只；韩国有 2 家单位生产 SPF 级动物，可以提供大鼠 50 万只、小鼠 150 万~200 万只。在动物实验设施上更注重小型、节能、可靠，笼内通风的鼠盒（IVC）

将会成为21世纪动物实验设施的主流。

3. 实验动物品种、品系增加

随着自然科学的发展，一些水生动物、野生动物（如土拨鼠、雪貂、昆虫等）等逐步被实验动物化。实验动物种子库的建立及其繁殖、生产，特别是突变系的培育，也增加了品种、品系的数量。由于动物保护运动的兴起及有关组织的干预，非人灵长类动物、犬、猫等高等动物的使用受到限制，逐渐被猪、羊等食用动物所代替。目前，国外实验动物种系已达3000多种。被誉为世界遗传学研究中心的杰克逊研究所拥有的小鼠品系达2700多种，其中遗传工程小鼠有80多种，每年向各使用单位及机构提供小鼠多达200万只，其所保存的小鼠品系以每月6种或7种的速度增加。

4. 实验动物小鼠不可替代的作用

由于小鼠是哺乳类动物，在6000万~7000万年前与人类有共同的祖先，小鼠的遗传研究，在欧洲、美国发达国家或地区已经成为生命科学和基因组研究中最重要的技术平台之一。以小鼠为基本材料的遗传资源的保护和开发，其社会效益和经济效益不可估量。

5. 实验动物模型走向商品化

发达国家已从实验动物生产供应的专业化、产业化，动物实验技术服务的社会化，发展到了实验动物模型或发病模型的商品化。

6. 实验动物替代材料的应用和替代方法的研究发展，加快实验动物的福利和动物保护运动呈现全球化趋势

在疫苗或药物效力评价中，发达国家普遍开展了以替代、减少和优化为核心的“3R”运动。替代，即以单细胞生物、微生物或细胞、组织、器官，甚至计算机模拟替代整体动物的试验；减少，即选用恰当的实验动物进行规范化动物实验，提高实验动物的利用率，从而减少使用动物的数量；优化，主要是指技术路线和手段的精细设计和选择，使动物实验有更好的结果，保证动物实验的可重复性。“3R”运动的推进，最终将使实验动物的使用量逐步减少，动物实验结果的准确性、可靠性不断提高。

（二）动物实验和比较医学研究技术的高科技化

由于系统生物学的兴起，以及生命科学、医药科学对体内研究的重视，利用实验动物进行系统研究成为未来一定时期的主流，相应的实验动物体内研究的高科技设备在日益专业化，如超声成像、正电子成像、CT扫描等。

（三）生命科学研究对实验动物的需求不断增加

人类和动物的健康问题是全世界最关心问题之一，世界各国，包括中国，对生命科学、教育、科研的投入不断扩大，实验动物资源和动物实验技术已经成为许多高新生物

技术产业的原材料和技术服务平台，其质量的提高将在很大程度上推动中国高新生物技术产业发展。

（四）实验动物资源和质量保障体系的法制化、规范化和国际化

西方国家对实验动物管理的立法侧重在“以人道精神管理和使用实验动物”方面，相关法律包括美国农业部的《动物福利法》、《联邦动物福利法规》、《实验动物保护法》、《动物研究设施登记法》、《实验动物应用与照管指南》、《GLP》和《公共卫生服务政策》；日本的《动物管理及保管法》和《实验动物建筑物卫生环境保护法》；英国的《动物法》；德国的《动物保护法》；加拿大的《实验动物使用与管理指南》等。表现为人类越来越注重动物质量的提高、动物福利条件的改善及实验结果的质量。要求动物实验项目要以有关动物所必需的知识，以及有关科研、测试和教学计划的具体要求条件为基础，做出合乎科学和专业的判断，进行恰当的管理、使用，并以人道精神来对待，在此前提下，提出满足科学研究对高质量实验动物的需求。例如，美国国立卫生研究院从 1979 年就拨款并以奖励方式支持科研、生物医学研究中对动物的保护政策。在申请科研基金、签订合同时必须阐明动物种类、数量，在实验中是否采取措施避免对动物引起不必要的伤害或减轻动物的痛苦，是否执行《实验动物饲养管理手册》等。各国也相继制定了各种有关的法律、法规，对实验动物的饲养管理与应用提出了一系列规范化的要求。

美国公共卫生部（PHS）要求在 NIH 资助的活动中需要使用脊椎动物的申请人必须向 NIH 下属的实验动物福利办公室（OLAW）提交一份书面（任何用于或打算用于研究、研究培训或实验、生物测试或其他目的的活的脊椎动物）动物福利保证，要求申请人根据“照料和利用实验动物准则”，制定适当的政策和规程对动物给以人道关怀和对待，并遵守动物福利法及其实施条例，包括聘任负有具体责任的动物护理和使用制度委员会（IACUC），只有申请人机构和所有从事研究的相关场所都按照认可的《动物福利保证》来运作，并证明 IACUC 已审查和批准了申请中涉及使用脊椎动物的有关章节，NIH 才同意对涉及使用活的脊椎动物研究项目给予资助，不对个人提供资助。多个机构合作的研究项目，只要其中一个获得资助的机构，经 IACUC 审查其研究项目或研究设施，没有自己的动物照料和利用方案，OLAW 即可商定一个“动物福利保证”，或者 IACUC 将信任有保证的机构来补充规划。获得保证的研究机构同样有选择权，来修订它们的“动物福利保证”，以此来涵盖没有这类保证的研究场所。这项政策不影响各州和地方在照料和使用实验室动物方面更为严格的标准与法律。受资助者运转动物资源设备，使用这些设备的费用应根据“动物资源设备的费用分析和比率设置手册”来确定。使用脊椎动物的国家研究服务奖金个人资助奖和科研培训资助奖，必须在 IACUC 审查完成后并遵守 OLAW《动物福利保证》的要求，才能参加到科研项目奖金所资助的科研中并获得奖励基金。

日本的实验动物法律、法规的体系比较健全，技术标准采用国际标准，行业自律性强，社会化程度高，并且非常重视学术交流，积极跟踪世界科技发展，政府对科研的资助点面结合、保持连贯性，因此在世界上具有一定的影响。

（五）兽药研发中心东移带动中国实验动物科学发展

随着欧美国家实验成本增加、市场饱和，以及中国、印度等国家兽药产业的兴起和发展，不少国际大型医药公司在中国设立研发外包机构，梅里亚公司在江西南昌建禽用疫苗 GMP 生产车间、勃林格殷格翰公司在江苏泰州建猪用疫苗 GMP 生产车间，在一定程度上推动了中国实验动物科学发展和国际融合，当然也带来了挑战。

三、国外农业实验动物产业现状带来的启示

（一）农业实验动物的归口管理应明确化和责任化

实验动物及产品的质量与农业生产（尤其是兽医生物制品生产）密切相关，至关重要，严重时可造成社会和经济重大影响。实验动物，如 SPF 鸡污染了某种病原微生物，就会通过疫苗接种在全国大范围流行致病。农业实验动物的生产、使用和研究要面对农业系统中所要防治的不同疫病、不同动物品种，不同于卫生部门，其更具有导致潜在疫病发生的群体性、区域性、隐蔽性和长久性，应该解决实验动物管理的归口问题。Charles River 公司的现状启示我们，兽医生物制品企业应该建立自己的实验动物基地或明确将农业实验动物由农业部进行管理。

（二）整合学科人才和优势资源，加强重大实验动物科学问题研究

科学发展，人才是关键。实验动物科学和比较医学是应用性非常强的学科，从业人员不仅需要全面而扎实的基础理论知识，也需要过硬的专业技术。中国在实验动物人才、团队和机构方面与发达国家有很大的差距，应该加大宣传力度，提高认识，明确农业实验动物产业的重要性，加大资金投入，培养人才，稳定队伍，需通过整合学科人才和优势资源，在国际竞争中占领一席之地。逐步建立全国统一培训体系，加快人才培训步伐。

（三）完善实验动物质量控制体系，致力于实验动物质量提高

今后若干年，中国仍需要加大实验动物质量控制的力度，推动实验动物福利研究和替代研究，建立中国实验动物福利和伦理审查体系，逐步形成符合中国发展特点的，可以和世界接轨的实验动物管理、使用评估和认可体系的组织。鼓励实验动物科学界和相关学科开展实验动物替代研究，宣传“3R”精神，保证科学研究成果的准确性和可靠性。

（四）推动实验动物及相关产品的产业化进程

目前，国内实验动物供应商集约化程度不够，相关产业链尚不完善，不能为客户提供全方位服务，进一步发展的潜力较大；实验动物质量尚不能满足用户需要，一些实验

动物质量出现下滑趋势；动物质量定期发布制度、动物出现污染通报制度、赔偿办法及相关产品的质量管理召回制度等不完善；动物背景资料、主要生物学特性、饲养要点、适用年龄等配套服务质量不高。

实验动物相关产品的生产厂家规模较小，没有形成较大的专业化集团，市场竞争力不强；实验动物相关产品的生产厂家在工艺水平和质量控制手段等方面受限；技术人才队伍匮乏，创新能力不足，形不成规模化、集约化，难以做大做强。

实验动物技术服务产业起步较晚，大部分机构的规模较小，服务项目较单一；质量管理体系不完善及认证单位规范化管理意识差；实验动物技术服务行业作为一个新的行业领域，需要大批技术人才，但目前国内在此方面人才缺乏；实验动物伦理重视不够，经常有办法和制度，但是在实施过程中流于形式，不能够严格执行。

国家政府需要相关政策引导，给予大力扶持，扩大服务规模。同时，合理进行实验动物产业化的布局，形成产业化基地，发展为全国性生产供应网络，成立行业协会，逐步实现行业管理。强化行业自律，创造有序竞争的环境，促进行业健康发展。鼓励企业走出去，提高动物产品的附加值，拓展国外市场，争取国际市场。加强人才队伍建设，提高服务能力和服务质量。

实验动物是特殊商品，实验动物相关产品，如饲养笼具、饲料、垫料等也具有特殊性。中国经过多年的发展，已经初步形成了产业化发展的形势，但仍然存在小而全和专业化程度不够的问题。今后几年，中国应大力推动实验动物及相关产品的专业化和产业化进程，希望能够形成分工合作的集团化生产供应局面，在保证质量的前提下满足市场需求。

（五）国家应加大投资，鼓励创新

实验动物科学是支撑学科，它的发展依赖于国家科学技术的整体发展，依赖于政府的扶持和资助。国家各种研究计划和基金增加支持实验动物科学的科学研究项目，支持国家实验动物保种中心、国家实验动物质量检测机构、实验动物基础性研究、实验动物的研究与开发，为解决生命科学中的重大问题提供支撑条件。实验动物产业化，要争取金融机构支持和吸收社会资金。要充分发挥部门和地方的积极性，坚持长远目标和近期目标的结合，合理部署，要鼓励地方、部门共建，通过地方、部门匹配投资的方式，加大投资力度。实验动物的发展，各部门和地方应纳入科技攻关、产业发展等相关计划，有条件的应建立专项支持资金渠道。

（六）加强法制化管理，强化标准

中国实验动物学科和全行业的整体水平较低，不同地区、行业和部门之间的发展水平不平衡，发展中不断暴露以下问题：①法制体系不健全，缺少实验动物国家层面的法律或行政法规，缺少实验动物保护、福利和伦理审查法规；②依法行政许可管理和质量监督制度依据的标准体系不健全，很多用于科学实验的动物缺少质量控制标准，依法管理缺少必要技术标准支撑，无法对这些实验用动物进行法制化和标准化管理；③非法生产劣质实验动物，使用不合格的实验动物、在不合格的设施从事动物实验科研，有的单位无证（实验动物使用许可证）进行动物实验；④缺乏对实验动物生产和使用的监管，不合格的实验动物通过各种渠道流入科技市场；⑤法制观念薄弱、市场监管不力，以及劣质非法的实验动物产品有一定的市场，体现中国实验动物管理的市场机制和行业自律机制薄弱。

中国实验动物学科发展面临的实验动物法制化、规范化和标准化建设任务繁重而紧迫，政府部门等机构应高度重视，建立健全实验动物法律、法规，加强宣传，加大执法力度，把实验动物质量和动物实验纳入法制化管理的轨道。加强实验动物依法监管的力度，实行问责制，全程监管。在生命科学领域的科研立题、成果鉴定、新药评审、药品检验中，逐步实行实验动物质量一票否决制，建立全国统一的实验动物生产、使用许可证制度。依法加强对无证从业单位、个人的检查和处罚力度，加强实验动物从业人员的上岗培训，制止无证上岗。着重解决实验动物管理市场机制薄弱等突出问题。

（七）建立和健全全国农业实验动物质量监测体系

中国实验动物质量标准和检测体系还不健全，存在已有的实验动物质量标准和检测体系存在执行力度不大、检测机构水平参差不齐、国家标准缺乏基础性研究、技术储备薄弱、与国际先进标准衔接不够、标准内容滞后、检测试剂标准化和商品化程度低等问题。应不断丰富和发展新的检测方法和手段，开展影响实验动物质量各种因素的安全性评价研究，加强新技术、新方法的研究，加快敏感、特异和快速检测方法的应用。

（八）大力开展国际交流和合作

坚持改革，扩大开放，加强与世界各国和国际实验动物学术组织的交流和合作。引进吸收国外先进技术、标准化体系和管理经验，努力寻求同国外在农业实验动物科学领域的合作研究或合资经营。同时，积极宣传中国农业实验动物的发展，注意中国知识产权和动物资源的保护问题。

（九）建立实验动物信息网络

建立全国实验动物统计报告制度，建立实验动物生产、供应和信息交流网络及有关数据库，并及时更新相关数据。

（十）结合国情，建立兽医生物制品研究和生产检验用实验设施及实验动物基地

由于中国动物传染病众多，尤其是重大动物疫病的发生严重制约着中国畜禽养殖业的健康发展，研制和生产高质量的兽医生物制品对控制重大动物疫病至关重要。由于中国实行百分之百的疫苗强制免疫策略，以及重大动物疫病（如口蹄疫）的流行，获得抗

体阴性、可供兽医生物制品研究和检验的合格实验动物（如牛）非常困难。在具有良好天然屏障的局部地区，生产供研究或兽医生物制品使用的动物，在特定的历史时期有良好前景。同时，随着国家对兽医病原微生物、生物安全方面的要求越来越高，重大动物或其他动物疫病的研究，需要特定的实验条件（尤其是大动物负压动物实验室），这也会成为实验动物产业之后的另一个亮点。

（十一）现阶段中国实验动物产业与发达国家相比挑战大、风险高

由于中国动物疫病（尤其是重大动物疫病）众多，以及现行的动物疫病预防政策、人员队伍、土壤、饲料、空气和水资源污染等现状，给中国实验动物产业的健康发展带来了一定的挑战。与发达国家相比，达到同样的水平，我们面临的风险更大，对投入的需求（资金、设备、设施、人力等）更高。国情是制约中国实验动物产业（尤其是在屏障设施内饲养猪、牛等具有困难的实验动物）健康发展的主要因素之一，我们应清醒地认识到这一点。

第三章　面临的机遇与挑战

实验动物是动物卫生研究的基础和重要支撑条件，动物卫生研究的各个领域，包括兽医生物制品的研制和检验，兽医化学药品的研制和检验，兽药、兽医疫苗生产用原材料的质量研究和检验，动物流行病学分析、病因调查，微生物致病力等微生物实验研究，动物免疫学研究，中兽药研究，动物生理生化和行为学研究，动物遗传学研究，饲料和营养学研究，环境保护研究等领域，都离不开实验动物。实验动物的发展程度可以反映一个国家动物卫生研究的发展水平。进入21世纪，以生物、信息、能源和纳米材料为代表的高新技术领域不断交叉融合，发生革命性群体突破的先兆越加明显，生命科学将成为第6次科技革命的先锋，引领经济社会发展加速转型，并对人类生活和健康模式变革发挥根本性影响。伴随着第6次科技革命的来袭，作为现代科学技术的重要组成部分——实验动物科学技术与产业发展也将迎来新的机遇和挑战。

一、实验动物科学技术与产业发展面临的机遇

（一）国家科技政策和经济环境促进实验动物科学与产业发展

目前，科学技术部正在努力打造科研基础平台，加强科研基础条件建设，以满足科技创新和社会经济发展的需要为宗旨，加强中国实验材料资源的收集、抢救、整理、整合、保存。根据实验材料的描述标准和规范，实现实验材料的数据化，建立E平台，实现实验材料资源的信息共享和实物共享。国家“十二五”科学和技术发展规划中明确指出：在“十二五”期间，着力推动优势实验动物资源、实验动物新品种（系）的开发与应用。同时，为落实《国家中长期科学和技术发展规划纲要（2006~2020年）》，科学技术部成立了国家实验动物专家委员会，充分发挥专家在实验动物科研、管理等工作上的咨询作用，进一步推进中国实验动物工作法制化管理、资源平台、质量保障体系和人才队伍等方面的建设，全面支撑中国生命科学和生物产业等的发展。

各级政府也高度重视并积极加强实验动物支撑平台建设。当前，国内经济发达地区对生物医药研发实验动物资源支撑平台建设是不遗余力的，以长江三角洲为例，上海国家生物产业基地核心区张江高科技园区实验动物资源平台项目总投资1.89亿元，总建筑面积2万m^2，依托其一流的实验动物资源支撑平台，张江园区已吸引40多家CRO企业入驻。这些无疑为实验动物科学与产业发展提供了强大的推动力。

（二）动物卫生领域研究快速发展，对实验动物的需求不断扩大

近年来，非典、高致病性禽流感、疯牛病、莱姆病等新的人兽共患病出现，加上原

先存在的狂犬病、布氏杆菌病、结核、血吸虫病、日本乙型脑炎等疾病，使人们不得不重新思考人兽共患病问题的严重性。而二噁英事件、苏丹红事件、大肠杆菌中毒、“瘦肉精”（盐酸克伦特罗）中毒等食品安全事件的频频发生，动物源性食品安全问题成为人们高度关注的焦点。在目前的形势下，动物卫生领域所面临的问题和挑战十分严峻。加强动物公共卫生在科学技术和行政法规方面的研究，保障国家经济健康发展、社会安定和人民健康，将是未来一个时期内的重大课题。而随后的一系列研究均离不开实验动物的支撑，动物卫生领域研究对实验动物的需求不断增加，其发展潜力和前景十分广阔。

1. 对高质量、标准化、商品化、社会化的实验动物需求增加

目前，兽医生物制品的研制和检验、农产品质量安全风险评估、药理毒理学研究、药品检测中所用实验动物的质量偏低，标准化与社会化程度低，SPF 动物少，严重阻碍了检验、检测工作的开展，影响检测结果的准确性，急需高质量、标准化、商品化和社会化的实验动物。

2. 对实验动物的品种、品系、数量需求增加

在兽医生物制品的质量评价中，动物试验发挥着不可替代的作用。兽医生物制品的检验、新生物制品研发、监管部门开展监督检验复核、菌种鉴定、生物制品检测方法研究、动物疫病诊断试剂研发、各企业中间产品质量控制等方面均要用到实验动物。但真正能用于研发的实验动物的品种（系）和数量非常有限，迫切需要增加对实验动物品种（系）的开发，增加实验动物的数量。

3. 实验动物疾病模型需求加大

目前，人兽共患病的病原学、发病机制、预防治疗、诊断试剂及药物疫苗研发等方面急需实验动物疾病模型，而中国实验动物疾病模型相当匮乏，重大动物疾病模型和相关模型资源不到发达国家的 10% ，且一些发达国家限制向中国等亚洲国家出口新动物模型，进而限制了中国在医药研究领域的国际竞争力。此外，中国动物疫病的病原复杂，需要自己的疫病模型。预测未来中国将会加快实验动物疾病模型研究与开发进程，逐步实现产业化，填补空缺，以满足生命科学研究所需，打破国外的生物技术垄断。

4. 基因工程实验动物资源需求增多，实验动物模型逐步朝多样化发展

目前，中国基因工程实验动物资源不及发达国家的5%，随着转基因、基因敲除、DNA 芯片技术、免疫学等新技术的出现，动物卫生领域中基因功能研究、疫病机制研究、药物创新研究等需要的实验动物模型逐渐多样化。

（三）高新技术推动中国实验动物科学与产业发展

随着第 6 次科技革命中新材料技术、分子生物学技术等技术浪潮的冲击，实验动物科学技术将得到深入的发展。例如，转基因技术、基因敲除技术、克隆技术等其他分子

技术在实验动物模型制作中得到广泛应用，从而使实验动物品种、品系及具有人类疾病特征的模型动物种类数量快速增长。而且新的动物替代物和替代方法将不断涌现。例如，越来越多的生命科学研究以单细胞生物、微生物，或细胞、组织、器官及计算机模拟替代整体动物进行试验。干细胞技术的应用也将改变传统生物医学研究的领域，以实验动物作为前导和材料，从分子水平研究疾病的发生发展过程和组织修复功能。这些都极大地推动了中国实验动物科学与产业的发展。

（四）兽药研发中心东移带动中国实验动物科学与产业的发展

由于欧美发达国家大型实验动物资源匮乏，同时受到动物保护主义运动影响，以及动物福利和伦理学的要求，加之高昂的动物实验成本，发达国家的医药动物实验，特别是大型实验动物临床前研究呈现出向中国、印度等发展中国家转移的趋势；而中国、印度等国家在药物研发的化合物筛选及化学合成、药物生产等方面开始凸显一定优势，使不少国际大型医药公司将目光投向亚洲，寻找合作伙伴，在中国设立研发外包机构，在一定程度上推动了中国实验动物科学的发展和国际融合。例如，随着国内外科学研究与新药研发，对非人灵长类动物需求的不断扩大，目前中国已有大大小小的栗色猕猴、食蟹猴等养殖场近 100 家。一些大的猴场存栏猴在 1 万~2 万只。中国林业部门为非人灵长类动物出口提供配额数，已从 20 世纪末不足 3000 只，上升到目前的 2.6 万只。

二、实验动物科学技术与产业发展面临的挑战

虽然未来实验动物科学技术与产业的发展前景看好，但是我们不得不清醒地意识到中国实验动物科学技术与产业发展与国外实验动物科学技术与产业发展还存在许多差距，因此，可以说挑战大于机遇。

（一）实验动物资源不足，自主创新能力不强

虽然国家已建立了相关的种子中心、种源基地和遗传小鼠资源库，也培育了一些具有中国自主知识产权的动物品系，但还远远不能满足科技发展的需要。单从数量上讲，在基因剔除动物模型资源方面，中国和国际相比是 1∶20；在用于重大疾病机制研究的动物模型方面，中国与国际相比是 1∶8，差距比较明显。中国具有丰富的野生动物资源，一些资源在比较医学研究中取得了相当大的进展，如东方田鼠在抗血吸虫方面、长爪沙鼠在脑缺血研究等方面都显现出良好的应用前景，急需做进一步研究，尽快实现实验动物化，为公共卫生安全发挥积极作用。

（二）缺乏持续的科研经费和专业的实验动物人才，实验动物资源研发力量薄弱

实验动物资源研发需要较大的投入和较长的周期，由于科研经费资助偏少、缺乏连

续性，专业研发人员匮乏且不稳定，流动性大，总体力量不强，致使许多有开发前景的资源无法进行系统研究和标准化，研究成果转化为有效资源的进展比较缓慢，在一定程度上也影响了中国生命科学的发展。

（三）实验动物生产规模化和社会化程度不高

中国经过近 30 年的发展，实验动物产业化逐步形成规模，虽然年供应量达 1900 万只以上，但总体上规模化、社会化程度低，自繁自用的居多。以常用的大鼠、小鼠为例，年产 100 万只以上的单位仅有几家，没有形成全国性的供应网络；五指山小型猪、巴马小型猪、栗色猕猴、食蟹猴等的规模化生产，虽然起步较早，但目前存栏量在 1 万只以上的厂家也不足 10 家，主要分布在广东、广西、云南、海南等地。到目前为止，还没有专门生产动物卫生领域用量较大的猪、牛、羊等实验用动物的实验动物生产基地和企业。

（四）实验动物质量控制标准不完善，质量保障体系有待健全

实验动物质量是企业发展的根本，没有合格的实验动物就不可能拓展市场，这也是产业化健康发展的基础。中国实验动物的现有生产量约 2000 万只，其中，大鼠、小鼠生产量约 1500 万只，基本满足目前中国动物实验数量的要求。但是，目前中国实验动物的标准还不完善，质量标准体系还不健全，缺乏规范的实验动物质量检测网络，实验动物的质量普遍低下，主要体现在以下两个方面。①遗传质量不稳定。中国大部分实验动物品种、品系，尤其啮齿类实验动物大部分都是从国外引进的，由于没有科学的培育，经过多代繁殖后，遗传背景已经发生了变化。② 微生物控制不严格。由于管理技术、设施条件、微生物检测条件不足等因素，实验动物的微生物污染，包括细菌、病毒、寄生虫的污染现象较普遍。以上质量问题不仅影响了该产业的发展，也严重阻碍了中国生命科学研究和医药产业发展，所以，其质量保障体系亟待进一步完善。

（五）实验动物管理体系和法规条例不完善，管理经费缺乏

经过 20 多年的努力，中国实验动物管理体系的构架已基本形成。但与国外发达国家相比仍有一定差距，仍不能满足中国医学和生命科学迅猛发展的需求；在动物福利的实施措施等领域有较大空缺；相关的法规标准体系仍不健全。美国、日本等国的实验动物管理体系不仅包括政府法规的管理，还有很重要的民间管理和自律，而且已经实现了国际化，例如，AAALAC 是一个私营的、非政府的、国际公认的实验动物项目评估、认可组织，经过 40 多年的发展，AAALAC 已经成为具有国际影响力的实验动物认可组织，实验动物机构自愿获得和保持 AAALAC 国际认可资质，不仅遵守了当地的、国家的和国际的动物管理、研究的法律，而且也遵守了《实验动物护理和使用指南》中国际公认的标准。而中国实验动物的管理体制，包括依据法规进行的行政管理和基于实验动物国家及省级标准的技术监督管理，法规既没有与国际互认，也没有与民间管理相结合，而且还只有部分实验动物法规，分别获得了部分省人民代表大会的通过。因此，很难达到实

验动物管理全面提升的效果。目前，一个省的实验动物法规只能在本省执行，对全国不起作用，会造成很多不平衡；而且全国在执行处罚方面都不严格，造成一些质量不合格的动物仍可用于动物实验。国务院中，除了科学技术部外，其他部门的实验动物管理机构缺乏工作经费，基本上停止了行业管理，这些都将影响到中国实验动物科学技术与产业的发展。

（六）市场服务体系和监督体系不健全

随着产业化进程不断发展，实验动物及相关产品的市场服务体系和监督体系需要日臻完善。一方面，大部分生产和服务企业内部还没建立健全的相关制度，如动物质量定期发布制度、动物出现污染的通报制度、赔偿办法及相关产品的召回制度等；另一方面，用户单位过分强调维权，过分压低产品的价格，由于缺乏市场监督体系，导致企业之间出现低价、低质的恶性竞争，严重阻碍了产业的发展。

（七）政府支持和引导力度还需加强

中国政府虽然对实验动物及相关产业投入了一定经费，建立了相应的法规和标准，对该行业的引导和发展起到了一定作用，但是，与国外相比，支持力度还是不够，缺乏可持续的发展体系。例如，美国 2010 年仅对杰克逊研究所一个单位的经费支持就达 5200 万美元，而中国对实验动物方面的投入较少，并且这些支持缺乏长期规划。因此，政府支持和引导力度还需加强。

第四章　发 展 战 略

一、战 略 构 想

实验动物已广泛用于兽医药品的出厂检验、兽医生物制品新药研发、监管部门的监督检验复核检验、菌毒种鉴定、部分化学药品和中兽药的检测和研发、生物制品检测方法研究、动物疫病诊断试剂研发及中间产品质量控制等动物卫生领域。认真总结现有实验动物科学技术与动物卫生工作，坚持自主创新、重点跨越、支撑发展、引领未来的原则，面向国家动物卫生重大战略需求，借助国家科技计划的推动，建立包括农业实验动物主要品种、品系的种质资源保存和开发利用基地，达到资源的整合和共享，实现实验动物规模化、标准化和产业化，并在人类、动物重大疾病动物模型的研究和应用方面取得一定进展。加快中国农业实验动物科学技术和产业发展，发挥在兽医药品评价和监测中“活的实验材料”的作用，为动物卫生研究提供强有力的支撑，保障实验动物科学技术与动物卫生研究的顺利开展。

二、发展思路和目标

第一，研究制定有利于实验动物科学技术与动物卫生研究的实验动物资源共建、共营、共享的政策法规、运行机制和管理办法，保证实验动物资源共享的实现；建立能够满足不同需要、安全运行的动物品种、品系，以及疾病动物模型等的实验动物生物信息数据库，促进实验动物资源、信息共享和充分利用。

第二，建立和完善国家实验动物种子中心及相关的种源基地，初步形成有利于实验动物科学技术与动物卫生研究的实验动物种质资源网络。加强实验动物新品种、品系的开发研究；建立重大疾病动物模型的鉴定和评估体系，开展实验动物与比较医学研究。

第三，系统规划和整合有利于实验动物科学技术与动物卫生研究资源，组建 SPF 鸡、SPF 鸭、SPF 鹌鹑、实验用猪和实验用小型猪，以及实验动物资源库和比较医学资源库。

第四，开展动物替代方法研究，用标准化实验动物代替农业实验用动物，进行动物实验替代研究，重点建立与国际接轨的动物实验替代方法。

第五，健全实验动物质量监控网络，加强对质检机构的监督、管理和交流；进一步提升实验动物质量监控技术水平和检测能力，加快标准化快速检测试剂的研发和应用。

第六，按科学技术部有关规定，实验动物使用许可证的发放需要有标准；按此规定，科研、生产和检验用猪、马、牛、羊等大动物无环境设施标准，就不能发放实验动物使用许可证。针对兽医生物制品生产的 SPF 鸡胚等原材料问题，以及解决科研、生产和检验中猪、马、牛、羊等大动物申请使用许可证存在的无环境设施标准等问题，研究制定实验用猪、马、牛、羊等农业实验动物环境设施标准应加快立项、完善并颁布实施；以便兽医生物制品科研、生产单位及农业院校领取实验用猪、马、牛、羊等农业实验动物使用许可证。

第七，推动产业化进程，形成分工合作的集团化生产供应局面，特别要扶助建立供兽医生物制品生产、检验、研究用猪、马、牛、羊等大动物的产业化生产基地。

三、重点任务

（一）加强农业实验动物资源及基础设施建设

加强实验禽类和实验猪等资源的培育，开展小型猪异种器官移植的基础研究；培育疾病高敏感品系；开展实验用小型猪和 SPF 禽的感染性模型的研究。支持实验用小型猪和 SPF 禽等基础设施建设，扩大实验动物种质资源保存规模，提高种质资源共享服务能力。

（二）农业实验动物质量保障体系的建立

以农业实验动物质量检测机构为依托，充分发挥行业质检机构的作用。以行业为重点，对区域实验动物质检机构进行监督指导，加强交流，组织开展能力验证活动，促进行业区域和省级质检机构能力水平的全面提升。研制标准物质，对实验动物质检机构检测能力开展研究性评价。开展实验动物质量检测新指标、新方法、新技术研究，鼓励机构之间的交流与合作，全面推进检测试剂标准化研究，加强病原体生物学特性研究和比较。研究制定牛、羊、猪、鸭等农业实验动物质量控制和设施标准。

（三）开展免疫遗传学的研究

进行实验用小型猪和 SPF 禽免疫系统结构和功能，如免疫应答、抗体的多样性等的遗传基础研究；应用免疫学的方法来识别个体间的遗传差异，以作为遗传规律分析的指标；建立基于免疫遗传学的重大疾病动物模型。

（四）开展表观遗传学的研究

开展 DNA 甲基化（DNA methylation）、基因组印迹（genomic impriting）、母体效应（maternal effect）、基因沉默（gene silencing）、核仁显性、休眠转座子激活和 RNA 编辑（RNA editing）等表观遗传学研究，探讨实验用小型猪和 SPF 禽等实验动物的生产性能调控机制，建立高生产性能的实验动物封闭群。

（五）开展模式动物研究

开展转基因动物研究，建立重大疾病转基因工程动物模型。

（六）加强动物实验替代方法研究

鼓励开展动物实验替代方法研究，建立动物实验替代方法。

（七）加快实验动物标准化快速检测试剂的研发和应用

围绕关键技术，开展实验动物微生物和寄生虫快检方法及诊断试剂盒临床试验前的标准化研究及遗传检测方法的研究，丰富和完善实验动物质量检测技术体系。

第五章　对策与建议

一、成立国家行业层面的管理机构和实验动物专家委员会

成立实验动物科学技术与动物卫生管理委员会，下设办公室，在国务院行业主管部门的统一协调下开展工作；完善相关的规章、制度、技术标准、监督管理体系的建设。成立实验动物科学技术与动物卫生实验动物专家委员会。

二、加强农业实验动物资源中心建设

系统规划和整合有利于实验动物科学技术与动物卫生研究资源，组建SPF鸡、SPF鸭、实验用猪和实验用小型猪，进一步加强已有的国家实验禽类种子中心的建设，同时开展国家实验用猪和实验用小型猪种子中心的建设。建立农业实验动物资源库和比较医学资源库；加强农业实验动物资源的开发利用，建设动物实验应用技术平台；开展动物替代方法研究，着力培养基础条件较好的大学或科研机构的实验室，提高其自主创新的竞争力，争取成为国家重点实验室。整合现有比较医学资源，建设实验动物与比较医学研究中心。

三、规范农业实验动物质量检测网络的管理

以农业实验动物质量检测机构为依托，充分发挥行业质检机构的作用。以行业为重点，对区域省级实验动物质检机构进行监督指导，加强交流，组织开展能力验证活动，促进行业区域和省级质检机构能力水平的全面提升。建立实验动物评估与认证体系，提高中国农业检测机构的国际地位，争取做到相互承认。

四、争取财政支持，设立管理专项经费用于农业实验动物质量管理体系的建设

坚持项目、基地、人才相结合的原则，国家财政经费和各类科技计划（基金、专项）经费重点支持农业实验动物工作，特别是农业主管部门，设立管理专项经费用于农业实验动物质量管理体系的建设。

五、建立广泛的交流与合作网络平台

作为国际实验动物科学理事会（ICLAS）的常任理事国，积极参与并及时传达ICLAS

等国际组织的活动，广泛开展国际合作，不断提升中国农业实验动物工作的国际地位。努力将实验动物质量管理体系建设和高级实验动物管理人才的培训工作列入科学技术部对外交流计划，扩大国际合作规模。

充分发挥中国实验动物信息网和地方实验动物信息网的作用，完善中国实验动物行业信息平台，加强国内实验动物领域的交流与合作。

专题五　实验动物科学技术与产业的生物安全研究

摘　要

随着科学技术的飞速发展，科学研究中使用的实验动物和实验用动物的种类、品系越来越多，除了按实验动物定义命名的各种级别的常规实验动物以外，还有利用模式生物技术进行遗传工程改造的各种模型动物，甚至有的研究还需使用珍贵的、濒危的野生动物。这些实验用动物在生产、使用过程中，存在感染、繁殖病原体的可能，以及向环境扩散的危险，对人和环境产生生物安全的威胁。实验动物科学技术与产业发展中的生物安全与动物疫病防治、人类健康、生物武器之间的微妙关系对国家安全、社会和谐稳定和经济的可持续发展产生重大影响，是国家生物安全的重要组成部分；是实验动物科学技术与产业发展的主要内容和根本保障。

与发达国家相比，中国实验动物科学技术与产业发展中，实验动物质量有待提高，保障生物安全的法律、法规体系不健全，生物安全监督管理体系不完善，生物安全意识与防范能力薄弱，生物安全科技支撑不充分，造成了很大的生物安全隐患，久而久之必然会发生生物入侵及重大人兽共患病的流行，影响人们的正常生活秩序、危害人们的身心健康、威胁国家安全。因此，积极探索加强实验动物科学技术与产业发展的生物安全管理、建立实验动物监管制度和生物安全体系、消除重大动物疫病防控隐患、维护社会公共卫生安全和生态环境等工作显得尤为重要和迫切。

为此，建议国家、政府相关各部门建立实验动物生物安全法律、法规体系，加强生物安全法律、法规的宣传和执行监管力度，规范实验动物生产与应用，全面实施标准化系统工程，规范实验动物进出口，严格监管与检疫，加强实验动物生物安全相关研究，加大生物安全专业人才的培养力度，形成具有中国特色的实验动物生物安全体系，推进实验动物科学技术与产业可持续发展。

基本概念

生物危害（biological hazard）：是指包括病毒、细菌、真菌、原虫、昆虫和其他有害动物、植物等在内的生物因素对人类及其生存环境的危害。生物因素广泛存在于环境和各种生物体内，具有强大的变异能力以适应环境，如产生抗药性的细菌、昆虫和鼠类等。人类有意识地使用现代生物技术进行科研和生产时，也可能产生以目前的科技知识水平无法预见的后果，从而危害人类健康、破坏生态平衡、污染自然环境等。

病原微生物危害性的分级（category of pathogenic microorganism hazardness）：在应用实验动物开展生物医学研究时，工作人员面对的主要生物危害是来自动物或实验室的各类病原微生物。按照病原微生物对人类或动物致病性的强度进行分类，既是生物安全评估的依据，也是制定生物危害防制对策的根据。

世界卫生组织对感染性微生物的危害程度分级：第 1 级，对个人和社会无危害或危害性很低，不太可能对人或动物致病的微生物；第 2 级，对个人有中度危害性，对社会危害性低，其病原体可使人或动物致病，但对实验室工作者、社会、家畜或环境不太会造成严重危害。在实验室内接触虽有发生严重感染的可能，但有有效的治疗和预防措施，而且传播的可能性有限；第 3 级，对个人有高度危害性，对社会有低度危害性，其病原体通常使人或动物患严重疾病，但一般不致传染，有有效的治疗和预防措施；第 4 级，对个人和社会均有高度危害性，其病原体通常引起人或动物的严重疾病，且易于直接或间接传播给其他个体，通常无有效的治疗和预防措施。

中国对各类病原体的危害性分级：第 1 类病原体，实验室感染机会多，感染后发病的可能性大，症状重并可危及生命，缺乏有效的预防措施，传染性强、对人群危害大的烈性传染病，包括国内未发现的或虽已发现但无有效防治的传染病病原体；第 2 类病原体，实验室感染机会多，感染后症状较重可危及生命，发病后不易治疗，对人群危害较大的传染病的病原体；第 3 类病原体，仅具一般危害性，能引起实验室感染机会较少，在一般微生物学实验室中采用一般措施能控制感染和传播，或有对之有效的免疫预防的病原体；第 4 类病原体，可用于制造生物制品的各种减毒、弱毒，以及不属于上述第 1 类、第 2 类、第 3 类病原体的各种低致病性微生物。

生物安全（biosecurity）：生物安全有狭义和广义之分。狭义生物安全是指防范由现代生物技术（主要指转基因技术）的开发和应用所产生的负面影响，即对生物多样性、生态环境及人体健康可能构成的威胁或潜在风险。广义生物安全则不仅针对现代生物技术的开发和应用，还包括了更广泛的内容，大致分为三个方面：一是指人类的健康安全；二是指人类赖以生存的农业生物安全；三是指与人类生存有关的环境生物安全。生物安全等级（biology security level，BSL）。BSL-1，非已知会导致疾病的物质；BSL-2，与人类疾病相关的物质；BSL-3，与人类疾病相关并且与气溶胶传播潜力有关的本地的、外来的物质；BSL-4，危险的、外来的具有生命威胁特征的物质。

实验动物生物安全（laboratory animal biosecurity）：是指对实验动物科学技术与产业发展中可能存在或产生的潜在生物风险或现实危害的防范和控制。由实验动物造成的各种生物风险和危害包括：生产和使用实验动物中的各个环节（如实验动物的引种、保种、繁育、运输、进出口等），使用实验动物（包括感染和非感染实验动物）进行动物实验、从事科研活动等过程中实验动物造成的各种生物危害。

动物生物安全水平（animal biology security level，ABSL）：对实验动物研究的环境条件、安全和饲养方面的要求，也应与体内、体外传染病研究所推荐的生物安全水平相似，称为动物生物安全水平（ABSL1~4）。动物生物安全 1 级水平（ABSL-1）：适用于对其特征比较清楚，通常对健康成人不致病，并且对实验室人员及环境的潜在危害性小的病原体；动物生物安全 2 级水平（ABSL-2）：涉及感染与人类疾病相关的病原体的实验动物操作；动物生物安全 3 级水平（ABSL-3）：涉及当地或外地感染外源性病原体的动物研究，这些病原体可通过气溶胶传播，并且可引起严重的或致死性的疾病；动物生物安全 4 级水平（ABSL-4）：适用于对危险的或外源性病原体进行的操作，这些病原体对个体有很高的致死性危险，并且可以通过空气途径进行传播。

引　言

21 世纪将是高科技激烈竞争的世纪，现代生命科学及生物高科技已成为时代竞争的热点和制高点，实验动物是从事科学研究、教学、生产、检定等的重要工具和支撑条件，广泛应用于医药研发、教学实验、生物检定等方面，在生命科学研究中起着非常重要的作用。

自古至今，生命科学的发展和研究，离不开实验动物和各种人类疾病动物模型。科学研究中，往往在实验动物机体上，利用实验方法和生物技术，揭示人类疾病的发病机制、症状表现、治疗方法和康复转归过程，为生命科学研究提供科学、实用的参考依据，造福于人类的健康。随着科学技术的飞速发展，科学研究中使用的实验动物和实验用动物的种类、品系越来越多，除了按实验动物定义命名的各种级别的常规实验动物以外，还有利用模式生物技术进行遗传工程改造的各种模型动物，甚至有的研究还需使用珍贵的、濒危的野生动物。这些实验用动物在生产、使用过程中，存在感染、繁殖病原体的可能，以及向环境扩散的危险，对人类和环境产生生物安全威胁。生命科学领域中的实验动物工作，在为人类的健康作出越来越重要的贡献的同时，不容置疑地也涉及一定的生物安全问题。1999年中国北京某实验室曾发生实验人员感染流行性出血热事件。事件起因就是操作人员被携带病毒的实验动物抓咬伤而受感染引起的；2003年中国北京某实验室实验人员也是由于在实验操作过程中被动物抓咬伤感染了 SRAS 病毒，并造成一定范围内流行的事件；2006年中国长春市某高校中药系实验室，发生学生感染流行性出血热事件，76名学生中有10名学生受感染，整个事件起因也是由于在实验操作过程中被动物抓咬伤而造成的；2009年3月，法国食品卫生安全署的科学家，在实验室中对动物病体进行实验研究时，意外感染致命性炭疽病菌，受感染的5名人员被紧急隔离至医院监控，予以及时治疗；2010年12月，中国东北农业大学进行的“羊活体解剖学实验”，使27名学生和1名老师染上了布鲁菌病。这些都无疑为实验动物生物安全敲响了警钟。实验动物的生物安全问题已成为全球范围内的敏感话题，是科学研究中不容忽视的重要因素，它与动物疫病防治、人类健康、生物武器之间的微妙关系正在引起各国政府的高度重视。

中国在实验动物生产、使用等过程中已形成了基本的生物安全保障能力，但尚不能满足国家发展和实验动物科学技术与产业发展对生物安全的需求。迫切需要我们从理论和实践上进行研究和探讨，消除生物安全观念淡化、防范意识薄弱的倾向，探索实验动物科学技术与产业发展中生物安全的发展方向与趋势，分析实验动物生物安全发展的重大问题，研究如何提高生物安全预警与防御能力，以便更好地促进实验动物科学技术与产业发展。对此，我们应站在落实科学发展观、维护国家安全、构建和谐社会和保证人民身体健康的高度予以密切关注。

1. 实验动物科学技术与产业发展中生物安全的地位与作用

1）实验动物是生物安全研究的重要工具和支撑条件

在应用实验动物开展生物安全研究时，实验人员面对的主要生物危害是来自动物或实验室的各类病原微生物。按照病原微生物对人或动物致病性的强度进行分类，既是生物安全评估的依据，也是制定生物危害防制对策的根据。

2）实验动物是生物学实验研究的第一要素

使用微生物学质量不合格的动物，常常会引入各类人兽共患病和动物烈性传染病的病原体，从而在繁育和实验中，通过各种途径感染实验人员和其他动物。在使用野生动物的研究中，一些野生动物携带对其自身不致病，但对人类却有致命危害的病原微生物，如来源于非人灵长类动物和啮齿类野生动物的埃博拉（Ebola）病毒，由于人类对这些微生物所知甚少，故而缺乏有效的防范手段，容易导致严重的感染事故。

3）生物安全设施和设备是生物学实验研究的第二要素

没有与实验动物生产和实验研究要求相适应的设备设施，污染就会扩散。对设施设备的使用不当、维护和检查不力等也是导致生物危害因素泄漏的重要原因。

此外，由于实验动物操作引发的生物危害具有一定隐蔽性，其后果可能在相当长一段时间后才显露出来，故难以追查当时究竟是谁、什么样的操作引发了事故。在实际工作中，由于危害因素的蓄积和表达需要一定时间，因此与短期实验研究（几天或几周）相比，长期实验（数月以上）或在连续的动物繁殖生产过程中这类问题较多发生。

随着现代生物技术的发展，在基因水平开展对实验动物及动物实验的研究方兴未艾，转基因和克隆动物的相继问世使“基因安全”随之成为新的生物安全问题，由于人类对基因工程技术的使用与控制尚不成熟，对基因工程产物的认识受到现有科学技术水平的限制，这些新技术、新物种的潜在危害，仍需经过一定的时间才能被人们意识到。例如，若对这些新技术、新物种控制不当，极可能造成对现有生态和遗传平衡的破坏，进而给人类的生存带来无法估计的严重影响。

因此，在进行实验动物及动物实验研究，尤其是运用各项新技术、新方法时，必须充分认识其中可能存在的生物危害性，牢固树立生物安全的概念，采取切实有效的措施进行防范，从而确保研究的顺利开展，以及保护人类、物种及环境的安全。

2. 实验动物科学技术与产业发展中生物安全研究的目的与意义

在中国，由于缺乏严格、规范的实验动物生产、使用监管制度与生物安全体系，给维护社会公共卫生和保障人类身体健康带来了很多问题。实验动物科学技术与产业发展中的生物安全问题，已经明显的威胁到社会的公共卫生、人类的人身安全和生态环境。由于实验动物在生产、经营和使用等过程中，生物安全观念淡化、防范意识薄弱，造成了很大的生物安全隐患，久而久之必然会发生生物入侵及重大人兽共患病的流行，影响人们的正常生活秩序、危害人们的身心健康、威胁国家安全。因此，积极探索加强实验动物科学技术与产业的生物安全管理，建立实验动物监管制度和生物安全体系，消除重大动物疫病防控隐患，维护社会公共卫生安全和生态环境等工作显得尤为重要与迫切。

在此背景下，探讨中国实验动物科学技术与产业发展中的生物安全现状和发展方向，分析存在的问题，研究发达国家实验动物科学技术与产业发展中的生物安全状况，找出以资借鉴的经验，针对实验动物科学技术与产业发展预测未来的生物安全需求，根据现状提出生物安全发展战略构想，以及建设性、可操作性的政策建议，对促进实验动物科学技术进步和产业发展具有十分重要的现实意义。

3. 主要研究内容与研究方法

本研究主要采用国内外文献检索、调研、问卷调查、专家咨询、企业现场访谈、行业协会和监督管理部门书面咨询等方式开展资料收集和研究工作。

主要研究内容如图 5-1 所示。

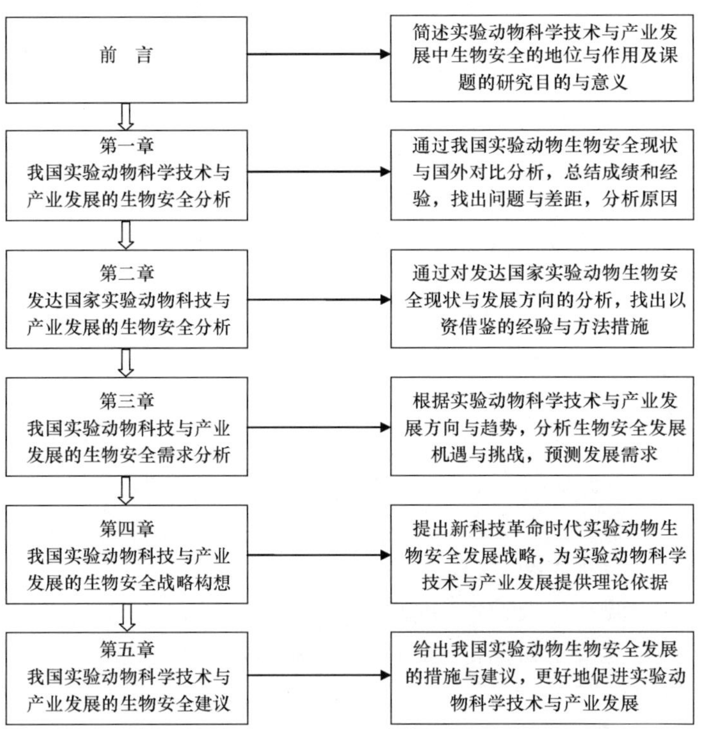

图 5- 1 实验动物科学技术与产业发展的生物安全研究内容

第一章　中国实验动物科学技术与产业的生物安全分析

实验动物生物安全是对实验动物科学技术与产业发展中可能存在或产生的潜在生物风险或现实危害的防范和控制。由实验动物造成的各种生物风险和危害包括：生产和使用实验动物中的各个环节（如实验动物的引种、保种、繁育、运输、进出口等），以及使用实验动物（包括感染和非感染实验动物）进行动物实验、从事科研活动等过程中对实验动物造成的各种生物危害。实验动物生物安全是实验动物科学技术与产业的重要组成部分，实验动物是生物安全研究的重要工具和支撑条件。

一、中国实验动物科学技术与产业的潜在生物安全威胁

（一）实验动物饲养管理过程中的生物危害

实验动物多来源于野生动物，通过定向培育形成不同的品种、品系，它们有各自不同的易感病原，且由于实验动物常采取群体饲养，因此，极易造成疾病的暴发和流行。有的可引起动物发病，使实验中断，造成人力、物力和时间的浪费。有的在动物体内呈隐性感染，可影响动物自身的稳定性和反应性，使实验结果受到干扰，导致错误的实验结论。有的病原宿主广泛，属人兽共患病原，在引起动物发病的同时，使实验、饲养等技术人员感染，进而使周围的人群感染，并导致外环境污染，从而更具危险性。国内外曾多次发生因饲养野鼠或大鼠而发生肾综合征出血热流行；曾有 25 人因被实验猴咬伤、抓伤导致感染猴疱疹病毒（B 病毒），并有 16 人死亡。如果微生物污染生物制剂、肿瘤或细胞株及种动物等，还可将病原体扩大到其他单位、地区或国家，危害更大。野生动物的实验动物标准化工作，存在着将野生动物携带的已知或未知病原引入到实验动物饲养场所，以及引发人类新疾病的潜在危险。现已证实新出现的人类病毒，如人流感病毒新亚型、汉坦病毒、拉沙热病毒、埃博拉病毒、人类免疫缺陷病病毒等就来源于野生动物，如禽类、啮齿类和非人灵长类等。说明尽管大多数传染因子都具有相当程度的种特异性，但它也可能经常地广泛地改变其毒力，并改变其冲破种间屏障的能力，因此，必须把所有动物都看成是潜在的传染病原。

在实验动物饲养管理中，应注意一些生物危害，如国内外曾多次发生因饲养野鼠或大鼠而发生肾综合征出血热流行。因此，实验动物在生产过程中存在感染、繁殖病原体及向环境扩散的危险，产生生物安全问题。此外，对实验室缺乏科学管理可导致病原微生物的传播。例如，饲养中的动物将接种的病原体通过呼吸、粪、尿等途径排出体外，污染室内环境，如果实验室人员防护或操作不当，就会接触到污染物而被感染。此外，

用来做实验研究的野生动物也可能携带对人类产生严重威胁的人兽共患病病原微生物。

动物疫病与人兽共患病可以造成实验动物的死亡和质量下降，影响动物实验结果和准确性，并且危害人类和其他动物的健康。对实验动物危害严重的人兽共患病有流行性出血热、狂犬病、流感、沙门菌、布鲁菌、弓形虫、钩端螺旋体病等。对实验动物危害严重的其他传染病有鼠痘、猫瘟热、犬瘟热、犬出血性肠炎、兔瘟等。2001 年 6 月，在北京，因使用不合格实验动物和实验操作不规范，致使流行性出血热感染研究人员，导致 700 多名师生紧急预防接种流行性出血热疫苗。2002 年 11 月，湖北省药检学校的一名学生，接触了带出血热病毒的实验动物而感染死亡。2006 年，东北三省由于个体户繁养和长途贩运不合格实验动物，致使几十名教学科研人员感染。2010 年 11 月 4 日至 2011 年 3 月 31 日，布鲁菌病高危感染范围包括 3 门实验课、5 次实验，涉及 4 名教师、2 名实验员、110 名学生。5 次实验共使用 4 只带有布鲁菌的山羊作为实验用动物。

（二）实验动物使用过程中的生物危害

在过去几十年里，时有发生实验室相关感染的调查报告，报告显示，在病原研究实验室中，实验人员受其处理的病原体感染的危险高于一般人群。造成实验室相关感染的原因很多，如被锐器刺伤、被感染的实验动物咬伤等，此外，还有许多不明原因的实验室相关感染。根据对不明原因实验室感染的研究表明，这些感染中，大多数可能是因为病原微生物形成感染性气溶胶后，随空气扩散，实验室内工作人员吸入感染的空气而发病。例如，某防疫站发生的一起实验室鼠疫杆菌污染空气，导致的实验室工作人员感染，其原因是没有在生物安全柜或负压实验室中进行样品离心，而是在普通的通风柜中进行离心操作，结果离心产生的感染性鼠疫杆菌气溶胶污染空气，导致空气传播感染。

随着生命科学研究的飞速发展，动物实验作为生命科学的重要研究手段而广泛使用。研究者越来越多的使用实验动物，进行艾滋病、流行性出血热、病毒性肝炎、麻风、狂犬病、鼠疫等烈性传染病研究。由于实验人员对实验的安全性缺乏重视，没有全面深入思考，存在感染实验室建设不当、环境监测不严、防护措施不够等因素，引起实验操作人员感染，毒种菌种扩散，给人类带来巨大危害。动物感染实验从接种病原体到实验结束，中间要经过以日、周、月计算的过程，在此期间还要继续给动物喂食、给水、更换笼具等，遇有病原体随尿、粪、唾液排出，就会有感染性气溶胶不断向环境扩散的危险；剖检动物时，实验者还会有接触动物体液、脏器中繁殖的病原体的危险；根据动物种类不同，还可能被动物咬伤，甚至由于注射器、手术刀的创伤而被感染；等等。另外，近年来发展快速的重组 DNA 实验所带来的潜在危险，以及由肿瘤、病毒引起的潜在致癌性等问题，也是动物实验中存在的生物危害。

实验动物病毒感染性气溶胶主要来源于啮齿动物的排泄物、新鲜的感染动物解剖材料和动物的垫料等。此外，实验室操作不慎，不仅可以造成工作人员的感染，也可以造成实验室以外的环境污染，导致意想不到的危害。在实验动物使用过程中，实验动物每天都有大量的脱落物和排泄物需要处理，但由于使用实验动物的研究机构缺乏无害化处理设施和严格管理制度条例的约束，使得大量的脱落物和排泄物等被混入生活垃圾中丢掉。如此，即影响了环境卫生，又有可能污染地表、地下水源，造成生物危害。

此外，试验研究用实验动物尸体内携带的病菌一般存活在体内的血液和肌肉中，如犬瘟热、细小病毒等生存能力非常强，即便深埋土中几年仍可能存活，遇到下雨可能随雨水流出地表，或流入地下污染地下水。把实验动物尸体扔进垃圾桶、丢进河里，其他动物循着气味接触尸体，短期内尚未死亡的病菌和病毒便会传染给健康动物，进而可能传给人类。随意掩埋实验动物尸体，野狗、野猫甚至野鼠可能把尸体从土壤中挖出来，导致病毒、病菌扩散，影响社会公共卫生安全。

（三）实验动物基因修饰的生物安全危害

以基因工程和克隆技术为代表的现代生物技术所取得巨大成就为世人公认，但是它也像一把双刃剑，如导致基因污染等问题，给社会经济、生态环境、人体健康和文化传统等带来负面影响，引起了国际社会的广泛关注。目前，常用的模型动物，特别是利用遗传工程改造的转基因人类疾病实验动物模型，大多集中在大鼠、小鼠上，很多实验动物模型的遗传工程体是国外进口的，它们身上遗传物质的变化，一般无法在表型上鉴别其危险的程度，基因修饰实验动物也可能对自然环境和人类健康造成潜在的威胁。

利用现代模式生物技术进行基因改造、转换和重组的人类疾病实验动物模型，既可以造福于人类的健康，也可能给人类健康、生物多样性及生态环境带来灾难。尤其是当使用这些实验动物模型的科技人员，不能正确贯彻执行科学、合理的操作和管理，使其逃逸到自然环境中，与同种类动物进行遗传物质的交换和传代时，其后果将很难设想。它既可通过改变动物物种间的竞争关系，而破坏原有物种生物多样性的自然平衡；也可把人类疾病的病毒易感性基因“逃逸”出去，造成传染性疾病的大流行，破坏正常的生态环境，直接危害人类健康。

此外，转基因动物在生理、行为、代谢、对理化和生物因子的耐受力等方面的新特性，以及转基因动物所应用的基因重组技术，都可能产生一些超过人类防范能力的危害因素，对这些因素的增殖一旦失控，就可能带来严重后果。

二、中国实验动物科学技术与产业的生物安全问题分析

（一）实验动物质量有待提高

实验动物工作在不断受到关注的同时，人们更加重视实验动物生产和使用中的设施标准化建设。实验动物设施的等级和质量不断提高，对于保证实验动物的质量和实验结果的科学性、可靠性确实起了很大的作用。然而，对实验动物质量检测实验室的生物安全控制还没有引起相当的重视，特别是在实验动物病原微生物检测实验室设施条件的建设上，与国家颁布的生物安全实验室标准有很大差距，应当引起实验动物工作人员的高度重视。

实验动物的质量问题通过许多生物制剂（如各种疫苗、诊断治疗制剂等）直接危及人类身体健康、社会经济。实验动物的生产方式属集约化生产，限制了动物的生活空间，

可能影响动物的健康，造成应激反应。这是一个有争议的问题，如何客观处理是一项艰巨的任务。实验动物的饲料在中国大部分地区还是自产自用，凭经验管理，饲料的质量控制难以保证。实验动物的进出口必须规范，严格检疫。目前中国实验动物的进出口比较混乱，某些单位为经济利益所驱，不顾动物的质量问题，盲目出口。1995 年、1997 年、1998 年先后有 3 批猕猴出口美国、日本后，因携带传染病被枪毙；私自引入实验动物的现象仍然存在，给国内品种、品系的质量管理带来一定困难。另外，转基因实验动物的质量控制是实验动物工作今后的新内容。

（二）生物安全法律、法规体系不健全

要对实验动物科学技术与产业发展中的生物安全进行全面而有效的管理和监督，就应具备一套健全完善的法规体系。目前，中国实验动物相关生物安全立法尚没有一个健全的法规体系，更谈不上体系的完善。其后果是，各部门只能根据自身的情况和需要制定各部门的规章，而较少考虑其他部门的同类规定。在这种情况下，针对有些问题的规定是重复的，但对另一些重要的问题却无针对性，以致严重影响执法效果。由于法规体系不健全，在处理某些案件过程中出现了对一些问题束手无策的窘境。

目前，中国已制定了若干有关实验动物相关的生物安全法规政策文件，但由于其立法层次较低，无法担当起中国实验动物科学技术与产业发展中生物安全牵头法规的重要角色。没有一部从生物安全的角度对实验动物科学技术与产业的生物安全管理做出全面、系统规定的综合性立法。缺乏综合性专门立法导致了多头管理、重复管理、管理规范缺失等诸多方面的问题。

（三）生物安全监督管理体系不完善

目前，中国实验动物科学技术与产业的生物安全管理体系仍有待完善。这主要体现为两个方面。第一，监督管理机构不统一。在实验动物科学技术与产业相关的生物安全管理领域，中国各主管部门分散立法。即使是国务院发布的有关行政法规，也是委托某一主管部门进行牵头起草，之后以国务院的名义发布。这样，每一部立法均规定了相应的监督管理机构，但由于缺乏综合性的实验动物生物安全立法，目前没有一个对实验动物生物安全进行统一监督管理的机构。相应地，任何一个部门的机构都不能掌握全面的实验动物生物安全管理信息，更无法基于此进行协调和统一。这样就导致以下后果：其一，在国内的管理方面，管理机构的复杂性使得行政相对人有时在接受管理时无所适从，甚至造成重复登记、重复审批；其二，在对外协调和合作方面，国外有关机构和其他主体有时不知道应当与中国的哪一个部门进行联系、办理手续，非常不利于中国履行对有关国际条约的承诺。第二，监督管理程序不统一。由于各部门在有关立法中均作出自己的规定，其中有些程序性规定与其他部门相关立法的程序性规定没能很好地衔接和协调，由此出现相关立法在监督管理程序上不统一的现象。其后果是，不仅行政相对人的办事难度增加，而且很容易使不同行政机关在对同一事务进行管理的过程中产生潜在冲突，难以适应高效行政的要求。

（四）生物安全意识与防范能力薄弱

生物安全意识与防范能力薄弱主要体现在实验动物生产、经营、使用主体的生物安全意识和防范能力上，普遍存在着对生物安全防护认识和防护能力不足的问题。由于实验室的安全涉及操作人员安全、环境安全和社会安全，其结果可以对操作人员及其家庭带来直接影响，对社会安全造成极大威胁，对环境安全、发展国民经济产生重大影响，对公众心理引发不良后果。因此，实验室除满足检测质量和技术能力的要求外，还应符合生物安全的要求。新加坡和中国台湾地区实验室人员相继感染SARS病毒的事件表明，加强从事病原微生物等高危险操作实验室的生物安全意识和管理至关重要。

动物生物安全实验室是应用实验动物进行传染性疾病防控和科学研究的基础平台，实验室的生物安全是实验室正常运行的基本条件，也是关系工作人员健康和社会环境安全的重大问题。生物安全防范是一类专业性很强的工作，各级动物生物安全实验室的运行与监管不但需要严格规范的操作规程，而且需要富有专业知识与实践经验的人才队伍。

（五）动物生物安全科技支撑不充分

目前中国还没有开展烈性病原体研究所需的生物安全四级实验室，三级实验室数量也较少，截至2009年6月30日，全国共有27家生物安全三级实验室通过了中国合格评定国家认可委员会（CNAS）的认可，为SARS、H5N1、甲型H1N1、HIV等重大疫病的科研和疾病防控提供了安全可靠的实验设施，促进了中国生物安全实验室防护安全水平的提高，确保相关业务工作安全有序的开展。全国现有ABSL-3实验室6个，只被允许使用猴、鸡、小鼠等实验动物开展研究工作，不能满足生命科学、医药、农业等领域科学研究的需求。对生物安全基础研究工作的支持力度较小，且不够系统。缺乏专业的风险评估力量，监测预警能力薄弱。生物安全侦检装备和防治药品种类少、效果差。

三、农业系统实验动物生物安全与典型案例分析

（一）农业系统实验动物生物安全概述

实验动物在农业领域中的应用是现代实验动物科学的重要组成部分，畜牧兽医领域使用实验动物开展动物实验的时间最长，涉及动物种类最多。改革开放后，随着畜牧业发展和规模生产的兴起，动物疫病防治及其疫苗生产、检验和研究尤其显得重要。中国加入世界贸易组织后，兽用药品、生物制品的检测必然要与国际接轨，而兽药检验均需使用实验动物开展动物实验。因此，提高动物实验的生物安全管理水平也显得极为迫切。

农业系统使用实验动物的单位主要有农业科学院、畜牧兽医研究所、防疫检疫站、兽药监察所、兽药研究所、兽医生物药品厂、兽医院、动物医院、水产研究所、动植物检疫局、通商口岸有关院所及农业大专院校。农业系统使用实验动物的单位数量较大，从事动物实验和相关研究的人员队伍庞大，做好实验动物生物安全管理非常必要，否则

会出现疫病传播的“专家链”。

长期以来，农业系统动物实验环境条件较差，在一定程度上可能存在传毒、散毒、影响环境和人类健康的安全隐患，2003 年春季“SARS”在中国的流行与蔓延，给动物实验的生物安全性再一次敲响了警钟。随着中国动物疫病参考实验室的建立，农业系统正在逐步形成符合生物安全的实验室环境，这为提高中国动物疫病研究与防治水平和与国际接轨奠定了基础。但作为生物实验的重要组成部分，动物实验设施与环境没有引起足够的重视，至少没有得到同等重视。这一方面使得动物实验设施与环境失去了与生物安全实验室同步发展的机会，另一方面很难保证不发生由动物实验引发的生物安全问题，这也违背了生物实验与国际接轨的根本要求。在 21 世纪的今天，动物实验的生物安全问题已经成为全球范围内的敏感话题，它与动物疫病防治、人类健康、生物武器之间的微妙关系正在引起各国政府的高度重视。

（二）典型案例分析

2010 年 12 月 19 日，一次“羊活体解剖学实验”，让东北农业大学 27 名学生和 1 名老师染上了布鲁菌病，在《中华人民共和国传染病防治法》中，该病与艾滋病、非典型肺炎、炭疽等同被列为乙类传染病。事件发生之后，当前中国校园实验动物生物安全的种种问题逐渐浮出水面，即带病的动物是如何进入校园的？实验中，师生为何未采取任何防护措施？事件发生的原因是制度缺失还是责任部门监管不力？

1. 实验用动物来源与携带病原具有不确定性

根据国务院 1988 年 10 月 31 日批准实施的《实验动物管理条例》规定，实验动物是指经人工饲育，对其携带的微生物实行控制，遗传背景明确或来源清楚的，用于科学研究、教学、生产、检定，以及其他科学实验的动物。而实验用动物是以科学研究为目的而进行科学饲养、繁殖的动物。不仅包括实验动物，还包括一部分经济动物、观赏动物和一些未经过人工驯化的野生动物。其来源和携带病原情况具有不确定性。而目前中国尚缺少明确的法律、法规对其可能带来的生物安全高风险进行控制。

2. 缺乏严格的前期检验检疫

目前中国的实验动物种类主要是大鼠、小鼠、兔、豚鼠等小、中型动物，而牛、羊、猪等大型实验动物，由于饲养和使用要求很高而较少使用。某些科学实验为了达到更好的效果，必须使用大型动物时，就不得不选择实验用动物。在实验确实需要使用时，应由专门的检验检疫机构对实验用动物进行前期检验检疫，检验的内容包括细菌、病毒、寄生虫等，只有检验检疫合格才被允许进入实验室。

经济因素也是部分学校、科研院所选择“管理宽松”的实验用动物的重要原因之一。因为饲养条件的要求差别巨大，是否为实验动物的同一种动物价格可相差数倍。如果学校为了降低成本，像东北农业大学跳过对动物的前期检验检疫过程，实验用动物的安全只能“听天由命”。

3. 安全意识与防范能力被忽视

东北农业大学布鲁菌病事件绝非偶然，它是当前许多学校忽视校园生物安全的必然结果。实验用动物没有经过必要的检验检疫便进入实验室，只要实验人员或学生对有关生物安全的意识强，实验操作规范，也可能在一定程度上避免校园内生物侵害事件的发生。目前，禽流感、口蹄疫等动物源性传染病仍时有发生，部分还出现了变异的病毒株，这些都与生物危害因素对人类的累积作用息息相关。据调查，北京、长春、上海、广东等多个省（市）院校使用动物进行实验的学生，在开始动物实验前没有进行过生物安全培训。动物实验没有成功可以再做，但是如果由于实验伤害了学生的健康，则往往后果难以挽回。动物实验的安全意识与防范能力要远重要于实验能力。

4. 缺乏法律、规范和监管

上述事件对东北农业大学的影响是负面的，然而，对全国的校园生物安全而言，它起到的作用却很可能是正面的。近年来，学校尤其是大学的数量和规模都在不断增加和扩大，教学的硬件设施也得到了明显改善。相比之下，校园生物安全工作，尤其是动物实验相关工作显然落后。对于保障老师和学生身体健康的这样一项重要工作，既缺乏科学的法律规范，也没有明确监管责任部门，这与快速发展的教育行业严重不符。对于如何改变现状，防止类似事件再次发生：首先，制定和完善相关的制度和法律、法规，尤其是规范实验用动物从饲养、检疫到实验室使用的全程；其次，学校应设置学校生物安全管理机构，负责学生培训、风险评估、突发事件应急处理等工作，而各级教育主管部门也应该成立相应的监管机构，对学校的生物安全工作进行监督管理。

第二章　发达国家实验动物科学技术与产业的生物安全分析

一、发达国家实验动物科学技术与产业的生物安全现状

实验动物科学是在现代科学基础上逐步发展起来的一门新兴的综合性学科。追述实验动物科学的发展历程，早在1951年，美国学者 Simon D. Brimhill 正式作为实验动物兽医师开展实验动物的繁殖、疾病预防和管理，标志了实验动物科学的创立。

随着社会的发展和科学的进步，实验动物科学在世界许多国家和地区得到了快速发展，尤其是在美国、日本、欧盟等发达国家和地区，实验动物科学已经逐步发展成为独立的学科。

随着实验动物科学发展而产生的生物安全问题也逐渐显露，不时发生的各类动物实验室生物危害对公众健康和社会稳定产生了很大影响，并且严重阻碍了科研活动的正常进行，给社会造成巨大损失。

世界上不同国家对实验动物生物安全的关注点不同，管理和立法也有不同的特点，但保障动物福利和保证实验动物质量是共同的趋势，依据国际标准对实验动物进行管理和评价成为世界潮流。

发达国家对实验动物生物安全管理制度的共同特点是，除了政府管理以外，民间管理和自律占有很大比例。例如，目前最流行的 AAALAC 就是一个非政府性的国际公认的实验动物认可组织，许多使用和生产实验动物的机构，在遵守本国和当地法律的同时，积极地自觉遵守国际公认的自律标准。

二、发达国家实验动物科学技术与产业的生物安全发展方向与趋势

20 世纪 50 年代以后，生命科学迅速崛起，极大地促进了实验动物科学的发展。美国、日本、欧盟等发达国家和地区为了加强实验动物科学的管理，推动实验动物科学的发展，保障实验动物生物安全，制定了一系列法律、法规，但由于发达国家和地区的社会差异，造成了与动物保护主义者、环境保护主义者、政府和科学界人士之间复杂的冲突。为了使科学进一步发展并保障社会稳定，发达国家和地区通过努力，正在通过立法和规范与实验动物相关的行为来保证实验动物的生物安全和社会环境的稳定。

（一）美国

由于美国社会制度、经济水平、文化背景、宗教观念等方面的社会特点，美国政府

不设立专门的机构直接管理实验动物的生产和使用，而是通过国家立法，经过多种官方形式和民间组织双重渠道进行管理，并就生物安全方面提出相应的要求和条款。政府和科学界人士通过努力，缓和社会舆论对实验动物生物安全的敌视态度，制定和实施一系列法律和规范，为实验动物使用营造了一个稳定和安全的环境，由此推动了实验动物科学化和动物实验规范化的进程。从整体看，美国对实验动物生物安全的管理是多方面、多层次的“立体”管理（图 5-2），其中民间和行业内部的自我约束往往比国家要求更为严格。

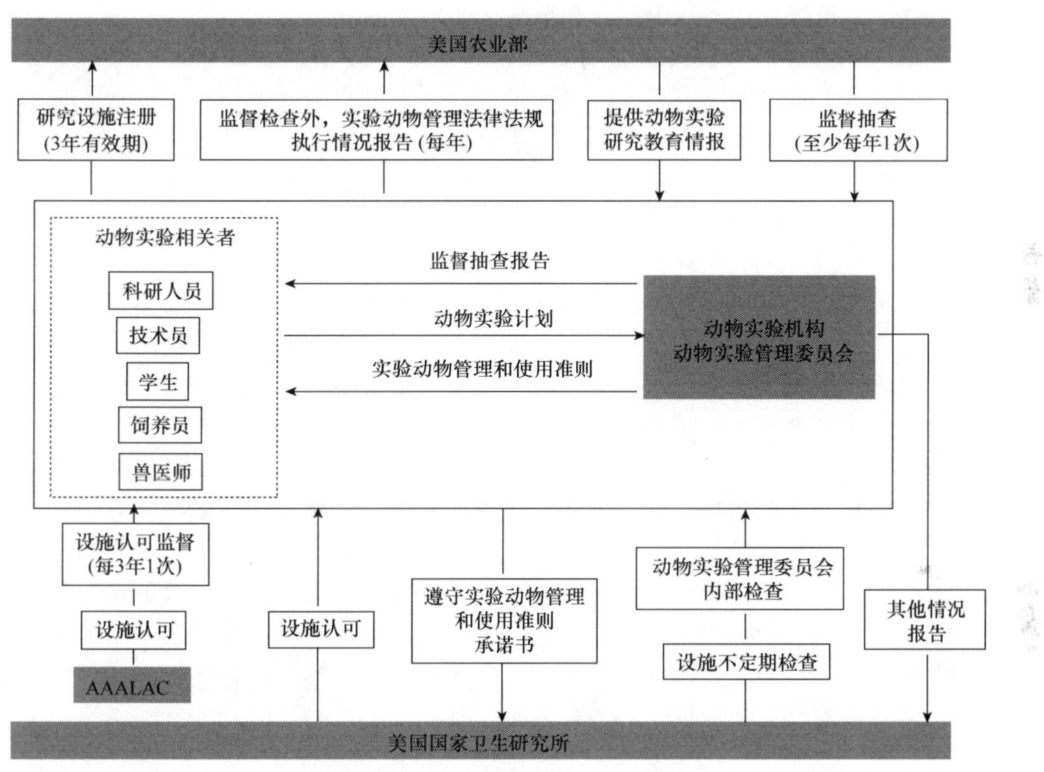

图 5-2　美国实验动物管理模式

政府管理方面，美国农业部动植物卫生检疫局、联邦食品与药品管理局和国家卫生研究院三个部门相互协作，共同管理实验动物的繁育和应用，制定严格的生物安全制度，公布违法案例。动植物卫生检疫局（APHIS）对使用实验动物的机构进行登记备案，要求相关机构每年 12 月 1 日提交实验动物生物安全情况的书面报告，并于每年安排官员对登记备案的机构进行检查，对违法违规行为进行处罚。

由联邦政府资助的需要使用实验动物的机构和科研项目，需要遵守由国家卫生研究院制定的更严格的生物规定，并提交保证书，并且每 6 个月提交一次国际实验动物管理评估与认可协会的检查合格证书。

美国法律要求使用实验动物的机构必须设立动物管理和应用委员会，其成员不得少于 5 人，并对成员组成有明确的规定，负责检查、监督和审查实验动物的生物安全工作，并有权否决、批准、终止或暂停有关项目。

民间自我管理方面，使用实验动物的机构在相关法律的制约下，为了提高市场竞争力，维护公司信誉，在社会中营造良好的形象，自觉提高实验动物生物安全管理水平，接受社会的选择和监督，形成了以市场机制界定优胜劣汰的局面。

AAALAC 是全球最大的非营利性民间实验动物认证机构，其总部设立在美国马里兰州。该组织目前在世界范围内广受欢迎，至 2004 年，已经对全球 700 多个实验动物设施进行了认证。该组织认证过程广泛而细致，并对美国以外提出申请的机构，可以基于当地法律制定相应的评估标准，并将认证结果分为完全认证、临时认证、保留认证、继续完全认证、延后继续认证、缓限认证和取消认证 7 种情况。

美国政府通过立法，经过农业部动植物检疫局（APHIS）、联邦食品与药品管理局（FDA）、国家卫生研究院（NIH）、动物饲养管理与应用委员会（LACUC）和实验动物管理与使用委员会（IACUC）等渠道，对与实验动物相关的活动进行管理。1963 年，美国颁布了《实验动物饲养管理与使用指南》，该指南将生物安全条例和细则全面覆盖于实验动物使用、饲养管理、照料和保健等各个过程；1966 年美国颁布实施《动物福利法》和《濒危动物保护法》，1985 年颁布《食品安全法》，1990 年颁布《食品和农业保护贸易法》。在这些法律的执行细则中，均提出了相关领域在使用实验动物过程中必须遵守的生物安全条款。作为全球科研能力最强的国家，美国为了完善与实验动物有关的实验活动中的伦理和生物安全规定，还颁布了《人道主义饲养和使用实验动物的公共卫生服务方针》，对《动物福利法》和《美国政府关于在测试、科研和培训中使用和管理脊椎动物的原则》做了全面的补充和完善。

目前，美国的实验动物生物安全管理正在向专业化、标准化和多样化方面发展，除了常用的小鼠、豚鼠、兔等实验动物外，许多低等动物、水生动物和经济动物也成为了实验动物。由于市场竞争的结果，美国的实验动物及其笼具、饲料、仪器设备等相关企业正在被大公司统一，所以更有利于生物安全管理。在美国的动物实验室中，计算机和网络设备越来越多地被使用，这样就减少了实验动物的运输，且对环境的管控更加便利和直接，对生物安全工作提供了更加有力的保障。

（二）日本

日本的实验动物生物安全管理法律健全，从 1973 年的《动物保护和管理法律》和 1980 年的《实验动物饲养与保管标准》，到 2000 年的《动物经营者在饲养构造及动物管理方法等基准》等，涉及实验动物生物安全的法律形成了较为全面的体系，但政府不对其进行直接管理，重视行业自律，与实验动物生物安全有关的学会和协会健全，且制定了一系列行业指南和标准，规范行业行为。

日本实验动物生物安全标准以国际实验动物科学理事会（ICLAS）的推荐标准为主，一些优势大型企业还制定了更为严格的企业标准，并建立频率较高的检测机制，对生物安全关键控制点每 2 个月检查一次，定期向用户公布检查结果。

日本的实验动物管理模式主要以行业协会和学会为主，政府部门较少参与（图 5-3）。对实验动物生物安全起主要监管作用的机构法人主要为财团或社团，但法律对实验动物的生物安全规范作出了明确的要求。例如，发生感染、动物逃逸、火灾、地震等事故时，应立即严格按照防止事故预案采取措施；实验动物生产和使用者应了解动物习性，科学饲养，防止在饲养和使用过程中对环境造成影响，或危害人体健康；实验动物生产和使用时必须严格控制环境，以防止噪声、气味和微生物危害环境。又如，大学的研究人员在进行动物实验，或与实验动物有关的活动之前，必须由负责人将相关文件（如动物实验计划书、动物实验设施报告等）交由该学校和所属社区的动物实验管理委员会进行审查。

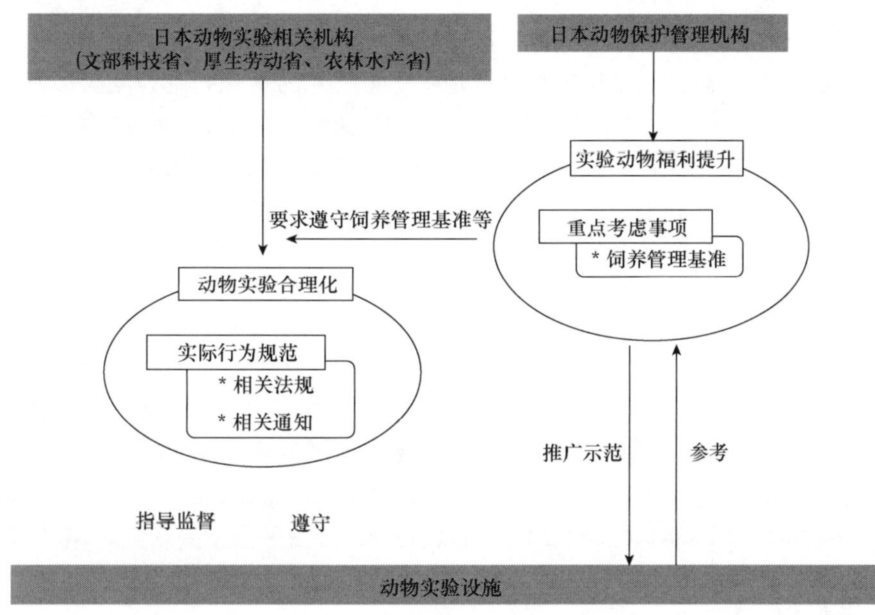

图 5-3　日本实验动物管理模式

日本有关实验动物的法规多达 30 多部，其中对实验动物生物安全和公共卫生安全具有重要约束力的法律、法规包括《动物保护与管理法律》、《家畜传染病预防法》、《兽医法》、《狂犬病预防法》、《动物进出口检疫法》、《确保建筑物卫生环境的法律》、《确保建筑物卫生环境的法律实施令》、《确保建筑物卫生环境的法律实施细则》等。早在 1980 年，日本学者提出“关于策划制定动物实验指南”的劝告，1987 年，文部科学省下发通知，对各研究机构、大学制定了动物实验指南，该指南有 8 章，其中第三、四章明确强调，对使用动物的购入及检疫隔离提出严格的要求；在第七章强调对实验动物和动物实验应遵守规定，保证人身和环境安全。此后，日本连续发布《动物实验指针》、《动物实验见解》和《实验动物运输指南》等文件，进一步加强实验动物生物安全管理。

日本的实验动物行业社会化程度较高，有一些专门的服务型公司，提供实验动物运输、动物尸体处理等服务，这些容易产生生物安全隐患环节的社会化服务，体现了日本实验动物行业的自律性。

日本的实验动物行业非常重视交流，与实验动物生物安全相关的学会、协会数量众多，学术交流频繁，除定期学术集会外，还有大量的讲习会、研讨会。对涉及实验动物生物安全方面的各个环节，从技术到管理，从人员到设施器材，其信息交流极为频繁，信息更新速度快，对整个行业生物安全水平的提升起着重要作用。随着这些交流的日益广泛，日本在实验动物生物安全方面还开展了广泛的合作，美国、日本之间的技术合作已经持续多年，与韩国及东南亚国家的交流合作也日渐增多，日本实验动物界的国际影响力逐步提高。

（三）欧盟

欧盟是当今世界一体化程度最高的区域性政治、经济集团组织。欧盟除了有关实验动物生物安全保护法案之外，更重视对研究中动物实验的替代方案。欧盟鼓励科学工作者在工作中研究和实验动物实验替代方案，以此实现更大程度的生物安全保障。

早在 1959 年，W.M.S.Russell 和 R.L.Burch 在《人道实验技术原则》一书中就首次阐明了替代方案的概念。目前，随着资助人和资助基金的不断增加，在政府和民间资金的鼓励下，动物实验替代方案得到了迅速发展，越来越多的普通科学工作者都开始使用和改进替代方案。

目前，欧洲地区资助实验动物替代方案的部门或集团主要来自英国、法国、德国、意大利、卢森堡、荷兰、挪威、瑞典和瑞士；政府部门在其中约占 50%，且资助金额非常高。瑞典国会早在 1979 年就开始直接提供大量资金给使用实验动物较多的制药企业，以帮助它们完善实验动物生物安全设施的改进及动物实验替代方案。

除了对实验动物使用者进行引导和资助外，欧盟国家政府还专门募集资金成立基金会，用于在教育领域开展动物实验替代方案的研究，这些资金主要来自各国政府和皇室，以期达到在教育中尽量减少实验动物的使用。在未来的科研工作者中，灌输优先选择实验动物替代方案的理念。

在欧洲实验动物安全研究领域相关的法律、法规体系中，最突出的特点表现在“关爱动物，确保安全和实验动物替代方法研究”，在提出问题和挑战的同时，也提出了解决问题的办法。虽然目前，在生命科学研究过程中，仍然需要依赖实验动物进行疫苗生产和新药研发，但由于政府和社会的引导，在实验中引入替代、减少、优化的理念，不仅促使实验程序优化，减轻了动物的痛苦，提高动物福利，更从根本上保障了生物安全。

欧盟国家在历史上曾经历过多次如流感、鼠疫、疯牛病、口蹄疫等大规模公共卫生事件。因此，欧洲各国在一个世纪前就开始关注实验动物和动物实验生物安全问题，各个时期的政府都特别颁布法规，或在相关法律条文中提出了与实验动物生物安全相关的要求。

例如，英国，早在 1867 年就通过了《防止虐待动物法》，其主要特点之一就是明确了许可证制度，规定开展与动物有关的研究需要同时取得房屋及设施认定、项目资质认定和人员资质认定三项许可。在这三项许可的具体要求中，分别包括了饲养和使用实验动物的设施设备必须达到的生物安全要求、参与入境动物实验和饲养活动的人员必须掌握的生物安全知识。英国内务部还颁布了《科研用动物饲养和管理操作规程》、《繁育和供应单位动物饲养和管理操作规程》、《废弃物的管理规程》、《运输过程动物福利条例》等，对实验动物繁育和使用的单位执行严格的审查（图 5-4）。

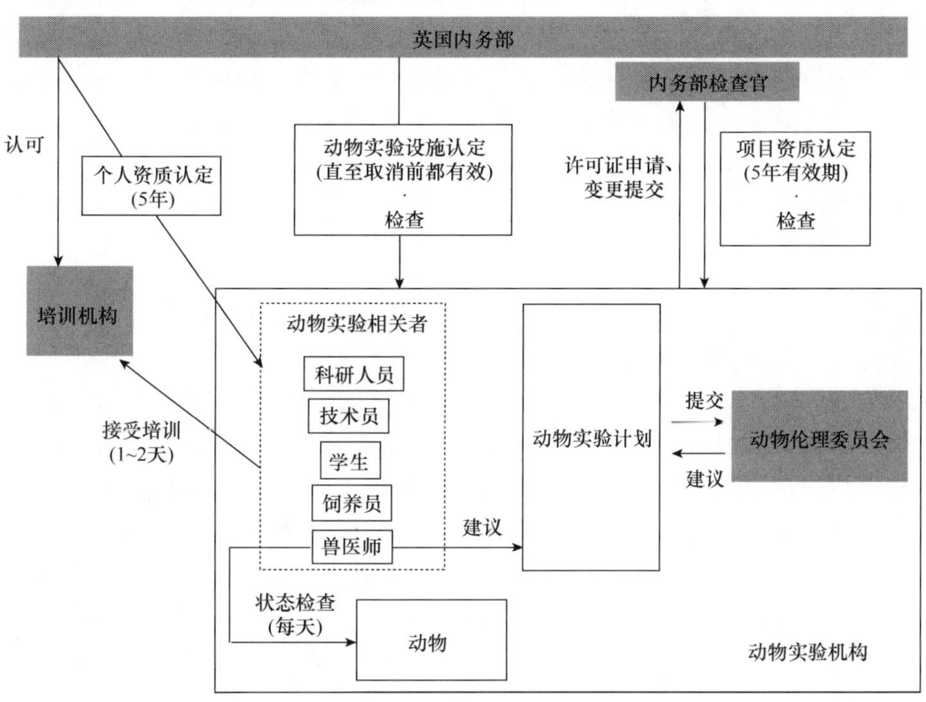

图 5-4　欧盟实验动物管理模式（以英国为例）

三、发达国家实验动物科学技术与产业发展中的生物安全经验与启示

俄国生理学家，条件反射理论构建者巴甫洛夫曾说:“没有对活动物进行实验和观察，人们就无法认识有机界的各种规律。”动物实验是生命科学的重要研究手段，但必须在确保生物安全的前提下进行。

发达国家的动物生物安全实验室设计较人性化，安全级别越是高的实验室其人性化程度越高，并且设计施工均默认使用年限为 100 年甚至更久。加拿大的动物生物安全 4 级实验室，从立项到投入使用，共花了 12 年时间。在建设过程中，建筑物的地基一直挖到了岩石层，并进行了两次沉降试验，每次试验 12 个月；实验室内使用的高压灭菌设施均具有生物循环功能，使用过程中产生的冷凝水全部被二次灭菌；为给实验室工作人员提供良好的环境，实验室内不使用常规的甲醛溶液熏蒸消毒，而使用过氧化氢消毒设备。

发达国家的实验动物生物安全设施管理较一般生物安全实验室更为严格，都具备严格的人员和车辆管理系统，配备有高安保级别门禁系统；区分不同人员，授予不同的准入权限；对出入进行严格的分级分区管理；安排人员参观时有相应的安保人员全程监督。

中国对实验动物生物安全的认识正随着科学技术的迅速发展和新发传染病的全球发生而不断提高，但中国实验动物法律、法规目前还不健全，缺少针对实验动物使用安全的相关系统性和专业性指导文件；与实验动物管理相关的法律条款分散在各行业的行政法规和各国家部门的部门规章中。由于法律、法规和管理部门的分散，造成实验动物行业违法、违规现象在部分地区和行业仍然较为普遍。与此同时，实验动物设施的环境保护和生物安全规范化管理较为滞后，职责不明确，造成许多病原微生物动物实验室存在一定的生物安全隐患。例如，目前对动物生物安全三级实验室的管理规范较少，管理力度不足，不仅不能为众多的科研工作者提供良好的生物安全指导，甚至对准入人员无严格要求，或不执行规范性管理文件的要求。若准入人员未经过严格的生物安全实验室操作规范培训，进入实验室后极易导致生物安全事故的发生。

结合发达国家的实验动物生物安全管理经验，中国需要制定严格的实验动物生物安全相关机构的准入制度，并严格执行。与实验动物繁殖、饲养和使用相关的场所安装门禁系统，准入人员必须进行强制医学体检。

在进入相关设施前，所有人员需要进行生物安全培训，建立防护意识，熟悉防护设施和装备的使用方法，经相关负责人批准后方可进入。实验动物饲养员被批准进入实验动物房前，需进行专业培训，熟悉发生生物安全事故时所必须采取的措施。

对实验动物机构和设施中产生的废弃物应单独处理：首先将废弃物装入经过消毒的密闭容器内进行高压蒸汽灭菌，然后才可进行焚烧处理。在实验动物使用过程中，采集的样品必须专人专柜保管，未经许可不得随意传出。加大计算机和网络系统在实验动物生产和使用过程中的应用力度，随时通过计算机了解设施内部的温度、湿度、气压差等状态。

目前，中国的实验动物生物安全法律、法规还没有与国际互认，也没有与民间管理相结合，且只有少部分的实验动物法规获得了部分省级人民代表大会的通过。因此，很难在短时间内达到实验动物生物安全管理水平的全面提升，管理水平和执法水平的不平衡也是制约中国实验动物生物安全水平发展的瓶颈，这些都是在不久的未来需要解决的问题。

随着中国的科研事业不断发展壮大，国家层面对生物安全的关注力度不断加强，新建实验动物设施日渐增多，随之发现的生物安全隐患凸显。因此，相关法律、法规和实施力度必须加强，广大科研工作者应共同努力，在做到严格自律的同时，共同敦促中国实验动物生物安全走向规范和完善。

第三章　中国实验动物科学技术与产业发展的生物安全需求分析

一、中国实验动物科学技术与产业发展的生物安全展望

未来十几年，中国实验动物科学技术与产业发展的生物安全将面临许多新的机遇与挑战。

传染病是人类健康的头号杀手，世界上每年死于传染性疾病的患者在 2000 万人以上。由于气候、生态环境改变、环境污染、抗生素滥用、抗病害品系等新品系培育、大规模饲养、开发应用野生动物等因素，病原微生物在和宿主协同进化的同时，也因不断适应环境而发生变异。同时，人口密度的不断加大，现代化交通工具和生活方式也为病原的传播带来了便利。从 20 世纪 70 年代开始，平均每年都发生一个以上的新发传染病。

在世界卫生组织所分类的 1415 种人类疾病中，有 61%属于人兽共患病。在人类已知的 300 多种传染病中，除 10 余种只感染人类外，其余的都是人兽共患传染病。近年发生的 175 种新发传染病中，有 132 种是人兽共患传染病，占 75.4%。人兽共患传染病曾给人类造成了巨大的危害。1347~1353 年黑死病（鼠疫）肆虐，仅在欧洲就造成 2000 万人死亡；1918 年的“西班牙流感”在不到一年的时间内传遍世界，导致 5000 万人死亡；1957 年“亚洲流感”导致 100 万人死亡；1981 年发现首例艾滋病患者，目前在全球已造成 3000 万人死亡；2003 年 30 余个国家和地区暴发 SARS，导致 8437 人发病，813 人死亡；2003 年再度发生的人禽流感导致 564 人发病，330 人死亡（截至 2011 年 8 月 9 日），病死率近 60%。

当前人兽共患传染病的防控形势十分严峻。一方面，新发烈性人兽共患传染病，如 SARS、禽流感、甲型 H1N1 流感、病毒性出血热等疫情不期而至，近年来，几乎每 1~2 年就会出现一种全球性流行的新发传染病。另一方面，曾经严重威胁人类健康的炭疽、鼠疫、狂犬病、结核病、布鲁杆菌病等时有死灰复燃之势。如何有效预防、控制和消灭人兽共患传染病已成全人类面临的巨大挑战。

作为支撑条件的实验动物，在人兽共患病防控研究中应用颇为广泛，包括病原分离、感染与发病机制研究、药物筛选与评价、疫苗研制与评价、诊断用品制备等诸多方面。人兽共患传染病种类较多，病原体复杂多样，需要有针对性地开展防控研究。

目前，中国实验动物和动物模型资源尚难以满足新发和再发传染病的应对需求，迫切需要加强研究和技术储备。美国有各类实验动物 2.6 万余种，而中国仅有 1000 多种。当如 SARS、高致病性禽流感等完全未知的传染病袭来时，医学界能否有敏感的实验动物资源可供选择？加强开发多样化实验动物资源，建立非人灵长类动物、人缘化小鼠等

丰富的实验动物品种资源，作为应对新发传染病的技术储备，以应对越来越严重的传染病挑战。对一些新发传染病病源在发生疫情之前几乎没有深入的研究，对敏感动物、模型临床表征、感染动力学、病理变化等所知不多，需要对已知或潜在易感的动物进行感染尝试，发现可以模仿人类感染特征的动物模型。一旦确认传染病的病源，首先要进行的就是模型的研制，以便为筛选有效药物和开发针对性疫苗提供评价工具。现在世界上实验动物化的非人灵长类动物有恒河猴、食蟹猴、狒狒、非洲绿猴、黑猩猩等。由于非人灵长类动物和人类亲缘关系最近，面对新发传染病病源时，非人灵长类动物是最值得尝试的敏感动物资源之一。通过胚胎工程技术，将人类干细胞和小鼠囊胚嵌合，建立在多种组织中都含有一定比例人源细胞的嵌合体小鼠，是解决敏感动物来源的方法之一。

此外，健全的国家和地方法律、法规，合格的实验动物与设施，严格、标准化的操作，废弃物的正确处理，是实验动物生物安全的条件与保障。

（一）实验动物管理法律、法规不断完善

1988 年以来，国家先后制定发布了《实验动物管理条例》、《实验动物许可证管理办法》、《实验动物种管理办法》等一些法规性文件，还制定发布了《实验动物环境及设施》等 92 项实验动物国家标准和行业标准。继国家颁布的法律、法规之后，北京、湖北、云南、广东、黑龙江、江苏、湖南等地也已对实验动物立法，其他省市也开始筹划实验动物管理的立法工作。

（二）中国实验动物相关机构获得的国际认证不断增加

截至 2011 年 8 月 22 日，全球已有 811 家制药和生物技术公司、大学、医院和其他研究机构获得了 AAALAC 国际认证。

在中国，自 2006 年 2 月南京医科大学江苏省医药农药兽药安全性评价与研究中心获得 AAALAC 国际认证以来，截至 2009 年 9 月，中国已有 33 家大学、医院、生物技术公司和其他研发单位获得了该组织的完全认证，占总认证机构的 4.1%。这些机构主要承担药物临床前安全评价（包括一般毒性、遗传毒性、生殖发育毒性、安全药理、致癌实验），大部分是应国外客户要求，申请并获得了 AAALAC 国际认证资质。

（三）中国合格评定国家认可委员会认可的实验动物相关机构不断增加和完善

根据《实验动物许可证管理办法（试行）》（2001 年）的规定，实验动物相关机构包括实验动物生产单位（主要是指从事实验动物及相关产品保种、繁育、生产、供应、运输及有关商业性经营的组织）和实验动物使用单位（使用实验动物及相关产品进行科学研究和实验的组织）。实验动物相关机构的数量较为庞大，涉及农业、食品、卫生、医疗等不同行业。为应对规范实验动物管理及使用要求，促进国内、国际合作交流与竞争，开辟更多安全、毒理评价和检测业务市场，许多实验动物相关机构纷纷申请并获得了中

国合格评定国家认可委员会（CNAS）的认可资质。

CNAS 是中国唯一的国家认可机构，统一负责对认证机构、实验室和检查机构等相关机构的认可工作。截至 2011 年 8 月，作为独立的实验动物使用机构，获得 CNAS 认可的机构只有中国医学科学院医学实验动物研究所等 10 余家机构，认可能力范围包括保健食品、药品、医疗器械生物学评价、化学品毒性鉴定、实验动物质量检测等。

（四）实验动物出入境检验检疫不断加强和完善

国家质检总局分别与多个国家和地区签订了《中华人民共和国输入犬的检疫和卫生要求》、《向中华人民共和国输出非人类灵长动物的检疫和卫生要求》等实验动物出入境检疫双边协定。

近年来，中国每年从东南亚国家进口 3 万多只食蟹猴，经过数年的引种繁育，中国实验猴的种群不断扩大，业已成为世界实验猴的主要资源地。食蟹猴实验动物产业发展已形成规模，有实验猴场 20 多家，存栏量达 18 万只以上；2007~2010 年，广东、广西、海南和云南年出口量达 82 008 只，每年出口创汇达 5 千万美元。存栏量和出口量均居世界前列。

进口实验猴检验检疫项目为结核病、志贺菌、沙门菌、寄生虫。出口实验猴检验检疫项目为猴 B 病毒、结核病、志贺菌、沙门菌、寄生虫。

国内实验猴质量检测项目：按 GB 14922.1－2001、GB 14922.2－2001 微生物学/寄生虫等级及监测。

中国已建立了实验动物的生产、使用、质量监管、进出口检疫和生物安全等体系，在今后的 10~20 年，还需要不断完善实验动物的管理工作，特别是要加强实验动物生物安全法制化、规范化管理。

二、2020 年中国实验动物科学技术与产业发展的生物安全需求分析

（一）实验动物检验检疫评价体系

实验动物种类繁多，各个行业要求不同，实验用的动物也不同。目前使用较多的有实验猴、小鼠、大鼠等，还包括猪、鸡等畜禽。由于不同实验动物的疫病不同，疫病种类繁多，其中有些疫病除引起实验动物发病、影响实验结果外，也可以使人类感染发病，因此，从实验动物生物安全方面，急需全面系统的实验动物检验检疫评价体系。该体系包括如下几方面。

第一，实验动物疫病检测方法标准体系，包括实验动物快速检测技术的研究，进一步完善现有检测技术体系。

第二，分析评估国内外实验动物检测技术标准和方法，相关疫病检测是否有可行的方法标准，国内外是否有可靠的技术标准，哪些急需研究解决等。

（二）实验动物携带外来动物疫病和人兽共患病预警及风险分析

借助网络数据库、地理信息学、运筹学等科学技术，研究全球重大实验动物疫情信息的快速收集和预警技术。

以潜在入侵的非洲猪瘟、裂谷热、尼帕病毒等外来动物疫病为研究对象，开展疫病跨境传播的风险分析，对潜在的传入方式、传入途径进行预测，并提出可行的防堵措施，研究提出预警及应急预案。

开展外来动物疫病潜在危害的经济损失评估模型研究，并在重要检疫性动物疫病风险评估中应用。

（三）实验动物疫病监测实验室的检测能力和水平

提升人员综合素质，充分利用实验室现有资源进行整合。实验室管理体系、运行机制应适应新形势的变化。加快引进国外先进检测方法和先进设备，不断改进现有的检测方法和设备。

（四）符合新时期实验动物生物安全的标准化设施标准

实验动物饲养场所的建设，应严格按照实验动物的标准建设，采用新科技材料，保证通风、温度、门窗等条件以保障实验动物安全；淘汰落后的实验动物饲养标准和设施，按照实验动物饲养的不同生物安全要求，制定多元化标准和设施。

三、新科技革命时代实验动物科学技术与产业发展的生物安全需求分析

（一）人才需求

新科技革命时代（2020~2050年），实验动物生物安全发展将达到一定的新高，对人才的需求已不再只局限于数量上的追求。那时将需求更多清洁级或SPF级以上的实验动物取代普通级实验动物；20世纪八九十年代教育培养的实验动物从业人员将无法满足形势的发展。相关的实验动物培训机构应该顺应时代的需求，更新培训方法和周期，缩短“岗位证书”的有效期限，使实验动物从业人员的技能与时俱进。

另外，动物福利和动物保护运动呈全球化发展的趋势，中国实验动物安全应该与国际接轨，重视这方面专业人才的培训，改变传统不受国际认可的饲养及实验方法，培养出一批能在科学研究中熟悉运用“3R”知识的新型人才。

（二）基础研究需求

新科技革命时代对实验动物生物安全发展的基础研究需求是多样的。针对新时期下

中国生物技术与全球数百个顶尖实验室关于第 6 次科技革命关键技术研究的竞争，急需实验动物资源共享的基础设施作为保障。第 6 次科技革命将是一次新生物学革命；从技术角度看，它是一次“创生和再生革命”；从产业角度看，它是一次“仿生和再生革命”；从文明角度看，它是一次“再生和永生革命”。第 6 次科技革命的主体部分将包括整合和创生生物学、思维和神经生物学、生命和再生工程、信息和仿生工程、纳米和仿生工程等。其与生命科学相关的学科有发育生物学、细胞生物学、分子生物学、信息生物学、空间生物学、认知科学、心理学、生物医学、再生医学、仿生学等。为顺应新科技革命时代的发展，有必要对实验动物的生长发育、解剖组织、血液生理生化及行为学等生物学特征进行系统的研究，利用转化医学抓住这一契机获得飞速发展。

参考国外对实验动物的研究及管理，制定出中国常用实验动物研究的工作规范性文件，指导及规范各实验动物应用单位对实验动物的研究。

整合各学科最新发展的研究成果，结合实验动物，添置诸如动物活体成像、核磁共振等设备，以替代处死动物的实验方法。

（三）设施（动物生物安全实验室）建设需求

为了支持实验动物新资源的开发，还需要有与之相配套的基础设施建设。除了硬件条件保证之外，还需建立完善的质检、诊断等技术，人文环境等软条件。

中国现有 ABSL-3 实验室 6 个，但仅被允许使用猴、鸡、小鼠等动物开展研究工作。根据中国高级别生物安全实验室的需求，应再建设一批规模和水平基本达到或接近国际水平的高级别实验室，从而改变中国在感染性动物实验方面的落后局面。同时，建设实验动物科学信息共享设施，搭建生命科学研究和实验动物工作的信息沟通桥梁，让最新的生物技术更好地服务于实验动物生物安全。

（四）其他

近年来随着互联网应用日趋广泛，许多高院校和科研单位的实验动物中心规模逐渐扩大，运用信息化管理手段，针对实验动物安全还可以设计开发相关软件。实验动物安全加强信息化建设，是进一步提升实验动物安全水平、充分利用实验动物物种资源、加强信息交流的必由之路。

除此之外，应积极参加欧洲实验动物科学联合会（The Federation of Laboratory Animal Science Association，FELASA）等国外实验动物组织主办的实验动物科学的新形势研讨会，参照 FELASA 等国外规程来规范中国实验动物安全。

第四章　中国实验动物科学技术与产业生物安全发展战略构想

21世纪，随着第6次科技革命的到来，以及生命科学技术的进步，必将促进实验动物科学技术与产业的发展，科学研究中使用的实验动物和实验用动物的种类、品系越来越多，实验动物自身携带的病原体和实验动物科学研究中使用的病原体种类也越来越多，存在感染、繁殖病原体的可能，以及向环境扩散的风险，对人类、物种和环境等产生生物危害的威胁，与动物疫病防治、人类健康、生物武器之间的微妙关系，使实验动物生物安全形势越来越严峻。有效的实验动物生物安全战略应包括防范、应对和反应恢复三个方面的内容，其核心是对实验动物潜在生物风险和现实生物危害的监控与应对能力。

一、指导思想

以科学发展观为指导，维护国家生物安全、社会公共卫生安全、经济稳定繁荣、社会安定和谐和人们身心健康战略需求为牵引，注重基础设施建设，增进交流与合作，科技引领发展，增强安全意识，加强预警与监管，提升预防和防护能力，推进实验动物科学技术与产业可持续发展。

二、基本原则

加强管理、保证质量，增强意识、保证安全，预防为主、加强监管，增强储备、提升能力，科学决策、促进发展。

三、战略目标

（一）总体目标

通过实验动物科学技术与产业的生物安全发展战略的实施，严格实验动物和实验用动物质量控制，有效遏制实验室生物泄漏和意外感染，基本消除生物技术对实验动物生物安全的隐患，实现实验动物标准化系统工程，推进实验动物科学技术与产业可持续发展，形成具有中国特色的实验动物生物安全体系。

（二）2015~2020年阶段目标

1. 实施普查，摸清情况

第一是行业情况，包括实验动物生产、运输、经营、进出口等；第二是使用情况，包括从事动物生物实验的单位、研究的病原体种类、动物生物安全实验室建设、从业人员的能力水平等；第三是法律、法规，针对实验动物、实验用动物、转基因动物、克隆动物等的生物安全法律、法规；第四是监管制度与体系，包括国家、国务院下属各部委、各省市、各地区、各大专院校和科研院所、实验室、从业人员，自上而下的监管体系是否健全，监管制度是否建立等。

2. 建立机制，降低风险

建立自上而下的高效实验动物生物安全评估机制，监测预警网络，预防防护体系；实行分级负责制，国家负责部委，部委负责直属院校和科研院所，以及生产、经营单位，院校和科研院所负责实验动物生产、经营和使用部门，生产、经营和使用部门负责从事实验动物生产、经营和使用的个人；从主干到分支，自上而下，降低生物技术滥用、动物实验室生物泄漏、未经检疫的实验用动物等引发实验动物生物危害的风险；建立应急反应与恢复机制，有效处理实验动物生物危害事故，减少实验动物生物危害事故造成的损失，快速恢复有效控制。

3. 增强意识，提升能力

利用电视、网络、报纸、广播等新闻媒体，加大实验动物潜在生物危害、实验动物生物安全法律和法规等的宣传力度，提高公众，特别是实验动物相关从业人员的生物安全意识；加大实验动物生物安全研究的力度，增强实验动物生物安全相关生物制品储备；提升实验动物相关从业人员的生物安全知识水平、安全防范意识与事故处理技能。

4. 加强管控，保证安全

针对实验动物生产、经营和使用等的普查摸底情况，建立起适合中国国情和实验动物生物安全需求的监督管理机构体系，颁布涵盖实验动物、实验用动物、转基因动物、克隆动物、实验动物进出口等全面的国家实验动物生物安全纲领性法律或法规，国家、部委、省市、地区、生产或使用单位等有计划的制定一批针对性强、专门性的实验动物生物安全条例，自上而下实现实验动物生物安全管控，保证实验动物生物安全。

（三）2021~2030年阶段目标

第一，从生产、经营、使用和进出口等各个环节全面遏制实验动物（包括实验用动物）的生物危害，全面控制实验动物生物危害。

第二，全面提高实验动物、实验用动物自身携带病原体和应用实验动物开展研究的病原体的防控水平和防治能力，提升实验动物生物危害的评估和预警能力。

第三，合理开发和利用动物转基因技术、动物克隆技术和动物 ES 技术，全面控制实验动物生态环境生物危害，保持生物多样性和物种的遗传性。

第四，建立全面的实验动物生物安全法律、法规，做到有法可依；建立完备的实验动物生物安全管理体系，做到有法必依；建立一支专业技术过硬的实验动物生物安全管理队伍，执法必严，违法必究。

第五，造就一支意识强、专业精的实验动物生物安全研究队伍，显著提高实验动物生物安全研究水平，增强实验动物生物安全技术支撑能力。

第六，实现中国实验动物生物安全应急处理能力达到世界先进水平，为国家生物安全、经济繁荣发展、社会稳定和谐、国民身心健康提供生物安全保障。

（四）中国实验动物科学技术与产业生物安全发展战略体系

成功的实验动物生物安全措施应该能够保证实验动物质量，预防有重大经济意义，或能危及人类健康的各种传染病的影响，维护物种、生物多样性及生态环境安全。行之有效的实验动物生物安全措施应该是多层面的，它无处不在。在国家、地区、公司、科研院所等各个水平上都应该认真执行生物安全措施，以建立起防止病原感染、生物入侵的多层屏障。以有效维护国家生物安全、社会安定和谐、经济稳定繁荣、人民身心健康，推进新科技革命时代实验动物科学技术与产业健康可持续发展。

1. 建立实验动物生物安全法律、法规体系

中国实验动物生物安全法律、法规还没有形成体系，只是在广义的生物安全法律、法规中涉及实验动物或动物生物安全的内容，有待进一步完善。国家实验动物生物安全法律、法规与各省市的地方性法规条例协调机制不够健全、衔接性不够强，而且还存在部分空白。近年来生物技术的迅猛发展，原有的实验动物生物安全法规条例已不能适应实验动物科学技术与产业发展的要求。建立全面完善的法律、法规是保障实验动物生物安全的重要依据。 国家实验动物生物安全法规与地方实验动物生物安全法规相结合，以国家实验动物生物安全法规为准绳，并严格执行，同时要允许各地方研究单位，根据自己的研究项目和实际情况，制定相应的实验动物生物安全执行细则，做到统而不死，放而不乱，积极有效的推进生命科学的研究与开发。

2. 建立实验动物生物安全监督管理体系

生物安全体系管理环节多，各部门职能交叉，缺乏明确统一的协调管理，需要进一步明确有关部门在综合交叉问题上的职责，形成有关部门各司其职、有机配合的工作格局。同时，在部门职责未明确界定之前，建议成立跨部门、跨学科的专家评审委员会，以保证对交叉问题的准确评价。

生物安全问题涉及部门众多，设立统一的国家领导与协调机构，明确各部门的责任和权限，实现政令畅通，达到部门之间、地区之间、研究单位之间的全方位协调，从而对实

验动物生物安全问题及其处理过程进行有效管理，实现实验动物生物安全管理长效机制。

3. 建立实验动物生物安全科技支撑体系

科学研究是保障生物安全管理工作顺利实施的重要支撑。对实验动物生物安全中的未知和不确定，只有通过科学技术自身加快发展才能逐步认识和有所解决。由于没有专门的实验动物生物安全经费渠道，资金投入不足，无法满足生物安全工作对技术、人才和设施等方面的要求。因此，应继续将生物技术作为国家科技发展战略之一，进一步加大对实验动物生物安全工作的支持，将实验动物生物安全研究列入国家相关计划，大力加强生物技术研究开发，加强实验动物生物安全科研能力建设，以适应生物技术产业发展和实验动物生物安全监控的需求，积极稳妥推进生物产业化发展进程，提升中国生物技术发展水平，提高生物安全的科技防御能力。

4. 建立实验动物生物安全风险评估体系

风险评估是保障实验动物生物安全的首要环节。通过实验动物生物安全风险评估，保证实验动物相关生物危害监测预警、预防防护的科学有效，为实验动物在生产、经营、使用过程中的生物安全提供科学指导和理论依据。实验动物生物安全风险评估体系包括建立各级实验动物生物危害风险评估制度，提升国家、地区、科研院所实验动物生物危害的研判能力，加强实验动物病原体感染、物种入侵、转基因安全等生物安全分析，开展实验动物生产、经营、使用等单位的生物安全能力评估。

5. 建立实验动物标准化体系

实验动物标准化体系是防范发生实验动物生物危害事故的最根本途径，必须加快全国各省市、地区、科研院所实验动物生产条件的标准化、实验动物质量的标准化、实验动物经营的标准化、动物实验（应用）条件及动物实验操作的标准化，建立实验动物标准化体系。

6. 建立实验动物生物安全预防防护体系

主动预防是防止实验动物生物危害事件发生的有效措施。建立实验动物生产、经营和科研使用立项审查及专家论证制度，对立项的生产、经营和研究项目实行全程监督的制度，在执行过程中严格履行生物安全评价和相应的检测工作，及时发现问题，并采取相应的预防措施，做到防患于未然。防护就是在实验动物生物安全事故发生后，采取有效措施，将危害控制在一定范围，将损失降到最低。实验动物生物危害预防体系包括：实验动物质量控制；加强烈性病原体及动物生物安全实验室管理；制定从业人员行为准则；储备应急预防防护生物制品与战略物资；强化实验动物生物安全网络反应能力，加强实验动物生物危害控制与消除能力；重视实验动物产业、生物科学研究、生物技术应用等的监管；强化实验动物生物安全执法和预防防护能力；等等。从而有效防范和消除实验动物生物安全威胁。

第五章　对策与建议

一、对实验动物科学技术与产业发展生物安全的地位和作用的认识应进一步加强

21 世纪将是高科技激烈竞争的世纪，现代医学及生物高科技已成为时代竞争的热点和制高点。因此，实验动物科学技术与产业发展备受重视。随着科学研究中使用的实验动物和实验用动物的种类、品系越来越多，在生产、经营、使用过程中，存在感染、繁殖病原体的可能，以及向环境扩散的危险，对人类、物种和环境等产生生物安全威胁。实验动物的生物安全与动物疫病防治、人类健康、生物武器之间的微妙关系对国家安全、社会和谐稳定和经济的可持续发展产生重大影响，是国家生物安全的重要组成部分。因此应充分认识实验动物生物安全的地位和作用，重视并扶持实验动物生物安全的发展。

二、积极培养和扶持实验动物生物安全领域新的学科专业生长点

科技革命具有一定的规律性和演变趋势，21 世纪很可能发生以生命科学为主要内容的第 6 次科技革命。随着生命科技革命的到来，实验动物科学技术与产业发展要适应未来生命科学及新兴生物技术发展变化的趋势，加快实验动物生物安全专业的建设和人才培养的速度，以满足维护国家生物安全、社会公共卫生安全和人们身心健康的需要。因此，国家在重点学科的扶持和培育上，应对实验动物科学技术与产业发展中，实验动物生物安全这一新的学科专业生长点予以特别关注，给予政策、经费及人才等方面的倾斜和配套支持，如动物生物安全实验室评估、管理等专业的建设。

三、生物安全是实验动物科学技术与产业发展的根本保障

实验动物生物安全是对实验动物科学技术与产业发展中，可能产生的潜在生物风险或现实生物危害的防范和控制。由实验动物造成的各种生物风险和生物危害，存在于实验动物生产和使用的各个环节，威胁着国家生物安全、经济的可持续发展、社会的和谐稳定和人们的身心健康，影响实验动物科学技术与产业的发展，阻碍生命科学技术进步。因此，实验动物生物安全基础设施建设、科学研究、学科专业发展和人才培养是实验动物科学技术与产业发展的根本保障。

四、建立和完善实验动物生物安全法律、法规体系

要对实验动物生物安全进行全面而有效的管理和监督，就应具备一套健全完善的

法规体系。目前中国的实验动物生物安全立法尚没有一个健全的法规体系，更谈不上完善的体系。近年来，中国在实验动物生物安全立法方面做了一些工作，出台了一系列的法律、法规，但法阶不高，真正的法律少，部门规章多，尚未形成有效的法律保障体系。其后果是，各部门只能根据自身的情况和需要制定部门规章，而较少考虑其他部门的同类规定。在这种情况下，针对有些问题的规定是重复的，但针对另一些重要问题却未作规定，从而严重影响了执法效果。因此，建议加强实验动物生物安全的立法工作，对全国的实验动物生物安全工作进行统筹规划，使之真正成为国家生物安全战略的一部分。

五、加强相关法律、法规的宣传和执行监管力度

加大宣传力度，利用电视、广播、网络等媒介，深入宣传《实验动物管理条例》、《实验动物质量管理办法》，以及中国国家和地方的有关法律、法规等。普及实验动物生物安全防控知识，组织开展实验动物疫病防控宣传活动，增强公共卫生意识，强化依法饲养、依法管理观念，提高自我防范意识。

随着有关实验动物生物安全管理法律、法规的相继出台，实验动物生物安全工作已纳入法制化管理，政府职能部门应加大监督管理力度，使国家规范、标准得到有效落实。健全各项管理制度，促进动物实验工作。建议将动物实验的环境条件及其相关内容作为有关科研立项、成果鉴定、新药评审、药品检验等的审查内容之一。在实施科研经费的计划管理中，将实验动物经费作为专项经费指定划拨。监督实验动物各生产、科研机构加大经费投入，改善动物实验的设施设备条件，使动物实验工作能在一个相对高的起点上快速、协调发展。加强实验动物从业人员的技术培训和考核，严格按操作规程和技术规范开展工作，既要发扬勇于探索的奉献精神，又要有求真务实的科学态度，提高安全意识和自我防护能力。

在目前重大疫病暴发日益频繁的情况下，基于国民生命健康、国家生态安全、经济建设、社会可持续稳步发展角度，组织协调有关力量，开展实验动物生物危害的防控工作，建立中国实验动物生物安全监测和预警体系，尤其是建立与流行性人兽共患疾病密切相关的实验动物疫病的监测与预警体系工作已迫在眉睫。

此外，实验动物发生传染性疾病时，从事实验动物生产、使用的单位和个人应当及时采取隔离、预防控制措施，防止动物疫情扩散，同时报告当地畜牧兽医主管部门、动物防疫监督机构；当发生人兽共患病时，还应当立即报告当地疾病预防控制机构。

六、规范实验动物的进出口，严格监管与检疫

目前，中国实验动物的进出口比较混乱，某些单位为经济利益所驱，不顾动物的质量问题，盲目进出口。1995 年、1997 年、1998 年先后有三批猕猴出口美国、日本后，因患传染病被枪毙；私自引入实验动物的现象仍然存在，给国内品种、品系的质量管理带来一定威胁。

加强实验动物出入境管理，健全入境动物的申报工作；建立并落实出入境实

验动物隔离、健康观察和检疫制度；规范实验动物引进与出口的卫生要求；对有生态入侵隐患和重大传染疾病携带嫌疑的外来实验动物严格把关，予以禁入。规范实验动物运输的卫生要求，加强运输工具、装载笼具的消毒和运输途中宠物排泄物的回收处理。

七、规范实验动物生产与应用，全面实施标准化系统工程

全面实施实验动物生产与应用标准化系统工程，是防范发生实验动物生物危害事故的最根本途径，必须加快全国各省、自治区、直辖市验动物生产条件标准化、实验动物质量标准化及动物实验（应用）条件标准化。

中国对动物实验生物安全问题有严格的管理要求，特别是SARS 流行之后，中国对从事动物实验或利用实验动物进行病原微生物研究，利用实验动物进行转基因、克隆、重组基因等不同级别的感染性实验，都要求必须在符合相应等级的生物安全实验室内进行；未经许可的实验室不得开展相关实验。同时，制定了不同级别的生物安全实验室的建筑规范、运行管理规范等一系列认证标准。可见全面实施实验动物标准化工作，是防范发生生物危害事故的最根本途径。

八、严格动物实验生物安全控制，确保生物安全

实践证明，目前的科学发展水平尚不能完全脱离实验动物进行生命科学研究，尤其是涉及生物安全方面的实验研究。维护生物安全，动物研究机构要不断完善检疫制度，并把实验标准与殊微生物操作、安全性设备及机构规定的生物安全性等级相结合。

实验动物与实验用动物应从具有生产许可证的单位购买，并索要实验动物质量合格证及实验动物检疫合格证明。使用同等级别的运输盒、运输车，实行进出的严格生物安全保护。实验动物生物安全防护设施应参照生物安全实验室的要求，还应考虑对实验动物呼吸、排泄、毛发、抓咬、挣扎、逃逸、动物实验（如染毒、医学检查、取样、解剖、检验等）、动物饲养、动物尸体及排泄物的处置，以及对潜在生物危害的防护。应根据实验动物的种类、身体大小、生活习性、实验目的等选择具适当防护水平的、专用于动物的、符合国家相关标准的生物安全柜、实验动物饲养设施、动物实验设施、实验动物剖检设施、消毒设施和清洗设施等。实验室建筑应确保实验动物不能逃逸，非实验室动物（如野鼠、昆虫等）不能进入。实验室设计（如空间、进出通道等）应符合所用动物的需要。动物实验室内空气不应循环使用。动物源气溶胶应经适当的高效过滤/消毒后排放，不能进入室内循环。供水系统应消毒或灭菌处理。动物实验室内的温度、湿度、照度、噪声、洁净度等饲养环境应符合国家相关标准的要求。

严格执行标准化操作与人员防护。应制定针对实验动物的生物安全管理手册，各项工作严格按照手册的标准、程序、要求来进行。不能只注重实验结果、科研成果，忽视实验动物生物安全工作有可能造成的病原扩散、疫病传播。在进行动物实验时还应做好个人防护，注意人兽共患传染病。

九、加强实验动物疫病尤其是人兽共患病的研究

实验动物种类及品系和科学研究使用数量的不断增加，以及实验动物行业的飞速发展，对实验动物生物安全体系提出了严峻的挑战，为实现建立高效实验动物生物安全体系的发展目标，应加强实验动物疫病，尤其是人兽共患病的研究和监测。一是应在各领域有计划地开展实验动物源性疫病的基础理论研究、防控技术开发、基础性调查等科学研究与科技合作。二是形成稳定的实验动物源性疫病研究队伍，根据不同领域的特点，组建检疫处理、检测监测、预防预警、紧急处理、持续控制的全国性科技工作组，形成实验动物源性疫病科技工作网络。三是发挥实验动物学会的桥梁作用，促进和增强学术交流，提高学术水平和强化研究，开展双边多边国际合作，提高中国实验动物疫病，特别是人兽共患病研究水平和国际地位。

十、加大生物安全人才的培养力度

生物安全涉及自然科学的众多学科，也涉及社会科学的众多学科，是集技术、管理、法律、教育等多种手段为一体的社会系统工程。生物危害防范体系包括监测预警系统、生物检测系统、防疫系统、医疗救治系统和后果处置系统等方面，涉及电子、生物、医学、化学等多个学科，并涉及一些跨学科门类，如生物化学、医药化学、生物信号技术、电子信号技术、生物免疫学等。生物人才必须具备多学科知识背景、拥有多学科技术才能。这就需要制定中长期生物安全人才教育培养规划，以超常规方式加强人才培养。充分发挥已有科研机构、医学教育资源的作用，指定一批重点院校和科研机构设立生物安全专业，对原有培养模式进行优化重组，突出复合型人才培养，有计划、分层次的实施，尽快培养出一批素质较高的生物安全人才。

专题六　实验动物科学技术与产业发展管理研究

摘　要

水生实验动物具陆生动物无可取代的特点和优点，在不同学科的应用日益广泛，已成多个领域研究的重要材料。为更好地了解水生实验动物发展现状，整合水生实验动物资源，促进其有效保护、共享和开发利用，有必要对中国水生实验动物发展现状进行全面调查分析，并与发达国家对应的信息进行比对分析，找出差距所在及可资借鉴的经验；分析存在的问题，对水生实验动物的发展模式及产业化建设进行探讨；依此提出可操作性建议，为国家科技基础条件平台建设规划提供决策依据；高效服务于实验动物管理和科学研究，并为学科发展规划的制定及部门决策提供参考。

中国标准水生实验动物的开发研究起步较国外晚，经过近20多年的努力，在剑尾鱼、稀有鮈鲫、红鲫和裸项栉鰕虎等的自主品系研究中有可喜的成绩，也带动其他鱼类品系培育工作的开展；斑马鱼、青鳉等引进品系已在发育学、疾病模型等领域得到广泛的应用，并在规模化资源研究中占据了重要位置。与发达国家比较，中国缺乏合理运作的水生实验动物研究与开发研究体系框架，水生实验动物品种少，资源分散，共享效率低，相关资质认可工作缺乏，尚未建立有序的水生实验动物供求渠道。这些问题制约着水生实验动物的长效发展。

水生实验动物资源的多样化已是学科发展的重要趋势，同时，水生实验动物逐渐成为国际贸易的技术壁垒；水生动物属低等脊椎动物，与哺乳动物相比，可避免较多的伦理问题，将是高等动物的重要替代；作为资源收集、保藏、创制及研究信息交流平台，水生实验动物资源中心重要性日渐凸显；同时，动物模型研究也方兴未艾，这些将是中国水生实验动物发展的重要方向。

水生实验动物资源开发是学科，乃至产业发展的基本。实验动物资源的缺乏和多样性的不足，已成为制约中国某些领域发展的主要瓶颈，只有加强资源开发的力度，发展具知识产权的品系，才能为中国生命科学的发展提供长期的技术支撑。借鉴发达国家资源中心的做法，以水生实验动物资源库为载体，突出水生实验动物资源的公益性和社会共享，推进水生实验动物模型研究与应用拓展，并加速水生实验动物的标准化进程，以便尽早将水生实验动物产业化提上日程。

基 本 概 念

水生实验动物：用于生物科学实验，具有明确的生物学特性和清楚的遗传背景的水生动物的统称，可以保证试验的准确性和重复性。为各种生物制品提供原料的水生动物，以及用于生物学教学示范的水生动物也常被包括在水生实验动物的范围之内。

实验动物替代：是指使用没有知觉的实验材料代替活体动物，或使用低等动物替代高等动物进行试验，并获得相同实验效果的科学方法。

比较医学：是指对动物与人类的健康和疾病状态进行类比研究的科学。它是以动物的自发性和诱发性疾病作模式，建立各种人类疾病的动物模型及模型系统，深入研究人类疾病发生、发展规律，寻求预防、诊断、治疗疾病的正确途径，达到控制人类疾病的目的。

生物监测：又称为“生物测定”，是指利用生物对环境中污染物质的反应，即在各种污染环境下所发出的各种信息，来判断环境污染状况的一种手段，用以补充物理、化学分析方法的不足。

食品安全：是指食品无毒、无害，符合应当有的营养要求，对人体健康不造成任何急性、亚急性或慢性危害。根据世界卫生组织的定义，食品安全是“食物中有毒、有害物质对人体健康影响的公共卫生问题”。食品安全也是一门专门探讨在食品加工、存储、销售等过程中确保食品卫生及食用安全，降低疾病隐患，防范食物中毒的一个跨学科领域。

在线生物预警：利用在线系统记录水生生物对污染物的毒理学反应，收集、整合、分析和传输数据，监测水生生物的生理或行为的改变，在水质污染、恶化的情况下，可以对潜在的水体污染提供快速警报，达到预防突发性水污染事件的目的。

技术壁垒：技术壁垒是非关税壁垒的一类，它以技术为支撑条件，即商品进口国在实施贸易进口管制时，通过颁布法律、法令、条例、规定、建立技术标准、认证制度、卫生检验检疫制度、检验程序，以及包装、规格和标签标准等，提高对进口产品的技术要求，增加进口难度，最终达到保障国家安全、保护消费者利益和保持国际收支平衡的目的。

环境评价：从环境卫生学角度按照一定的评价标准和方法，对一定区域范围内的环境质量进行客观的定性和定量调查分析、评价和预测。环境质量评价实质上是对环境质量优与劣的评定过程，该过程包括环境评价因子的确定、环境监测、评价标准、评价方法、环境识别，因此环境质量评价的正确性体现在上述 5 个环节的科学性与客观性。常用的方法有数理统计方法和环境指数方法两种。

引　言

水生动物生活于水中，应用中具陆生实验动物无可取代的特点，且种类繁多、繁殖力强、材料易得，已成为发育学、毒理学、水污染监测、生态学、遗传学、生理学、药理学等研究的重要实验材料，并在众多研究中取得了突破性进展。水生实验动物有“用于实验的水生动物”和“作为实验动物的水生动物”的不同含义，与陆生动物比较，水生实验动物的工作虽然还处于起步阶段，但其在不同领域的良好应用使其日受关注。鱼类实验动物的开发和研究与生命科学的发展有密不可分的关系。近 20 年来，随着生命科学和环境科学的迅猛发展，以鱼类为代表的水生实验动物的研究日渐活跃。一方面，水生实验动物的开发和研究作为科学研究的重要材料，直接影响成果的确立和水平。另一方面，水生实验动物内容和方法的发展，又将研究带入新境地，甚至是取得突破性进展，逐渐成为实验动物中的重要组成和特色。因此，推动和发展实验动物，包括水生实验动物的研究是生命科学研究领域的重要工作之一。

水生实验动物科学是多学科领域交叉形成的一门新兴学科，研究内容涵盖水生实验动物资源与开发、实验动物配套技术、疾病模型研制、毒理学应用、水生实验动物管理与体系建设等。鱼类作为实验动物不仅包括人类疾病研究，而且可以涉及生物医学研究的各个领域，且在环境污染物监测、生命科学、水产科学、食品安全等领域的应用正在不断增长。

水生实验动物为不同领域提供优良的材料基础，有助于提高中国在一些科学领域的研究水平，同时也为国内外的学术交往创造可比的条件，对不同领域的研究有很好的促进和引导作用。梳理本领域的资源状况，了解领域的特点与不足，在此基础上厘清思路，整合水生实验动物技术力量，促进水生实验动物研究的高效发展，为不同学科的发展贡献力量。

1. 水生实验动物的地位与作用

在生命科学实验研究中的基本要素中，实验动物的地位非常重要，已成为衡量一个国家或地区科学技术水平的重要标志之一。水生实验动物终生生活于水中，一直是污染物监测的“活试剂”；体外受精、体外发育、胚体透明、胚胎可大量获得、使用成本较为经济等优点，使其在生物学的重大发现中起着重要的作用；其分类地位相对低等，应用上可相对避免道德伦理问题；随着鱼类基因操作技术的成熟，其资源规模化发展也为不同学科研究应用提供材料基础。

1）水生实验动物是生命科学和医学研究的重要材料

模式动物一直是遗传学和现代生物学发展的主要基石之一，是分子遗传学、分子生物学、神经生物学等新学科诞生的重要支撑。鱼类属低等脊椎动物，大多有体外受精、体外发育、胚体透明、胚胎可大量获得等优点；其饲养容易，成本也较为经济，已成为脊椎动物研究的重要代表，在生物学的重大发现中起到过相当重要的作用。

鱼类实验动物是解答脊椎动物基本生物学问题的重要模型。其生命周期不仅包含发育、生长、生理和心理平衡的维持，还涉及生殖细胞产生、衰老、死亡，每一个过程都异常复杂，既受基因调控，也受外界各种因素的影响，而我们对这些过程的了解还非常有限。鱼类实验动物的主要优点表现在高繁殖力、胚胎体外发育和透明，是研究胚胎发育的绝佳材料。发育过程中，细胞增殖、迁移、分化、凋亡的共同作用，决定个体的大小、形态乃至组织器官的形成，了解基因间相互作用对发育过程的影响是生命科学研究的重要方向。

鱼类的神经中枢系统、内脏器官、血液及视觉系统，尤其是心血管系统在早期发育与人类极为相似，已成为研究相关疾病基因的最佳模式动物。大多数鱼类胚体透明，其心脏发育及血液流动状况可全程实时观察和研究。借助显微镜，甚至可看到每个心肌细胞和血液细胞。目前，鱼类是唯一适合于大规模饱和诱变筛选的脊椎动物类群，大批量的突变个体被固定，加上鱼类的基因敲除技术日臻完善，使得鱼类实验动物的使用正逐渐拓展和深入到生命体的多种系统（如神经系统、免疫系统、心血管系统、生殖系统等）的发育、功能和疾病（如神经退行性疾病、遗传性心血管疾病、糖尿病等）的研究中。

斑马鱼是水生实验动物的重要代表之一，已建立若干纯系和突变系，成为脊椎动物发育研究中的主要模式动物，被誉为“脊椎动物中的果蝇”。斑马鱼的细胞标记技术、突变技术、转基因技术、基因敲除技术、单倍体育种技术、组织移植技术等已非常成熟，且有数以万计的斑马鱼突变体和转基因品系，使其成为研究发育、基因调控与功能的优良材料，完全具备作为脊椎动物分子发育生物学模式种的条件。

典型案例 1：斑马鱼是发育学研究的最重要模型，称为“脊椎动物中的果蝇”

斑马鱼繁殖力强、发育快速、性成熟周期短，且体外受精，体外发育，胚胎透明，便于观察。在 28.5℃培养条件下，胚胎受精后约 40min 完成第一次分裂，每间隔约 15min 分裂一次；主要的组织器官 24h 后形成，发育程度相当于 28 日龄的人类胚胎。一般 3 个月可达到性成熟，产卵可控，每周可产卵一次，每尾雌鱼一次可产卵 100~300 枚。斑马鱼受精卵直径约 1mm，易于显微注射和细胞移植等操作。斑马鱼饲养方便，每升水可养成鱼 8~10 尾，有限的空间可以养殖较大群体。斑马鱼已被广泛应用于发育生物学、遗传学、肿瘤学、药物学、毒理与环境保护等方面相关研究，在不同领域取得瞩目成绩，对生命科学相关研究起了良好的促进作用，吸引众多研究者以斑马鱼为实验材料，使其成为最重要的模式脊椎动物之一。

斑马鱼具有发育前期细胞分裂快、胚体透明、特定的细胞类型易于识别等优点，在细胞谱系分析（细胞运动跟踪和细胞命运）、体轴形成机制、系统发育和器官的形成、胚层诱导与分化、左右不对称发育、原始生殖细胞起源和迁移等研究中得到良好应用。斑马鱼相关遗传操作手段的日臻完善，包括突变体诱变技术、吗啉环修饰的寡核苷酸技术、mRNA 过量表达技术、转基因技术，以及锌指核酸酶（ZFN）、转录激活因子样效应物核酸酶（TALEN）、*CRISPR/Ca s* 等基因敲除技术，使得斑马鱼作为脊椎模式动物在全世界范围内得到了更加广泛的应用。斑马鱼基因组已经测定，为不同基因功能研究提供了基础，促进了斑马鱼在基本生物学问题解答上的应用。

鱼类属于低等脊椎动物，在内分泌、神经、皮肤、眼、血液循环等方面都已具有脊椎动物的基本模式，虽然结构相对简单，但其组织结构与高等脊椎动物具有一定的可比性，鱼类的生物学性状在一定程度上可与人类的对应性状相类比。鱼类属变温动物，可以通过改变环境温度控制体温，进行炎症反应、免疫功能及膜生理学的相关研究时，利用体温调节反应速率，可对整个过程的生理、生化、病理等的变化进行深入研究；鱼类消化道结构与高等脊椎动物基本相似，对营养需求、消化、吸收及饥饿等生理生化过程的研究，与高等脊椎动物具有相似进程，这对比较营养生理学的研究具有重要的价值。鱼类能为包括哺乳动物在内的其他脊椎动物的疾病防御机理制提供良好的模型材料。鱼类作为肿瘤模型易于在大部分组织器官诱发成功，其肿瘤临床经过和形态学表现与其他纲目的脊椎动物（包括人类）相似等诸多优点，使鱼类成为比较肿瘤学和环境（特别是水源中的）可疑致癌物探索等研究中不可缺少的材料。

鱼类胚胎已广泛应用于新药筛选和评价。鱼类胚胎模型兼具体外模型的高效及体内模型的可靠。作为整体动物模型，可针对某一生物学事件但不指定靶标进行筛选，较为全面评估化合物的活性和不良反应，在一开始就可以排除某些具有明显毒副作用的化合物，缩短药物研发周期，在快速提供可信结果的同时大幅度降低成本。目前，越来越多的生物、生化和天然药制药公司采用斑马鱼等鱼类模式动物进行新药疗效、毒性与安全性评价，应用前景非常广阔。

2）水生实验动物是水生态环境安全评估的重要生态指标

近年来，水环境污染问题日趋严重。与大气、噪声污染一样，因水质污染引发的事件也是引人注目的，包括：由于各种工业废水、生活污水无序排放引起的内陆或沿海水域鱼、虾、贝类等水生生物的死亡乃至赤潮的发生；因油污染对水生生物的损害及油臭味鱼的出现，进而对鱼类繁殖场造成破坏，威胁水域生态系统。赤潮在世界范围的海域内频繁发生就是最显而易见的例子。

水质污染包括石油污染、重金属污染、农药污染、有机物污染、放射性污染、热污染、固体废弃物污染等。以鱼类为代表的水生实验动物的应用，对于水环境污染的研究与检测监控是必不可少的。环境污染问题越来越为人们所关注和重视。有毒、有害物质对生命有机体危害的程度及范围最终需在生物中体现，即生态毒理学研究的核心部分—生物效应，水生动物终身生活在水中，在环境毒理应用上比较便利，有着陆生实验动物无法替代的优点，也可作为水域环境污染的“监测器”，由于环境污染问题的严重性，用于不同污染物监测的水生实验动物模型是社会发展的需要。

典型案例 2：水环境污染问题已是中国发展的重要问题。

中国水环境污染问题日益突出：一方面，由于城市人口和工业的高度集中，排出的污水、污物的量超过了水体的自净能力，使地球上的江、河、湖、海受到日益严重的污染危害；另一方面，随着科学技术和工业生产的发展，使自然界原本没有的人工合成的各种化学物质大量增加。这些化学物质通过生产、应用等各种途径进入水体造成污染，已经查明其中能使生物发生突变的化学诱变剂就有数百种之多，一旦污染水体后，长期滞留在水环境中得不到清除，就会危害水生物和人体健康。

2011 年中国环境质量公报公布的数据显示，全国地表水污染依然严重（图 6-1）。七大水系水质总体为轻度污染，Ⅰ~Ⅲ类、Ⅳ~Ⅴ类和劣Ⅴ类水质断面比例分别为 61.0%、25.3%和 13.7%，湖泊（水库）富营养化问题突出。七大水系中，不适合作为饮用水源的河段已接近 40%，工业较发达城镇河段污染突出，城市河段中 78%的河段不适合作为饮用水源，城市地下水 50%受到污染，水质型缺水问题十分突出。2005 年发生了松花江水污染事件、珠江北江镉污染事件，沱江污染事件等重大污染事件，在全国乃至国际上造成十分严重的影响。

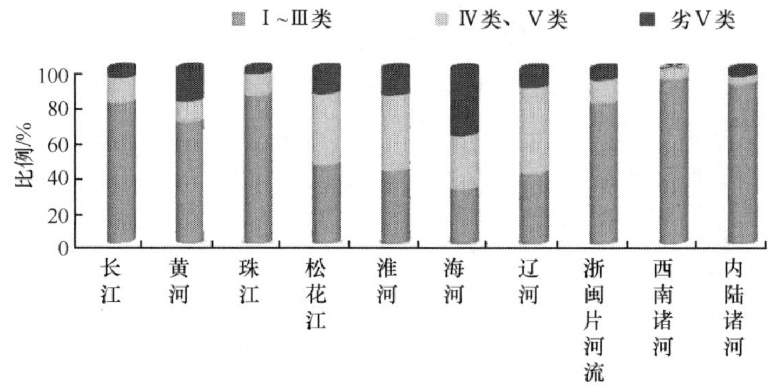

图 6-1　2011 年十大水系水质类别比例

鉴于水环境污染的严重性和紧迫性，以鱼类为代表的水生实验动物是水域环境污染的活“监测器”，其的应用对于水环境污染的研究与检测监控是必不可少的。

生命科学和生物技术的快速发展对作为重要研究材料的实验动物提出了严格要求，而目前中国实验动物科学的整体水平和实验动物质量状况还不能完全满足发展的需求，水生动物的情况尤为突出。随着国际贸易的日益频繁，更多化学合成物进入中国，应用中国标准的水生实验动物品系，对化学品进行生态毒性与效应评价，从而保护我们的环境与经济利益是必要的。

鱼类生活于水中，毒性试验时操作极为方便，特别是耗时长的慢性环境毒性试验；管理上也比较经济。利用鱼类动物对环境污染物进行生物监测，与理化分析手段相比，具有直观、客观、综合和历史可溯源性的特点，能更真实、更直接反映环境污染的客观状况，这种综合性和真实性是任何化学监测所无法比拟的。国际标准化组织（ISO）在 20 世纪 80 年代就推荐虹鳟、斑马鱼、黑头软口鲦、青鳉等水生实验动物为毒性试验的标准材料。中国《水和废水监测分析方法》（第四版）中，推荐斑马鱼、剑尾鱼和稀有鮈鲫等为受试动物。

根据《地表水环境质量标准（GB 3838—2002）》、《地下水环境质量标准（GB/T 14848—9）》及《地表水和污水监测技术规范（HJ/T 91—2002）》，中国目前对饮水水源水质评价多采用如化学耗氧量（COD）、五日生化需氧量（BOD5）、总氮（TN）、总磷（TP）、固体悬浮物浓度（SS）和 NH_3-N、pH 和重金属等化学参数作为评价指标，不仅监测周期长、费用高，而且很难完全反映饮水水源的实际水质状况。

以水生动物作为实验动物，研究其对有毒污染物的回避反应，以期对水体污染进行早期预报和水质评价。由于具丰富的行为表现，鱼类是水污染生物监测中应用最为广泛的水生动物。研究表明，在人为设计有污染水区和非污染水区的迷宫回避装置中，未经训练鱼类受亚致死剂量有毒污染物刺激时，能主动回避污染水区。随着水环境污染引起的广泛关注，利用鱼类自身对生活环境变化的敏感性对水体进行综合在线监测预警的研究也成为当前的热点。生物预警技术能更真实地反映水源地环境污染的客观状况，具有时效性和综合性，是其他监测手段无法比拟的。鱼类对水环境的变化十分敏感，因而被广泛用于毒物和废水的生物监测与评价。在线荧光监测系统、在线摄像系统、多物种淡水生物监测仪等在线生物监测设备已经在多个国家应用于水体突发性污染事故的在线预警。

典型案例 3：鱼类实验动物是饮用水安全的活试剂

生物早期预警是利用生物行为在线监测技术的水质预警系统，主要原理建立于水生生物对有害污染物的毒理学反应上，通过收集、整合和分析数据，监测水生生物行为或生理的改变，在水环境污染、恶化的情况下，可对潜在的水体污染提供快速警报，达到预防突发性水污染事件的目的。虽然该技术发展时间短，但已在水质监测中得到广泛的认可。

在线生物监测是对生活在水环境的生物个体行为变化进行实时监测的技术。在水生生物的所有变化中，行为生态的变化对环境质量的反应最迅速和灵敏，这种变化也是环境对其产生影响的最终反应。监测被污染水体中水生生物运动方式、生活习性等行为的改变，可实现水体在线监测目的。

在线监测可通过传感器追踪录像并经计算机软件分析图像，分析生物运动行为变化；也可通过测试管内电场、磁场等变化自动持续的监测分析，了解生物运动行为及方式变化。目前，以鱼类为代表的水生实验动物是监测应用的主要生物，广泛应用于饮用水安全、食品、饮料安全、水质污染监测等领域。

3）水生实验动物不仅是水产动物药品、水产动物饲料研制和生产的支撑条件，也是水产育种研究的重要模型材料

中国是水产养殖业大国，涉及的水生动物种类也是世界各国中最多的，目前中国养殖产量 1 万 t 以上的水产养殖动物有几十种，比一般水产养殖大国多出十几甚至几十倍，但中国在水产养殖动物的生理、生化、遗传等方面的研究都不够深入，尤其是重要经济性状相关遗传基础研究进展很慢，原因之一就是水产生物的模型动物研究几近空白，没有好的模型动物就难于剖析这些性状的生理、生化过程，也难以鉴定其遗传基础，建立适用水产学科的模型动物对于该行业的长效发展至关重要。此外，水产疫病的有效防控是水产养殖业发展的前提和保证，水生动物病害研究及水产品安全性评价迫切需要具特殊体征、特定生理功能、特定敏感性的标准化水生实验动物。

近年来，由于环境保护意识的提高和食品安全意识的增强，尤其中国加入世界贸易组织带来的出口药品、农产品等在国际市场竞争中的技术壁垒的严峻挑战，以及生物技术科学与其他学科的有机结合和发展，加速了对各具特色、特定用途的标准化生物实验材料在环境科学、人类健康相关领域研究中的迫切需要。

2. 研究的目的和意义

21 世纪是生命科学的世纪，生命科学的发展对缓解以至解决人类社会发展面临的健康、食品、资源、环境等重大制约因素起重要作用，在人类的可持续发展中具有重要的战略地位。实验动物作为生命科学研究的基础和重要支撑条件，几乎涉及与生命科学有关的各个领域，关系到国民经济的发展和科学技术的进步。水生实验动物由于操作上的便利性、经济性上的不可替代性，其应用范围越来越广。

目前，中国水生实验动物品种少、资源分散、共享效率极低，远不能满足各领域发展的需要，有序供求渠道尚未建立。为更好地了解水生实验动物发展现状，有效地整合水生实验动物资源，促进对其有效保护、共享和开发利用，为国家科技基础条件平台建设规划提供决策依据，更好地为实验动物管理和科学研究服务，有必要对中国水生实验动物发展现状进行全面调查分析，并与发达国家对应的信息进行比对分析，找出差距所在及可资借鉴的经验，分析存在问题，对水生实验动物的发展模式及产业化建设进行探讨，并依此提出可操作性建议，为水生实验动物科学发展规划的制定及部门决策提供参考。

3. 研究内容

本研究采用科技文献搜索、国内外相关网站访问、搜索引擎使用关键词检索、问卷调查、专家咨询、重点单位访谈等方法，开展资料收集相关工作，并对相关资料进行整理、分析、研究，梳理水生实验动物领域的资源及其应用状况，了解领域的特点与不足，找出问题和与其他国家的差距，分析原因。在此基础上厘清思路，依据学科的发展方向与趋势，了解发展需求，提出发展战略与建议，更好促进水生实验动物行业的发展。

第一章 中国水生实验动物科学技术与产业发展现状分析

一、中国水生实验动物科学技术与产业发展的基本概况

中国标准水生实验动物的开发研究起步较国外晚，经过近 20 多年的努力，在剑尾鱼、稀有鮈鲫、红鲫和裸项栉鰕虎的实验动物化研究方面取得了可喜的成绩，培育出多个具独立知识产权的鱼类实验动物品系，其中剑尾鱼和稀有鮈鲫已有近交超过 20 代。在以上研究的带领和影响下，国内其他一些单位和水产科技者也零星地开展了其他鱼类实验动物化研究，包括四带无须鲃与虹鳉等透明品系，以及唐鱼、麦穗鱼等的人工养殖与生物学特性研究，并进行资源调查、应用等相关研究。近年来，多个实验室从国外引进了斑马鱼、青鳉等水生实验动物品系，结合发育生物学、比较医学、环境科学等开展研究，应用涉及环境毒理学、发育学、生理学和内分泌学、药理学、生物医学等广泛的范围。

二、中国水生实验动物科学技术与产业发展取得的主要成绩和经验

（一）中国水生实验动物资源的开发应用及其实验动物化研究

剑尾鱼（*Xiphophorus helleri*）具有体型小、繁殖周期短、繁殖力强、易于在实验室饲养等特点，且对多种农药、重金属等毒物和某些鱼类病原体敏感性强，适合作为动物模型。中国水产科学研究院珠江水产研究所自 1987 年开始剑尾鱼的定向培育和相关实验动物化研究工作，从剑尾鱼近交培育、生物学基础研究、遗传和遗传纯合度检测、水环境与人工生态、营养需求与人工饲料、疾病普查、监控、管理规范和应用等方面进行系统研究。目前主要有三个不同体征剑尾鱼近交系（群），群体间具较高的遗传均一性，加上饲养过程的营养标准化和管理规范化，在应用中有良好的反应一致性和可重复性，保证了实验结果的准确性、可信度和可比性，从而提高其应用领域的研究水平，并在环境毒理监测、实验动物应用模型等领域得到良好应用。RR-B 系为中国首个通过审定的鱼类品系，填补了国内无水生实验动物品系的空白。

典型案例 4：剑尾鱼实验动物化的系统发展

剑尾鱼是热带亚热带小型鱼类，对多种农药、重金属较敏感。并于 2004 年由农业部发布第 348 号公告确立其作为水生实验动物应用目标，2012 年种质行业标准。剑尾鱼作

为资源动物收录于《实验动物质量控制》专著，编制了标准并颁布。培育的剑尾鱼作为受试生物列入《水和废水监测分析方法》中。

国家环境保护化学品生态效应与风险评估重点实验室应用剑尾鱼对 13 种典型污染物的毒性实验，结果平行性较好，认为剑尾鱼是毒理学研究的好材料。其中剑尾鱼对对壬基苯酚的毒性敏感性优于日本青鳉，是一种适合于实验室开展急性毒性试验的实验动物；慢性毒性试验表明，不同浓度的对壬基苯酚对雄性剑尾鱼性腺发育的影响具有显著性差异，说明对壬基酚对剑尾鱼性腺发育影响具有剂量-效应相关关系，在环境雌激素效应方面的研究中可以考虑推广使用。华南师范大学生命科学学院水生生态实验室将剑尾鱼应用于多氯联苯（PCB）、滴滴涕（DDT）、六六六（HCH）等有机污染物，以及汞、镉等重金属的检测中，认为剑尾鱼是水生生态环境研究的理想实验材料。其中剑尾鱼对PCB 胁迫的敏感性比国际标准化组织推荐使用的斑马鱼和黑头软口鲦强，在 PCB 监测中的应用前景更为看好。南京农业大学动物医学院将剑尾鱼应用于鱼类细菌病害研究与水产药物评价，证明剑尾鱼可作为水生动物的模型动物。

稀有鮈鲫（*Gobiocypris rarus*）属于鲤形目（Cypriniformes）鲤科（Cyprinidae）鱼丹亚科（Danionionae）鮈鲫属（*Gobiocypris*），是中国特有的一种小型鲤科鱼类。从 1990 年开始，中国科学院水生生物研究所就将稀有鮈鲫定位为实验动物开展研究，先后对其分布区与生活习性、形态与分类地位、核型与同工酶、胚胎发育、生长、对生态因子的适应性等方面进行了系统的研究，现在已获得近交 21 代的鱼。稀有鮈鲫作为实验鱼应用研究涉及鱼病学、遗传学、环境科学、胚胎学、生理生态学等领域。稀有鮈鲫已建立人工雌核发育、人工雄核发育等单性发育技术；在探讨鱼类核质关系中的基础问题，进行了稀有鮈鲫的异种核移植、连续核移植的研究，为发育学的相关研究打下基础。

典型案例 5：稀有鮈鲫的环境应用

稀有鮈鲫主要分布于四川省彭州市、都江堰市、汉源县、石棉县、双流县等地，是近十几年来中国开始使用的一种较好的实验动物。近年来，中国科学院水生生物研究所通过多种途径推动稀有鮈鲫在环境生态评价中的应用。

王朝辉等研究了 8 种拟除虫菊酯农药对稀有鮈鲫的急性和亚慢性毒性，结果显示拟除虫菊酯对稀有鮈鲫具较高毒性，且其毒性与结构有一定相关性，α-氰基和卤原子会增加其毒性。姜福全研究验证了稀有鮈鲫急性及亚慢性毒性实验方法，以急性毒性实验对比了稀有鮈鲫、剑尾鱼和斑马鱼对铬和五氯酚毒性的敏感性，表明稀有鮈鲫对五氯酚的敏感性高于剑尾鱼和斑马鱼，但对铬的敏感性低于其他两种鱼，在对两种参比毒物的毒性评价中稀有鮈鲫呈现出好重复性。稀有鮈鲫对绝大多数的有毒化学品均比较敏感，将其用于对它们的毒性评价取得了很好的效果。

周群芳等发现暴露后的稀有鮈鲫对水中三丁基锡具有显著的生物富集作用，其性肉指数与肝肉指数在慢性毒性暴露下有明显变化，性激素长期不平衡可能导致相应性器官变异，可以引起鳃与肝脏细胞超微结构的一系列显著变化，为评价第二次世界大战后遗留化学战剂的毒性提供了丰富的水生生物毒理学数据。在构建评价内分泌干扰物长期低剂量暴露影响的鱼类实验模型和环境内分泌干扰物的生物筛选等研究中发现，稀有𬶋鲫对类雌激素敏感，可以作为一种理想的模式生物用于环境中的内分泌干扰物，其生命早期阶段暴露试验及全生命周期低剂量暴露试验均可用于评价环境中的内分泌干扰物。

2002 年剑尾鱼和稀有𬶋鲫作为受试生物列入《水和废水监测分析方法》（第四版）中，初步展示了这两种鱼类在水环境污染物的监测中有良好的应用前景。从环境科学领域发表论文的比例来看，这两种鱼类所占的比例虽不高，但毕竟占有一席之地，为以后的工作提供了基础。

红鲫（*Carassius auratus* red variety）属于硬骨鱼纲（Osteichthyes）鲤形目（Cypriniformes）鲤科（Cyprinidae）鲫属（*Carassius*），红鲫作为实验动物具有生活力强、性成熟早、繁殖力强、体型适当、杂食性、体外受精、体外发育等特点，自 20 世纪 90 年代起，南华大学实验动物学部已将红鲫实验动物化，采用雌核发育技术建立了红鲫近交系。实验红鲫在生物医学研究中有着广泛的用途。已有资料表明，实验红鲫可应用于发育生物学（含胚胎学）、遗传学（含遗传育种学）、分子生物学、生理学、内分泌学、毒理学、生态毒理学、药理学、行为科学、比较病理学、肿瘤学、环境科学等学科研究，特别是可应用于水生态环境污染监测与安全性评价、水生动物疾病模型、水产药物筛选、效价测定及安全性评价、化学品进出口管理的毒性测试等。

裸项栉虾虎鱼（*Ctenogobius gymnaucnen*）分布于中国沿海、日本、朝鲜半岛，诸氏鲻虾虎鱼（*Mugilogobius chulae*）分布于西太平洋海域，两者为暖温（水）性底栖小型鱼类，喜栖息于沿海浅水区，以及港湾、河口环境，具广盐、繁殖周期短、生殖力强、控温条件下全年均衡产卵等优点，易于营造标准化饲养环境，具有实验动物开发的潜在价值。广东省实验动物监测所先后进行裸项栉虾虎鱼、诸氏鲻虾虎鱼的繁殖和实验动物化研究，建立规范的生物毒性评价方法，并主要应用于海洋排放物生物毒性监测、海洋水环境监测、工业污水排放指标评价，以及水生动物病害模型和比较医学研究等领域。裸项栉虾虎鱼是中国首个开展实验动物化研究的海水鱼类，已在海洋油气田生产水、钻井液、消油剂、废水等排放物，以及纳污水体的生态毒理评估等领域得到良好应用，且为相应的国家标准推荐使用，对保护海洋环境、促进海洋资源的合理利用具有积极的意义。根据中国的具体情况，广东省实验动物监测所进行裸项栉虾虎鱼的繁殖和实验动物化研究，建立规范的生物毒性评价方法，对保护海洋环境、促进海洋资源的合理利用具有十分紧迫的需要和积极的意义，主要应用于海洋生物毒性监测、海洋水环境污染监测、工业污水排放指标评价，以及水生动物病害模型和比较医学研究等领域。裸项栉鰕虎是中国首个开展实验动物化研究的海水鱼类，具繁殖周期短、繁殖力强、广盐性等优点，已在消油剂等生态毒理评估等领域得到良好应用，且为相应的国家标准推荐使用。

唐鱼等土著鱼类的实验动物化培育工作也已开展。近年来，四带无须鲃、虹鳉、鲫等透明突变品系的研究工作也引起不少研究者的关注，其不论是成体鱼还是幼鱼，突变品系的内脏器官均清晰可见，可肉眼直接观测，体内的病变等细节可实时获得，在疾病模型等研究中有无可比拟的应用优势，可作为模型材料系统发展。

（二）水生实验动物资源的引进和开发

斑马鱼（*Danio rerio*）具有繁殖能力强、体外受精和发育、胚胎透明、性成熟周期短、个体小易养殖等诸多特点，特别是可以进行大规模的正向基因饱和突变与筛选。这些特点使其成为功能基因组时代生命科学研究中重要的脊椎模式动物，其使用正逐渐拓展和深入到生命体的多种系统的发育、功能和疾病的研究中。同时，斑马鱼也在环境科学研究中得到良好应用，在相关领域的研究论文统计中，斑马鱼是最为常用的实验材料。由于斑马鱼良好的应用优势和前景，陆续有不同的斑马鱼品系从国外引进，目前已有斑马鱼野生型品系 7 个以上，另有众多突变品系和转基因品系被保存或构建。

国内不同领域对斑马鱼的需求日益增多，据不完全统计，现已有 250 多个实验室利用斑马鱼开展相关科研工作，在基础生物学研究中也取得了重要成果，但其质量却不尽如人意。很多实验室的实验动物通过自养自繁，自己供给；有的实验室直接来源于观赏鱼市场，存在遗传背景不清楚、养殖过程和条件存在不均一性等问题，使得实验结果的准确性和稳定性差，影响了一些领域的研究水平。总体上分析，中国斑马鱼研究无论在规模还是在重视程度上均落后于国际形势的发展需要。研究学者一再呼吁建立国家级的斑马鱼资源中心，以推动和发展斑马鱼在中国不同领域中的使用。在科学技术部 2006 年重大科学研究计划的支持下，依托中国科学院上海生命科学研究院发育基地，整合中国斑马鱼主要研究力量，建立了全国共享的斑马鱼模式动物研究技术和资源库。国家斑马鱼模式动物中心本着提高服务效率和质量的原则，在上海和北京分别建立了国家斑马鱼模式动物的南方中心和北方中心，分别依托于中国科学院上海生命科学研究院，以及北京大学和清华大学。2011 年年初，中国科学院水生生物研究所在科学技术部国家重大科学研究计划和中国科学院重点部署项目支持下，启动了斑马鱼资源中心（China Zebrafish Resource Center）建设，并于 2012 年 10 月 10 日举行揭牌仪式。中心定位为在科学技术部国家重大科学研究计划支持下建立的非营利性科研服务性机构，以斑马鱼研究资源的收集、创制、整理、保藏和分享为主要任务，服务于全国斑马鱼研究学者。斑马鱼资源中心将国内各位学者构建和保存的斑马鱼突变株、转基因品系，以及工具质粒、抗体等集中储存，供国内同行分享，以优化资源、避免重复，促进国内斑马鱼研究的发展和壮大，这对于中国斑马鱼研究具有标志性意义。

基于小鼠等哺乳动物发展的基因敲除技术并不适用于鱼类。近年来，ZFN、TALEN、CRISPR-Cas 等基因敲除技术在鱼类中得到发展，同时也显示出哺乳类动物无法比拟的便利，极大地推动了水生实验动物在生命科学创新研究的应用。中国多家实验室通过优势联合，于 2013 年 2 月 28 日成立了“斑马鱼 1 号染色体全基因敲除联盟”(Zebrafish All Gene KO Consortium for Chromosome 1，ZAKOC），从 1 号染色体入手，以期实现斑马鱼所有基因的敲除。基于斑马鱼基因组资源数据分析和在基因敲除技术成熟的基础上，项目采用大规模、高效率研究模式，加快资源研制的步伐，充分体现了基因工程动物资源研究的后发优势，不失为可借鉴的快速发展模式。

典型案例 6：斑马鱼的大规模基因敲除和“斑马鱼 1 号染色体全基因敲除联盟”

生命科学已进入后基因组时代，大规模基因功能的研究已成为生命科学热点。基因敲除是基因功能研究的重要手段，ZFN 和 TALEN 等技术的发展使鱼类的基因操作成为可能。近年来，科学家们在原核生物规律成簇间隔短回文重复（clustered regularly interspaced short palindromic repeat，CRISPR）系统研究中取得了重要进展，中国科学家就该系统在鱼类的应用也作出了重要贡献。与 ZFN、TALEN 相比，CRISPR-Cas 更易于操作，效率高，更易获得纯合突变体，且可在不同的位点同时引入突变，其大规模的突变筛选更为便宜、快速，可在不同实验室应用。斑马鱼作为脊椎动物的重要代表，在 CRISPR-Cas9 技术应用上有着哺乳动物无可比拟的优势，因而，大部分斑马鱼基因突变体的产生只是时间问题。

在朱作言、孟安明院士倡导下，国内的 30 个实验室于 2013 年 2 月 29 日成立了“斑马鱼 1 号染色体全基因敲除联盟”，拟将斑马鱼 1 号染色体上的 1418 个基因逐一敲除，以期为相应基因功能做出注释，探寻基因奥秘。成员凭着科学家的理想、激情，以及对科学的孜孜追求，自筹经费开展相关研究。联盟已经完成 1000 多个基因的敲除任务。

项目的实施对于科学问题发掘、基因功能探索乃至以斑马鱼为模式动物的推动具有重要意义，其目标是从 1 号染色体入手，实现斑马鱼全基因组基因的敲除，打造一个由中国科学家主导、多国科学家共同参与的国际项目。项目意义在于将首次在多细胞模式动物中实现大规模、系统性的整条染色体基因敲除，或可成为模式动物资源快速发展的重要模式。

青鳉（*Oryzias latipes*）属鳉形目（Cyprinodotiformes）鳉科（Oryziatidae）青鳉属（*Oryzias*），主要分布于中国、日本等东亚国家，是一种小型鱼类，生长快，繁殖力强，对水中溶氧及温度的变化适应力较强，易于饲养，在生理学、生态学、内分泌学等各方面被广泛利用。日本在 20 世纪初就开始了对青鳉的研究工作，并在培育、饲养管理、实验操作等方面进行系统研究，是鱼类实验动物化的范例。国际标准化组织在 80 年代推荐青鳉为毒性试验标准材料。由于产卵可控，1994 年，青鳉作为脊椎动物的代表被送上太空，完成了从受精到个体的整个发育过程，实现了真正意义的“太空育种”。中国也陆续从国外引进青鳉品系，应用于发育学、生理学、环境毒理学不同领域。青鳉和斑马鱼有相似的优点，两种鱼研究的方法和思路可以互换，但由于其每次产卵数量较少，研究者的选择偏向于斑马鱼。中国目前还有多种青鳉分布，已有学者开始了其实验动物化相关研究。

（三）建立水生实验动物的交流平台

为促进中国水生实验动物学科更快发展，中国实验动物学会根据国内水生实验动物研究进展，委托珠江水产研究所为挂靠单位，于 2001 年 11 月正式成立了“中国实验动物学会水生实验动物专业委员会”，并开始开展了活跃的学术交流，这标志着中国水生实验动物成为中国实验动物的重要组成部分和学科的良好发展趋势，为水生实验动物资源开发与应用研究提供了良好的交流平台，加强了学术交流与协作，整合了研究资源，丰富了中国“实验动物学”内容，特别是诞生了中国“水生实验动物学”这门新兴学科。

（四）中国水生实验动物研究的作用与经验

鱼类作为实验动物具有种类多、繁殖力强、遗传容易控制、饲育设施要求简单等诸多优点，越来越多地用于急性毒理实验、评价药物和化学品毒性等研究。开发鱼类实验动物符合国际上提倡的实验动物应用“3R”原则。开展实验鱼类标准化品种（系）的培育及其标准化体系构建的研究，是一项具有中国自主知识产权的原创性工作。针对不同水生实验动物开展的有关标准化研究，填补了国内鱼类实验动物化研究空白，为鱼类的实验动物化提供了宝贵经验。鱼类实验动物在应用上有其特色与优点，有着陆生动物所无法替代的优势。中国的水生动物资源丰富，不同水生动物有其应用上的优势，对具良好应用前景的不同水生动物进行实验动物化培育，建立各具特色的水生实验动物资源库，对推动中国相关领域的发展意义重大。

具自主知识产权的水生实验动物品系的培育，大大改善了中国毒理学、环境科学、水生生物学、水产动物医学、遗传学、发育生物学、比较医学、水产动物药物研发等领域研究对鱼类实验动物的需要，提高了水产品、食品、化学品等安全性评价和环境污染物检测等的质量，从而推动了相关学科的发展。例如，鱼类实验动物为水产动物疾病及病原致病机制等研究提供科学的模式动物，提高了国内鱼病学研究水平。使用鱼类实验动物开发研制渔用疫苗，有助于其质量的提高。

本土水生实验动物品系在国际贸易中也起着重要作用。例如，中国与欧洲共同体进行化学品贸易，被输入或输出的化学品均需要用实验鱼类做毒性测试，没有本国的实验鱼类做测试，是不能满足化学品进出、出口和经贸谈判规则要求的。剑尾鱼、稀有鮈鲫等中国培育的受试鱼类的应用，对中国化学品进出口贸易的发展具有十分重要的意义，同时也有利于有效保障中国环境利益。

国内各行各业对水生实验动物的需求日益迫切。仅新化学品登记测试，每年需实验鱼类约 5 万尾，而环境测评的相关应用中，水生实验动物的用量将在其 10 倍之上。本土水生实验动物资源极大地改善了国内实验鱼类的供给，几乎成为了国家水生（鱼类）实验动物保种和繁殖生产基地，为水生实验动物的产业化提供了重要保障。

本土化水生生物更适合于水环境生态实际，本土化的水生实验动物品系是建立在线生物预警系统的重要基础。随着公众对饮用水安全的日益关注，利用水生生物对其环境变化具有敏感性的特点用于水体安全在线监测预警将成为重要热点。水生实验动物资源为饮用水安全在线生物监测预警技术的发展提供了重要材料保障。

三、中国水生实验动物科学技术与产业发展存在的问题

虽然中国在水生实验动物培育、研究和应用上积累了有益经验，但还存在许多问题：

（一）实验动物化的水生动物品种少

目前，中国水生实验动物品系尚不能满足当今对水环境污染、食品安全、比较医学

等广泛研究对标准化水生生物实验材料的极大需求，特别是具自主知识产权的品系数量少之又少，一定程度上影响了中国在国际贸易上的利益。

（二）自主品系资源科研投入少，相关学科发展举步维艰

近年来，国家各类科研项目中鲜有对水生实验动物相关内容的资助，据不完全统计，仅有 2 个或 3 个国家公益项目上有少部分水生实验动物内容。各省也只是广东、湖南、北京等地对水生实验动物培育及相关研究有零星的资助。品系的培育是个长期的过程，需连续、稳定的支持，一旦没有相关课题支持，可能以前的相关工作也无以为继，影响持续的发展，由此造成的损失也难以估量。

（三）缺乏有效的共享体系

中国现有水生实验动物资源种类少，组织分散，投入的人力、财力和物力有限，缺乏公益性的持续资助，也没有对口的资源管理和资助机构，导致培育与应用在一定程度上都是各自为战，相关信息无法有效共享。

（四）缺乏合理运作的水生实验动物研究与开发研究体系框架

由于经费上得不到连续的支持，水生实验动物科研人员大都有多个研究方向，以其他类型课题扶持水生实验动物的日常发展的情况也不在少数，水生实验动物研究的人才队伍无法得到有效的保障，影响学科高效、有序的发展。

（五）研究基础亟待加强

水生实验动物发展的必要前提条件是其标准化，而产业化则是其蓬勃兴旺的保证和必然结果。因此，应积极进行实验动物标准化，同时尽早考虑其产业化，以缩短从产品开发到投放市场的周期。国际上尚无水生实验动物的纯系遗传标准，相关研究的难度加大。陆生实验动物（如小鼠）以近交 20 代为近交系。水生动物在分类上有鱼类、贝类、甲壳类、两栖类、爬行类等，呈多样化，不同种类的纯系标准，均需在大量基础性研究的基础上科学的总结和提出。国际上尚未建立水生实验动物饲养设施标准，需加强相关的基础研究。

（六）资质认可工作缺乏

由于研究基础较为薄弱，目前水生实验动物的资质认可工作近乎空白，许多研究只是低水平重复，实验动物的内涵没有得到很好体现。目前，中国尚无专门针对水生实验动物的产品认证和机构认可。为了促进相关的研究及应用，扩大影响，加速标准化和产业化的进程，可通过相关认证完成对培育、提供实验动物机构的管理水平的资质认证，同时间接证明所培育、提供的实验动物的品质。

第二章　发达国家水生实验动物科学技术发展现状分析

一、发展的现状

国外利用鱼类作为实验材料已开展了大量的工作。其中，斑马鱼作为脊椎动物发育生物学的模式动物，在胚胎发育分子机制研究、基因研究等多个领域成为研究者的宠儿。在遗传学和分子生物学方面，斑马鱼、河豚已成为人类基因组研究的有用工具。在生理学和内分泌学方面，鱼鳃、鱼肾被用于研究膜生理学，金鱼眼被用来研究视觉器官结构与功能，鲫鱼的 M 细胞作为优秀模型被用来研究神经元突触生理，有灵敏电感觉的鲶鱼被用于研究电生理学，等等。在药理学方面，斗鱼是研究药物抑制本能行为的敏感动物。鱼类作为实验动物已涉及生物医学研究（包括人类疾病研究）的各个领域。

典型案例 7：剑尾鱼——黑色素瘤研究的经典模型

剑尾鱼性格活泼，饲养简单。该属有 23 种，大部分已被收集。很多脊椎动物进行属内杂交时会出现后代不育或产仔少的现象，剑尾鱼属杂交后代没有这种现象，加上属内的鱼有不同表型，体色各异，所以通过杂交、回交等手段可进行基因遗传连锁研究。20 世纪 30 年代，Gordon 和 Kosswig 分别发现新月鱼和剑尾鱼杂交后代易产生黑色素瘤，开始了剑尾鱼属鱼类研究的热潮。

剑尾鱼不同种类胚胎杂交产生的后代易自发或经紫外线诱导产生黑色素瘤。遗传分析揭示剑尾鱼存在肿瘤基因，包括与性染色体密切联系的系列基因。这些等位基因充当支配性癌基因，可诱导黑色素瘤的形成，但同时又可被控制肿瘤形成的调节性基因所抑制。当调节基因以纯合状态存在时，可阻止正常或瘤性的真皮大黑色素细胞的恶性发展。已证实 *Xmrk* 是肿瘤基因之一，编码表皮生长因子受体（EGFR）相关的膜表面受体酪氨酸激酶（RTK）。若 *Xmrk* 基因缺失，剑尾鱼不会产生黑子和发生黑色素瘤。由于调节基因并非纯合子，杂交剑尾鱼暴露于紫外线辐射后，其黑色素瘤发生概率显著增加。杂交剑尾鱼系统符合基因遗传规律，显示了紫外线诱导的 DNA 损伤在黑色素瘤形成中的作用，具有良好研究前景。剑尾鱼的杂交黑色素瘤模型在肿瘤研究中是经典的模型，研究表明其的形成与多个基因相关，对肿瘤形成的分子机制研究意义重大。

从实验动物科学的角度来看，在鱼类方面并不乏实验动物方面的研究工作，但在对实验动物本身的研究，特别是在遗传纯化品系选育方面却远远落后于其他类群。国外常用的虹鳟、银大麻哈鱼、蓝鳃鱼等，严格讲，都不能称为鱼类实验动物。其中，虹鳟曾是使用最广的实验鱼，但从实验动物科学的角度来看，由于虹鳟鱼类受实验装置和饲养条件的限制，难以成为理想的鱼类实验动物。美国明尼苏达州杜鲁斯环境研究实验室的黑头软口鲦（*Pimephales promelas*）或许可以称为封闭群动物或非近亲交配动物。鱼类实验动物的研究与其他动物相比是比较落后的，但20多年来国外科学家在实验鱼品系培育方面也取得了长足的进步，到目前为止已育成虹鳉、亚马孙鳉、新月鱼、青鳉、斑马鱼和剑尾鱼的纯系。

20世纪70年代，著名遗传学家George Streisinger开始注意到斑马鱼（*Danio rerio*）的优点，并开展相关研究，也吸引了更多的研究者选择斑马鱼作为实验材料。有学者对80年代后斑马鱼相关SCI论文进行统计，论文数量增长非常迅速，斑马鱼也逐渐成为重要的模式生物。由于斑马鱼为体外发育，雌核发育技术的发展和应用加速了其品系建立的步伐。经过30多年的研究应用和系统发展，建立的野生型斑马鱼品系超过了20个（AB、AB/Tuebingen、C32、Cologne、Nadia、SJD、Singapore、Tuebingen、Tuebingen long fin、WIK、WIK/AB等），其中，Tuebingen、AB、WIK等品系较为常用。此外，还保存有3000多个突变品系和100多个转基因品系。这些品系资源对利用斑马鱼开展各种科学研究起着很大的推动作用（图6-2）。有些品系可通过http://zfin.org/zirc/home/guide.php网上订购。

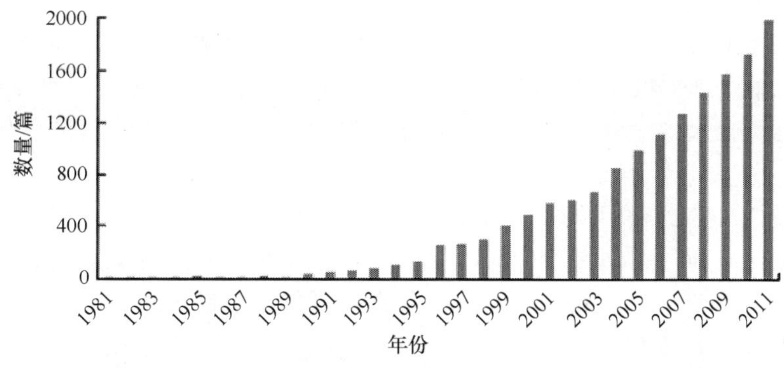

图6-2　1981~2011年世界范围内发表斑马鱼相关SCI论文年度统计图

青鳉和斑马鱼有相似的优点，两种鱼研究的方法和思路可以互换，研究者之间的交流加速了各自的发展。青鳉有多种自交达20代的品系，已完成基因组计划，有基因数据库供查询和下载。

典型案例8：水生实验动物的资源中心建设

发达国家都已建立了现代化的水生实验动物资源中心，通过对水生实验动物资源的收集、创制、整理、保藏和分享服务于不同研究和应用领域，将不同研究者的科研成果集中储存，供世界同行分享，以优化资源、避免重复，促进研究。NIH确定了模式动物与医学研究相关性这一理念，决定超越传统研究所的界限，加大力度投资斑马鱼基因组资源开发。2000年，欧洲桑格研究所启动了斑马鱼全基因组测序工程，并已公布了最新的基因组组装版本Zv9。为了更快交换基因组数据和分子遗传资源，一个以互联网为基础的数据库（ZFIN，1998年）和斑马鱼国际资源中心（ZIRC，2004年）在美国俄勒冈大学先后建成，而世界其他地方已建成了 6 个斑马鱼资源中心。斑马鱼信息核心网站首推位于俄勒冈大学的由 NIH 资助的斑马鱼信息网（http://zfin.org），其数据资料全面，涵盖广。同时，美国国立生物技术信息中心（NCBI）、NIH 等网页上也有斑马鱼基因组、发育突变和野生种系的相关资料。

ZIRC 设立于美国俄勒冈州尤金市的俄勒冈州州立大学内，为 NIH 资助的水生实验动物资源中心，该中心保存有野生型斑马鱼品系近 20 个、突变品系近 3000 多个及转基因品系 100 多个，同时还有大量的相关质粒和抗体，供不同研究者分享。

另一个水生实验动物资源中心——剑尾鱼基因种质中心（Xipho- phorus Genetic Stock Center）也为 NIH 资助，建于美国德克萨斯州州立大学内，保存了世界上最多的剑尾鱼属品系（包括 26 个种和 57 个品系），并为国际的科学团体提供实验动物（包括超过 20 个不同剑尾鱼种间杂交模型），为其在不同领域的良好应用提供了材料保障，其中代表品系 JP163 已经完成了全基因组序列的测定，为相关研究提供了资料基础。

青鳉的实验动物化历程较长，现已有多种自交达 20 代的品系，也已启动基因组计划，并有基因数据库供查询和下载。日本名古屋大学建立了青鳉的主页（http://biol1.bio.nagoya-u.ac.jp:8000）。该主页主要提供青鳉各方面的信息服务和最新研究进展，如观赏、饲养、发展史、基因组、遗传学、胚胎学、神经系统学、生物工艺学、生理学、病理学、毒物学等。

作为生命科学基础研究的重要支撑，水生实验动物资源的开发与应用历来为发达国家重视，其设施的配套和资源的共享工作也颇受关注，力图实现水生实验动物的社会化、标准化和商品化。水生实验动物的模型研究得到长足的发展，有记载的自发突变或人工选择改造的动物模型达 3000 多种，先后在心血管、神经、肿瘤、内分泌、肌肉等研究中取得重要成果。水生实验动物的应用数量也逐年增加，以美国为例，其每年仅斑马鱼的需要量便超过 400 万尾。目前已有数千种斑马鱼突变体，是研究胚胎发育分子机制的优良资源。斑马鱼已经成为最受重视的脊椎动物发育生物学模型之一，也是遗传学、疾病学和基因组研究的重要模式动物。

生物体的生命过程非常复杂，既由基因调控，也受到外界因素影响，目前对这些过程的调控的了解还非常有限。鱼类实验动物胚胎体外发育的特点和惊人的繁殖力，是研究基本生物学问题的绝佳材料。鱼类遗传操作简便，而且能像人类一样患癌症，是研究肿瘤发育的优良模型动物；人类许多疾病是由于基因异常所致，鱼类实验动物从基因的结构和功能上与人类比较非常保守，是人类疾病研究的重要模式生物。目前已鉴定出多个斑马鱼突变体，其表型类似于人类疾病，如先天性铁粒幼红细胞性贫血症、红细胞卟啉症、肌无力症等，可为相关研究提供材料基础。斑马鱼的一些突变品系和转基因品系，也是癌症及肿瘤（如白血病、血管瘤等）研究的重要模型。利用转基因技术，在斑马鱼中构建表达小鼠原癌基因 *Myc* 的转基因品系，得到了 T 细胞的白血病模型，这对于人类癌症研究有很高的科学价值。另外，斑马鱼在应用上具有省时、经济的优势，是进行高通量药物筛选的首选脊椎动物模型。

水生实验动物独特的特性，使其成为环境毒理学研究中的重要实验动物。从近年发表的相关论文看，斑马鱼、虹鳟和青鳉是环境科学中最为重要的鱼类动物，而斑马鱼的应用更为系统和深入。德国已采用斑马鱼胚胎作为水质监测的模式动物。斑马鱼已被包括国际标准化组织等权威机构列为生态毒性测试主要物种之一。OECD 制定了一系列以斑马鱼为受试动物，进行环境评价的测试标准，包括急性毒性试验、慢性毒性试验和蓄积毒性试验等。在常规毒性实验、分子及细胞生态毒理、生物致突变效应检测和环境激素测试等生态毒理领域中，斑马鱼兼具体外研究的直观和体内研究的系统，加之基因修饰技术的成熟，在研究过程可提供更多的可观察的毒理终点，应用优势明显，特别是耗时长的多代生殖毒性试验、慢性毒性试验等试验中。在进行药物和毒物研究时，因其个体小，只需加入微量药剂即可达到实验效果。各种硬骨鱼类胚胎被认为是研究脊椎动物发育，以及毒素干扰发育途径和发育进程最具潜力的模式材料。

替代是指使用没有知觉的实验材料代替活体动物，或使用低等动物替代高等动物进行试验，以获得相同实验效果的科学方法。使用低等动物替代高等动物、小动物替代大动物是替代原则中的重要组成部分。相对于哺乳类、鸟类、爬行类、两栖类等动物，鱼类属于低等动物。至今，鱼是否能感知疼痛尚存在很大的争议。疼痛的意识依赖于大脑皮层特定区域的功能，鱼类没有这些区域，因而没有同等功能，鱼可能无法体验到人类理解的痛苦。因此，鱼的伦理福利要求相对较低，采用鱼类替代非人灵长类动物等哺乳动物、鸟类动物、爬行类等高等动物具有明显的优势。目前，全球已命名的鱼类应在 26 000 种以上，而鸟类、爬行类、哺乳类、两栖类动物则分别仅占脊椎动物的 18%、12%、9%、8%。鱼类种类繁多、繁殖能力强、生物学特性多样，为鱼类替代各种高等脊椎动物提供了可能（图 6-3）。

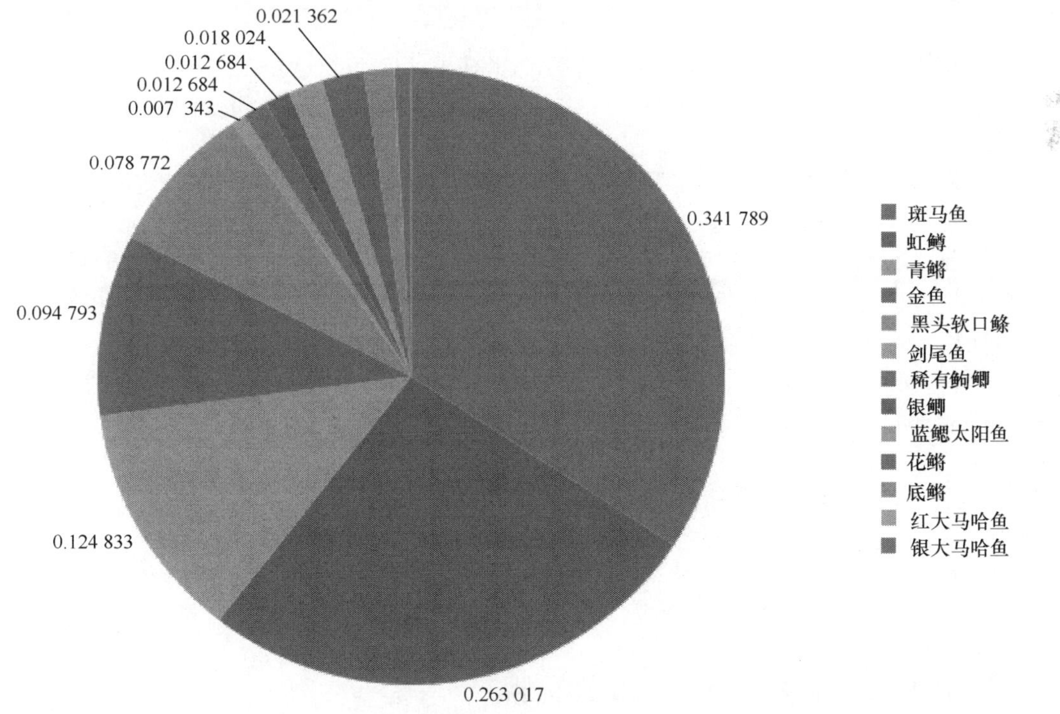

图 6-3　常用水生实验动物在环境科学领域发表论文比例

科学的发展对水生实验动物研究提出了更高的要求，同时，由于水生实验动物应用上的特色和优势，其发展又会将科学研究领入新的境地。水生实验动物已成为生命科学研究的重要生长点。

二、发达国家发展方向与趋势

（一）水生实验动物资源的多样化

水生实验动物以其陆生实验动物无可取代的应用效果，已越来越受到关注。以环境研究为例进行分析，发现以水生实验动物作为材料发表的论文在稳步增加，且众多品种已逐渐为研究者接受。有专家预测，全世界现存 24 000 多种鱼，其中有 2000 多种鱼可能成为动物模型。显然在未来的 10~20 年，对各种用途的水生实验动物的社会需求量是不可忽视的。

（二）水生实验动物成为高等动物的重要替代

以鱼类为代表的水生动物属低等脊椎动物，繁殖量大，且多数体外受精、体外发育，有利于大规模筛选；与哺乳动物相比可避免较多的道德伦理问题，是一种有效且经济的选择。目前已广泛应用于新药筛选等领域。

（三）水生实验动物资源中心的重要性日渐凸显

水生实验动物资源中心不仅是资源收集、保藏和创制的单位，还是相关研究的信息中心和重要交流平台，也是各种技术、资源、试剂、信息汇合中心，是合作和创新研究的重要中枢。

（四）水生实验动物模型研究方兴未艾

目前已有大量人类疾病研究的鱼类动物模型问世，如斑马鱼血液系统肿瘤模型、斑马鱼分枝杆菌感染模型、新月鱼和剑尾鱼的黑色素瘤模型等。一批特殊疾病动物模型已逐步面市，为肿瘤、心脑血管病、肝炎、老年病等重点学科的研究提供了极好的材料和技术平台。特别是转基因动物模型，由于具有较强的专一性和较好的经济效益，吸引着生产厂商去开发生产，有的生产厂商已可出售转基因动物模型。

（五）水生实验动物逐渐成为国际贸易的技术壁垒

国际上对于新研制或从国外进口的新化学品，通常要求在生产前、进口前或投放市场前提交相关的测试数据进行申报，许多国家指定要求使用本土的水生实验动物。

（六）水生实验动物质量日益受到重视

水生动物多为变温动物，且环境因素的影响不易控制，其质量的提高需大量的工作。

近年来，水生动物的品系不断增多，相应营养、设施研究得以发展，为水生实验动物的质量保障提供了基础。

三、发达国家的经验与启示

水生实验动物资源开发是学科乃至产业发展的基本。实验动物资源缺乏和多样性的不足，已成为制约中国生命科学研究与应用的瓶颈之一，只有加强资源开发的力度，才能为中国生命科学的发展提供长期的技术支撑。由于实验动物资源对生命科学、医学、药学及人口健康的重要作用，许多发达国家竞相将实验动物作为战略资源进行大规模投入。目前，美国已经建立了国际上最具影响力的实验动物、人类疾病动物模型资源中心和生产供应中心，保存了全球60%以上的实验动物资源。斑马鱼能成为脊椎模式动物中的明星，得力于美国俄勒冈州立大学斑马鱼国际资源中心的系统开发，以及众多实验室在不同领域的良好应用。

水生实验动物资源是生命科学、环境科学和医学研究的重要支撑，面对发达国家百年积累的巨大资源优势，中国需要集中财力和人力予以发展，在2个或3个5年计划内努力追赶。资源中心（资源库）的建立是实验动物资源系统发展的重要保障。国外水生实验动物的发展历程为我们提供了良好借鉴。目前，品系培育是学科发展的基础，建立具独立知识产权的水生实验动物品系是中国水生实验动物建设的重要目标。在此基础上，系统开展水生实验动物的遗传、营养、设施及管理标准化的研究，可尽快提升中国水生实验动物的研究水平，并为其应用和模型的构建提供基础。

作为世界上最为成功的水生实验动物——斑马鱼的成功经验可以借鉴和使用。美国俄勒冈州立大学斑马鱼国际资源中心得到了NIH的长期支持，为不同研究机构提供斑马鱼资源和配套技术。目前，世界上应用斑马鱼的实验室有成千上万，对不同实验室的应用提供方便，使其得以发扬光大。水生实验动物资源积累是长期的任务，需要持续的支持，一些重要水生实验动物资源需要多年的努力才能具有一定规模，不是靠一两个项目就能解决的问题。实验动物资源是公益性、非营利性质的事业，需要政策性支持才能维持。而项目只有研究经费，没有政策性资源维持经费，不同的实验动物资源在研究项目完成后，由于缺乏维持经费导致资源无法保留的例子屡见不鲜。

实验动物、信息、设备和试剂被称为生命科学研究中的4个基本要素，而实验动物居首要的地位。随着信息化时代的到来，信息的表现形式更为多元化，信息在水生实验动物共享体系的作用更是明显。通过E平台建设，可将水生实验动物活体资源、细胞、质粒、设施设备资源、文献等信息资源进行高效整合，建立资源共享的新运营模式，更好地利用现有资源。

从目前情况分析，中国水生实验动物在整体上还处于发展的初级阶段，存在大量亟待解决的问题，而这些问题也是发展过程中必须面对的，这与中国的工作基础薄弱有关。由于没有持续、稳定的支持，水生实验动物的发展不尽如人意，人才队伍的稳定和学科建设都难以有效进行。资源是水生实验动物发展的基础，通过有计划地对部分资源予以支持，稳定一支水生实验动物研究队伍，系统进行资源生物的基础研究，为其不同领域的应用提供配套技术，提升不同应用领域的研究水平。

第三章　水生实验动物发展面临的挑战与需求预测

一、水生实验动物面临的挑战

21 世纪生命科学的发展突飞猛进，生命科学技术的进步为水生实验动物的发展提供了动力。随着基因组测序和功能基因发掘技术日臻成熟，有多个鱼类实验动物的全基因序列已测定。鱼类是脊椎动物的重要代表，发育快速、便于胚胎操作，基因修饰技术发展成熟，显示出无可比拟的应用优势，是后基因组时代基因功能研究的强有力工具，其的开发和应用将是其应用研究的重要增长点。在此基础上，越来越多的人类疾病水生实验动物模型将陆续问世，服务于相应研究。中国可通过加快水生实验动物疾病模型的研究与开发，填补空缺，满足不同研究所需，以提高我们在生命科学及医药研究的国际竞争力。由于基因操作等配套技术日臻成熟，水生实验动物资源的规模化发展将更为简单、快捷、高效，因具哺乳类实验动物无法比拟的发展优势，未来几年内将得到迅速发展。在生命科学基础、医学、疾病模型等研究中，基因修饰水生实验动物将是高等动物的重要替代和补充，并发挥重要作用，成为生物学研究的重要资源。

动物福利是实验动物研究中必须考虑的重要问题。近年来，动物替代及替代方法受到普遍关注。在实际研究中，个体水平实验必不可少。鱼类实验动物属低等脊椎动物，其实验应考虑的伦理要求比高等脊椎动物少，替代非人灵长类、哺乳类、鸟类、爬行类等高等动物在应用上有特定优势。鱼类实验动物在遗传、生理和药理反应方面与人类有高度的相似性，具有与哺乳动物相似的心血管、造血、神经及代谢等系统，且可直接进行活体的高通量筛选，与传统的体外细胞筛选模式比较，在药物筛选的潜能方面十分突出。传统的方法从体外到体内，周期长，不易观察，耗时且需经费较多，而鱼类实验动物的应用将效率提高成百上千倍，被研究人员认为是最具潜力的替代方法。

工农业的迅猛发展，导致水污染问题日趋严重，由此带来的环境问题越来越为人们所关切和重视。各大水系城市河段中的 78%不适合作为饮用水源，城市地下水 50%受到污染，水质型缺水问题十分突出。时有发生的水污染突发事件，给人们的生活安全带了直接威胁。在这种形势下，使用水生实验动物研究解决这些迫在眉睫的问题，尤显重要！加强水生实验动物的应用与供给，对社会的安定和发展、人民的健康提供有力保障。

近年来，由于人们环境保护意识的提高和食品安全意识的增强，不同领域对于标准生物实验材料的需求越显迫切。国际上对于新研制或从国外进口的新化学品通常要求在生产前、进口前或投放市场前提交相关的测试数据进行申报，许多国家指定要求使用本土的水生实验动物。水生实验动物逐渐成为国际贸易的技术壁垒。

技术的发展和进步为水生实验动物研究提供了可行性方向。近年来，ZFN、TALEN、

CRISPR-Cas 等基因敲除技术在鱼类上得到了良好发展，应用上显示出高等脊椎动物无可比拟的优势，为鱼类基因大规模敲除提供了重要的技术支撑。从技术上分析，大部分鱼类基因突变体的产生只是个时间问题，可为鱼类实验动物在生命科学创新研究和规模化资源获得提供契机。

未来的发展对水生实验动物科学提出了更高地要求。高质量、标准化的水生实验动物需求量将稳步上升。毒理基础研究、食品、药品及个人护理产品的检测评估对动物质量有较高要求，通过商品化供应，达到社会共享是发展大势所趋。实现水生实验动物的标准化、商品化将是学科和产业发展的重要职责。

国际水生实验动物科学的兴起和发展不仅为各应用领域提供了材料基础，同时也在方法学上带来新的可能。中国水生实验动物科学总体比较和国外还有差距，对于特定领域提出的要求已出现不相适应的状况。中国在相关领域研究投入的人力、财力和物力较少，仅能进行少数、个别、小范围的相关问题研究。在生命科学、环境科学等领域飞速发展的今天，对水生实验动物的需求越来越迫切，也提出了更高的要求，应不失时机进行优势利用、资源整合，并加强专项投入，这对促进中国水生实验动物学科的发展都将十分有意义。

中国对水生实验动物进行研究与开发的相关机构尚少，在实验动物化研究方面，主要有中国水产科学研究院珠江水产研究所、中国科学院水生生物研究所、广东省实验动物监测所和南华大学分别开展了剑尾鱼、稀有鮈鲫、裸项栉鰕虎和红鲫的研究；水生实验动物的应用领域十分广阔，可在科研机构、高等院校、医学机构，以及环保、技术监督、海关检测等部门使用。

中国地域辽阔，水生生物物种资源丰富，便于对水生实验动物进行品种多样化筛选，也为水生实验动物资源库建立提供了得天独厚的条件。中国在鱼、虾、贝等繁育、饲料、疾病防治、生态、现代生物技术的应用，以及养殖设施等方面建立了高水平的研究技术平台，研究基础扎实，技术力量强。将此延伸至水生实验动物化相关的研究，借鉴斑马鱼等鱼类水生实验动物化的经验，可在较短周期内丰富中国水生实验动物科学的研究内涵，促进这一年轻学科的快速发展。在备受关注的环境污染、人体公共卫生、食品安全等方面与环境科学、比较医学等领域的科技人员合作，可在这些领域的应用研究中开创一片新天地。

二、2020 年需求预测

随着现代科学的发展，各行业对标准化材料越来越重视，水生实验动物的质量颇受关注。水生实验动物应用涉及生命科学、环境科学、医学研究等不同领域，其需求正日趋增多。以中国新化学品登记测试为例，2006 年使用的鱼类为 2 万多尾，至 2011 年，其用量已超过 5 万尾，且对其质量有更高的要求。基于其独特的分类地位和生活特性，水生实验动物在环境等领域的应用将逐渐成为主流，在高等实验动物替代中的应用范围将越来越广泛。

鱼类等水生实验动物大多体外受精、体外发育、胚体透明、胚胎可大量获得，饲养也较为经济，已成为脊椎动物研究的重要对象，是发育生物学、功能基因研究必不可少的实验动物材料；其在基础生物学的用量在不久的将来或可与小鼠媲美。目前，中国应用斑马鱼开展遗传发育相关研究的实验室超过 50 家，每年斑马鱼的使用量超过 5 万尾，水生动物实验室的数量呈明显的逐年增加态势。水生实验动物正逐渐拓展应用于神经系统、免疫系统、心血管系统、生殖系统等多个系统，涉及发育、功能、疾病等。鱼类基因敲除技术日趋成熟，加上已有超过 10 种以上的鱼类完成了全基因组测序，在近阶段将有大量特定的水生实验动物应用模型构建，并应用于发育、功能、疾病等不同研究领域，成为水生实验动物使用的重要增长点。预计到 2020 年，中国应用水生实验动物开展生命科学基础研究的实验室将超过 400 家，实验动物的用量将不低于 45 万尾。

鱼类实验动物的基因与人的基因相似度高于 85%，在遗传、生理和药理反应方面，与人类有较好的可比性，其还具有与哺乳动物相似的心血管、造血、神经及代谢等系统，在药物筛选方面的潜能十分突出。基于固有的特点和优点，水生实验动物可缩短药物筛选实验的周期、提高筛选效率、突破动物样本，易于实验观察，且是连接非脊椎动物（小模式动物）和哺乳动物（大模式动物）的“桥梁”，在新药筛选上显示出天然的、无可比拟的应用优势，逐渐成为药物筛选的重要生物类群。大规模的筛选对动物的数量需求很大，往往需要数万只实验动物。因而，在 10~15 年后，水生实验动物在新药筛查的年使用量可达 105 万尾（个）以上。

水生实验动物终生生活于水中，不仅在水环境污染监测中有良好的应用优势，而且是不同污染物毒理学研究及毒性评估不可或缺的重要实验材料。仅新化学品登记测试每年需要的实验动物数量便超过了 5 万尾（个），且每年以 20%以上的速度递增。鉴于中国环境污染的普遍性和复杂性，以水生实验动物为主要代表的生物监测和评估非常重要。目前，每年用于环境科学相关学科的实验动物数量超过 70 万尾（个），且对动物质量的要求越来越高。近年来，转基因动物也开始应用于环境监测研究，在不久的将来，将有不同的基因突变品系应用于相关领域，成为环境科学的重要分支。到 2020 年，环境科学相关领域对高水平的水生实验动物的要求将不低于 400 万尾（个）。

不论是养殖产量还是涉及的种类，中国是当之无愧的水产养殖大国。由于模型动物研究的空白，水产养殖动物的生理、生化、遗传等方面的研究也不够深入，尤其是在重要经济性状相关遗传基础研究方面不足。中国渔用生物制品研制和检验、渔用化学药品研制和检验、水产动物疾病相关研究，都需要标准化的实验动物。在 10~15 年后，中国水产相关行业对水生实验动物的年需求为 100 万~120 万尾（个）。

饮用水质量关乎民众健康，历来为政府和广大民众所关注。利用鱼类实验动物和生物感应预警系统，能加强快速监测和预防性监测的能力，其实时性和综合性是其他方法所无法比拟的。近 20 年的科学实验和研究结果证明，利用 Microtox 对很大范围的毒性物质及广泛类别的化学药剂反应敏感的特性，可检测 1000 多种不同的化合物和混合物，包括金属、杀虫剂、杀真菌剂、灭鼠剂、工业化学药剂及相关物质等。香港、杭州等地已将斑马鱼应用于饮用水的实时监测。中国幅员辽阔，在不同环境条件下，需应用符合地方实际的鱼类实验动物进行水的监测。如果相关条件配套、方法成熟，每年用于检测的鱼类实验动物的数量将不低于 1200 万尾（个），不同领域对水生实验动物的需求见图 6-4 和表 6-1。

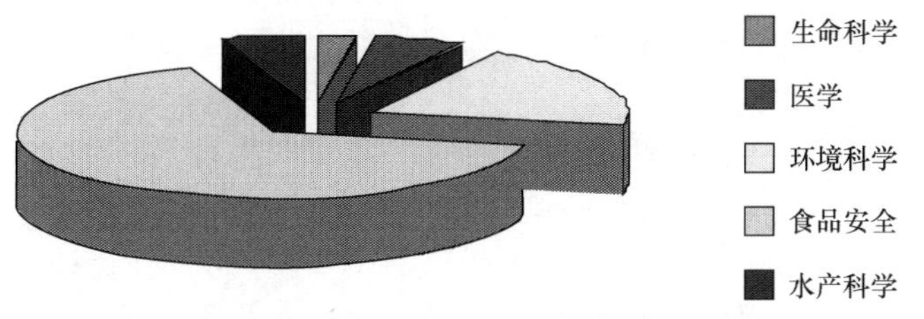

图 6-4　2020 年不同领域对水生实验动物需求的数量比例

表 6-1　2020 年不同领域的水生实验动物需求量

领域	学科	数量/万尾（个）	数量/万尾（个）（合计）	比例/%
生命科学	发育学、功能基因等	35	45	2.4
	遗传学等	10		
医学	疾病模型	5	105	5.7
	药物及筛选	100		
环境科学	环境监测	210	380	20.5
	污染物毒理	130		
	化学品毒性测试	40		
食品安全	饮用水安全	1200	1220	66.0
	水产品安全	5		
	添加剂安全评价	15		
水产科学	投入品评价	60	100	5.4
	疾病模型与研究	25		
	生长及相关模型	15		

三、新科技革命时代水生实验动物发展需求预测

（一）需要资源动物的种类不断扩大

不同纲目的水生实验动物种类将在不同领域得到应用和拓展。另外，由于基因操作技术的成熟，经基因修饰技术改造的水生实验动物品系将越来越多，将其应用于特定的研究中，可为生命科学、医学及环境科学提供有效支持。

（二）特色的水生实验动物资源库（中心）建设势在必行

发达国家已将实验动物作为战略资源进行大规模投入，实验动物资源库对生命科学、医学、药学及人口健康的支持已无可代替。中国现有的水生实验动物品种少，资源分散，共享效率极低，远远不能满足以上研究的需要，与发达国家相比，存在巨大差距。因此，建立独具特色和影响力的水生实验动物资源中心，保存重要的水生实验动物资源，在此基础上，由水生实验动物资源库和水生实验动物资源数据库构成全国水生实验动物种质资源共享服务体系，实现资源共享平台社会化服务、运行就显得尤为必要。

实验动物资源研发需要较大的投入和较长的周期，国家通过对资源单位的长效支持，稳定研究队伍，进行系统的基础研究，为其不同领域的应用提供配套技术及基础。

（三）水生实验动物质量更受关注

水生实验动物研究起步较晚，且由于其生活于水中，环境因素的影响不易控制，营养、设施、微生物控制等与陆生动物有所差异，在一定程度上影响了动物的质量。相应实验动物化研究应在发展中得到逐步完善，以满足不同行业对水生实验动物质量的要求。

（四）水生实验动物使用量逐渐上升

以鱼类为代表的水生动物属低等脊椎动物，繁殖量大，且多数体外受精、体外发育，有利于大规模筛选，与哺乳动物相比，可避免较多的道德伦理问题，是一种有效且经济的选择，将成为高等动物的重要替代。

（五）资源与信息成为水生实验动物发展的重要支撑

为满足不同行业的需求，培养的水生实验动物的种类和品系资源越来越多，并与相关信息资源服务于不同应用单位，可以更为有效的共享资源。

（六）基因修饰水生实验动物成为重要模型

水生动物为脊椎动物的重要代表，其基因与人类基因的相似性在 85%以上。随着鱼类基因修饰技术的成熟，以及基因组的测定，水生模式动物每个编码基因都可敲除，方便基因功能研究，可为不同领域提供大量的模型材料。

第四章　水生实验动物发展战略构想

一、指 导 思 想

依据《国家中长期科学和技术发展规划纲要》（2006~2020 年），参考发达国家水生实验动物发展经验，依据中国现有水生实验动物资源的现状和发展基础，面向国家重大战略需求，以及基础研究和重大研究领域，充分发挥水生实验动物资源开发及其应用的自主创新能力，以提高科技创新力和增强市场竞争力为目标，以公益性、基础性水生实验动物资源的系统整合为主线，依托资源中心建立共享机制，努力促进中国水生实验动物的产业化、社会化和法制化进程，为科技的持续发展与重点突破提供支持。

二、基 本 原 则

开拓资源，系统开发，引进技术，借鉴经验，自主创新，资源共享，统筹发展，注重质量，拓展应用。

三、战 略 目 标

（一）总体目标

开展科学高效、合理运作的水生实验动物研究，建立开发研究体系，培育发展具自主知识产权的水生实验动物品系，建立独具特色的中国水生实验动物种质资源共享平台，实现资源共享平台的社会化服务和运行，为相关应用领域提供标准化的实验、模型材料及有关的技术支撑，促进中国水生实验动物的产业化、社会化发展。

（二）2020 年阶段目标

一是水生实验动物资源的品系开发，依托现有的水生实验动物资源和中国的土著品种，培育具知识产权的水生实验动物品系；二是水生资源的实验动物化研究，在此基础上，制定不同资源动物的遗传、营养、设施、微生物控制等相关实验动物标准；三是建立与完善水生实验动物的种子中心，形成水生实验动物中心资源网络。建成国家水生实验动物资源中心，为不同应用单位提供实验动物与配套技术；四是建立水生实验动物基因工程资源中心，构建具独立知识产权的基因修饰和转基因水生实验动物品系；五是建立水生实验动物资质认可制度，健全动物质量监控网络，为其产业化发展提供基础；六是建立水生实验动物信息平台，形成不同实验动物品种、不同模型的基础材料及供求信息数据库，促进水生实验动物、信息的共享和利用；七是推动水生实验动物设施的社会化、产业化进程，利用社会资源，促进水生实验动物行业的发展。

（三）2030 年阶段目标

一是初步建立科学、高效、合理运作的水生实验动物研究与开发的体系；二是形成稳定的多学科交叉的水生实验动物研究队伍，在研究设备条件、技术平台等方面达国际先进水平；三是在水生动物实验动物化研究与开发方面取得突破性进展，取得一批论文、著作、标准、管理规范等具有知识产权的科学技术成果；四是获得具知识产权的新培育品系和基因修饰品系，且在相关领域得到良好应用和国际认可；五是有运行良好的水生实验动物资源中心 2 个或 3 个，能为不同研究机构提供资源动物、配套技术、相关信息及人员培训；六是具有与国际接轨的资质认可体系；七是形成稳定的水生实验动物供求市场。

四、战 略 构 想

（一）战略任务

1. 形成稳定的、长效发展的水生实验动物供应体系

资源动物是水生实验动物科学为其他学科提供支撑的基础。实验动物品系、基因修饰动物、模型动物等的创制和培育均需加强，并逐步缩小与先进国家的差距，为相关应用提供资源支持。通过梳理、分析现有水生实验动物资源及其应用状况，了解不同行业的需求，通过培育和引进，发展水生实验动物品系。开发突变品系或基因修饰动物，形成中国水生实验动物的种源供应网络，并通过相应的生产单位实行稳定供应。

2. 建立水生实验动物的标准化体系

实验动物标准化是其应用的重要前提。目前，水生实验动物与陆生动物在标准化方面尚有差距，需依据自身特点开展营养、设施、微生物控制、管理等相关标准化研究；对研修而成的标准，加快推广，使各研究和生产单位的饲养条件符合标准化要求，实现实验动物质量的标准化，设施条件的标准化，建立水生实验动物标准化体系。

3. 建立水生实验动物的技术支撑体系

科学和技术是水生实验动物发展的根本。水生实验动物还有许多技术问题亟待解决。例如，资源单位的发展，冷冻保种（如冷冻精子、胚胎等）对资源的保存和维持非常重要，等等。特定模型资源也需通过转基因、基因敲除等修饰手段予以构建。水生实验动物学科的发展不仅需紧跟生命科学技术的发展，还需加强技术的研究开发和科研能力的建设，以适应不同行业发展对水生实验动物的需求。

（二）措施

1. 发展具独立知识产权的水生实验动物品系

通过对现有水生实验动物资源的梳理，选择基础较好的品种，进一步培育完善，使

其早日成为遗传质量稳定的品种或品系。选择应用特点明显的品种和本土品种，进行定向培育，集中社会各方面的优势组织攻关，重点突破。努力培育中国具独立知识产权的标准化水生实验动物品种和品系。

2. 加强水生实验动物的基础研究

通过研究调查，不断丰富与积累重要水生实验动物品种或品系的生物学资料，建立生物学数据库，编写饲养、繁殖、实验操作指南，在合适时机完成实验动物的全基因组测序，以及基因发掘、分析工作，为其应用提供基础。

3. 加速水生实验动物的标准化进程

本项工作既系统又复杂，是一个长期的过程，也是个逐渐发展的过程，可分阶段实施。第一是适合中国国情的实验动物相关标准的建立，包括对遗传、微生物检验、寄生虫检验、营养、病理学检验、环境设施等方面的要求。第二是相关监测机构的贯彻执行。第三是相关规范和法规的制定。

4. 突出水生实验动物资源的公益性和社会共享

研究项目的经费主要用于资源的开发，缺乏政策性的经费资源动物难以维持。水生实验动物资源要突出其公益性和社会共享，由相关部门提供维持经费，供不同应用部门共享。

5. 开展水生实验动物资源库建设

采用培育新品系、发掘新品种、积极引进国际上的标准品种和品系的方法，构建中国水生实验动物资源库，为不同应用单位提供资源生物及配套技术。

6. 水生实验动物模型研究与应用拓展

依据不同资源动物的特点，通过不同研究领域的合作，构建相应的水生实验动物应用模型，促进鱼类在各相关学科领域研究及检定中的应用。

7. 将水生实验动物产业化提到日程

实验动物发展的必要前提是其质量的标准化，而产业化则是其科学和可靠的保证及必然结果。因此，应积极进行实验动物标准化，同时全面考虑其产业化，以缩短从产品开发到投放市场的周期。水生实验动物的产业化首先是动物本身的产业化。必须形成一定的规模、保证稳定的质量、畅通高效的联系手段和快捷的供货渠道。这些首先是建立在深入的研究、科学的管理，以及对市场需求信息的准确获取、分析与判断基础上；其次是相关产品的开发与研制，如饵料、饲料、药品、专用设施和设备等。这些是与作为主产品的实验动物关系密切的配套产品和服务，对于开拓市场也是必不可少的。

第五章　对策与建议

一、构建特色的水生实验动物资源库

实验动物资源对生命科学、医学、药学及人口健康的重要作用，许多发达国家竞相将实验动物作为战略资源进行大规模投入。目前，美国、日本、德国已分别建立独具特色和影响力的水生实验动物资源中心，保存重要的水生实验动物资源。中国虽然也培育出具有中国自主知识产权的水生实验动物品种和品系，但所拥有的资源还远远不能满足科技发展的需要，与发达国家相比差距较大。

中国环境、比较医学病害研究、水产品安全评价、水污染物的检测及研究等，需要各种类型的水生实验动物，而中国现有的水生实验动物品种少、资源分散、共享效率极低，远远不能满足以上研究的需要。因此，建立由水生实验动物资源库和水生实验动物资源数据库构成的全国水生实验动物种质资源共享服务体系显得尤为必要。

国家可通过科学技术部设立专项资金，建立国家水生实验动物资源库，并给予政策上的扶持，整合中国水生实验动物资源的主要研究力量；通过对资源的收集、研究、创制、整理和保藏，在全国范围内实现资源的社会化共享。同时，资源库也是水生实验动物研究的信息资料平台，可更好地服务于各领域的研究。资源库对中国水生实验动物科学技术资源的有效挖掘和共享利用起着积极的促进作用，为其技术创新提供重要的支撑作用，必将有效促进生命科学、环境科学、医学及相关学科的创新与发展。

国家还应该制定有利于实验动物资源共建、共营、共享的政策法规、运行机制和管理办法，加强实验动物资源整合和共享体系的建设。

二、拓展水生实验动物资源的投入方式

水生实验动物资源培育需要持续的支持，并非一两个项目就能解决问题。实验动物资源研发需要较大的投入和较长的周期，由于科研经费资助偏少、缺乏连续性，研发人员不稳定，流动性大，力量不强，致使许多有开发前景的资源无法进行系统研究和标准化，研究成果也没能转化为有效资源。实验动物资源的研究项目完成后，由于缺乏维持经费，导致资源无法保留的例子并非少见。此外，没有政策性资源维持经费，资源也很难保留下来，实验动物资源是公益性、非营利性质的事业，需要政策性支持才能维持。

作为世界上最为成功的水生实验动物——斑马鱼的成功经验或可借鉴和学习。美国俄勒冈州立大学斑马鱼国际资源中心得到了 NIH 的长期支持，通过有计划地对斑马鱼资源予以支持，稳定了研究队伍，进行了系统的基础研究，为不同领域的应用提供配套技术和基础。建议科学技术部参照 NIH 的做法，通过资源库运转费等类似形式，给资源中

心以长期支持，使资源得以长久保存并有序发展，最大限度地实现社会化共享。

近年来，ZFN、TALEN、CRISPR-Cas 等基因敲除技术的成熟，为鱼类实验动物资源规模化发展提供了契机。特别是 CRISPR-Cas 技术的发展，鱼类显示出哺乳动物无法比拟的便利，极大地推动了水生实验动物在生命科学创新研究中的应用。科学技术部应尽快设立专项基金，在基因组资源数据分析的基础上，支持鱼类实验动物基因的大规模敲除，采用大规模、高效率的研究模式，加快资源研制的步伐，占领水生实验动物资源规模化系统发展的高点。

三、从标准化建设、法规制定、资质认可等不同手段加速水生实验动物的产业化进程

动物实验是医学研究中常用的方法和手段，在人类的疾病调查和防治研究等方面发挥着重要的作用，然而，实验动物的质量直接影响着科学研究成果的确立、研究水平的高低及研究结果的质量。实验动物的标准化研究是实验动物质量的重要保障。随着现代科学的发展，各行业对标准化材料越来越重视，实验动物的质量备受关注。不管是国外还是国内，水生实验动物相关标准匮乏，这对其标准化进程建设十分不利。目前，作为实验材料使用的鱼类普遍存在养殖过程和条件存在不均一性等问题，使得实验结果的准确性和稳定性差，影响了一些领域的研究水平，甚至某些水生实验动物在不同种类、不同品系之间遗传特性存在差异，导致其实验反应也存在差异，这些差异必然影响到实验结果的科学性和可重复性。同时，还要对水生实验动物的环境、营养进行控制，达到实验动物的标准化，在相应等级的实验条件下完成的实验研究，才能证明实验结果是可信的、科学的。

加速有关标准化的进程将对中国应对新形势、新挑战具有重要意义。等效采用国际标准，有利于出口产品竞争力的增强和绿色通道的建立，将中国本土水生实验动物开发研制的成果上升转化并标准化，更有利于切实保护中国的生态环境。

建立水生实验动物法律、法规，把动物质量纳入法制化管理的轨道。建立全国统一的实验动物生产、使用许可制度。制定有利于实验动物资源共建、共营、共享的政策法规、运行机制和管理办法，还要加强实验动物资源整合和共享体系的建设，培育产业化集团。

目前，中国尚无专门针对水生实验动物的生产认证和机构认可，必须促进相关的研究，加速标准化和产业化的进程，借鉴现有陆生实验动物的方法建设相应的资质认可体系。可以通过认证，完成对培育、提供实验动物机构的管理水平的资质认证，同时，间接证明所培育、提供的产品——实验动物的品质。

专题七　实验动物科学技术与产业发展管理研究

摘　要

实验动物管理主要表现在依法管理、标准化管理、资源保存、设施管理和人员管理。依法管理实验动物不是中国首创。西方发达国家早在19世纪就认识到了实验动物的重要性，并在20世纪中后期，先后立法管理实验动物，使本国实验动物的生产和使用走上了标准化、社会化、商品化的轨道。以美国为代表的发达国家，在实验动物福利保证、实验动物生产管理、动物实验管理，以及涉及动物实验的项目的立法管理等方面，为本国生命科学创新研究和新药研发提供了实验动物法律保障，打下了坚实的基础。

在法规的具体实施上，各国有所不同，但不外乎两种模式，即政府许可制度和行业认证制度。不管采用哪种模式，政府都起着关键作用。例如，英国和加拿大实行的许可制度，由政府部门颁发许可证；而美国则通过政府政策引导，如FDA、卫生署的政策，引导美国的大学、科研机构和企业申请行业组织AAALAC（美国实验动物认证协会，后发展为国际实验动物认证协会）的认证，否则药物实验结果不予承认，或科研项目不予立项。至2012年年底，中国31个省、自治区、直辖市均相继开展实验动物行政许可相关工作（西藏自治区的西藏军区总医院申领了全军动管办发放的实验动物使用许可证），发放实验动物生产许可证350多个、实验动物使用许可证1800多个。

通过立法管理和项目支持，中国在实验动物资源建设方面取得了巨大进步。依法建立了7个国家实验动物种子中心或种源基地，形成了较完整的资源保障体系，年产实验动物超过2000万只，年产SPF鸡蛋5000万枚；制定了实验动物环境、营养、微生物和寄生虫控制、遗传学控制等方面的国家标准78部，初步建立起了实验动物标准化体系；建立了国家实验动物信息网；建立了4个国家实验动物质量检测机构和28个省级实验动物质量检测机构。全国各地实行从业人员资格认定制度，实验动物行业持证上岗人员超过10万人。

然而，也必须看到，虽然随着国家政策法规的不断完善及资金的不断投入，中国的实验动物科学及事业取得了长足的进步，但仍不能满足现代科学技术发展的需要，与世界先进水平相比还有相当大的差距。在新科技革命背景下，中国实验动物管理与产业发展在实验动物法制化、标准化、资源丰富程度、动物福利与伦理、实验动物生产与管理高级人才培养、经费投入等方面也面临着严峻挑战。

因此，中国在加强法制化、标准化管理的基础上，应当建立中国实验动物资源开发与共享体系、全国统一的实验动物人才培训考核体系、比较完善的实验动物质量监测与质量追溯体系，将实验动物资源作为科技战略资源，推动实验动物及相关产品的产业化进程，提高实验动物科学技术保障能力。

基 本 概 念

实验动物产业：是指实验动物、动物实验及实验动物相关产品（包括饲育笼具、专用饲料、垫料、动物饮水系统、实验动物设施专用设备和动物实验专用设备等）生产经营的总合。

实验动物行政许可：实验动物行政许可是国家依据《实验动物管理条例》设定的许可项目。实验动物行政许可的具体表现形式是实验动物许可证，分为实验动物生产许可证和实验动物使用许可证。其中实验动物生产许可证许可的范围是实验动物及相关产品的生产经营活动，而实验动物使用许可证许可的范围是利用实验动物开展动物实验、生物制品生产、教学、检定、检验等活动。

实验动物种子中心：是指国家科技行政部门认定的针对某一类实验动物种源进行研究、保存、发放的机构。种子中心的设立，保证了全国生产的同一种实验动物遗传的一致性。

实验动物检测机构：是指国家科技行政部门认定的、具有合法检测资质和相应项目检测能力的实验动物质量检测单位。分国家级和省级检测机构，省级检测机构必须通过国家级检测机构的评估。

实验动物从业人员：从事实验动物及相关产品生产、经营、管理和动物实验的人员统称为实验动物从业人员。

动物福利：动物福利是指人们提供必要的条件，让动物在康乐状态下生存，在无痛苦的状态下死亡。

实验动物福利：是指为科学研究的目的，而在符合一定要求的环境下饲养实验动物和进行实验处理时，应在不影响实验结果的前提下，保证实验动物生活舒适，实验处理尽量减轻痛苦，以对实验动物最小的伤害获取最好的实验结果。

动物实验伦理审查：是指动物实验实施单位的伦理审查委员会对动物实验方案进行预审、维护实验动物福利、规范实验人员行为的活动。

引　言

21世纪是生命科学的世纪。实验动物作为人类的替身和“活的精密仪器”，已成为生命科学研究的重要基础和不可缺少的支撑条件。实验动物科学技术包含实验动物和动物实验技术，分别属于实验动物资源提供和资源利用两个领域。实验动物科学对生物、医药、人口健康、农牧、生态、环保、化工、航天、军事等科技的发展起着越来越重要的作用。实验动物产业发展的科学化管理水平和实验动物的标准化程度，不仅直接影响生命科学领域中研究成果的确立、研究水平的高低、研究产品的质量与安全，更关系到人民群众的健康。因此，它已作为衡量一个国家科学技术水平高低的重要标志之一。

中国由于现代实验动物科学技术起步晚，与世界先进国家存在较大的差距。此外，发展也极不平衡，表现在地区和行业的不平衡。实验动物学科尚不健全，人员梯队较薄弱、产业化水平低、行业管理相对滞后。实验动物行业的发展现状已经成为制约生物医药，以及整个生命科技和产业发展的一个带有全局性的重大问题。1988 年 10 月 31 日经国务院批准，国家科学技术委员会第 2 号令发布了《实验动物管理条例》。这是中国的第一部有关实验动物工作的法规性文件，在国家层面全面启动和推动了中国实验动物工作现代化的进程，它标志着中国实验动物管理工作开始纳入法制化管理的轨道。1994 年，第一版《国家实验动物标准》的发布实施，标志着中国实验动物管理工作又步入了标准化时代。

在生物医药等生命科技快速发展的新的历史时期，实验动物行业正面临着新的机遇和挑战。实验动物的发展现状还不能满足中国快速发展的生物医药等相关行业的需求，实验动物作为科技保障平台还较为薄弱。中国规范的实验动物市场机制还没有建立起来。因此，政府及各实验动物单位领导的重视和投入已经成为实验动物行业发展的关键。主管部门的有效监管是实验动物行业健康发展的保障。30 年的行业发展实践证明，根据行业自身特点，实施法制化管理、政府推动、行业监管，相关技术行业相互促进、协调发展，是具有中国特色实验动物事业健康发展的成功之路。

本研究的目的是通过调研全国实验动物管理情况，从法规标准、动物资源、设施设备、人员认证、质量检测等方面，全面摸清家底，发现问题，把握机遇，调整对策，以促进实验动物科学技术和行业的健康快速发展。通过实验动物行业的技术创新，带动相关应用领域向着世界科技高峰攀登。

第一章　中国实验动物管理与产业发展的现状

一、实验动物法制化管理方面

自1988年《实验动物管理条例》发布以来，实验动物工作由科技行政部门负责统一主管、统一规划，条块结合，共同管理这一模式逐步形成。科学技术部主管全国实验动物工作，统一制定中国实验动物管理条例和发展规划，确定发展方向、发展目标和实施方案。省、自治区、直辖市科技厅（委、局）主管本地区的实验动物工作，制定本地区实验动物行业发展规划，组织开展实验动物科学技术攻关。多数地区是通过实验动物管理办公室（委员会）行使实验动物日常管理工作职能，协助科技主管部门开展实验动物行政许可、实验动物质量监控和实验动物行政执法工作。中国的实验动物管理组织架构见表7-1。

表7-1　中国的实验动物管理组织架构

类别	机构	职责
主管部门	科学技术部	管理全国的实验动物工作，统一制定中国实验动物的发展规划及相关政策法规
行业部门	国务院各有关部门	依其职责负责管理实验动物的相关工作
地方主管	地方科技厅（委、局）	主管本辖区的实验动物工作，是实验动物许可证发放、管理的实施机关
地方行业部门	地方各有关部门	依其职责负责管理实验动物的相关工作
动管办动管会	地方或有关部门设立	具体负责本地区或本部门的实验动物日常管理工作

1996年至目前，北京市（1996年、2004年）、湖北省（2005年）、云南省（2007年）、黑龙江省（2008年）和广东省（2010年）都通过地方的人大常委会立法的形式，发布了地方的《实验动物管理条例》，加强对实验动物工作的管理力度。

地方规章方面，上海（1987年）、山东（1992年）、河北（1993年、1998年、2007年）、辽宁（2002年）、天津（1998年、2004年）、甘肃（2005年）、重庆（2006年）、福建（2007年）、江苏（2008年）、浙江（2009年）、陕西（2011年）、湖南（2012年）通过省长（市长）令的形式，先后颁布了当地的实验动物管理规章。中国的实验动物政策法规管理体系见表7-2。

为确保实验动物行业及从业人员的安全，北京、广东、江苏、上海、浙江等地科技主管部门已先后研究制定实验动物应急预案，并进行应急演练。为不断完善管理系统，加强全国实验动物许可管理和实验动物应急管理奠定了基础。

在技术质量控制标准方面，通过不同渠道先后发布的国家标准、行业标准和地方标准，共同形成了一个有机整体，丰富和完善了中国实验动物质量标准体系，对全方位提高实验动物质量，保证科学研究工作的质量起到不可或缺的重要作用。中国常用实验动物标准规范制定情况见表7-3。

表 7-2　中国的实验动物管理政策法规体系

类别	文件名称	发布机构
行政法规	实验动物管理条例	国务院批准，国家科学技术委员会发布
部门规章	实验动物质量管理办法	国家科学技术委员会、技监局联合发布
	实验动物许可证管理办法（试行）	科学技术部等七部局联合发布
	实验动物种子中心管理办法	科学技术部
	关于善待实验动物的指导性意见	科学技术部
地方法规	北京市实验动物管理条例	北京市人大常委会
	湖北省实验动物管理条例	湖北省人大常委会
	云南省实验动物管理条例	云南省人大常委会
	黑龙江省实验动物管理条例	黑龙江省人大常委会
	广东省实验动物管理条例	广东省人大常委会
地方规章	各地方实验动物管理办法、细则等	地方政府
规范性文件	各有关部门的实验动物管理文件	各行业主管部门
技术标准	实验动物国家标准	国家质量监督检验检疫总局
	各地方实验动物质量、检测等标准	各地方技术质量管理部门

表 7-3　中国常用实验动物标准规范制定情况

动物种类	微生物	寄生虫	遗传	营养	环境	病理
小鼠	★	★	★	★	★	○
大鼠	★	★	★	★	★	○
豚鼠	★	★	○	★	★	○
地鼠	★	★	○	★	★	○
沙鼠	○	○	○	○	○	○
土拨鼠	○	○	○	○	○	○
雪貂	○	○	○	○	○	○
兔	★	★	○	★	★	○
犬	★	★	○	★	★	○
小型猪	■	■	■	■	★■	■
猫	○	○	○	○	★	○
猴	★	★		★	★	○
树鼩	■	■	■	■	■	○
羊	○	○	○	○	○	○
牛	○	○	○	○	○	○
马	○	○	○	○	○	○
鸡	▲	▲	○	▲	★▲	○
鸽子	○	○	○	○	○	○
鸭	○	○	○	○	○	○
鱼	■	■	■	■	■	■
线虫	○	○	○	○	○	○
文昌鱼	○	○	○	○	○	○
果蝇	○	○	○	○	○	○

注：★代表有国家标准，▲代表有行业标准，■代表有地方标准，○代表无标准

目前实施的实验动物管理行政法规、地方法规和部门规章等，以及涉及有关实验动物管理的法律、法规、质量标准等，从管理的不同层次、不同角度，不同力度，共同构成了具有中国特色和优势的实验动物行业及科技管理体系。

二、实验动物资源管理方面

自 1998 年以来，国家已建立 8 个实验动物种子中心（含一个信息资源中心，见表 7-4），各中心严格管理，从源头上保障供种的质量，为实验动物行业的提升与发展作出了巨大贡献。目前，实验动物的规模化生产和产业化供应局面已经形成，2012 年全国实验动物生产量已超过 2000 万只，生产的 SPF 鸡蛋超过 5000 万枚，实验动物的产值达到 13.45 亿元，已经成为世界实验动物生产大国。在 7 个国家级实验动物种质资源中心保存的实验动物品种、品系达 810 个。其中，“国家遗传工程小鼠资源库”每年对外提供遗传工程小鼠模型 3 万多只，供种 120 个品系，涉及国内 22 个省、自治区、直辖市的多所科研单位，以及国外一些大学和研究所。但是，中国实验动物种质资源规模相比之下还是比较小，保存资源仅 1000 余种，而美国的杰克逊研究所一个单位就保存各种实验动物资源 20 000 多种。中国通过立法整合管理资源，各部门分散管理、基层单位对各种检查组应接不暇的局面不见了。通过推进法制化、标准化的行业管理，有力地推动了实验动物生产向着集约化、规模化、社会化方向不断发展，逐步消灭了实验动物相关单位小而全的、自给自足的、落后的小作坊式生产实验动物的混乱现象，一些省份出现了年产百万只实验动物、产值超过千万元的实验动物行业中的大企业。同时，符合法规标准要求的动物实验结果也逐步得到了世界的认可。中国实验动物资源中心分布情况见图 7-1。

表 7-4　中国建立的实验动物种子中心

序号	种子中心名称	依托单位
1	国家啮齿类实验动物种子中心	中国药品食品检定研究院
2	国家啮齿类实验动物种子中心（上海分中心）	中国科学院上海实验动物中心
3	国家兔类实验动物种子中心	中国科学院上海实验动物中心
4	国家禽类实验动物种子中心	中国农业科学院哈尔滨兽医研究所
5	国家犬类实验动物种子中心	广州医药工业研究院
6	国家非人灵长类实验动物种子中心（苏州分中心）	苏州西山中科实验动物有限公司
7	国家遗传工程小鼠资源库	南京大学
8	国家实验动物信息资源中心	广东省实验动物质量监测所

三、国家实验动物质量检测网络建设方面

为加强实验动物质量管理，保证实验动物和动物实验的质量，根据《实验动物质量管理办法》（国科发财字[1997]593 号），启动了中国实验动物质量监测网络的建设。1997 年，由中国药品生物制品检定所等 4 个单位共同组建了国家实验动物质量检测中心，在微生物、寄生虫、遗传、饲料、环境和病理等方面开展检测技术方法和检测试剂标准化

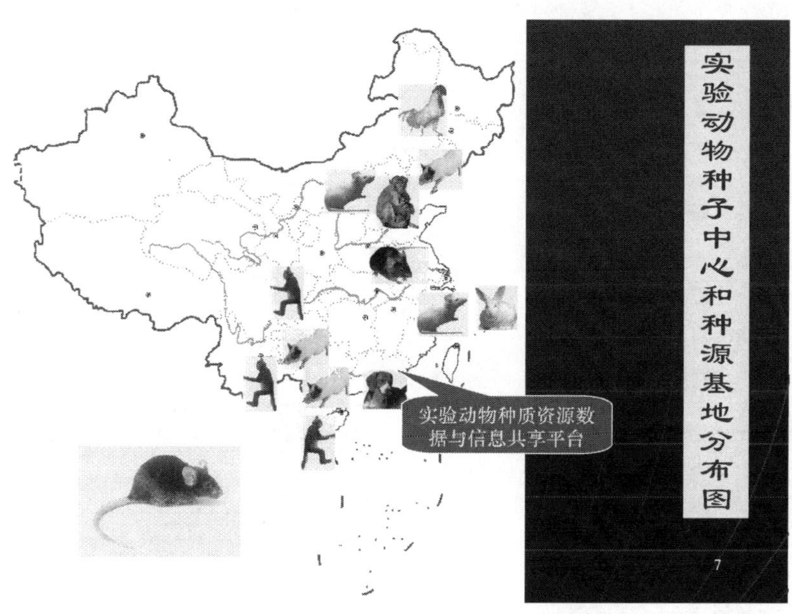

图 7-1　国家实验动物资源中心分布图

的研究，为省级检测机构提供配套的诊断试剂。自 1998 年开始，先后有 21 个省市建立了省级实验动物质量检测机构。没有建立省级检测机构的省市，通过与建立检测机构的相邻省市签订协议书，以委托的形式开展实验动物质量及相关条件的检测工作。由此形成了国家地方两级、覆盖面广的实验动物质量检测网络。检测网络在实验动物质量评价和质量监督保障、疾病诊断与监控、许可证制度的实施与管理等方面发挥了重要作用。中国实验动物质量检测网络见表 7-5。

表 7-5　中国实验动物质量检测网络

序号	监测机构	依托单位
1	国家实验动物微生物检测中心	中国食品药品检定研究院
2	国家实验动物遗传检测中心	中国食品药品检定研究院
3	国家实验动物环境检测中心	中国医学科学院医学实验动物研究所
4	国家实验动物病理检测中心	中国医学科学院医学实验动物研究所
5	国家实验动物饲料营养检测中心	中国疾病预防控制中心营养食品安全所
6	国家实验动物寄生虫检测中心	上海生物制品研究所
7	北京市实验动物质量检测机构	中国食品药品检定研究院 中国医学科学院医学实验动物研究所 军事医学科学院实验动物中心
8	上海市实验动物质量检测机构	上海实验动物研究中心
9	广东省实验动物质量检测机构	广东省实验动物监测所
10	黑龙江省实验动物质量检测机构	中国农业科学院哈尔滨兽医研究所
11	辽宁省实验动物质量检测机构	中国医科大学（实验动物中心）
12	山东省实验动物质量检测机构	山东省医学科学院（实验动物中心） 青岛市食品药品检验所
13	河南省实验动物质量检测机构	河南医科大学（实验动物中心）

续表

序号	监测机构	依托单位
14	河北省实验动物质量检测机构	河北医科大学（实验动物中心）
15	山西省实验动物质量检测机构	山西省 CDC（一站，环境和饲料），山西辐射防护研究院（二站，微生物和寄生虫）
16	江苏省实验动物质量检测机构	江苏省药物研究院（一站，微生物、寄生虫和遗传），江苏省食品药品检验所（二站，环境、设备、饲料）
17	江西省实验动物质量检测机构	江西省劳动职业病研究所
18	湖南省实验动物质量检测机构	湖南省 CDC
19	湖北省实验动物质量检测机构	湖北省医学科学院湖北省 CDC
20	安徽省实验动物质量检测机构	安徽医科大学
21	重庆省实验动物质量检测机构	第三军医大学实验动物中心（遗传和微生物），重庆医科大学（微生物和遗传），重庆中药研究院（寄生虫）
22	浙江省实验动物质量检测机构	浙江省医学科学院实验动物中心
23	陕西省实验动物质量检测机构	第四军医大学实验动物中心
24	云南省实验动物质量检测机构	昆明医科大学（微生物和寄生虫），昆明军区总医院（环境和寄生虫）
25	甘肃省实验动物质量检测机构	兰州生物制品研究所（全部）；兰州医学院（全部）
26	福建省实验动物质量检测机构	福建省 CDC
27	天津市实验动物质量检测机构	天津实验动物中心
28	吉林省实验动物质量检测机构	吉林大学

四、设施设备制造与使用方面

中国在科学技术部的支持下，从 20 世纪 80 年代开始了现代笼具开发，在苏州建立了塑料笼具生产基地，逐步替代了过去瓦罐加铁丝的原始饲养笼具，实验动物行业用上了不锈钢加无毒塑料的笼器具。近年来，新型笼具不断推出，独立换气笼、动物饮水机、斑马鱼饲养设备、爪蟾饲养设备、负压解剖台、负压猴笼等适合新时代科技要求的设备生产不断刷新纪录，每年还向日本、韩国、巴基斯坦等国家出口上亿元的实验动物饲养设备。

五、实验动物从业人员队伍建设方面

中国实验动物教育与培训工作起步于20世纪80年代中叶，90年代，专业教育和技能培训得到共同发展，中国农业大学、扬州农学院、首都医科大学、中国医科大学和南通医学院等设立实验动物大专、本科专业和研究生培养方向。自90年代以来，中国科学院上海生命科学研究院所属的实验动物中心、首都医科大学附属宣武医院等单位，与当地政府的劳动部门合作，开展了实验动物技术工人等级资格培训。各省市先后建立了实验动物从业人员培训机构，北京、上海、江苏、湖北等地先后出版实验动物从业人员培训教材，北京大学、中国农业大学、首都医科大学、中国医学科学院、第四军医大学等院校还编著了实验动物专业教材，实验动物从业人员队伍发展相当迅速，从业人员持证上岗的数量翻了几番，每年都增加上万人。从业人员的素质也有了巨大的变化，本科以上学历的从业人员已占全部从业人员的80%以上，改变了过去以工人为主的局面。到2012

年，全国持证上岗的实验动物从业人员已超过 10 万人。

2005 年，科学技术部曾在科技支撑计划中部分支持实验动物人才体系建设，北京市科委、湖北省科技厅和江苏省科技厅也先后支持人才培训考核方面的研究。尤其是北京市科委，在科学技术部项目的基础上进一步支持，使人才培训考核系统基本可以运行，网上考试系统、理论教学参考教材、题库已基本完成。全国实验动物人才培训考核系统见图 7-2。实验动物从业人员工作分类情况见图 7-3，实验动物从业人员学历分布情况见图 7-4。

图 7-2　全国实验动物人才培训考核系统

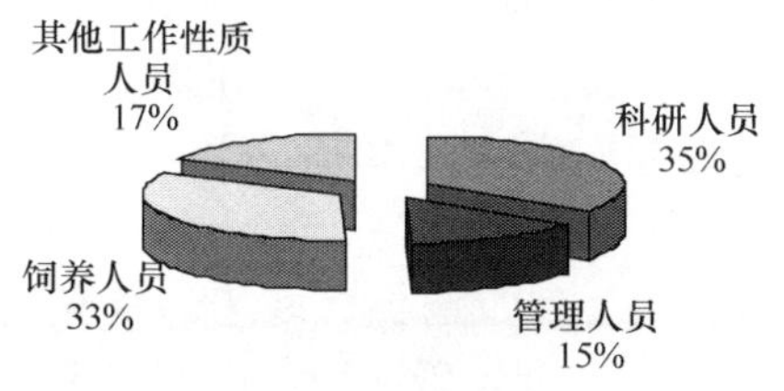

图 7-3　实验动物从业人员分类

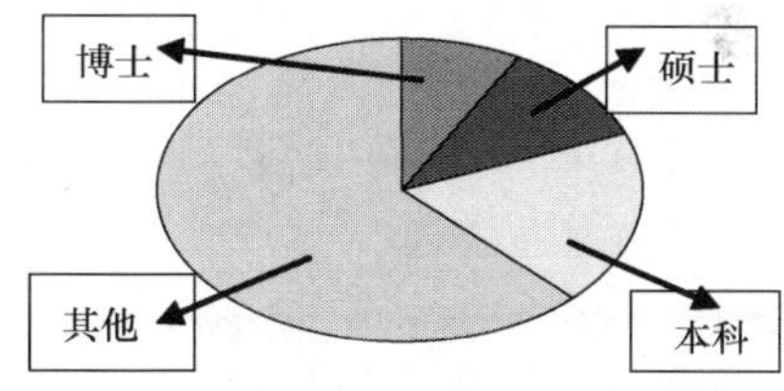

图 7-4　实验动物从业人员学历

典型案例 1：一个通过制度创新迅速发展起来的实验动物生产企业

北京华阜康生物科技股份有限公司成立于 2008 年 10 月，是以中国医学科学院医学实验动物研究所的实验动物和实验动物饲料的生产及经营业务为基础，引入国有资本和民营资本而成立的高科技股份制企业，公司主营业务是实验动物和实验动物饲料的研发和生产。

首先，公司突破原有机制，将实验动物产业从事业单位完全推向市场，按照市场法则和企业法则运作。公司首先建立了灵活的人才引进和奖惩机制，充分调动员工的积极性。公司设有 7 个部门，包括动物生产部、饲料生产部、研究开发部、质量管理部、市场营销部、财务部、行政部。现有人员 180 人，组成了研发、生产、质量保障、销售为一体的人才队伍。其次，保证资金的投入，提高资金使用效率。公司共投入资金 4000 多万元，固定资产 3000 多万元，建有实验动物屏障环境设施 3500m^2、隔离环境设施 2500m^2，质量保障、保种、净化、研发实验室等设施 2000m^2，实验动物饲料生产和研发设施 2000m^2。公司在解决机制和资金投入的同时，按照现代企业管理体系，规范实验动物模型和实验动物饲料的研发和生产管理，建立了完善的产品生产和质量控制体系。公司 2010 年建立了 ISO 9001 质量管理体系，并通过权威机构认证，从原材料、研发、生产过程、产品供应等各个环节严格控制，在保证产品质量的前提下，提高工作效率。公司年生产啮齿类实验动物 120 余万只，40 个品系，饲料年产能 4000t。公司开展了基因工程动物模型、肿瘤模型、手术模型等模型制作，饲料新品种的开发和改进，建立了公司自有的研发体系。公司于 2011 年获得科学技术部"十二五"新药创制重大专项啮齿类实验动物研发平台项目。

公司经过三年的发展，产品和服务质量已得到国内使用单位的普遍认可，公司产值和效益成倍增长。公司已经成长为中国啮齿类实验动物和实验动物饲料的主要供应机构之一，为全国 600 多个科研、教学和药物研发服务机构提供实验动物、实验动物饲料及相关服务。

案例启示：实验动物产业发展速度的快慢与其体制密切相关。同样的人员、同样的动物种类，由事业单位体制改为企业体制，就能够迅速地提升效率、扩大用户群、提供优质产品和多方位的服务。

典型案例 2：一个发生动物传染病的实验动物饲养场问题分析

北京科宇动物养殖中心比格犬布氏杆菌感染问题分析。2004 年 4 月，北京市实验动物管理办公室安排例行质量抽检。实验室检测结果发现，北京科宇动物养殖中心的比格犬生产群布氏杆菌阳性率达 85%。随即要求该场停止供应，并请中国疾病预防控制中心流行病学微生物学研究所布氏杆菌病研究室进行核实，查到病原，得到确认。经检查，没有人员感染。该饲养场的兔、豚鼠也没有感染。北京市实验动物管理办公室会同北京市动物卫生监督所和房山区动物卫生监督所对该场处置染疫动物过程进行全程监督，同时房山区人民政府发布封锁令，封闭该饲养场 3 个月。

为什么会在实验动物饲养场出现如此严重的疫情呢？经过问询、现场调查发现，违规饲养管理是造成疫情的关键。2000 年以后，比格犬的用量有所增加，供不应求。在利益的驱动下，不少私人企业开始涉足比格犬生产。到 2004 年，全国比格犬生产达到高峰，供大于求的形势，迫使企业想方设法节约生产成本。由于厂房、人力成本无法降低，最直接的节约措施就是使用不符合国家标准的饲料，自己加工饲料。该场在加工比格犬饲料时，为了补充饲料中的蛋白质含量，从市场低价采购动物内脏，主要是猪、马、牛、羊等的肠和肺，加工案板生熟不分，造成感染。

案例启示：一是实验动物生产规模需要宏观调控。实验动物不同于一般商品，使用领域窄，市场容量小，使用条件苛刻，超过年龄和体重的就是废品。而慑于动物福利规定和动物保护组织冲击，还不能随意处死废弃的动物。二是执法检查力度应当加强。由于北京只有 5 名执法人员管理全市的实验动物工作，检查频率偏低，造成生产企业有机会违反法规标准操作。

第二章　发达国家实验动物产业与管理的现状

一、法规标准管理与认证方面

国外，有国家或地方政府及相关部门颁布强制性的法律、法规和标准，如《动物福利法》、《人道的管理和使用实验动物条例》、《实验动物管理与使用指南》等，依法管理实验动物工作。在此基础上，以自愿遵守、行业管理为代表的认证与评估，通过对生物医学研究中使用实验动物的基金申请进行审查这一方式，管理本国或本地区的实验动物。例如，美国的AAALAC是一个负责实验动物评估和认证的民间非营利机构，但它们的认证结果得到了美国政府许多部门的认可，目前在国际上也逐步获得了广泛的认可。

二、实验动物资源管理方面

国外的实验动物资源库建设规模较大，资源集中，注重公益性，而且除了模式动物资源保存外，还开展模式动物研究、深入利用等综合性工作。例如，美国杰克逊研究所是独立的、非营利性机构，也是当今世界上最大的实验动物资源库。其开展：①遗传学研究；②为全球的实验室提供科学服务和遗传资源服务；③教育培训工作。目前拥有实验动物资源6000余种，2011财年的营业收入达20亿美元，其中提供小鼠及相关服务的收入占总收入的59.46%。此外，日本熊本大学也建立了类似的资源库，目前拥有约2000种资源，其运行模式、知识产权保护均与之类似。为解决实验管理中实验动物标记和溯源问题，瑞士Datamars公司已研制出用于小鼠追踪的微米级的RFID芯片。由于其资源库规模庞大，运行机制合理，并得到国家经费的资助，对本国生命科学研究提供了强大的动物模型资源和技术平台支持。

三、实验动物质量检测网络方面

国际实验动物科学理事会（ICLAS）建立了包括ICLAS参比中心和ICLAS监测中心的协作网络。参比中心可以是监测中心的一部分，经过专家评审，并由知名科学家具体负责运作。监测中心是一个职能部门，或职能部门支持的非营利性的科研机构，或是在一个研究所内的一个部门或一个基金会。具备必要的实验室、仪器设备和动物设施，由具有专业知识的成员开展工作，并由知名科学家负责管理。1979年，ICLAS在日本实验动物中央研究所设立了遗传、微生物检测中心。1999年，在韩国生物科学技术研究所和泰国MAHIDOL大学建立了检测分中心。近年来，ICLAS又在西班牙实验动物研究中心确定了一个参比中心，在巴西生物技术中心设立了一个检测中心。其主要任务是：开展实验动物质量检测技术、方法研究；提供检测试剂；承担实验动物遗传和微生物检测任务；进行检测技术研讨和交流；在世界范围内开展实验动物科学人才培训。

典型案例3：国外一个大学实验动物中心的职能分析

美国加州大学戴维斯分校实验动物学中心是学校的下属机构，负责该校兽医学院及医学院的所有教学和科研项目所涉及的实验动物及其设施的管理。学校成立了实验动物使用和管理委员会（Institutional Animal Care and Use Committee，IACUC），监督和指导该中心工作。

中心配备专职管理人员、兽医、技术人员等，具体工作和运行包括以下几个方面。

一是实验动物的采购和转运。科研或教学需要的所有实验动物由该中心统一购买。中心建立了完善的实验动物购买或转运体系，包括购买动物的要求和流程、特殊情况的处理等，准确、高效地为科研和教学人员服务。

二是动物和设施的管理。所有实验动物和设施由该中心统一管理，包括动物饲养，水、饲料、垫料的更换，饲养笼具的清洗和消毒，设施的清洁、消毒、维护和维修。

三是技术支持和服务。中心向本校相关部门提供动物实验的设计、动物实验的具体操作等服务。

四是教学和培训。为本校相关单位的本科生和兽医学生提供教学和培训。

五是项目的审查和监督。为了保证实验动物的福利和工作人员的福利，受IACUC委托，该机构兽医定期或不定期到项目实施地开展项目的监督检查。

同时，该中心利用本校兽医学院的优势，开展了实验动物相关领域教学和科研项目，包括小鼠生物学研究、小鼠神经影像学研究、实验动物人才培养等，开展小鼠基因工程动物模型的制作、比较医学分析等。该中心的工作支撑了本校的教学和生命科学研究。

案例启示：通过本案例可以看到，一个大学的实验动物中心应当具有管理的权威性（如统一采购、转运、设施管理、项目审查和监督等）和服务的全面性（不仅提供动物饲养服务，还提供实验设计、教育培训、实验操作等服务性内容）。中国的大学，要么没有实验动物中心，有实验动物中心的也大多停留在提供动物寄养的基本服务上，动物中心的权威性还经常受到领导和教授的质疑。

典型案例4：日本专业实验动物公司经营分析。

日本SLC公司是日本主要的实验动物生产公司，作为一家上市公司已有50多年的历史，年销售额约50亿日元，员工约360人。总部设在静冈县滨松市，有6个分部，动物销售覆盖日本全国。总部除管理职能外，还负责向全国发送动物。5个分部进行动物生产，1个分部负责实验动物净化、质量检测和委托实验。

1. 主要业务

（1）实验动物生产。

SPF动物：封闭群、近交系、杂交系、突变系、动物模型等80余种。

清洁动物：大鼠、小鼠、豚鼠、兔、金黄地鼠等8个封闭群动物。

普通动物：犬、猴。

（2）动物饲料、垫料的生产和销售。

（3）委托的非 GLP 安评实验、单抗生产等。

（4）委托动物净化为 SPF、委托转基因动物的制作等。

（5）根据客户要求，提供一些特殊手术后动物，如器官摘除动物、组织移植动物等。

2. 质量控制

SLC 公司实验动物的质量控制非常严格，所有实验动物是在规定的生产管理标准基础上，在一定环境下严格按照微生物质量控制和遗传质量控制进行生产，并定期进行质量检测以保证动物的健康状态和生物学特性。其生产和检测情况如下所述。

（1）生产方式：以具有特性均一的实验动物生产为目标，基于生产管理标准的严密生产方式，进行保种和生产。

封闭群的繁殖生产方式：通过循环交配方式进行保种、生产。

近交系的繁殖生产方式：①核心群：通过兄妹交配，进行品系保种和种用动物的生产。②基础群：由保种群提供的种用动物，通过兄妹交配得到基础群，基础群为生产群提供种子动物，也为杂交群生产提供种子动物。③生产群：由基础群提供的种用动物，采用非近交的方式生产实验动物。④杂交群：由各种近交系动物的基础群导入种用动物，进行近交系间的杂交，生产 F_1 代动物。

（2）饲养环境：屏障系统饲养室的环境条件按表 7-6 所示设定进行饲养管理。

表 7-6 SLC 公司实验动物环境控制要求

温度	小鼠、大鼠、地鼠：23~26℃ 长爪沙鼠：24~26℃ 豚鼠：22~26℃ 家兔：20~26℃
湿度	45%~70%
换气次数	全新风 10~15 次/时
照明	150~300lx（地上 80cm） 明（8：00~20：00）、暗（20：00~8：00）
空气	初效、中效、高效（HEPA）三级过滤
送风	通过空气扩散器送风

（3）微生物监测：该公司实行严格的微生物监测制度。每半月检测一次嗜肺巴氏杆菌、支原体等 13 个细菌项目，用 PCR 法每年检测肝、胆螺杆菌 4 次（大鼠 2 次），每年查一次（Cilia-associated respiratory bacillus，CAR 杆菌）。每半月检测一次鼠肝炎等 9 个病毒项目。寄生虫也是每半月检测一次，每月发布检查结果。

（4）饲养环境检测：为了确认微生物环境控制是否正常，器材灭菌方法是否完全有效，定期进行落下菌检查、高压灭菌器及环氧乙烷灭菌器性能实验、水质检查。

（5）动物动态监测：通过周报监测各生产群生产效率的同时，要求饲养员在工作时注意观察动物，早期发现异常动物。

（6）遗传监测：对象为近交系小鼠、大鼠。采用生化位点法、免疫遗传标记法及微卫星法进行检测，每个近交系雌、雄各 3 只每年检测 1 次。对于模型动物，按同样数量和频率，通过 PCR 法或 PCR-RFLP 法检测基因变异。检查结果每年发布。同时每年还进行生理特性检测，定期发布检测结果。

案例启示：通过本案例，从中可以借鉴的是：作为实验动物生产为主的供应商，除主打产品之外还有附属的产品服务（饲料、垫料、单抗等）和技术服务（代理药物安全评价实验、协助制作转基因动物模型和手术制作模型等），但前提是本身生产的实验动物质量必须过关，在质量控制方面要细化要求，严格管理。

典型案例 5：世界最大实验动物供应商的运作模式。

Charles River 公司成立于 1947 年，总部位于美国马萨诸塞州的威明顿。Charles River 公司定位于为全球制药企业、生物技术公司、政府机构及科研院所提供必要产品及服务，加速其研究和药物发展进程。

1. 从本土化到全球化

1947~1966 年，Charles River 公司成立的前 20 年，生产基地在美国本土，主要从事大鼠、小鼠的繁育。自 1966 年 Charles River 公司在法国成立了第一个海外分支设施开始，经过 65 年的发展，目前拥有分布于北美洲、欧洲、亚洲等的 15 个国家的 60 余处设施，7000 余名员工，已经成为全球实验动物商业化运作和市场供应的领导者。

2. 实验动物监测逐步完善、质量逐步提高

1981 年，Charles River 公司首次建立商业化的全项遗传监测项目。1997 年 Charles River 公司提出了国际遗传学标准（International Genetic Standard，IGS）的概念。通过这一举措，让 Charles River 公司在全球不同地域生产的同一个品系的动物具有相同的生物学性状，极大地促进了实验动物的国际化、标准化。

微生物学控制方面：1982 年，Charles River 公司建立起动物健康检测实验室。1984 年首次建立无病毒抗体（VAF/Plus®）动物，为实验动物模型建立了更高标准。2009 年，针对生物医药行业对免疫缺陷动物的特殊要求，Charles River 公司提出并建立了 VAF/Elite®动物标准，极大地满足了行业对高质量实验动物的需要。

3. 兼并拓展与业务优化，从单一动物模型到全套实验服务

Charles River 公司 60 多年的发展历程是一个不断兼并、收购与业务拓展、优化的过程。1969 年，Charles River 公司兼并了 Lakeview 公司，增加了对地鼠和豚鼠的供应。1982 年和 1984 年收购了 Battelle Development Corporation 和 Ray Kroc Foundation 的小型猪业务。1992 年，Charles River 公司收购了 Spafas，对外提供鸡蛋和禽类疾病诊断试剂。1994 年，Charles River 公司收购了 Endosafe 公司，提供内毒素体外检测服务。1998 年，Charles River 公司扩大合同测试业务，为生物医药公司提供包括生物安全、分析测试在内的全方位服务；2000 年，为了更好地支持药物研发进程，Charles River 公司拓展了临床前业务，包括提供药理学、毒理学、药代动力学研究等方面的服务。2001 年，Charles River 公司

兼并了 Genetic Models 公司，将其产品链拓展到为肥胖、心血管和肾脏疾病的发现治疗提供动物模型。2002 年，Charles River 公司收购了 BioLabs 公司和 Springborn 实验室，使其具备药物开发与测试服务能力，为进入临床前试验的新药提供安全性评价。2004 年 Charles River 公司与 Inveresk 公司建立合资公司，步入药物的临床研究。2005 年，Charles River 公司增加实验动物的预处理服务，进一步满足客户需要。2009 年，Charles River 公司收购了 Systems Pathology 公司，开发了计算机辅助病理系统（CAPS），旨在提高传统毒物病理学研究中的自动化、客观性、准确性、一致性和高通量。2011 年，Charles River 公司与辉瑞（Pfizer）公司签署代养协议，为辉瑞公司在全球的研究机构提供基因修饰模型动物。

4. 动物福利及人文关怀

1976 年，Charles River 公司的创始人 Dr. Foster 创立了 Charles River 基金会（2009 年更名为 Charter），对促进实验动物人文关怀，以及推进“3R”原则为工作内容的组织机构或项目提供资助。Charles River 公司与美国农业部（USDA）合作，保证繁育和饲养的所有动物模型都得到良好的动物福利和人文关怀，并将这一文化扩展至全球所有设施中。

Charles River 公司的动物福利和人文关怀包括：建立全球化的最佳实践，在公司内部强调人文关怀的重要性，建立人文关怀文化、加强指导和培训，通过特别许可（CHARTER）项目推进动物福利发展的全球化、遵循“3R”原则、扩展动物行为学及环境丰富计划。

如果希望更详细了解 Charles River 公司的产品和服务范围，请参见网页 www.criver.com。

案例启示：纵观 Charles River 公司的业务拓展和企业发展，可以看到西方国家在实验动物及其相关领域需求的转变，这对于中国实验动物科学技术产业发展的战略规划有一定的借鉴意义。

四、设施设备制造和使用方面

在笼架具自动清洗、烘干设备、洗刷间工作的机器人、独立换气饲养笼具、SPF 斑马鱼饲育设备、垫料自动倾倒设备、动物实验中常用的气体麻醉机、无创生理监测仪等设备的研发、制造方面，不断推陈出新，融入信息科技。在屏障环境内，大量使用独立换气饲养笼的模式，以及笼具洗刷、废弃垫料清除、洁净垫料添加的全自动化，提高了饲养室的利用率，节省了大量的人力。2011 年刚投入使用的英国某研究所饲养啮齿类的屏障环境，最终造价为每平方米 1.1 万英磅，约合人民币每平方米 10 万元，采用信息技术自动监控环境设施指标和设备运行情况，其自动化程度堪称世界一流。新技术、新装备用于实验动物管理，提高了实验动物设施的安全性和稳定性。

五、人员培训认证方面

实验动物人才分类分级管理是国际惯例，实验动物科学技术的培训与教育一般由高等院校和社会团体承担。发达国家的医学院校大多设有实验动物的相关专业。美国实验动物学院是美国和国际实验动物培训中心，对统一规范化的管理起着举足轻重的作用。社会团体在开展实验动物培训工作中也占有重要地位。美国实验动物学会（American Association of Laboratory Animal Science，AALAS）将实验动物技术人员分成三个级别管理；欧盟实验动物联合会（Federation of European Laboratory Animal Science Associations，FELASA）将实验动物从业人员分为两类、各三级管理；日本实验动物学会（Japanese Association of Laboratory Animal Science，JALAS）则通过考试将实验动物技术人员分为一级技师和二级技师。通过培训后，它们所签发的实验动物培训证书是用人单位的重要依据。近年来，利用网络开展的远程教育方兴未艾。美国兽医生物学研究所（Veterinary Bioscience Institute，VBI）、加拿大奎尔夫大学（University of Guelph）等还专门通过大学、研究所与专业公司合作的方式，实行市场化的远程实验动物兽医培训，取得了极大的成功。

第三章　中国实验动物管理和产业发展面临的问题与挑战

实验动物是“活的标准试剂”，标准化的实验动物在国际上被称为“活的精密实验仪器”。实验动物已经成为了生命科学、医学和药学等诸多领域的首要科技支撑条件，是科技领域的战略资源。随着现代科技革命的进程和科学研究的深入，人类正经历着全球范围的科技革命，作为现代科学技术的重要组成部分——实验动物科学也不例外，伴随着现代科技革命的步伐，新成果、新技术、新方法的不断涌现，极大地丰富了实验动物科学理论。实验动物科学已从单一的动物实验研究体系，转化为集实验动物育种学、实验动物医学、比较医学、实验动物生态学、动物实验技术等学科为一体的综合性学科。科技革命为实验动物科学发展提供了源动力，同时实验动物科学也促进了现代科学技术的进一步深化。以现代科技革命为强大的操作技术平台，实验动物科学的研究和应用范围不断拓展，近交系动物、转基因动物、免疫缺陷动物、基因工程动物先后培育成功。以转基因技术为核心的转基因动物广泛应用于工业、农业及医学等行业，促进实验动物科学为人类带来很大的经济效益和社会效益；近交系动物的成功培育为遗传学研究、育种学研究、免疫学研究等开辟了新的研究思路和研究手段；免疫缺陷动物的成功培育对器官移植、组织细胞移植、肿瘤学研究、免疫学研究等起到了重大的推动作用；基因工程动物使功能基因组学研究迅速发展，使人工改造动物成为可能，为比较医学提供了研究基础，也成为揭示生命科学本质和了解病理机制的重要途径。实验动物科学作为科学研究的支撑力量，应在新的历史时期，抓住新时代科技革命的机遇，适应科技发展的需要，不断地创新。因此，实验动物科技创新不仅是对相关学科不断发展的被动反应，更要发挥对国家全面创新的促进作用。

然而也必须看到，虽然随着国家政策法规的不断完善和资金的不断投入，中国的实验动物科学和事业取得了长足的进步，但仍不能适应现代科学技术发展的需要，与世界先进水平相比还有相当大的差距。在新科技革命背景下，中国实验动物科学发展也面临着严峻挑战，主要包括以下几个方面。

（1）实验动物法制化、标准化管理有待加强。国家层面的《实验动物管理条例》是在 20 世纪 80 年代的特殊背景下制定的，由国务院批准、国家科学技术委员会以部长令的形式发布，在法律层级上介于国务院法规和部门规章之间。尽管国务院法制办解释为“相当于国务院法规”，但在各地执行上有不少法律专业人士还是只承认它是国家科学技术委员会发布的规章。况且已经施行 25 年没有修改，期间中国的社会、经济、科技都有了巨大的变化。在管理工作中，明显感到法制化管理力度弱，不够规范和严格，实验动物管理法律、法规体系尚不健全。

（2） 中国实验动物资源相对短缺，自主开发的实验动物资源、自发动物模型和基因工程动物模型不足，常规实验动物品种品系不多；实验动物质量参差不齐，检测试剂标准化程度不高。实验动物及其相关产品产业化、商品化、市场化程度低，生产供应基地或机构布局不合理，存在严重的地域、机构差异；符合质量要求的常用实验动物、特有品系和模型动物及相关产品的生产供应不够。

（3） 比较医学研究潜力不足，动物实验技术规范化研究不够；技术资源和服务能力不足，实验动物技术服务平台建设缓慢；科学实验中对实验动物福利、伦理认识不足，缺乏实验动物伦理审查规范和监管机制。

（4） 国家宏观调控机制尚待建立、缺少国家实验动物资源共享协调机制、缺少相应的措施和办法，用以建立国际实验动物技术服务协作共享机制。国家和地方对实验动物科学技术的投入明显不足，实验动物科学技术作为多领域重要的科技平台还相对薄弱，与中国生命科技和生物医药产业的快速发展需求不相适应。实验动物学科发展后劲明显不足。

（5） 实验动物科学人才教育投入不足。目前中国实验动物专业学历教育能力仅每年200人左右的规模，不能满足需求；实验动物高级技术和管理人才更是缺乏。

第四章　中国实验动物管理与产业发展的战略构想

一、战 略 构 思

以服务生命科学研究、生物医药产业及研发为主要目的，以进一步完善实验动物法制化、标准化管理体系为基础；依托中国丰富的资源和逐步完善的质量管理制度，着力提升实验动物科学技术水平和产业化规范化水平，更好地发挥实验动物科学在生命科学领域的基础性技术支撑作用。

二、发 展 思 路

加强实验动物标准化管理体系建设和专业人才培育，进一步丰富实验动物资源，在健全的宏观调控机制下提高实验动物及其相关产品的产业化、商业化和市场化水平，以满足当前科学研究的需求。

三、总体发展目标

在加强法制化、标准化管理的基础上，建立中国实验动物科学的学科体系，建立实验动物资源与技术协作共享体系，使实验动物科学的发展接近发达国家水平。

四、具 体 目 标

一是完善实验动物管理法规体系和质量保障体系；二是初步建立全国统一培训体系，加快人才培训步伐，整合学科人才和优势资源，加强重大实验动物科学问题研究；三是建立比较完善的实验动物资源、科技资源和资源共享体系，致力于建设实验动物战略资源，提高实验动物科学技术保障能力；四是推动实验动物及相关产品的产业化进程。

五、重 点 任 务

实验动物科学技术及其产业涉及医药、卫生、科技、教育、环保、化工、农业、商品检验等行业和领域，直接关系到人类身体健康和公共卫生安全，是经济社会发展和社会稳定安全“活的度量衡”。国内外科学研究和生产实践中，都曾因忽视实验动物的质量而产生不良的影响。因此，当前实验动物科学技术与产业发展的重点任务包括以下几个方面。

一是完善实验动物法规和质量标准体系建设，促进实验动物的标准化、法制化和产业化进程。其中，标准化是法制化管理的基础，也是产业化、社会化的根本。实验动物质量的标准化及动物实验的规范化是发展中国实验动物科学事业的核心。标准化建设的任务就是根据形势和学科发展的需要制定、修订和补充实验动物国家标准。中国实验动物标准化建设仍存在很大的空白，因此要按照实验动物科学的发展和需要不断地向前推进。

二是建立健全统一的实验动物从业人员分类分级培训考核体系。针对不同层次的技术人员，建立培训大纲、编制培训教材、组织网络考试，分类管理，分级使用。特别是在人才短缺的高层次管理人员方面，应有计划地安排国内外联合培养，搭建全国实验动物管理框架。

三是完善实验动物资源配置，建立国家级实验动物资源中心及其异地保存基地，要加大资金投入，在模式动物、基因工程动物、胚胎工程动物研发方面赶超世界发达国家，确保实验动物在品种、数量和质量上达到国际水平。同时，在实验动物相关产品的研发方面投入重金，扶持国有企业，做大做强民族产业。

四是促进实验动物相关产业的发展。实验动物相关产业主要是与实验动物生存环境和动物实验密切相关的产业，包括实验动物饲育笼器具、实验动物专用饲料、实验动物垫料、实验动物饮用水处理设备、空气净化设备、实验动物笼器具清洗设备、消毒灭菌设备、动物尸体解剖设备、动物实验专用影像设备、动物专用呼吸机、麻醉机、活体数据采集设备等。围绕实验动物生产和使用而开发的设备和用品产业，比实验动物产业本身还要大。

第五章　对策与建议

一、加强国家层面实验动物立法和实验动物系列标准制(修)订，提高实验动物法制化、标准化管理水平

加快《实验动物管理条例》在国务院层面的立法，配套建设实验动物行业管理的政策法规，不断完善法制化管理体系，规范实验动物市场，依法开展打击实验动物行业假冒伪劣产品对标准化实验动物市场的冲击，营造竞争有序的市场环境。加强相关部门间的协调，发挥属地管理优势，健全执法队伍，加大宣传和执法力度，严格执行实验动物法规标准，全面贯彻实施实验动物质量监督和许可证制度，在科研立项、成果鉴定、产品检验与监督管理中逐步实行实验动物一票否决制。推动建立与国际接轨的动物福利保障制度。

当前，作为人类生命科学基础支撑条件的实验动物科学，必须适应和满足新形势的需要，解决实验动物科学研究和产业发展中出现的新情况和新问题。尽管中国实验动物科学和实验动物产业历经 20 多年的快速发展，已取得显著的成效，但是由于底子薄、起步晚，加之部门之间、地区之间、行业之间的发展水平不平衡，使中国实验动物整体的科技及管理水平与发达国家之间尚存在较大的差距，有待于进一步解决。

一是加快国家层面的实验动物立法，促进实验动物法制管理，提高实验动物科学技术支撑能力。与发达国家相比较，中国有关实验动物的行政许可管理和质量监督制度依据的法律体系不完善，政府实施实验动物法制化管理的基础还比较薄弱。尤其是中国缺少实验动物国家层面的法律及行政法规，国家科技行政主管部门的部门规章也亟待修订。

二是以国家和地方实验动物管理法规为基础，制定相关管理文件，规范、指导从事实验动物工作的相关单位和实验动物从业人员，引导实验动物行业向着规范化方向发展。

三是依法加强实验动物福利伦理的审查工作，对各单位实验动物管理委员会等管理机构的履职情况进行监督，加大实验动物从业人员生物安全、人员防护的培训和安全措施落实的检查。建立实验动物突发事件应急反应队伍，培养应急队伍应对实验动物突发事件的能力。

四是加强实验动物质量的监督检查力度，推进实验动物行业产业化、市场化机制的建立。政府主管部门应加大对实验动物行业管理的科技投入，提高依法监管的技术支撑力度，促进实验动物科学技术和实验动物产业的健康快速发展，以适应中国生物医药等生命相关学科和产业的发展对实验动物科学技术支持平台不断增长的需求。

五是加快实验动物标准体系建设，特别是常用实验动物的标准制、修订工作，为依法监督提供技术支撑。农业实验动物、模式动物和基因工程动物模型的标准亟须规范。

二、加强实验动物行业人才培养，提高从业人员素质

实验动物行业人才培养和科技队伍建设是关系到实验动物科学技术进步和全行业可持续发展的带有全局性的重要问题。国家和地方政府应把加强实验动物专业人才培养，特别是实验动物行业的中、高级人才队伍的建设放在突出的位置，并与加大实验动物科学技术投入有机地结合起来，发挥综合效益。

一是依托高校和科研院所，充分发挥实验动物科研、教学、技术培训资源优势，依据《实验动物专业人才分类分级标准》和《实验动物人才培训考核评估办法》，以《实验动物从业人员上岗培训教材》、《初级实验动物专业技术人才考试参考教材》、《中级实验动物专业技术人才考试参考教材》、《高级实验动物专业技术人才考试参考教材》、《初级动物实验专业技术人才考试参考教材》、《中级动物实验专业技术人才考试参考教材》、《高级动物实验专业技术人才考试参考教材》为参考，开展实验动物科学技术和动物实验技术技能培训，建立国家实验动物多元化人才培训考核体系。提高实验动物管理与服务水平。从基本知识普及到学历教育，开发系列培训资源。

二是加强各实验单位从业人员的专业继续教育培训，按照学科和行业特点，科学地分级分类培训。实施技能提高“三一”策略，即力争“十三五”期间为每个实验动物许可单位培养 1 名高级实验动物科学技术和管理人员、1 名中级实验动物科学技术术人员和 1 名常规动物实验操作技术人员。

三是加强各部门各单位实验动物主管领导的法规、标准培训，以保障国家实验动物法规标准和各项管理规定在各实验动物单位得到贯彻实施。力争在“十二五”期间对所有实验动物许可单位的主管领导和技术主管进行 1 次强制性法规培训、1 次实验动物标准培训和 1 次动物福利与动物伦理培训。

四是加强实验动物人才的国际交流与培训。扩大学术、人员、项目的交流与协作，对加速实验动物行业的发展有着重要的实际意义。

三、整合实验动物资源服务生命科学研究和产业发展

从 2012 年的大规模调查结果分析可以看出，由于中国实验动物市场化还处于初创阶段，实验动物生产销售的市场竞争价格体系还没有完全形成，绝大多数生产厂家都面临着生产成本高售价低的局面。而实验动物使用单位也大都面临着经费不足、设施规模小，很难买到月龄体重一致的实验动物和合适的动物模型的现状。因此，结合国内实验动物行业发展的状况和相关行业的重大需求，搭建各类资源的公共服务平台及服务体系，以平台聚集社会资源，通过资源的互动，可充分发挥优势资源综合集成和科技资源的高效配置优势，有利于生命科学研究，为现代实验动物科学技术产业化环境建设提供支撑。

（一）标准化实验动物生产供应基地建设

一是实验动物生产供应基地建设，通过政策引导、资金支持，逐渐形成由 3~5 个大

型（国有企业或民营企业）实验动物饲育单位互相竞争又互相依存的实验动物市场化供应体系。以保障中国实验动物市场有效供应的社会效益及产业规模的经济效益。

二是增加高等级实验动物的生产，满足科研市场需求：逐步增加清洁级、SPF 级豚鼠、地鼠等实验动物的供应比例，提高兔、犬等中大型实验动物的质量，建立 SPF 兔繁育基地。

三是进一步推动标准化小型实验猪和标准化实验鱼等需求增长较快实验动物品种生产基地和种源基地的建设，发挥中国在本领域的资源优势和技术优势。

（二）标准化动物实验综合服务平台建设

一是配合国内生物医药产业基地建设，通过机制创新，外引内联，建立 2~5 个生物医药研发的动物实验综合服务平台，为生物医药产业基地的企业提供动物实验综合服务。

二是整合中央、军队和地方的动物实验设施资源，试点建立 1 个或 2 个区域服务示范联合体。注重发挥首都地区在实验动物科学技术和行业发展的引领和示范作用。

四、加大实验动物相关产品研发投入，大力发展替代进口的实验动物专用产品

在动物普通笼具、饲料、饮水和实验设备基本自给自足的前提下，重点发展涉及动物实验生物安全的设备和高端进口设备替代品，降低实验动物饲养和动物实验成本。主要解决以下问题。

一是高端动物饲养设备：包括新型独立换气笼具（IVC）、SPF 斑马鱼饲养设备、模式动物饲养设备、实验动物自动引水系统、垫料处理设备、洗笼机、灌瓶机、饲养环境消毒机等。

二是高端动物实验设备：包括动物专用影像设备、呼吸机、麻醉机、体外生理检测仪、负压解剖台、生物安全灭菌柜等。

三是商业化垫料生产供应：当前使用的垫料多为家具厂下脚料，刨花木料品种多，质量不稳定，甚至有松木等有害木屑混杂，所以建立商业化生产经营垫料的体系非常必要。

五、政府应建立实验动物专项发展资金，加大科研投入，推动实验动物事业健康发展

近年来随着科技投入的增加，实验动物科学技术和产业化有了巨大的进步。但是，由于中国现代实验动物科学技术起步晚、基础薄弱，又属于科研基础性学科，涉及行业面较广，社会公益性强，经济效益不明显，除了政府部门有限的科研投入外，其他来源的科研投入明显不足。实验动物科学技术作为现代科技条件平台，本身属于高新科技，但是自身的科研基础条件的技术装备、科研水平、创新能力却较为落后。全行业受资助

的科研项目数量少、力度较小，而专门从事实验动物专业的科技人员获得的资助更是少之又少，实验动物学科建设、科技队伍建设均较为薄弱，行业发展缺乏后劲。然而，实验动物科学技术作为重要的和不替代的科技条件平台，必须面对国内生物医药高新技术及其产业迅速发展的新形势，满足科技发展和创新的需要。

当前，政府对实验动物科学技术的投入显得十分重要，同时，政府应鼓励和吸引社会资金以多种形式参与实验动物科研条件及其科技产业建设。加大政府对实验动物科学技术投入的倾斜，对于推动中国实验动物事业的健康和可持续发展、支撑和保障生命科技及其高技术产业的快速发展有着战略上的现实意义。

目前，足够的科技投入，对中国今后一个时期的实验动物科学技术人才培养，加强自身的科技创新能力，增强全行业的发展后劲，显得尤为重要和迫切。